EDA 应用技术

Cadence 高速电路板设计与仿真（第 7 版）

——原理图与 PCB 设计

徐宏伟　周润景　袁家乐　编著

电子工业出版社

Publishing House of Electronics Industry

北京·BEIJING

内 容 简 介

本书以 Allegro SPB 17.4 为基础，从设计实践的角度出发，根据实际电路设计流程，深入浅出地讲解原理图设计、创建元器件库、布局、布线、设计规则、报告检查、底片文件输出、后处理等内容，不仅涵盖原理图输入、PCB 设计工具的使用方法，也包括后期电路设计处理应掌握的各项技能等。

本书内容丰富，叙述简明扼要，既适合从事 PCB 设计的工程技术人员阅读，又可作为高等学校电子及相关专业 PCB 设计的教学用书。

图书在版编目（CIP）数据

Cadence 高速电路板设计与仿真：原理图与 PCB 设计 / 徐宏伟，周润景，袁家乐编著． —7 版． —北京：电子工业出版社，2024.1

（EDA 应用技术）

ISBN 978-7-121-47015-8

Ⅰ．①C… Ⅱ．①徐… ②周… ③袁… Ⅲ．①印刷电路—计算机辅助设计②印刷电路—计算机仿真 Ⅳ.①TN410.2

中国国家版本馆 CIP 数据核字（2024）第 011700 号

责任编辑：张　剑　　　　　　特约编辑：田学清
印　　刷：固安县铭成印刷有限公司
装　　订：固安县铭成印刷有限公司
出版发行：电子工业出版社
　　　　　北京市海淀区万寿路 173 信箱　　　　邮编：100036
开　　本：787×1092　　1/16　　印张：31.75　　字数：792 千字
版　　次：2006 年 4 月第 1 版
　　　　　2024 年 1 月第 7 版
印　　次：2024 年 12 月第 2 次印刷
定　　价：128.00 元

凡所购买电子工业出版社图书有缺损问题，请向购买书店调换。若书店售缺，请与本社发行部联系，联系及邮购电话：（010）88254888，88258888。

质量投诉请发邮件至 zlts@phei.com.cn，盗版侵权举报请发邮件至 dbqq@phei.com.cn。

本书咨询联系方式：zhang@phei.com.cn。

前　　言

Cadence 是一个大型的 EDA 软件，利用它可以完成电子产品设计全流程的工作，包括 ASIC 设计、FPGA 设计和 PCB 设计。Cadence 在仿真、电路图设计、自动布局布线、版图设计及验证等方面有着绝对的优势。Cadence 包含的工具较多，几乎涵盖了 EDA 设计的方方面面。

本书主要对原理图与 PCB 设计进行讲解。全书共 18 章，以工程实例设计为主线，详尽介绍原理图设计、创建元器件库、布局、布线、设计规则、报告检查、底片文件输出、后处理等设计流程。

本书各章的主要内容如下。

第 1 章　对 Allegro SPB 17.4 进行简单介绍，对版本更新优化的功能进行说明。

第 2 章　主要介绍了 Capture 软件功能，以及在创建原理图之前应做的准备工作，包括原理图工作环境、设置图纸参数和设置设计模板等。

第 3 章　介绍了制作元器件及创建元器件库的方法。当元器件的引脚不多时，可以用直接新建元器件的方法来制作元器件；当元器件的引脚较多时，可以利用电子表格来制作元器件。

第 4 章　介绍了创建原理图设计的方法。本章先介绍了原理图设计规范，以及在使用 Capture 的过程中遇到的基本名词术语，然后对创建原理图设计的步骤进行详细介绍。

第 5 章　主要介绍了 PCB 设计预处理的相关知识，包括编辑元器件属性，其中 PCB Footprint 的指定和元件 ROOM 属性的建立，关乎后续网络表的正确生成和元器件的快速布局。

第 6 章　介绍了工具栏中各按钮的功能及其操作方法，以及编辑窗口的控制方法，包括颜色和可视性的设置方法，以及 Script 文件的制作和使用方法。

第 7 章　对焊盘制作进行讲解，主要通过热风焊盘的制作、通孔焊盘的制作和表贴焊盘的制作三个方面来说明新版软件的焊盘制作方法。

第 8 章　在建立 PCB 之前，须要建立基本的封装符号。本章主要介绍了几种常用的封装符号，并分别介绍了利用向导制作封装的方法和手工制作封装的方法。

第 9 章　介绍了 PCB 的建立方法。

第 10 章　讲解如何在约束管理器中设置间距规则和物理规则，如何设置设计约束，以及如何设置元器件/网络属性。

第 11 章　介绍元器件的布局。当元器件较少时，可以按照元器件的序号来手动摆放元器件；当元器件较多时，可以在"Quickplace"对话框中设置摆放的属性，对元器件进行快速摆放。

第 12 章　基于第 11 章介绍的基本功能，介绍了一些布局中更高级的功能，包括如何显示和隐藏飞线，以及在完成元器件摆放后，为了进一步缩短信号长度，如何进行引脚交换、功能交换和元器件交换等。

第 13 章　介绍如何对地层和电源层进行铺铜操作，通常使用 "Shape" 菜单选择相应的层来铺铜。

第 14 章　介绍了布线的基本原则和布线的相关命令，还介绍了几种布线方式。

第 15 章　对元器件标注的调整进行讲解，包括对元器件序号的重命名，对元器件标注文字，以及对 ROOM 标注文字的字体大小、字体位置和角度的调整。

第 16 章　主要介绍如何在 PCB 上加入测试点。

第 17 章　介绍 PCB 加工前的准备工作，从建立丝印层、建立报告、建立 Artwork 文件、建立钻孔图、建立钻孔文件、输出底片文件和浏览 Gerber 文件等方面进行了说明。

第 18 章　介绍了 Allegro 其他高级功能。

本书由徐宏伟、周润景、袁家乐编著，其中第 8 章至第 10 章由徐宏伟编写，第 17 章和第 18 章由袁家乐编写，其余章节由周润景编写，全书由周润景统稿。另外，参加本书编写的还有张红敏和周敬。

为了便于读者阅读、学习，本书提供所讲实例的下载资源，读者可以访问华信教育资源网下载书中的范例资源。

由于 Cadence 软件的性能非常强大，无法通过一本书完成其全部功能的详尽介绍，加上时间与水平有限，书中难免有不妥之处，敬请读者批评指正。

编著者

目　　录

第1章　Allegro SPB 17.4 简介

Cadence 新一代的 Allegro SPB 17.4 系统互联设计平台优化并加速了高性能、高密度的互联设计，建立了从集成电路（Integrated Circuit，IC）制造、封装到 PCB 设计的一套完整流程。Allegro SPB 17.4 拥有完整的电子设计解决方案，包含电路设计、功能验证与 PCB 布局，Allegro SPB 17.4 还拥有众多高效的辅助设计工具。Allegro SPB 17.4 可提供新一代的协同设计方法，以便建立跨越整个设计链（包括 I/O 缓冲区、IC、封装及 PCB 设计人员）的合作关系。Allegro SPB 17.4 版本仅支持 64 位操作系统，其设计文档的数据结构建立在 64 位操作系统的基础上，对于用户使用的低于 Allegro SPB 17.4 版本的文档，如果需要使用 Allegro SPB 17.4 打开，那么保存文档之后，将不能降级为低版本，因此建议用户务必进行备份。Cadence 公司著名的软件有 Cadence Allegro、Cadence LDV、Cadence IC 5.0、Cadence OrCAD 等。

功能强大的布局布线设计工具 Allegro PCB 是业界领先的 PCB 设计系统。Allegro PCB 是一个交互的环境，用于建立和编辑复杂的多层 PCB。Allegro PCB 丰富的功能可以满足当今的全球设计和制造需求，针对目标按时完成系统协同设计，降低成本，并加快产品上市时间。

应用 Cadence Allegro 平台的协同设计方法，工程师可以迅速优化 I/O 缓冲器之间，或者跨 IC、封装和 PCB 的系统互联，从而避免硬件返工，降低硬件成本，缩短设计周期。由于它得到了 Cadence Encounter 与 Virtuoso 平台的支持，因此 Allegro 协同设计方法使得高效的设计链协同成为现实。

系统互联指的是一个信号的逻辑连接、物理连接和电气连接，以及相应的回路和功率配送系统。目前，IC 与系统研发团队在设计高速系统互联时面临着前所未有的挑战。IC 的集成度不断提高，芯片的 I/O 和封装引脚数量也在迅速增加，千兆赫兹速度的数据传输速率同样促进了对高速 PCB 与系统的需求的增加。同时，PCB 的平均尺寸不断缩小，对配送功率的要求也随着芯片晶体管数目的增加而不断提高。

解决这些复杂的问题和应对不断增长的上市时间压力，使得传统的系统组件设计方法变得过时和不合时宜。因此在高速系统中完成工作系统互联需要新一代的设计方法，应该让研发团队把注意力集中在提高跨 3 个系统领域的系统互联的效率上。

1.1　功能特点

Cadence 公司的 Allegro SPB 17.4 软件为 PCB 的电路系统设计流程，包括原理图输入，数字、模拟及混合电路仿真，FPGA 可编程逻辑器件设计，自动布局、布线，PCB 版图及生产制造数据输出，以及针对高速 PCB 的信号完整性分析与电源完整性分析等，提供了完整的输入、分析、版图编辑和制造的全线 EDA 辅助设计工具。安装好 Allegro SPB 17.4 软件后，在 Windows 的开始菜单里，Cadence 产品根据不同类别进行了调整，更方便管理和查找启动。Cadence 产品分类如图 1-1-1 所示。

图 1-1-1　Cadence 产品分类

1. 功能模块

整个 Allegro SPB 17.4 软件系统主要包括以下几个功能模块。

➢ Capture CIS 17.4：拥有世界上领先的在 Windows 操作系统上实现的原理图输入解决方案，直观、简单、易用且具有先进的部件搜索机制，是迅速完成设计捕捉的工具。Capture CIS 是国际上通用的标准的原理图输入工具，设计快捷、方便，图形美观，与 Allegro 实现了无缝链接。

➢ PCB Editor 17.4：一个完整的高性能 PCB 设计软件。通过顶尖的技术，为创建和编辑复杂、多层、高速、高密度的 PCB 设计提供了一个交互式、约束驱动的设计环境。它允许用户在设计过程的任意阶段定义、管理和验证关键的高速信号，并能抓住关键的设计问题。

➢ Padstack Editor 17.4：Allegro 库开发，包括焊盘、自定义焊盘形状、封装符号、机械符号、Format 符号和 Flash 符号的开发。

➢ PCB Router 17.4：CCT 布线器。

➢ Design Entry HDL 17.4：提供了原理图输入和分析环境，是一款电路设计软件，主要用于数字电路的设计和仿真。原理图设计方法已经通过若干提高生产效率的措施得以简化，Design Entry HDL17.4 使得设计的每个阶段流水线化。

➢ Library Explorer 17.4：进行数字设计库管理的软件，可以调用 Design Entry HDL、PCB Librarian、PCB Designer、Allegro System Architect 等建立的元器件符号和模型。

➢ Model Integrity 17.4：模型编辑与验证工具。

➢ Project Manager17.4：Design Entry HDL 的项目管理器。

2. 特有功能

Allegro SPB 15.7 以后的版本的模块不仅提供了强大的 PCB 设计功能，还提供了以下特有功能。

➢ 混合设计输入工具支持从结构到电路的模拟/数字设计，框图编辑工具可以自动按 HDL 语言描述生成模块框图，或者由高端框图生成 HDL 语言文本。

➢ 自顶向下设计，可以由混合级的设计直接生成 Verilog 或 VHDL 网络表，用户在仿真时不需要进行数据转换工作。

➢ 可以在原理图中驱动物理设计的属性和修改约束条件，包括 PCB 设计所必需的布线优先级、终端匹配规则等。

➢ 可以检查终端匹配、电流不足、短路、未连接引脚、DRC 错误等问题。
➢ 自动高亮自定义检查规则。
➢ 电气物理规则驱动设计。
➢ 自动/交互式布局，自动/交互式布线。
➢ 布线长度的设计规则要满足电路的时序要求。
➢ 在线分析工具包括物理设计规则检查，信号噪声、时序分析，可靠性、可测试性、可生产性、热学分析，对高速系统可以计算布线的传输延时、寄生电容、电阻、电感和特征阻抗等参数。
➢ 可以计算网络的窜扰，电磁兼容，热漂移，信号的上升沿、下降沿、过冲及其前向、后向的窜扰等。

通过上述特有功能，可以较好地完成以下工作。
➢ 对数字电路进行逻辑分析。以 Verilog-XL 和 NC Simulator 为核心，配以直观、易用的仿真环境，构成顺畅的数字电路分析流程。
➢ 针对模拟电路的功能验证。采用适合工程技术人员使用的工具界面，配合高精度、强收敛的模拟仿真器所提供的直流分析、交流分析、瞬态功率分析、灵敏度分析及参数优化等功能，可以辅助用户完美地实现对模拟电路及数字/模拟混合电路的分析。
➢ 针对"设计即正确"的思想，Cadence 在 PCB 布局、布线设计领域传统的物理约束的基础上扩充了电气约束能力，可以更好地解决高速 PCB 电路设计中遇到的信噪、电磁兼容等问题，配以智能化的无网格布局方式和 SPECCTRA 布线工具，可以大大提高设计成功率。
➢ 针对高速、高密度 PCB 系统设计，Cadence 改变了传统的先设计再分析的方法，提供了设计与分析紧密结合的全新设计方法和强有力的设计工具 PCB SI。

1.2　设计流程

整个 PCB 设计流程可以分为以下 3 个主要部分。

1．前处理

此部分主要进行 PCB 设计前的准备工作。

1）原理图的设计　设计者根据设计要求用 Capture 软件绘制电路原理图。在绘制电路原理图时，要先在软件自带的元器件库中查找是否包含有关的元器件，若没有，则要自己动手创建元器件并将其添加到新的元器件库中，便于在绘制电路原理图时使用。

2）创建网络表　绘制好的电路原理图经DRC无误后，可以生成送往Allegro的网络表。将网络表存放在指定目录下，便于以后导入 Allegro 软件。网络表文件包含 3 个部分，即 pstxnet.dat、pstxprt.dat 和 pstchip.dat。

3）建立元器件封装库　在创建网络表之前，每个元器件都必须有封装。由于实际元器件的封装是多种多样的，如果元器件的封装库中没有所需的封装，就必须自己动手创建元器件封装，并将其存放在指定目录下。

4）创建机械设计图　设置 PCB 外框及高度限制等相关信息，产生新的机械图文件（Mechanical Drawing）并存储到指定目录下。

2. 中处理

此部分是整个 PCB 设计中最重要的部分。

1）读取电路原理图的网络表　将创建好的网络表导入 Allegro 软件，取得元器件的相关信息。

2）摆放机械图和元器件　首先摆放创建好的机械图，然后摆放比较重要的或较大的元器件，如 I/O 端口器件、IC，最后摆放小型元器件，如电阻、电容等。

3）设置 PCB 的层面　对于多层的 PCB，需要添加 PCB 的层面，如添加 VCC、GND 层等。

4）进行布局（手动布局和自动布局）　当 PCB 上的元器件不多时，可以采用手动布局；当元器件较多时，往往先采用自动布局，再使用 Move（移动）、Spin（旋转）、Mirror（镜像）等操作对个别元器件的位置进行适当调整。

5）进行布线（交互式布线和自动布线）　交互式布线可以考虑到整个 PCB 的布局，使布线最优，其缺点是布线时间较长；自动布线可以使布线速度加快，但会使用较多的过孔。有时自动布线的路径不一定是最佳的，因此经常需要将这两种方法结合起来使用。

6）铺铜　完成布局，布线后要对 PCB 进行铺铜。铺铜具有减小地线阻抗、提高抗干扰能力、降低压降、提高电源效率等作用。

7）放置测试点　放置测试点的目的是检查该 PCB 是否能正常工作。

3. 后处理

此部分是输出 PCB 的最后工作。

1）文字面处理　为了使绘制的电路图清晰易懂，需要对整个电路图的元器件序号进行重新排列，并使用反标（Back Annotation）命令，使修改的元器件序号在原理图中得到更新。

2）底片处理　设计者必须先设置每张底片是由哪些设计层面组合而成的，再将底片的内容输出至文件，将这些文件送至 PCB 生产车间制作 PCB。

3）报表处理　产生该 PCB 的相关报表，以提供给后续的工厂工作人员必要的信息。常用的报表有元器件报表（Bill of Material Report）、元器件坐标报表（Component Location Report）、信号线接点报表（Net List Report）、测试点报表（Testpoint Report）等。

1.3　Cadence 新功能介绍

1.3.1　Capture 新功能介绍

1. 配置软件主题

OrCAD Capture 17.4 主题和界面包括暗黑模式（见图 1-3-1）和明亮模式（见图 1-3-2）两种模式供用户选择使用。

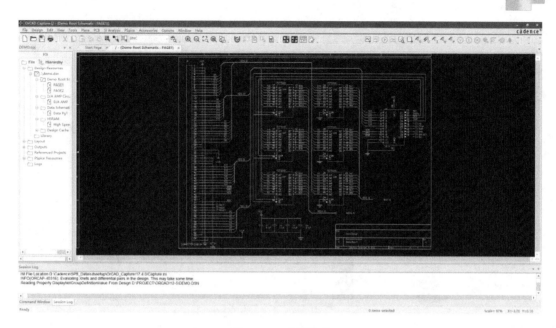

图 1-3-1　暗黑模式

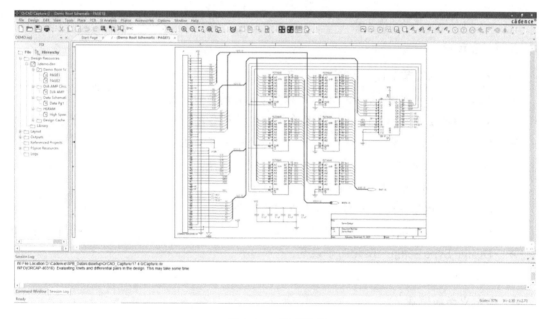

图 1-3-2　明亮模式

通过执行菜单命令"Options"→"Preferences"，选择更换黑框中的参数对主题进行调整。参数设置对话框如图 1-3-3 所示。

2．创建流程

在新项目创建界面，不再需要选择创建项目的类型，只需要在界面勾选"Enable PSpice Simulation"复选框就可以快速创建仿真，如图 1-3-4 所示。

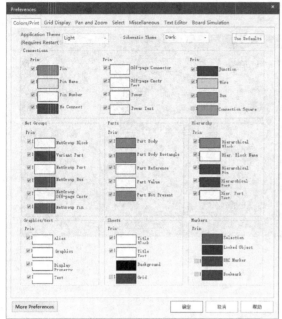

图 1-3-3　参数设置对话框

图 1-3-4　"New Project" 对话框

3．PCB 菜单

软件新增"PCB"菜单栏，如图 1-3-5 所示。

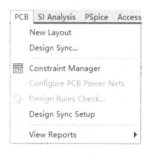

➢ New Layout：创建 Layout。新的创建 Layout 的窗口，可以直接指定生成新的 Layout，而不必重新生成网络表。

➢ Design Sync...：设计同步。新版本增加的新功能，主要对原理图和 Layout 进行改动，实现同步，提高效率。

➢ Constraint Manager：约束管理器。

➢ Configure PCB Power Nets：配置 PCB 电源网络。

➢ Design Rules Check...：设计规则检查。

图 1-3-5　"PCB" 菜单栏

➢ Design Sync Setup：设计同步设置。

➢ View Reports：查看报告。

4．自定义面板停靠

在新版本界面中，用户可以根据自己的使用习惯对各个面板的位置进行调整，或者在悬停、停靠或嵌入式文档中选择合适的显示方式，自定义面板位置如图 1-3-6 所示，将面板拖至黑色方框框选的图标即可更改面板显示的位置。

5．窗口优化

（1）项目管理器如图 1-3-7 所示。在同一个项目管理器中可以同时关联多种不同类型的项目，如：

> ➤ Layout;
> ➤ Outputs;
> ➤ Pspice Resources;
> ➤ Logs。

（2）Find 被调用出来后一般显示在软件右侧，Find 对话框如图 1-3-8 所示，可查询 Parts、Nets、Part Pins 等。用户可以设置更多参数和属性来快速地在设计中搜索并选中设计的对象。

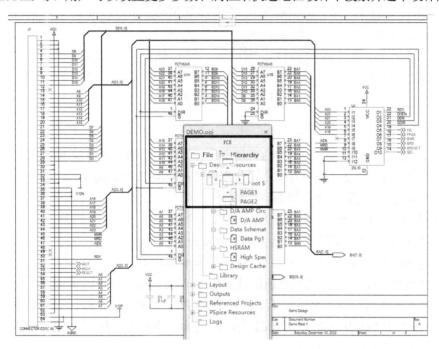

图 1-3-6　自定义面板位置

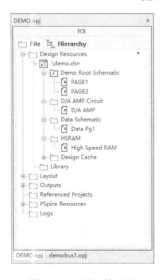

图 1-3-7　项目管理器

图 1-3-8　Find 对话框

（3）输出显示窗口用于查看执行操作后的输出结果、消息、错误和警告，此输出显示窗口也可以在软件的任意位置停靠，如图 1-3-9 所示。

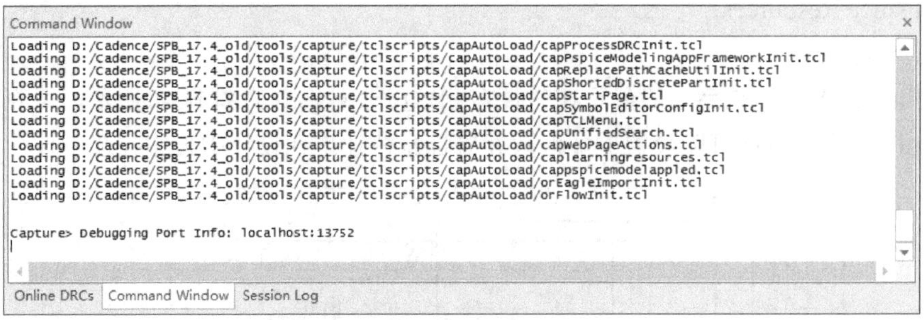

图 1-3-9　输出显示窗口

6. 设计同步

OrCAD Capture 和 Allegro 支持约束规则和设计同步功能。设计同步便于发现原理图和 Layout 之间的异同，也便于用户直接将设计好的规则同步到 Allegro PCB 文件中，让原理图和 Layout 之间的连接更加紧密，提高设计效率。

原理图和 Layout 之间的同步操作方向如下：

（1）原理图到 Layout 的同步方向（Schematic to Layout）；

（2）Layout 到原理图的同步方向（Layout to Schematic）。

在进行设计同步前，需要关联相应的 Layout。Allegro SPB 17.4 版本添加了直接从原理图中新建 PCB 文件的功能，无须打开 Cadence 软件即可新建 PCB 文件，提高了设计效率，执行菜单命令 PCB New layout，在弹出的 "New Layout" 对话框中直接单击 "OK" 按钮，即可新建 PCB 文件，如图 1-3-10 所示。

也可以通过执行 "Project Manager" → "Layout" → "Open" 命令直接访问 Layout，或者选择删除新建的 PCB 文件，如图 1-3-11 所示。

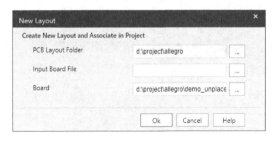

图 1-3-10　新建 PCB 文件

图 1-3-11　直接访问 Layout

使用"Design Sync"对话框可以查看原理图和 PCB 之间的差异，并可以从原理图同步到 PCB，或者从 PCB 同步到原理图，"Design Sync"对话框如图 1-3-12 所示。

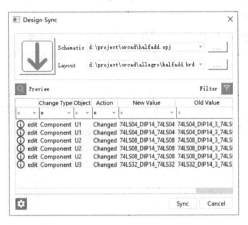

图 1-3-12　"Design Sync"对话框

7．在线 DRC

在设计检查功能添加选项中新增"Online DRC"选项，如图 1-3-13 所示，当用户需要选择某项检查规则时，秩序将相应规则设置为"On"。

对原有的界面重新进行整合，"Design Rules Check"对话框主要包括"Options"选项卡、"Rules Setup"选项卡、"Report Setup"选项卡、"ERC Matrix"选项卡和"Exception Setup"选项卡，将具体电气规则（Electrical Rules）选项、物理规则（Physical Rules）选项和常用的 DRC（Custom DRC）放在"Rules Setup"选项卡中，方便用户对规则进行检查和调整。

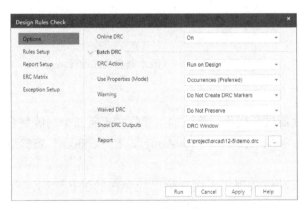

图 1-3-13　"Design Rules Check"对话框

1.3.2　Allegro 新功能介绍

1．Allegro SPB 17.2 兼容模式的优化

设置为 Allegro SPB 17.2（以下简称为 17.2 版本，其他版本类似，如 17.4 版本）兼容模

式时，可以在 17.4 版本的环境下打开 17.2 版本的文件，进行设计更改，且在保存文件时不会将其更新到 17.4 版本（注意：在 17.2 版本兼容模式中打开 16.6 版本的文件，保存文件时会将其自动升级到 17.2 版本）。

执行菜单命令"Setup"，选择打开"User Preference Editor"对话框，单击"Drawing"，进行参数更改设置，如图 1-3-14 所示，其环境设置会存在 PCBENV/ENV 文档中。

图 1-3-14　17.2 版本兼容模式设置

2. 设计功能优化

（1）对过孔阵列功能进行优化，将添加、删除和更新三个功能整合在一个命令中，方便快速操作，执行菜单命令"Place"→"Via Array"，在"options"窗口进行查看，如图 1-3-15 所示。

新增的"Update"功能实现了不用删除已经存在的过孔阵列，只要设置好参数，执行"Update"命令，即可完成过孔阵列的更新操作。

（2）新版本对于焊盘及过孔的单独连接方式进行了优化，选择焊盘或过孔，单击鼠标右键，在弹出的快捷菜单中选择"Property Edit"，通过 Dyn_Thermal_Con_Type 属性对每一层的连接方式进行修改。

（3）新版本实现了无限制添加机械层，可以通过执行菜单命令"Setup"→"Subclass"进行机械层的添加，"Define Subclass"窗口如图 1-3-16 所示。

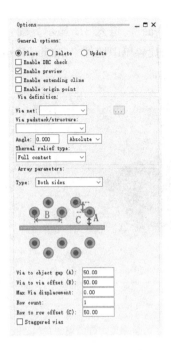

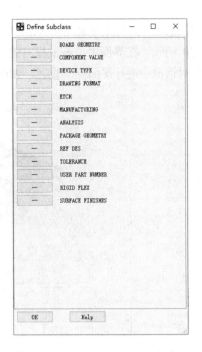

图 1-3-15　"Options"窗口　　　　　　图 1-3-16　"Define Subclass"窗口

单击图 1-3-16 中的"BOARD GEOMETRY"弹出"Define Subclass"窗口，如图 1-3-17 所示，输入"DXF"后按下 Enter 键即可完成新建，如图 1-3-18 所示。如果要删除机械层，单击图层前方的倒三角，并单击出现的"Delete"即可。

图 1-3-17　"Define Subclass"窗口　　　　　图 1-3-18　完成新建

3. 3D 显示功能

在新版本中可以在标题栏中选择对哪些元素进行 3D 显示，可以更加方便地进行 3D 模型的查看，3D Selection 如图 1-3-19 所示。

新版本在 3D 显示上也进行了一定的优化，使得用户经常使用的平面切割显示功能可以更容易地被使用，执行菜单命令"View"→"3D Canvas"，进入 3D 显示界面，3D Canvas 如图 1-3-20 所示。在界面中单击鼠标右键，在弹出的快捷菜单中选择"Cutting Plane"，即可在 "Options"对话框中进行平面分割设置，如图 1-3-21 所示。

图 1-3-19　3D Selection

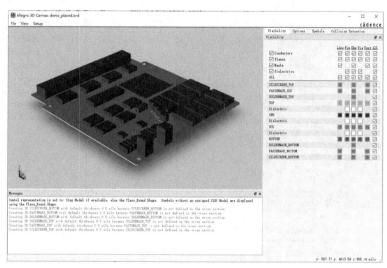

图 1-3-20　3D Canvas

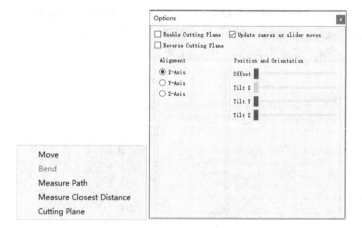

图 1-3-21　平面分割设置

习题

（1）Allegro 的功能特点是什么？

（2）PCB 的设计流程是什么？

（3）Allegro SPB 17.4 的新功能有哪些？

第2章 Capture 原理图设计工作平台

2.1 Capture CIS 软件功能介绍

Capture CIS 软件功能如图 2-1-1 所示。

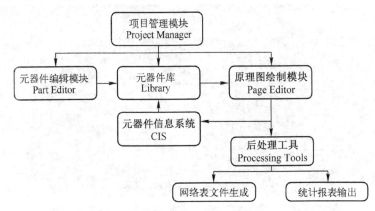

图 2-1-1　Capture CIS 软件功能

1）项目管理模块（Project Manager）　Capture CIS 对电路设计实行项目管理。Project Manager 既管理电路图的绘制，又协调处理电路图与其他软件之间的数据交换，并管理各种资源和文件。

2）元器件编辑模块（Part Editor）　Capture CIS 软件包提供的元器件库包含数万种元器件符号，供绘制电路图时调用。软件中还包含元器件编辑模块，可以修改元器件库中的元器件或添加新的元器件符号。

3）原理图绘制模块（Page Editor）　在元器件编辑模块中可以绘制各种电路的原理图。

4）元器件信息系统（Component Information System，CIS）　CIS 模块不仅可以对元器件和元器件库实施高效管理，还可以通过互联网元器件助理（Internet Component Assistant，ICA）从指定网站提供的元器件数据库中查阅近百万种元器件，并根据需要将元器件添加到电路设计中或添加到软件包的元器件库里。

注意：Capture 和 Capture CIS 的区别在于 Capture 软件包中没有 CIS 模块。

5）后处理工具（Processing Tools）　对于编辑好的电路图，Capture CIS 还提供一些后处理工具，用于对元器件进行自动编号、完成设计规则检查、输出各种统计报告及生成网络表文件等。

2.2 原理图工作环境

在程序文件夹中执行菜单命令"Cadence PCB17.4-2019"→"Capture CIS"，打开"17.4 CaptureCIS Product Choices"对话框，选择"OrCAD Capture"选项，如图 2-2-1 所示。单击"OK"按钮，进入"OrCAD Capture"主界面，如图 2-2-2 所示。图 2-2-2 中最下面的窗口负责显示 Capture 的操作流程和错误信息。

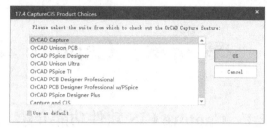

图 2-2-1　选择"OrCAD Capture"选项

图 2-2-2　"OrCAD Capture"主界面

2.3 设置图纸参数

执行菜单命令"Options"→"Preferences…"，弹出如图 2-3-1 所示的参数设置对话框，此对话框包括 7 个选项卡，即"Colors/Print""Grid Display""Pan and Zoom""Select""Miscellaneous""Text Editor""Board Simulation"。

1. 设置颜色

"Colors/Print"选项卡的功能是设置各种图件的颜色及打印的颜色。用户可以根据自己的习惯设置颜色类别，也可以选用默认值，只需要单击"Use Defaults"按钮即可。"Colors/Print"选项卡中各参数的含义如下。

（1）Connections。

➤　Pin: 设置引脚的颜色。

> Pin Name: 设置引脚名称的颜色。
> Pin Number: 设置引脚号码的颜色。
> No Connect: 设置不连接指示符号的颜色。
> Off-page Connector: 设置端点连接器的颜色。
> Off-page Cnctr Text: 设置端点连接器文字的颜色。
> Power: 设置电源符号的颜色。
> Power Text: 设置电源符号文字的颜色。
> Junction: 设置节点的颜色。
> Wire: 设置导线的颜色。
> Bus: 设置总线的颜色。
> Connection Square: 设置连接处方块的颜色。

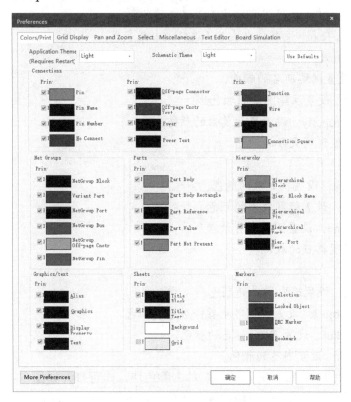

图 2-3-1　参数设置对话框

（2）Net Groups。
> NetGroup Block: 设置网络块的颜色。
> Variant Part: 设置变体的颜色。
> NetGroup Port: 设置网络端口的颜色。
> NetGroup Bus: 设置网络总线的颜色。
> NetGroup Off-page Cnctr: 设置网络端点连接器的颜色。

➢ NetGroup Pin：设置网络引脚的颜色。

（3）Parts。

➢ Part Body：设置元器件的颜色。

➢ Part Body Rectangle：设置元器件简图方框的颜色。

➢ Part Reference：设置元器件参考名的颜色。

➢ Part Value：设置元器件值的颜色。

➢ Part Not Present：设置 DIN 元器件的颜色。

（4）Hierarchy。

➢ Hierarchical Block：设置层次块的颜色。

➢ Hier.Block Name：设置层次名的颜色。

➢ Hierarchical Pin：设置层次块 I/O 端点的颜色。

➢ Hierarchical Port：设置层次块 I/O 端口的颜色。

➢ Hier . Port Text：设置层次块 I/O 端口文本的颜色。

（5）Graphics/text。

➢ Alias：设置网络别名的颜色。

➢ Graphics：设置注释图案的颜色。

➢ Display Property：设置显示属性的颜色。

➢ Text：设置说明文字的颜色。

（6）Sheets。

➢ Title Block：设置标题块的颜色。

➢ Title Text：设置标题文本的颜色。

➢ Background：设置图纸的背景颜色。

➢ Grid：设置格点的颜色。

（7）Markers。

➢ Selection：设置选取图件的颜色。

➢ Locked Object：设置被锁定元器件对象的颜色。

➢ DRC Marker：设置 DRC 标志的颜色。

➢ Bookmark：设置书签的颜色。

当要改变某项的颜色属性时，只需要单击颜色块，即可打开如图 2-3-2 所示的"Alias Color"（颜色设置）对话框，选择所需要的颜色，单击"确定"按钮，即可选中该颜色，此处采用默认颜色。

2. 设置格点属性

如图 2-3-3 所示，"Grid Display"选项卡的功能是设置格点属性，它由两部分组成，左边的区域用来设置原理图，右边的区域用来设置元器件。

➢ Displayed：格点的可视性。

➢ Dots：采用点状格点。

➢ Lines：采用线状格点。

➢ Pointer snap to grid：光标随格点移动。

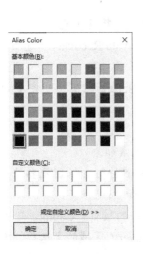

图 2-3-2　"Alias Color"对话框

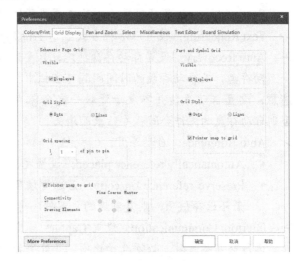

图 2-3-3　设置格点属性

格点的可视性也可以通过菜单栏来设置，但是要在原理图页面下编辑，当打开一个原理图页面时，执行菜单命令"View"→"Grid"，如图 2-3-4 所示。当选中"Grid"命令时，显示格点；当不选中"Grid"命令时，不显示格点。

3．杂项的设置

"Miscellaneous"选项卡有 6 个区域，包括填充、自动存盘等设置，如图 2-3-5 所示。

图 2-3-4　设置格点的可视性

图 2-3-5　"Miscellaneous"选项卡

➢ Schematic Page Editor: 设置在电路图编辑环境中填充图件的属性。

➢ Part and Symbol Editor: 设置在元器件编辑环境中填充图件的属性。

➢ Session Log: 设置项目管理器及记录器所使用的字体。

➢ Text Rendering: 设置以加框方式显示 TrueType 文字及是否将其填充。

➢ Auto Recovery: 设置自动存盘功能。只要选择 "Enable Auto Recovery" 选项即可自动存盘，而自动存盘的时间间隔可在栏中指定。

注意：设置自动存盘并不表示资料一定会保存，在关闭 Capture 之前，一定要再次存盘，否则自动存盘的文件会随程序结束而消失。

➢ Auto Reference: 自动序号。

• Automatically reference placed: 设置元器件序号自动累加。

• Preserve reference on copy: 若选择该项，则复制元器件时会保留元器件序号；若不选择该项，则复制后的元器件序号会有 "?"，如 "U?"。

➢ Intertool Communication: 设置 Capture 与其他 CAD 软件的接口。Capture 与 Allegro 进行交互参考时，必须选择此项。此处去掉 Auto Recovery 区域的复选框，其他选项采用默认值。

➢ Wire Drag: 设置元器件是否随连接线的改变而移动。

➢ IREF Display Property: 设置参考输入电流 IREF 的显示属性。

4．设置其他参数

设置其他参数，包括设置缩放窗口的比例及卷页的量、选取图件的模式、文字编辑和 PCB 仿真等，可根据实际需要进行设置。此处不更改参数。

5．扩展参数设置

17.4 版本的 OrCAD Capture 有更高级的使用环境设置，可单击图 2-3-5 左下角的 "More Preferences" 按钮进行扩展参数的设置，如图 2-3-6 所示。

图 2-3-6　扩展参数的设置

➢ Command Shell: 命令窗口，这些命令与 Capture 中的 TCL 命令窗口有关。

• Journaling: 启用各种 Capture 命令的日志记录，包括 TCL 命令。

➢ Flush Commands：以文本文件的形式打印日志命令，该文本文件默认保存在 TEMP 文件夹中。

- Display Commands：选择此命令表示在命令窗口显示 "Capture" 命令。

➢ Design and Libraries：设计及零件库。

- Context based instance properties：基于全文的元器件属性标注。
- Draw arrows on part input pins：在零件的输入引脚上绘制箭头。
- Enable communication with legacy tools：启用具有传统工具的消息通信。
- Perform read-only check on tab switch：选择此选项，Capture 即可在每个选项卡上检查零件库和设计文件的权限。
- Back annotate pin numbers only：选择此选项即可在反标时忽略引脚名的变更。
- Save design name as UPPERCASE：以大写字母的形式保存设计文件名（.dsn）。
- Enable Global Net ITC：启用全局网的交叉探索。
- Convert images to BMP format：转换图像为.bmp 格式。
- Net Naming Options (requires application restart)：在下拉列表中提供了不同的选项，均为 Capture 选择复杂层设计时产生平网名的方式。

➢ Design Cache：设计缓存。

- Update Cache：选择 "Default" 或 "Forced" 选项即可在 Capture 中更新缓存。选择 "Forced" 选项即可更新已选零件库，即使此零件库比设计缓存中的原始库文件更大。

➢ DRC：设计规则检查。

- Display Waived DRC：在原理图页面上显示所有遗漏的 DRC 错误。

➢ CIS：OrCAD Capture CIS，这些命令与 Capture 中的 CIS 操作有关。

- Query All Configured Tables：查询所有被配置在 DBC 配置中的表。
- Disable Regional Setting：选择此选项以禁用区域设置。
- Quoted (") refdes in variant list：在 variant 输出报告中引用(")元器件参照。

➢ NetGroup：网络群组，以下有关 NetGroups 的选项仅能在当前有效设计中进行设置。

- Never。
- Always。
- Only when mismatch（定义的名称不匹配实例名称）。

➢ NetList：网络表。

- Apply Allegro Character Limits on All Projects：在全局范围内对所有工程设置字符限制。

➢ Schematic：电路图。

- Schematic Descend：以下三种模式用于 Schematic Descend。
  Default：打开子图的默认页面。
  First：打开子图的第一页（按字母顺序排序）。
  Ask：要求用户从原理图页面列表中选择一个原理图页面。

- Junction Mode：以下两种模式用于 Capture 中的连接。
  Default：在直线断点处放置一个节点。
  Junction on multiple connections on wire end：在三点连接处放置一个节点。
- Display "_" on User Assigned Part References：在原理图页面上用户指定的参考元器件上显示"下画线"强调标志。
- Print "_" on User Assigned Part References：在原理图页面上用户指定的参考元器件上打印"下画线"强调标志。
- Distribute in a fixed area (may cause uneven distribution)：在一个固定区域内将选定对象分类。

可根据实际需要进行具体设计，此处不更改参数。

2.4 设置设计模板

选择什么样的图纸对电路图的设计有很大的影响。若图纸过小，则页面装不下；若图纸过大，则会浪费页面空间。因此，如何选择图纸十分重要。

Capture 对于图纸的管理可分为两种，一种是设置模板，也就是当打开新图时显示的图纸；另一种是设置目前正在操作的图纸。

1．字体（Fonts）设置

执行菜单命令"Options"→"Design Template"，此时在屏幕上会弹出设置模板对话框，如图 2-4-1 所示。

"Fonts"选项卡的功能是设置系统中各项文字所采用的字体。

- ➢ Alias：设置网络别名的字体。
- ➢ Bookmark：设置书签的字体。
- ➢ Border Text：设置图边框参考文字的字体。
- ➢ Hierarchical Block：设置层次式电路图的字体。
- ➢ Net Name：设置网络名称的字体。
- ➢ Off-Page Connector：设置电路端点连接器的字体。
- ➢ Part Reference：设置元器件序号的字体。
- ➢ Part Value：设置元器件值的字体。
- ➢ Pin Name：设置引脚名称的字体。
- ➢ Pin Number：设置引脚编号的字体。
- ➢ Port：设置 I/O 端口的字体。
- ➢ Power Text：设置电源符号的字体。
- ➢ Property：设置显示属性的字体。
- ➢ Text：设置注释文字的字体。

> Title Block Text：设置标题栏文字的字体。

在此，全部选取默认值。

2．标题栏（Title Block）设置

标题栏设置的功能是设置标题栏的文本内容和格式，如图 2-4-2 所示。

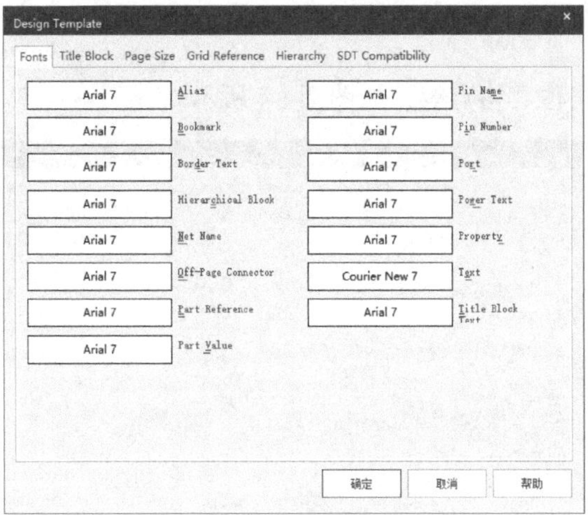

图 2-4-1　设置模板对话框 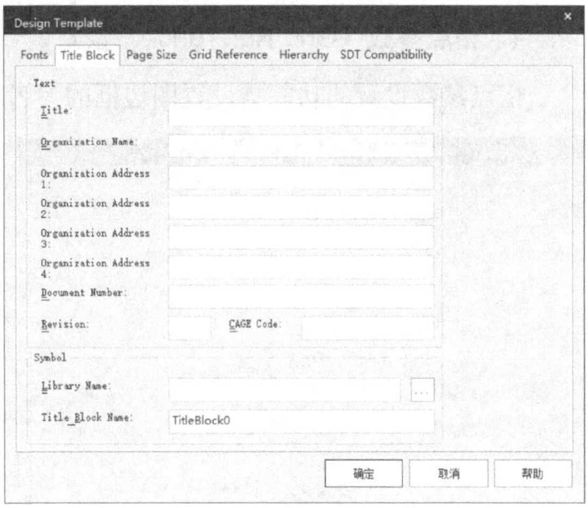　　　　　　图 2-4-2　标题栏设置

> Text。
  - Title：设置标题栏的内容。
  - Organization Name：设置公司名称栏的内容。
  - Organization Address1：设置公司地址的第 1 行。
  - Organization Address2：设置公司地址的第 2 行。
  - Organization Address3：设置公司地址的第 3 行。
  - Organization Address4：设置公司地址的第 4 行。
  - Document Number：设置电路图的文件号码。
  - Revision：设置电路图的版本号码。
  - CAGE Code：设置电路图的 CAGE 码，也就是美国联邦政府所制定的商业及政府编码。
> Symbol。
  - Library Name：设置取得标题栏的文件名称及路径。
  - Title Block Name：设置标题栏的名称（大小写要完全符合才行）。

3．页面尺寸（Page Size）设置

页面尺寸设置的功能是设置使用的单位制（in 或 mm）、图纸大小及引脚间距，如图 2-4-3 所示。

> Units：设置采用英制（Inches）还是公制（Millimeters）。在电路图或 PCB 设计中，通常采用英制。

➤ A、B、C、D、E：设置页面的标准尺寸。

➤ Custom：设置由用户自定义的图纸大小。

➤ Pin-to-Pin Spacing：设置元器件的引脚间距，其实就是设置元器件的大小。标准元器件的引脚间距是 0.1in，最好不要修改比值，以免元器件太大或发生不可预计的结果。

在此，设置单位制为 Inches、尺寸为 C。

4. 格点参数（Grid Reference）设置

格点参数设置的功能是设置图边框的参考格位、格点等，如图 2-4-4 所示。

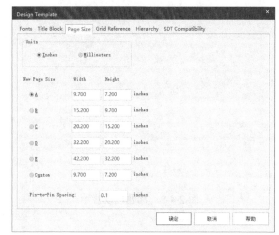

图 2-4-3　页面尺寸设置　　　　　　　　图 2-4-4　格点参数设置

➤ Horizontal：设置水平图边框。

- Count：设置水平图边框参考格位的个数。
- Alphabetic：设置水平图边框参考格位以字母编号。
- Numeric：设置水平图边框参考格位以数字编号。
- Ascending：设置水平图边框参考格位编号从左至右递增。
- Descending：设置水平图边框参考格位编号从左至右递减。
- Width：设置水平图边框参考格位的宽度。

➤ Vertical：设置垂直图边框。

- Count：设置垂直图边框参考格位的个数。
- Alphabetic：设置垂直图边框参考格位以字母编号。
- Numeric：设置垂直图边框参考格位以数字编号。
- Ascending：设置垂直图边框参考格位编号从上至下递增。
- Descending：设置垂直图边框参考格位编号从上至下递减。
- Width：设置垂直图边框参考格位的宽度。

➤ Border Visible：设置是否在屏幕上显示边框，或者在打印时与图边框一起打印。

- Displayed：显示边框。

- Printed：打印边框。
- ➢ Grid Reference Visible：设置是否在屏幕上显示图边框参考格位，或者在打印时与图边框参考格位一起打印。
  - Displayed：屏幕显示图边框参考格位。
  - Printed：打印图边框参考格位。
- ➢ Title Block Visible：设置是否在屏幕上显示标题栏，或者在打印时与标题栏一起打印。
  - Displayed：屏幕上显示标题栏。
  - Printed：打印标题栏。
- ➢ ANSI grid references：设置显示 ANSI 标准格点。

5．层次式电路图参数（Hierarchy）设置

层次式电路图参数设置的功能是设置层次式电路图的属性，如图 2-4-5 所示。
- ➢ Hierarchical Blocks：设置层次式电路图中电路方框图的属性。
  - Primitive：设置层次式电路图为基本组件。
  - Nonprimitive：设置层次式电路图为非基本组件。
- ➢ Parts：设置层次式电路图中元器件的属性。
  - Primitive：设置层次式电路图中的元器件为基本组件。
  - Nonprimitive：设置层次式电路图中的元器件为非基本组件。

图 2-4-5　层次式电路图参数设置

　　注意：基本组件是指基层元器件，不能推究其内层的电路；若要进行 PCB 设计，则所有元器件都必须是基本组件才行。非基本组件是指元器件内部含有下层电路图，也就是以电路图构成的元器件，换言之，该元器件就是一张电路图的"化身"。在进行电路仿真时，所有元器件都应是非基本组件。

6．SDT 兼容性（SDT Compatibility）设置

　　在早期 DOS 版本的 OrCAD 软件包中，与 Capture 对应的软件为 SDT（Schematic Design Tools）。如果要将 Capture 生成的电路设计存为 SDT 格式，就需要通过"SDT Compatibility"选项卡来设置，SDT 兼容性设置如图 2-4-6 所示。在图 2-4-6 中，每一行左边的项目，即"Part Field 1~8"，分别为 SDT 软件中要求的元器件域名，设置时，应将 Capture 生成的电路

设计中与该SDT元器件域名对应的参数输入其右侧的文本框中。

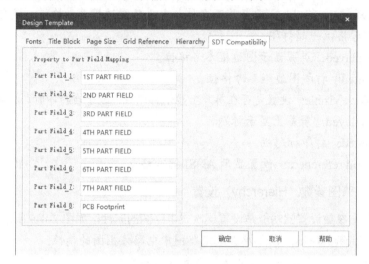

图2-4-6 SDT兼容性设置

2.5 设置打印属性

要想打印绘制好的电路图，最简单的方法是切换到项目管理器，选择要打印的某个绘图页文件夹或绘图页文件，执行菜单命令"File"→"Print..."，或者单击工具栏中的 ● 按钮，即可弹出如图2-5-1所示的"Print"对话框。

➢ Scale：设置打印比例。

 • Scale to paper size：Capture CIS 将把电路图依照"Schematic Page Properties"对话框（可以使用"Options"→"Schematic Page Properties"命令调出）中"Page Size"栏中设置的尺寸打印，将整页电路图打印输出到1页打印纸上。

 • Scale to page size：Capture CIS 将把电路图依照本"Print"对话框中"Page size"栏中设置的尺寸打印。若"Page size"选用的幅面尺寸大于设置的打印尺寸，则需要采用多张打印纸输出1幅电路图。

 • Scaling：设置打印图的缩放比例。

➢ Print offsets：设置打印纸的偏移量。打印输出X轴偏移量和Y轴偏移量，即打印出的电路图左上角与打印纸左上角之间的距离。若1幅电路图需要采用多张打印纸，则该项指的是电路图与第1张打印纸左上角之间的距离。

➢ Print quality：以每英寸打印的点数表征，在打印质量下拉列表中选择600dpi，600dpi对应的打印质量最好。

➢ Copies：设置打印份数。

➢ Print to file：将打印图送至.prn文件中存储起来。

➢ Print all colors in black：强制采用黑白两色打印。

➢ Collate copies：设置依照页码顺序打印。

在打印之前，最好先确认一下打印机的相关设置是否适当。可以执行菜单命令"File"→"Print Setup…"，也可以单击"Print"对话框中的 Setup… 按钮，弹出"打印设置"对话框，可以选择打印机、纸张大小和纸张方向等，如图 2-5-2 所示。

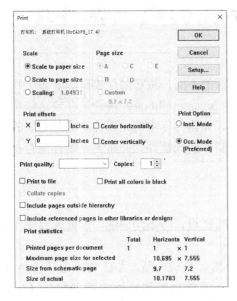

图 2-5-1　"Print"对话框　　　　　　　　图 2-5-2　"打印设置"对话框

为了保证打印效果，应预览输出效果。执行菜单命令"File"→"Print Preview…"，弹出打印预览对话框，单击"OK"按钮即可预览，打印预览如图 2-5-3 所示。

单击鼠标将电路图放大显示，单击"Print"按钮进行打印。

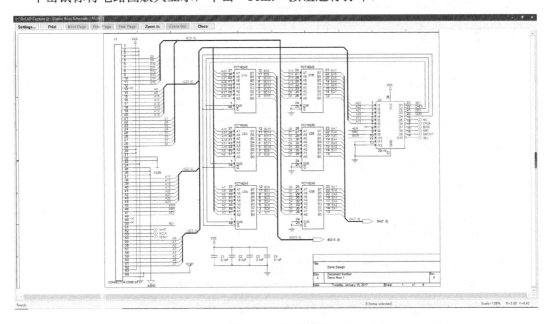

图 2-5-3　打印预览

第 3 章　制作元器件及创建元器件库

元器件库中有数万个元器件，按功能和生产厂家的不同，将它们存放在 300 多个以 .olb 为扩展名的元器件库文件中。/Cadence/SPB_17.4/tools/capture/library 路径是存放这些库文件的子目录。用户可以查阅每个目录下的库文件名称。元器件库中的元器件毕竟是有限的，有时在元器件库中找不到所需的元器件，这时就需要制作新元器件，并将新元器件保存在一个新的元器件库中，以备日后调用。

1. OrCAD/Capture 元器件类型

用 Capture 绘制的电路图可用于 PSpice 仿真、PCB 设计等不同用途，因此元器件库中包含多种类型的元器件。

1）商品化的元器件符号　包括各种型号的晶体管、集成电路、A/D 转换器和 D/A 转换器等元器件。同时提供配套信息，包括描述这些元器件功能和特性的模型参数（供仿真用），以及封装、引脚引线等信息（供 PCB 设计用）。

2）非商品化的通用元器件符号　如电阻、电容、晶体管和电源等元器件，以及与电路图有关的一些特殊符号。

3）常用的子电路可以作为图形符号存入库文件中　可以用移动和复制的方法将选中的子电路添加到库文件中，对库文件中的子电路进行编辑修改。

2. 关于"Design Cache"

对于每个电路设计，系统自动生成一个名为 Design Cache 的元器件库，用于存放绘制电路图过程中使用的元器件。绘制电路图时可以直接调用 Design Cache 中的元器件，Design Cache 中的内容将和电路设计文件保存在一起。在 Design Cache 中，可以单击鼠标右键，在弹出的快捷菜单中选择"Cleanup Cache"命令，清除里面的内容。当需要更新一个元器件时，可以选择该元器件，单击鼠标右键，在弹出的快捷菜单中选择"Update Cache"命令进行更新；当要替换元器件时，选择"Replace Cache"命令进行替换。

3.1　创建单个元器件

执行菜单命令"File"→"New"→"Library"，创建新的元器件库，创建好的元器件库如图 3-1-1，选中"library1.olb*"并单击鼠标右键，从弹出的快捷菜单中选择"Save As…"命令，如图 3-1-2 所示。将新的元器件库保存到 D:\Project\OrCAD 目录

图 3-1-1　创建好的元器件库

下（建议保存到所建立的项目的目录下），如图 3-1-3 所示。

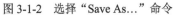

图 3-1-2　选择"Save As..."命令

图 3-1-3　保存好的元器件库文件

3.1.1　直接新建元器件

1. 新建元器件

选中"library1.olb"，执行菜单命令"Design"→"New Part..."，或单击鼠标右键，在弹出的快捷菜单中选择"New Part..."命令，新建元器件，弹出"New Part Properties"对话框，如图 3-1-4 所示。

（1）Name，元器件的名称。将该元器件符号放置到电路中时，该名称也是元器件的"Part Value"的默认值。

（2）Part Reference Prefix，指定元器件编号的关键字母，如集成电路用"U"表示，电阻用"R"表示。

（3）PCB Footprint，指定元器件的封装类型名称。

（4）Create Convert View，有些元器件除具有基本的表示形式外，还可以采用 De Morgan 等其他形式。在电路中放置元器件时，既可以采用基本形式，也可以采用等效形式，如与非门和非或门等效。

（5）Parts per Pkg，若新建的是一种 Mutiple Part Package 元器件，则需要指定一个封装中包含几个元器件。

（6）Package Type，如果新建元器件是 Mutiple Part Package，那么需要确定同一个封装中的几个元器件符号是完全相同（Homogeneous）的，还是不完全相同（Heterogeneous）的。

（7）Part Numbering，选择如何区分同一个封装中的不同元器件。若选中"Alphabetic"，则采用"U?A""U?B"等形式，以字母区分同一个封装中的不同元器件；若选中"Numeric"，则采用"U?1""U?2"等形式，以数字区分同一个封装中的不同元器件。

（8）Pin Number Visible，若选中此项，则在电路图上放置元器件符号的同时显示引脚引线编号。

（9）Part Aliases...，对新建的元器件符号可以赋予一个或多个别名。单击此按钮，弹出"Part Aliases"对话框，如图 3-1-5 所示，在"Alias Names"文本框中显示已有的元器件符号别名。单击"New..."按钮可弹出"New Alias"对话框，在其中设置元器件别名后单击"OK"按钮，新指定的别名将出现在"Alias Names"文本框中。新建的元器件名及其别名均出现在符号库文件中，它们除名称（对应电路图中元器件的 Part Value）不同外，其他均相同。

图 3-1-4 "New Part Properties"对话框

图 3-1-5 "Part Aliases"对话框

（10）Attach Implementation…，为了表示新建元器件的功能特点，有时还需要给新建的元器件符号附加 Implementation 参数。单击"Attach Implementation…"按钮，会弹出如图 3-1-6 所示的"Attach Implementation"对话框。

➢ Implementation Type: 指定附加的 Implementation 参数类型，单击右侧的下拉按钮，弹出下拉列表，其中包括 8 种 Implementation 参数供用户选择，下拉列表如图 3-1-7 所示。

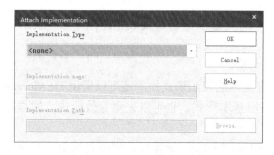

图 3-1-6 "Attach Implementation"对话框

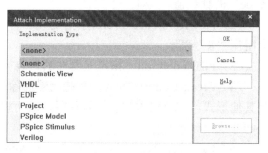

图 3-1-7 下拉列表

- <none>: 不附加任何 Implementation 参数。
- Schematic View: 附加一个电路图。
- VHDL: 附加一个 VHDL 文件。
- EDIF: 附加一个 EDIF 格式的网络表文件。
- Project: 附加一个可编程逻辑设计项目。
- PSpice Model: 附加一个描述该元器件特性参数的模型描述，供 PSpice 仿真程序调用。
- PSpice Stimulus: 附加一个 PSpice 激励信号描述文件。
- Verilog: 附加一个 Verilog 文件。

➢ Implementation name: 指定 Implementation 参数名称。例如，将其设置为 EPF8282A/

LCC，表示该元器件的 PSpice 模型名称为 EPF8282A/LCC。

➢ Implementation Path：指定 Implementation 参数文件的路径，若其路径与元器件符号库文件相同，则该文本框可不填写。

在"New Part Properties"对话框的"Name"文本框中输入要创建的元器件名称"EPF8282A/LCC"，在"PCB Footprint"文本框中输入引脚封装"PLCC84"，其他项使用默认值，单击"OK"按钮，进入元器件编辑窗口，如图 3-1-8 所示，其中，"U？"是元器件索引的字母，"<Value>"可设置为元器件的名称。

编辑窗口会显示元器件的编辑轮廓，即在虚线框内编辑所需的元器件。可根据元器件的大小调整虚线框的大小。

2．绘制元器件符号

1）添加 IEEE 符号

（1）在"Part Editor"对话框中，执行菜单命令"Place"→"IEEE symbol..."，或者在工具栏中单击 ◈ 按钮，弹出"Place IEEE Symbol"（摆放 IEEE 符号）对话框，如图 3-1-9 所示。

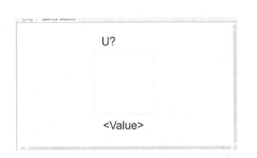

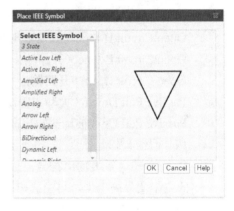

图 3-1-8　元器件编辑窗口　　　　图 3-1-9　"Place IEEE Symbol"对话框

（2）在图 3-1-9 中，列出了 27 种 IEEE 符号，从中选择一种符号名称后，预览区会显示相应的符号图形。

（3）选中需要的 IEEE 符号图形，双击 IEEE 符号图形，或单击"OK"按钮，回到"Part Editor"对话框，选中的 IEEE 符号随光标一起移动，移至合适位置后单击鼠标左键放置 IEEE 符号。继续移动鼠标可以连续放置 IEEE 符号。

（4）单击鼠标右键，从弹出的快捷菜单中选择"End Mode"命令，结束放置。

（5）当 IEEE 符号处于被选中状态时，单击鼠标右键，从弹出的快捷菜单中选择相关命令，可对符号进行 Mirror Horizontally（水平翻转）、Mirror Vertically（垂直翻转）、Rotate（旋转）等操作。

2）所有的 IEEE 符号

▽　3 State（三态动作输出逻辑门符号）。

◠　Active Low Left[低电平动作输入符号（信号引脚在左边）]。

Active Low Right［低电平动作输入符号（信号引脚在右边）］。

Amplified Left［放大器符号（信号引脚在左边）］。

Amplified Right［放大器符号（信号引脚在右边）］。

Analog（模拟信号输入符号）。

Arrow Left（信号方向为由左到右的箭头符号）。

Arrow Right（信号方向为由右到左的箭头符号）。

BiDirectional（双向箭头符号）。

Dynamic Left［动态信号符号（信号引脚在左边）］。

Dynamic Right［动态信号符号（信号引脚在右边）］。

GE（大于或等于符号）。

Generator（信号产生的符号）。

Hysteresis（施密特触发的符号）。

LE（小于或等于符号）。

NE（不等于符号）。

Non Logic（非逻辑符号）。

Open Circuit H-type（开路输出高电平符号）。

Open Circuit L-type（开路输出低电平符号）。

Open Circuit Open（开路输出空接状态符号）。

Passive Pull Down（被动式输出低电平符号）。

Passive Pull Up（被动式输出高电平符号）。

PI（π形符号）。

Postponed（暂缓输出符号。以下降沿触发的主从式触发器为例，当输入信号先由低电平变为高电平，再由高电平变回低电平时，其输出信号才会变化）。

Shift Left［数据右移的符号（信号引脚在左边）］。

Shift Right［数据左移的符号（信号引脚在右边）］。

Sigma（加法器符号）。

3．给元器件添加引脚

1）添加单个引脚

（1）执行菜单命令"Place"→"Pin"，或者单击 🖫 按钮编辑引脚，如图 3-1-10 所示。

➢ Name: 引脚名称。

➢ Number: 引脚编号。

➢ Shape: 引脚形状，共有 9 种。

➢ Type: 引脚类型，共有 8 种。

➢ Width: 选择一般信号引脚（Scalar）或总线引脚（Bus）。若选择"Bus"，则总线可以直接与引脚连接。

图 3-1-10　编辑引脚

➢ Pin Visible: 只有当将引脚类型设置为 "Power" 时，才能选中该复选框。

➢ User Properties…: 单击该按钮，会弹出 "User Properties" 对话框，如图 3-1-11 所示。该对话框用于修改已设置的参数或新增与该引脚有关的参数。引脚示例如图 3-1-12 所示。

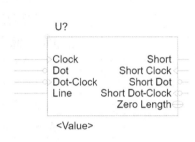

图 3-1-11　"User Properties" 对话框　　　　图 3-1-12　引脚示例

（2）引脚形状如表 3-1-1 所示。引脚类型如表 3-1-2 所示。

表 3-1-1　引脚形状

形　状	含　义
Clock	表示该引脚输入为时钟信号
Dot	表示 "非"，输入信号取反
Dot-Clock	表示对输入时钟求非，即时钟输入求反
Line	一般引脚引线，其长度为 3 个格点间距
Short	短引脚引线，其长度为 1 个格点间距
Short Clock	表示短引脚引线的时钟输入端
Short Dot	短引脚引线，表示 "非"，输入信号取反
Short Dot-Clock	短引脚时钟引线，对输入时钟求非，即反向时钟输入
Zero Length	表示零长度的引脚引线，一般用于表示电源和地

表 3-1-2　引脚类型

类　型	含　义
3-State	三态引脚，可能为高电平、低电平或高阻态 3 种状态
Bidirectional	双向信号引脚，既可作为输入又可作为输出
Input	输入引脚
Open Collector	开集电极输出引脚
Open Emitter	开发射极输出引脚
Output	输出引脚
Passive	无源器件引脚，如电阻引脚
Power	电源和地引脚

注意：设置引脚名时，若引脚引线名称带有横线（如 $\overline{\text{RESET}}$），则设置时应在每个字母后面加 "/"，即表示为 "R/E/S/E/T/"。

图 3-1-13　摆放多个引脚

完成上述设置后，单击 "OK" 按钮关闭 "Place Pin" 对话框，返回 "Part Editor" 对话框，移动光标到元器件符号边界框上合适的位置，单击鼠标左键放置元器件。移动鼠标可继续放置其他元器件，同时引脚编号自动增加 1。在添加引脚后，如果需要修改，可直接双击引脚或在选择引脚后单击鼠标右键，从弹出的快捷菜单中选择 "Edit Properties" 命令，弹出如图 3-1-10 所示的对话框，进行修改。

2）同时添加多个引脚引线

（1）在 "Part Editor" 对话框中，执行菜单命令 "Place" → "Pin Array"，或者单击 按钮，弹出 "Place Pin Array" 对话框，如图 3-1-13 所示。

Pin Array Properties。

➢ Starting Name：指定该组引脚的第 1 个引脚名称。若第 1 个引脚名称的最后一个字符为数字，则同时绘制的其他引脚后面的数字将按 "Increment" 文本框的设置自动增加；若第 1 个引脚名称的最后一个字符不是数字，则同时绘制的其他引脚将采用同一个名称。

➢ Starting Number：设置同时绘制的几个引脚中第 1 个引脚的编号，其他引脚编号按 "Increment" 文本框的设置自动增加。

➢ Number of Pins：指定同时绘制几根引脚引线。

➢ Pin Spacing：指定相邻两个引脚引线之间的间隔为几个格点间距。

➢ Shape、Type、Pins Visible：与添加单个引脚的设置相同。

Additional Options。

➢ Pin# Increment for Next Pin：指定引脚名称和引脚编号的增加量，若为空白，则增加量默认为 1。

➢ Pin# Increment for Next Section：指定当一个封装中包含几个元器件时，不同部分的引脚名称和引脚编号的增加量。

（2）单击 "OK" 按钮，回到 "Part Editor" 对话框，移动光标至元器件符号边界框上的合适位置，单击鼠标，同时放置 8 根引脚引线，其中，第 1 根引脚引线在光标所在位置。移动光标，单击鼠标，可以在边界框的其他位置放置多根引脚引线，引脚引线名称和编号在刚刚放置的一组引脚引线中的最后一根引脚引线的名称和编号的基础上自动增加。若引脚引线超过边界框线，则边界框线将自动扩展，以放置这一组引脚引线。因为引脚编号为升序排列，所以添加部分引脚后的元器件符号如图 3-1-14 所示。添加完所有引脚后的元器件符号如图 3-1-15 所示。如果要修改引脚，可以直接选中要修改的引脚，单击鼠标右键，从弹出的快捷菜单中选择 "Edit Properties" 命令，统一进行修改，从而避免逐个进行修改。

（3）单击工作区右侧的"Property Sheet"→"Part Properties"，单击"Part Properties"左侧的">"符号，会出现"Part Properties"的具体设置信息，如图 3-1-16 所示。可以根据需要设置引脚编号或引脚名称显示或不显示。如果需要改变元器件的封装，可以单击工作区右侧的"Property Sheet"→"Package Properties"，然后进行更改。

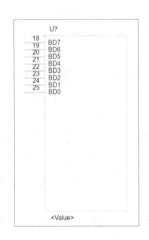

图 3-1-14 添加部分引脚后的元器件符号

图 3-1-15 添加完所有引脚后的元器件符号

4．绘制元器件外形

1）画一般的线条 执行菜单命令"Place"→"Line"或单击按钮，光标变成细十字状，进入画一般的线条的状态。将光标移至起点，单击鼠标左键，将光标移至其他位置，再次单击鼠标左键，即可画一条线（这条线处于选取状态）。结束画线时，按"Esc"键，或者单击鼠标右键，在弹出的快捷菜单中选择"End Mode"命令。如果要删除已经画好的线，可以将其选中，按"Delete"键进行删除。

图 3-1-16 修改引脚属性

2）画折线 执行菜单命令"Place"→"Polyline"或单击按钮，光标变成细十字状，进入画折线的状态。将光标移至起点，单击鼠标左键，将光标移至其他位置，再次单击鼠标左键，即可画一段线（如果要画斜线，那么先按住"Shift"键，再移动鼠标）；将光标移至其他地方，单击鼠标，又可画出一段线。重复上述动作，即可得到一条折线。要结束画折线，可按"Esc"键，或者单击鼠标右键，在弹出

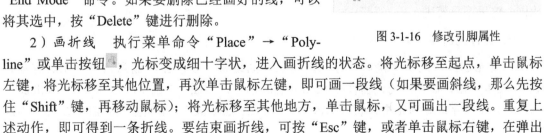

的快捷菜单中选择"End Mode"命令。

3）画矩形 执行菜单命令"Place"→"Rectangle"，或单击按钮，光标变成细十字状，进入画矩形的状态。将光标移至所要画矩形的位置的一角，单击鼠标左键，再将光标移至对角位置，即可展开一个矩形（如果要画正方形，那么可先按住"Shift"键，再移动鼠标），单击鼠标左键，即可画一个矩形（或正方形）。画好一个矩形（或正方形）后，仍处于画矩形的状态，可以继续画其他矩形。要结束时，可按"Esc"键，或者单击鼠标右键，在弹出的快捷菜单中选择"End Mode"命令。

4）画椭圆形 执行菜单命令"Place"→"Ellipse"或单击按钮，光标变成细十字状，进入画椭圆形的状态。将光标移至所要画椭圆形的位置的一角，单击鼠标左键，将光标移至其对角位置，即可展开一个椭圆形（要画正圆形，可先按住"Shift"键，再移动鼠标），再次单击鼠标左键，即可画好一个椭圆形（或正圆形）。画好一个椭圆形（或正圆形）后，仍处于画椭圆形的状态，可以继续画其他圆形。结束时可按"Esc"键，或者单击鼠标右键，在弹出的快捷菜单中选择"End Mode"命令。

5）画圆弧线 执行菜单命令"Place"→"Arc"或单击按钮，光标变成细十字状，进入画圆弧线的状态。将光标移至圆弧中心处，单击鼠标左键，移动鼠标会出现圆形预拉线，调整好半径后再次单击鼠标左键，这是圆弧线缺口的一端；光标会自动移到圆弧线缺口的另外一端，调整好位置后单击鼠标左键，就结束了圆弧线的绘制。直接在绘好的圆弧线上单击鼠标左键，使其进入选取状态，在其缺口处出现控制点，可以通过拖曳这些控制点来调整圆弧线的形状。在绘制好的图形上双击鼠标左键可打开属性编辑窗口，可以修改线的类型、宽度和颜色。

6）画贝塞尔曲线 执行菜单命令"Place"→"Bezier Curve"或单击按钮，光标变成细十字状，进入画贝塞尔曲线的状态。单击鼠标左键，移动光标至其他位置，再次单击鼠标左键，即可画出一段弧线，以弧线的终点为起点，再画一段直线，就结束了贝塞尔曲线的绘制。结束时可按"Esc"键，或者单击鼠标右键，在弹出的快捷菜单中选择"End Mode"命令。

因为 EPF8282A/LCC 外形为矩形，所以画矩形外框，如图 3-1-17 所示。

5．添加文本

单击按钮添加文字，会弹出如图 3-1-18 所示的添加文字对话框，在空白区域输入要放置的文字，可以选择字体的颜色。如果要改变字体的方向，可直接在"Rotation"区域选择文字的角度；如果要编辑文字字体，可单击"Change…"按钮，会弹出如图 3-1-19 所示的"字体"对话框；若对文本进行分行，则按"Ctrl+Enter"组合键，其操作方法与在 Word 中相同，这里不再赘述。

6．保存元器件

检查元器件，确认无误后保存（注意保存的位置，以便在添加到元器件库后容易找到），在本例中，保存后的元器件在 library1.olb 库中，如图 3-1-20 所示。双击"<Value>"或选择弹出文字编辑对话框，将其修改为"EPF8282A/LCC"，编辑好的元器件如图 3-1-21 所示。

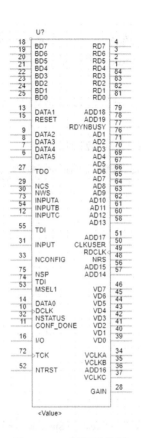

图 3-1-17　画矩形外框

图 3-1-18　添加文字对话框

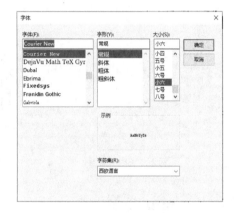

图 3-1-19　"字体"对话框

图 3-1-20　将元器件添加到 library.olb 库中

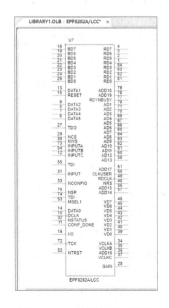

图 3-1-21　编辑好的元器件

3.1.2　用电子表格新建元器件

使用"New Part"选项不适合创建包含大量引脚的元器件。对于引脚数目较多的元器件，手动添加引脚和设置属性不仅费时，而且效率低。Capture 简化了在当前库中创建新元器件的过程（该元器件可能由单个部分或多个部分组成）。

（1）选择元器件库 library1.olb，单击鼠标右键，从弹出的快捷菜单中选择"New Part From Spreadsheet"命令，如图 3-1-22 所示。

（2）打开"New Part Creation Spreadsheet"对话框，如图 3-1-23 所示。

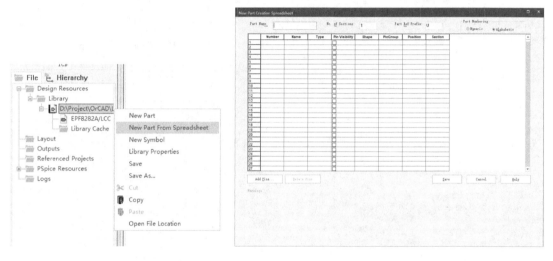

图 3-1-22　菜单项　　　　　　图 3-1-23　"New Part Creation Spreadsheet"对话框

> Part Name：元器件的名称，将该元器件符号放置到电路中时，该名称也是元器件的 Part Value 的默认值。

> No. of Sections：表示分割元器件的个数。

> Part Ref Prefix：元器件名称的前缀。

> Part Numbering：表示 Section 部分是以数字（Numeric）还是以字母（Alphabetic）来区分的。

> Number：元器件引脚编号。

> Name：元器件引脚名称。

> Type：引脚类型，有 3-State、Bidirectional、Input、Open Collector、Open Emitter、Output、Passive、Power 8 项可选。

> Pin Visibility：引脚可见性。

> Shape：引脚形状，有 Clock、Dot、Dot-Clock、Line、Short Clock、Short Dot、Short Dot- Clock 7 项可选。

> PinGroup：引脚分组。

> Position：引脚在元器件外框的位置，有 Top、Bottom、Left、Right 4 项可选。

> Add Pins…：当表格显示的引脚数目不够时，单击该按钮会弹出对话框，在对话框

中输入数字，即可添加相应数目的引脚。

➢ Delete Pins：删除引脚，选中表格前的标号，该按钮高亮，按下按钮即可删除 1 行，1 次只能删除 1 行。

（3）在"Number""Name""PinGroup"下需要直接输入内容，而"Type""Shape""Position""Section"项均有下拉列表，在下拉列表中选择内容，如图 3-1-24 所示。该表格支持粘贴、复制等功能。

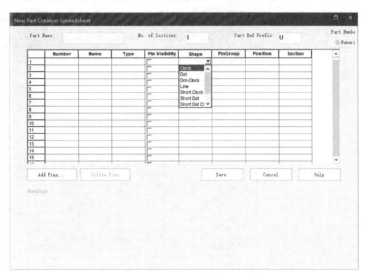

图 3-1-24　下拉列表

（4）填完内容后的表格如图 3-1-25 所示。单击"Save"按钮保存创建好的元器件。若有错误，则会弹出警告信息对话框，如图 3-1-26 所示。

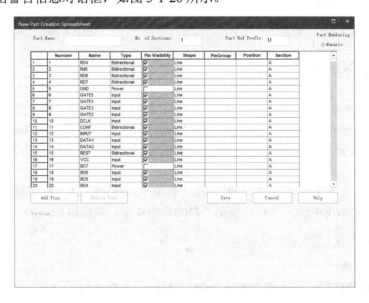

图 3-1-25　填完内容后的表格

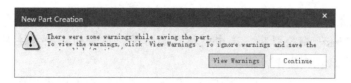

图 3-1-26　警告信息对话框

（5）可以单击图 3-1-26 中的"View Warnings"按钮浏览警告信息，警告信息如图 3-1-27 所示。根据警告信息进行修改，无误后保存元器件，生成的元器件如图 3-1-28 所示。

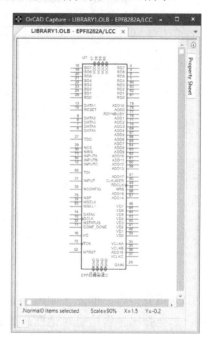

图 3-1-27　警告信息　　　　　　　　　　图 3-1-28　生成的元器件

3.2　创建复合封装元器件

有时一个集成电路会包含多个门电路。下面以"7400"为例，看一看如何创建该元器件。单击 library1.olb 库，执行"Design"→"New Part…"命令，或者单击鼠标右键，在弹出的快捷菜单中选择"New Part…"命令创建新的元器件，会弹出如图 3-2-1 所示的新元器件属性对话框。

在"Name"文本框中输入"7400"，在"PCB Footprint"文本框中输入"DIP14"，在"Parts per Pkg"文本框中输入"4"，表示"7400"由 4 个门电路组成。

1. 创建 U?A

1）新建元器件

（1）在新元器件属性对话框中单击"OK"按钮，会弹出如图 3-2-2 所示的新建元器件窗口。

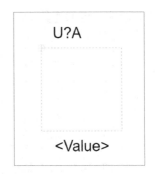

图 3-2-1　新元器件属性对话框　　　　　　图 3-2-2　新建元器件窗口

（2）单击工作区右侧的"Property Sheet"→"Part Properties"，单击"Part Properties"左侧的">"符号，会出现"Part Properties"具体设置信息，修改属性，如图 3-2-3 所示。选择更改"Pin Name Visible"后方的勾选状态为不勾选状态，即不显示引脚名称。

（3）按照前述绘制元器件外形的方法绘制圆弧线和线段，添加元器件外形，如图 3-2-4 所示。

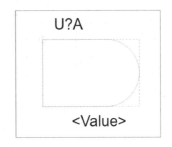

图 3-2-3　修改属性　　　　　　　　　图 3-2-4　添加元器件外形

2）添加引脚

引脚 1 和引脚 2 的引脚类型为"Input"，引脚形状为"Line"；引脚 3 的引脚类型为"Output"，引脚形状为"Dot"，如图 3-2-5 所示。

2．创建 U?B、U?C 和 U?D

（1）执行菜单命令"View"→"Next Part"，编辑 U?B，修改引脚编号和引脚名称，如图 3-2-6 所示。

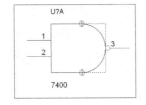

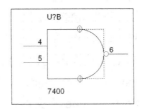

图 3-2-5　U?A 元器件的创建　　　　　　图 3-2-6　U?B 元器件的创建

（2）同理，可创建其他部分的元器件，如图 3-2-7 和图 3-2-8 所示。

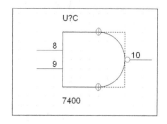

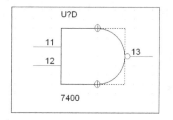

图 3-2-7　U?C 元器件的创建　　　　图 3-2-8　U?D 元器件的创建

注意：7400 元器件的 A、B、C、D 这 4 个部分的电源和地公用引脚 14 和引脚 7。

（3）也可以执行菜单命令"View"→"Package"观看元器件的整体外形，如图 3-2-9 所示。

（4）单击按钮 ，保存所制作的元器件，制作好的元器件如图 3-2-10 所示。

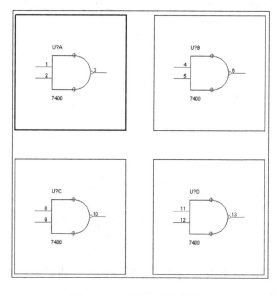

图 3-2-9　元器件的整体外形

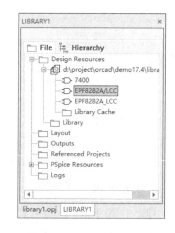

图 3-2-10　制作好的元器件

3.3　大元器件的分割

在复杂的设计中，可能会存在拥有数以千计的引脚的元器件。这样的元器件不适合在单一原理图中绘制。按照功能分割这类元器件，会使电路图的设计更加便捷。

（1）在项目管理器中选择"EPF8282A/LCC"，执行菜单命令"Tools"→"Split Part"，或者单击鼠标右键，从弹出的快捷菜单中选择"Split Part"命令，打开如图 3-3-1 所示的"Split Part Section Input Spreadsheet"对话框。

（2）在"No. of Sections"文本框中输入"2"，"Section"部分可选 1 或 2，按照 1 和 2 将元器件 EPF8282A/LCC 分为两部分，如图 3-3-2 所示。

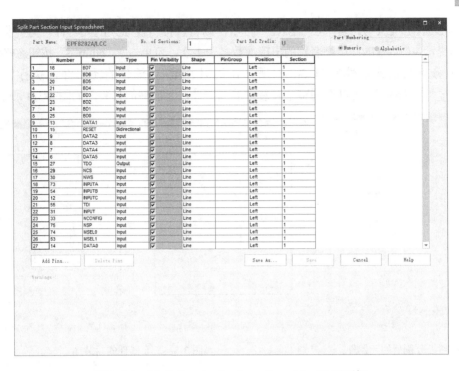

图 3-3-1　"Split Part Section Input Spreadsheet" 对话框

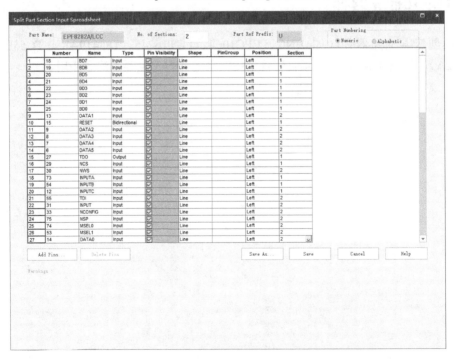

图 3-3-2　分配 Section

（3）单击"Save As…"按钮，弹出一个新对话框，要求输入元器件名（输入元器件名为"EPF8282A/LCCA"）。若单击"Save"按钮，则将直接覆盖原来的元器件。可能会弹出警告窗口，提示 VCC、GND 引脚名称的出现次数多于 1 次，可单击"Continue"按钮忽略警告。

（4）分割后的元器件如图 3-3-3 所示，这只是第 1 部分的元器件，执行菜单命令"View"→"Package"，可以看到整个封装中的元器件，元器件的封装图如图 3-3-4 所示。

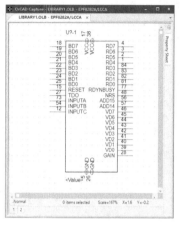

图 3-3-3 分割后的元器件

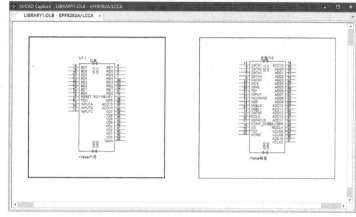

图 3-3-4 元器件的封装图

3.4 创建其他元器件

继续创建其他元器件（如 BNC、EPC1064、FCT16245、DG419AK、TC55B4257 和 TLC5602A），如图 3-4-1 所示。项目管理器中其余的元器件主要起演示作用。

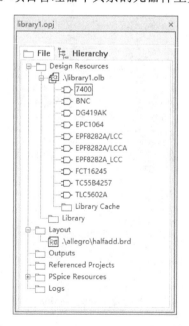

图 3-4-1 创建其他元器件

创建好的元器件如图 3-4-2 所示。

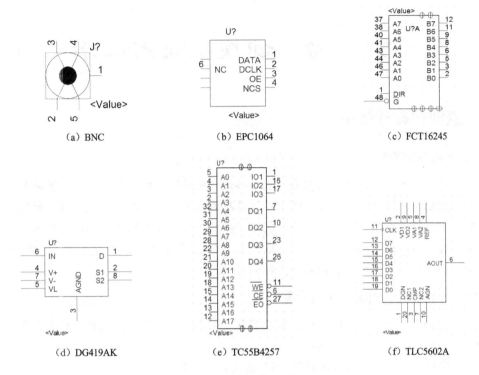

图 3-4-2 创建好的元器件

习题

（1）创建新元器件有哪几种方法？

（2）复合封装的元器件与由大元器件分割后的元器件有何区别？

（3）在 Capture CIS 中，元器件引脚的类型有哪些？

（4）如何隐藏引脚（电源和地引脚）？

（5）如何用电子表格新建元器件？

第4章　创建原理图设计

4.1　原理图设计规范

1. 一般规则和要求

➢ 按统一的要求选择图纸幅面、图框格式、电路图中的图形符号和文字符号。

➢ 应根据产品的工作原理，将各元器件从右到左、自上而下排成一列或数列。

➢ 进行图面安排时，电源部分一般安排在左下方，输入端在右侧，输出端在左侧。

➢ 对于图中的可动元器件（如继电器），原则上处于开断、不加电的工作状态。

➢ 将所有芯片的电源和地引脚全部利用上。

2. 信号完整性及电磁兼容性考虑

➢ 对 I/O 信号要加相应的滤波/吸收器件，必要时加瞬变电压吸收二极管或压敏电阻。

➢ 在高频信号输入端串接电阻。

➢ 高频区的去耦电容要选择低 ESR 的电解电容或钽电容。

➢ 对于去耦电容，应在满足纹波要求的前提下选择电容值较小的电容，以提高其谐振频率。

➢ 各芯片的电源都要加去耦电容，同一芯片中各模块的电源要分别加去耦电容；若为高频，则需要在靠近电源端加磁珠/电感。

3. PCB 完成后原理图与 PCB 的对应

➢ 对 PCB 分布参数敏感的元器件（如滤波电容、时钟阻尼电阻、高频滤波的磁珠/电感等），应核对、优化其标称值，若有变更，则应及时更新原理图和 BOM。

➢ 在 PCB Layout 重排标号信息后应及时更新原理图和 BOM。

➢ 在生成的 BOM 文件中，元器件明细表中不允许出现无型号的元器件。相同型号的元器件不允许采用不同的表示方法，如 4.7kΩ 的电阻只能用 4.7K 表示，不允许采用 4K7、4.7k 等表示方法。

➢ 只有严格遵守设计规范，才能设计出清晰易懂的电路原理图。

4.2　Capture 基本名词术语

绘制电路图时会涉及许多英文名词术语，如果不清楚这些术语的确切含义，将很难顺利完成电路图的绘制。在这些名词术语中，有些名词术语的含义很明确，如 Wire（互连线）、Bus（总线）、Power（电源、信号源）、Part（元器件）、Part Pin（元器件引线）等，无须解释说明；有些名词术语的含义不明确，其中，有些英文名词术语尚无公认的中文解释。为了叙述方便，本书根据这些名词术语的基本含义给出了相应的中文解释，下面简要介绍部分常用的名词术语。

1. 与电路设计项目有关的名词术语

（1）Project（设计项目），与电路设计有关的所有内容组成一个独立的设计项目。设计项目中包括电路图设计、配置的元器件库、相关的设计资源、生成的各种结果文件等。存放设计项目的文件以 OPJ 为扩展名。

（2）Schematic Page（电路图页面），绘制在一页电路图纸上的电路图。

（3）Schematic Folder（层次式电路图），指层次式电路图结构中同一个层次上的所有电路图。一个层次式电路图可以包括一幅或多幅电路图页面。

（4）Schematic Design（电路图设计），指设计项目中的电路图部分。一个完整的电路设计包括一个层次或多个层次的电路图。电路图设计存放在以 DSN 为扩展名的文件中。

（5）Design Structure（设计结构），电路设计采用 3 种不同的结构，即单页式电路图、平坦式电路图和层次式电路图。

① One-Page Design（单页式电路设计）：整个电路设计中只包括一页电路图。

② Flat Design（平坦式电路设计）：只包括一个层次的电路设计，该层次中可以包含多页电路图，但不包括子电路框图。

③ Hierarchical Design（层次式电路设计）：通常在设计比较复杂的电路和系统时采用的一种自上而下的电路设计方法，即首先在一张图纸上（称为根层次——Root）设计电路总体框图，然后在其他层次的图纸上设计每个框图代表的子电路结构，下一层次中还可以包括框图，按层次关系将子电路框图逐级细分，直到最低层次上为具体电路图，不再包括子电路框图为止。

2. 关于电路图组成元素的名词术语

（1）Object（对象，电路图的基本组成元素），指在绘制电路图的过程中，通过绘图命令绘制的电路图中的基本组成部分，如元器件符号、互连线、节点等。

（2）Junction（节点），在电路图中，如果要求相互交叉的两条互连线在交叉点处在电学上连通，那么应在交叉位置绘制一个粗圆点，该点称为节点。

（3）Part Reference（元器件序号），为了区分电路图上同一类元器件中的不同个体而分别给其编的序号，如将不同的电阻编号为 R1、R2 等。

（4）Part Value（元器件值），表征元器件特性的具体数值（如 0.1μF）或器件型号（如 7400、TLC5602A）。每个元器件型号都有一个模型描述其功能和电特性。

（5）Bus Entry（总线分支），将互连线与总线中的某一位信号线互相连接时，汇接处的那一段斜线。

（6）Off-Page Connector（分页端口连接器），一种表示连接关系的符号，在同一层次的不同页面的电路图之间及同一页电路图内部，名称相同的端口是相连的。

（7）Net Alias（网络别名），在电路中，由电学上相连的互连线、总线、元器件引出端等构成节点，用户为节点确定的名称称为该节点的 Net Alias。

（8）Property（电路元素的属性参数），表示电路元素中各种信息的参数。直接由 Capture 软件赋予的属性参数称为固有参数（Inherent Property），如元器件值、封装类型等；由用户设置的属性参数称为用户定义参数（User-Defined Property），如元器件价格、生产厂家等。

（9）Room（房间），在绘制原理图时，为一个元器件或几个元器件定义 Room 属性后，在 Allegro 中摆放元器件时可以直接将元器件摆放到定义的 Room 中。

（10）Design Rules Check（设计规则检查，DRC），检查一个电路图中是否有不符合电气规定的成分，如输出引脚与电源引脚连接等情况。设计好的电路必须经过 DRC，若有错误，则应及时修改。

（11）Netlist（网络表），可以看作原理图与各种制板软件的接口，制板软件需要导入正确的网络表才能设计 PCB。

4.3 建立新项目

原理图设计环境设置完毕，建立好元器件库后，即可进行原理图绘制。Capture 的 Project Manager 是用于管理相关文件及属性的。在新建项目的同时，Capture 会自动创建相关的文件，如 DSN、OPJ 文件等。根据创建的项目类型的不同，生成的文件也不尽相同。

（1）执行菜单命令"File"→"New"→"Project…"或单击按钮□，建立新项目，弹出"New Project"对话框，如图 4-3-1 所示。

（2）在"Name"文本框中输入项目名称"demo"，在"Create a New Project Using"栏中选择项目的类别。其选项及相应说明如下。

➤ Analog or Mixed A/D：进行数/模混合仿真，需要安装 PSpice A/D。

➤ PC Board Wizard：用于进行 PCB 设计，需要安装 Layout。

➤ Programmable Logic Wizard：进行 CPLD/FPGA 数字逻辑器件设计，需要安装 Express。

➤ Schematic：进行原理图设计。

在此设计中选择"Schematic"并在"Location"栏中选择所存储的位置"D:/Project/OrCAD"，单击"OK"按钮，一个新项目就建立好了。同时打开项目管理器，系统默认建立一个新页 PAGE1，建立好的新项目（单页）如图 4-3-2 所示。也可以直接建立新的设计，只需要执行菜单命令"File"→"New"→"Design"，即可创建新页 PAGE1，此时程序会自动创建新项目，默认名为"Design1"。

要创建多个页面，可在 SCHEMATIC1 中单击鼠标右键，在弹出的快捷菜单中选择"New Page"命令。建立好的多个页面如图 4-3-3 所示，为了记忆方便，可以修改页面的名称。

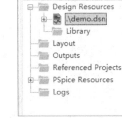

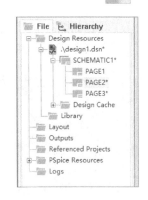

图 4-3-1　"New Project"对话框　　　图 4-3-2　建立好的新项目　　　图 4-3-3　建立好的多个页面

4.4　放置元器件

绘制电路图的流程通常由以下 3 部分组成。

1）放置元器件　这是绘制电路图中最主要的部分。必须先构图，全盘认识所要绘制的电路的结构与组成元素间的关系，必要时使用拼接式电路图或层次式电路图。元器件布局的好坏将直接影响绘图的效率。

2）连接线路　有些线路很容易连接，此时可以直接用导线连接，有些线路需要用到网络标号。

3）放置元器件说明　放置元器件说明可以增加电路图的可读性。

本例是在已建立好的项目的基础上，双击原理图页面 PAGE1，打开原理图页面，原理图编辑窗口如图 4-4-1 所示。

图 4-4-1　原理图编辑窗口

工具栏如图 4-4-2 所示。

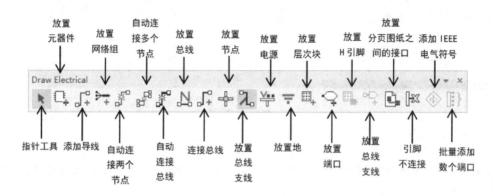

图 4-4-2　工具栏

4.4.1　放置基本元器件

1. 添加元器件库

（1）元器件的放置方式有多种，可以单击最右边的按钮▯，或者按"P"键，或者执行菜单命令"Place"→"Part"，会弹出如图 4-4-3 所示的"Place Part"对话框。

注意：此时元器件库（Libraries）为空，需要添加元器件库。Design Cache 并不是已加载的元器件库，而是用于记录所取用过的元器件，以便以后再次取用。基本元器件来自Discrete.olb、MicroController.olb、Conector.olb 及 Gate.olb 元器件库，需要添加这些元器件库。在"Place Part"对话框的"Libraries"选区中单击按钮▯，弹出如图 4-4-4 所示的"Browse File"对话框，添加元器件库。

图 4-4-3　"Place Part"对话框

图 4-4-4　"Browse File"对话框

（2）选择需要的元器件库并单击"打开"按钮，元器件库显示在"Libraries"列表框中。在"Part"文本框中显示该元器件库所对应的元器件，在"Libraries"列表框中显示所添加的元器件库，在左下角会显示与元器件相对应的图形符号，如图 4-4-5 所示。

用同样的方法可以添加更多的元器件库，添加好的元器件库如图 4-4-6 所示。

注意：建议在添加元器件库时不要把所有的元器件库同时添加到"Libraries"列表框中，因为库文件相当大，会使计算机运行速度降低。对于已经知道元器件属于哪个元器件库的情况，按照上述方法添加元器件库；而当不知道元器件在哪个元器件库中时，推荐利用"Search for Part"查找元器件。

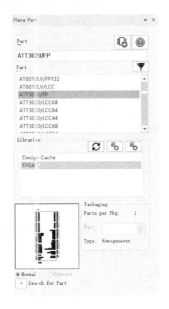

图 4-4-5　已加载的元器件库

图 4-4-6　添加好的元器件库

2．放置基本元器件

1）元器件的放置　当知道元器件属于哪个元器件库时，添加元器件库后，在"Part"列表框中输入元器件名，这样就可以找到所需的元器件。选择"Part List"列表框中的元器件名，所选的元器件会显示在预览栏中，如图 4-4-6 所示。单击按钮 即可取用这个元器件，而该元器件会随着光标移动，单击鼠标左键放置该元器件。可以同时放置多个相同的元器件，如图 4-4-7 所示。

2）元器件的查找　在 Capture 中，调用元器件非常方便。即使不清楚元器件在元器件库中的名称，也可以很容易地查找元器件并将其调出使用。使用 Capture CIS 还可以通过 Internet 到 Cadence 的数据库（包含数万个元器件信息）查找元器件。

（1）如果已知元器件名，如 74ACT574，可在图 4-4-6 中单击"Search for Part"按钮，展开"Search for Part"部分，如图 4-4-8 所示。

注意：在"Search for Part"展开部分，"Path"下的内容为当前库的目录，默认为 D:\ Cadence\SPB_17.4\tools\capture\library，可以单击浏览按钮指定其他目录。在"Search For"

列表框中输入要查找的元器件名"74ACT574"，单击右边的按钮，或按"Enter"键，包含"74ACT574"元器件的库名和路径的搜索结果将显示在最下边的"Libraries"文本框中，如图 4-4-9 所示。选中该库，单击"Add"按钮，或直接双击该库，元器件出现在"Place Part"对话框中，如图 4-4-10 所示。按上述方法摆放元器件于电路图中。

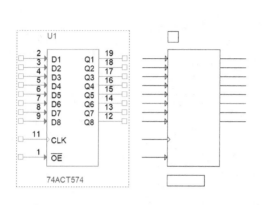

图 4-4-7　同时放置多个相同的元器件

图 4-4-8　展开"Search for Part"部分

图 4-4-9　搜索到元器件

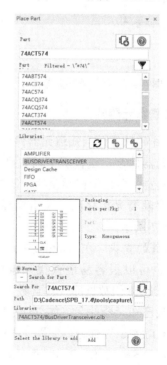

图 4-4-10　元器件预览

如果未找到元器件，将弹出如图 4-4-11 所示的提示信息。

（2）Capture 支持用通配符"*"模糊查找元器件，可以在不确定元器件具体名称时使用本方法。例如，查找 74LS138，可以输入"*LS138""74L*""*LS*"等进行查找，如图 4-4-12 所示，会显示所有以 74L 开头的元器件，可以在查到的元器件库列表中选择想要找的元器件。

图 4-4-11　提示信息　　　　　　　图 4-4-12　模糊查找元器件

4.4.2　对元器件的基本操作

选中元器件，单击鼠标右键，弹出元器件基本操作菜单，如图 4-4-13 所示。

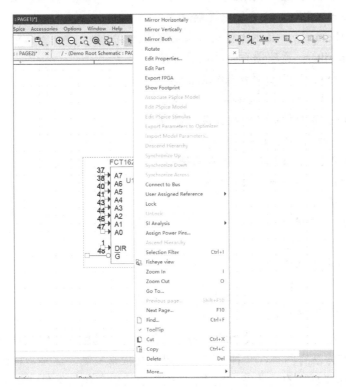

图 4-4-13　元器件基本操作菜单

➤ Mirror Horizontally：将该元器件左右翻转（快捷键为"H"）。

➤ Mirror Vertically：将该元器件上下翻转（快捷键为"V"）。

➤ Mirror Both：将该元器件双向整体翻转。

➤ Rotate：将该元器件逆时针旋转 90°（快捷键为"R"）。

- Edit Properties…: 编辑元器件属性。
- Edit Part: 编辑元器件引脚。
- Export FPGA: 输出现场可编程门阵列。
- Show Footprint: 显示引脚封装。
- Associate PSpice Model: 关联 PSpice 模型。
- Edit PSpice Model: 编辑 PSpice 模型。
- Edit PSpice Stimulus: 编辑 PSpice 仿真。
- Export Parameters to Optimizer: 将参数导出到优化器中。
- Import Model Parameters…: 导入模型参数。
- Descend Hierarchy: 显示下层层次式电路图。
- Synchronize Up: 显示同步向上层次式电路图。
- Synchronize Down: 显示同步向下层次式电路图。
- Synchronize Across: 显示下层跨越层次式电路图。
- Connect to Bus: 连接到总线。
- Assign Power Pins…: 分配电源端口。
- Ascend Hierarchy: 显示上层层次式电路图。
- Selection Filter: 原理图页面的过滤选择。
- Fisheye view: 变换鱼眼镜头视角范围。
- Zoom In: 窗口放大（快捷键为"I"）。
- Zoom Out: 窗口缩小（快捷键为"O"）。
- Go To…: 指向指定位置。
- Previous Page…: 返回上一页电路图。
- Next Page…: 转到下一页电路图。
- Find…: 查找。
- ToolTip: 工具提示。
- Cut: 剪切当前图。
- Copy: 复制当前图。
- Delete: 删除当前图。

1. 元器件的复制与粘贴

如果在同一个电路图中需要使用相同的元器件，可以利用元器件的复制功能来完成此操作。复制元器件的方法有两种，一种方法是通过剪切板来复制，这是一种比较常用的方法。操作步骤为，选择要复制的元器件，按"Ctrl+C"组合键复制元器件（如果要复制多个元器件，可以用鼠标框住所要复制的元器件或按"Ctrl"键选取多个元器件），再按"Ctrl+V"组合键进行粘贴。另一种方法是通过拖曳来复制元器件，即按住"Ctrl"键拖曳所要复制的元器件，即可直接复制该元器件。

2. 元器件的分配

在某些电路图中，一个集成电路由几个功能相同的部分组成，如 FCT16245 是由两个相同的部分组成的。当选用此类元器件时，就需要选择同一个集成电路（在"Packaging"选区中选择集成电路的不同部分），元器件的分配如图 4-4-14 所示；否则，在制作 PCB 时，一个元器件对应一个 FCT16245。放置好的元器件如图 4-4-15 所示。

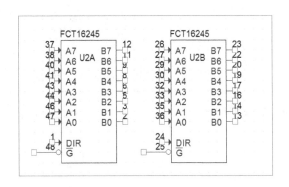

图 4-4-14　元器件的分配　　　　　　图 4-4-15　放置好的元器件

4.4.3　放置电源符号和接地符号

1. 电源符号和接地符号的特点

1）两种类型的电源符号　Capture 符号库中有两类电源符号。一类是 CAPSYM 库中提供的 4 种电源符号。它们仅是一种符号，在电路图中只表示连接的是一种电源，本身不具备电压值。但是这类电源符号具有全局（Global）相连的特点，即电路中具有相同名称的多个电源符号在电学上是相连的。另一类电源符号是由 SOURCE 库提供的。这类符号真正提供激励电源，通过设置可以给它们赋予一定的电压值。

2）接地符号　接地符号也具有全局相连的特点。接地符号的选择不是任意的，使用者在选择时一定要加以区分。

2. 电源符号和接地符号的放置步骤

1）放置电源符号　单击按钮 ⃞、按快捷键"F"或执行菜单命令"Place"→"Power…"，弹出"Place Power"对话框，如图 4-4-16 所示，可以选择任意的电源符号。"Symbol"文本框中为电源符号的名称，"Name"文本框中是用户为该电源符号起的名字。也可以执行菜单命令"Place"→"Pspice Component"→"Source"，放置所需的电源符号。

2）放置接地符号　放置接地符号与放置电源符号的方法基本相同。单击按钮 ⃞ 或执行菜单命令"Place"→"Ground"，弹出"Place Ground"对话框，如图 4-4-17 所示，可以选择合适的接地符号。

CAPSYM 库中的电源符号如图 4-4-18 所示。SOURCE 库中的电源符号如图 4-4-19 所示。接地符号如图 4-4-20 所示。

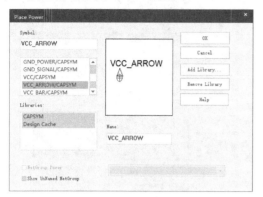

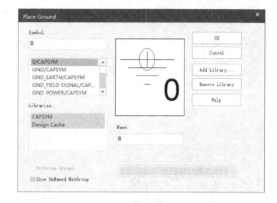

图 4-4-16　"Place Power" 对话框　　　　图 4-4-17　"Place Ground" 对话框

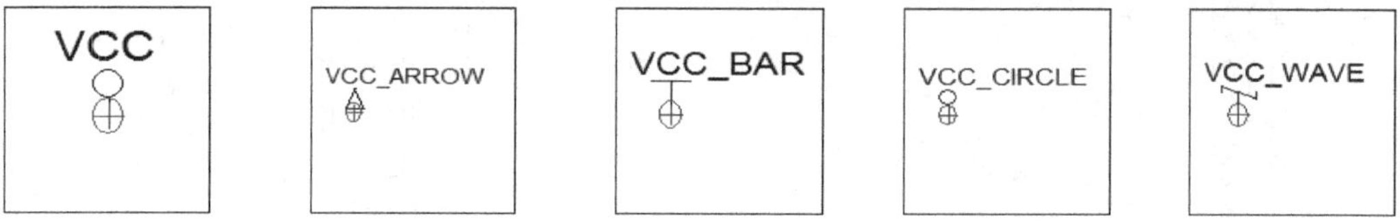

（a）普通符号　　　（b）箭头状　　　（c）棒状　　　（d）圆头状　　　（e）波浪状

图 4-4-18　CAPSYM 库中的电源符号

（a）高电平　　　　　　　　　　　　　（b）低电平

图 4-4-19　SOURCE 库中的电源符号

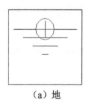

（a）地　　　（b）大地　　　（c）浮地　　　（d）电源地　　　（e）信号地

图 4-4-20　接地符号

4.4.4　完成元器件放置

（1）本电路图比较大，需要进行拆分。在项目管理器中将 "Schematic1" 更改为 "Demo Root Schematic"，并在该层次下新建一个原理图页面 PAGE2，如图 4-4-21 所示。

（2）在 PAGE1 上摆放元器件、电源符号、接地符号，如图 4-4-22 所示。在 PAGE2 上摆放元器件、电源符号、接地符号，如图 4-4-23 所示，并更改元器件值。

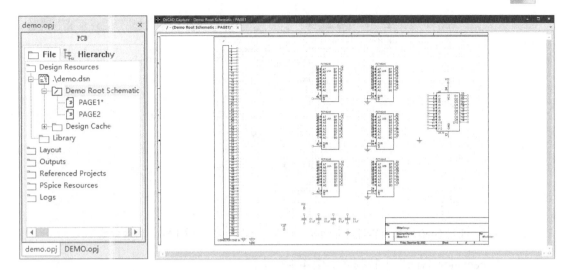

图 4-4-21　项目管理器　　　　　　图 4-4-22　Demo Root Schematic:PAGE1 原理图

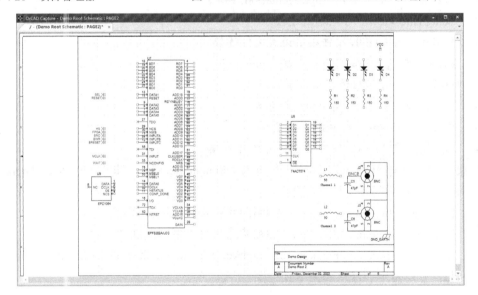

图 4-4-23　Demo Root Schematic:PAGE2 原理图

4.5　创建分级模块

1．创建简单层次式电路

（1）单击按钮█或执行菜单命令"Place"→"Hierarchical Block"，弹出"Place Hierarchical Block"对话框，如图 4-5-1 所示。

（2）在"Reference"文本框中输入"High Speed RAM"，在"Implementation Type"下拉列表中选择"Schematic View"，在"Implementation name"下拉列表中选择"HSRAM"，如图 4-5-2 所示。

图 4-5-1 "Place Hierarchical Block" 对话框

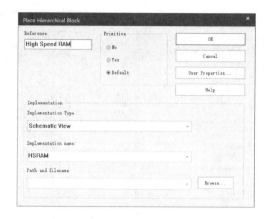

图 4-5-2 修改参数

"Implementation Type" 下拉列表如图 4-5-3 所示。

➢ <none>: 不附加任何 Implementation 参数。

➢ Schematic View: 与电路图连接。

➢ VHDL: 与 VHDL 硬件描述语言文件连接。

➢ EDIF: 与 EDIF 格式的网络表连接。

➢ Project: 与可编程逻辑设计项目连接。

➢ PSpice Model: 与 PSpice 模型连接。

➢ PSpice Stimulus: 与 PSpice 仿真连接。

➢ Verilog: 与 Verilog 硬件描述语言文件连接。

如果是层次式电路图，那么将其指定为 "Schematic View" 即可。"Place Hierarchical Block" 对话框其他项的含义如下所述。

➢ Implementation name: 指定该电路图所连接的内层电路图名。

➢ Path and filename: 指定该电路图的存盘路径，不指定也可以。

➢ User Properties...: 单击此按钮，会弹出如图 4-5-4 所示的 "User Properties" 对话框，可以增加和修改相关参数。

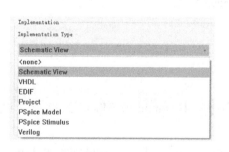

图 4-5-3 "Implementation Type" 下拉列表

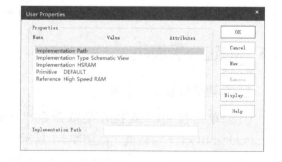

图 4-5-4 "User Properties" 对话框

（3）单击 "OK" 按钮，在 PAGE2 页面上画一个矩形框，添加另一个层次式电路图的上层电路。在 "Reference" 文本框中输入 "Data Schematic"，在 "Implementation Type"

下拉列表中选择"Schematic View"，在"Implementation name"下拉列表中选择"Data Schematic"。添加层次块后的图如图 4-5-5 所示。

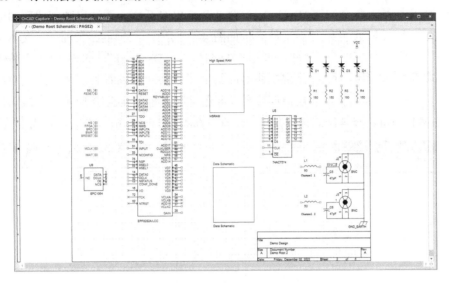

图 4-5-5　添加层次块后的图

（4）分别选中层次块"High Speed RAM"和"Data Schematic"，单击按钮  或执行菜单命令"Place"→"Hierarchical PIN"，添加层次端口，会弹出如图 4-5-6 所示的"Place Hierarchical Pin"对话框，在"Name"文本框中输入端口名字"RD[7..0]"，在"Width"选区中选择"Bus"，"Type"下拉列表为引脚类型，选择"Input"。继续添加其他层次端口，添加层次端口后的层次式电路图如图 4-5-7 所示。

图 4-5-6　"Place Hierarchical Pin"对话框

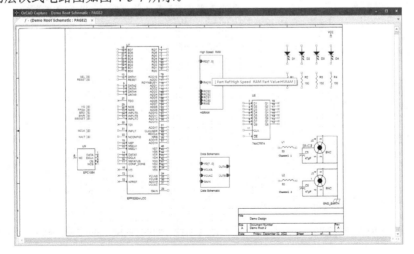

图 4-5-7　添加层次端口后的层次式电路图

图 4-5-8 添加下层电路图页面

（5）分别选中"High Speed RAM"和"Data Schematic"层次块，单击鼠标右键，在弹出的快捷菜单中选择"Descend Hierarchy"命令，弹出对话框，系统自动创建新的电路图页面文件夹，如图 4-5-8 所示。分别在"Name"文本框中输入"High Speed RAM"和"Data pg1"，单击"OK"按钮，这就是层次块对应的下层电路，可以看到与层次式电路图对应的端口连接器，如图 4-5-9 和图 4-5-10 所示。在编辑好的电路图页面单击鼠标右键，在弹出的快捷菜单中选择"Ascend Hierarchy"命令，弹出上层电路。

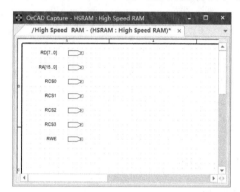

图 4-5-9 High Speed RAM 下层电路中的层次端口

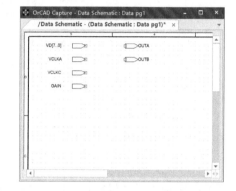

图 4-5-10 Data pg1 下层电路中的层次端口

同时，项目管理器中产生了新的电路图 HSRAM/High Speed RAM 和 Data Schematic/Data pg1，如图 4-5-11 所示。

（6）在 PAGE1 和 PAGE2 中添加电路图 I/O 端口和分页端口连接器。单击 按钮或执行菜单命令"Place"→"Off-Page Connector"，弹出"Place Off-Page Connector"对话框，如图 4-5-12 所示，添加分页端口连接器，用于 PAGE1 和 PAGE2 的连接。

图 4-5-11 项目管理器

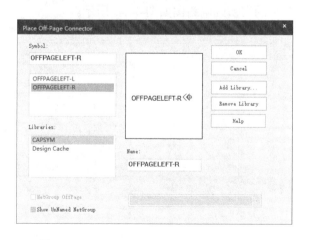

图 4-5-12 "Place Off-Page Connector"对话框

Capture 提供如下两种分页端口连接器。

> OFFPAGELEFT-L：设置采用双向箭头、节点在左的分页端口连接器。
> OFFPAGELEFT-R：设置采用双向箭头、节点在右的分页端口连接器。

（7）在"Name"文本框中输入分页端口连接器的名称，单击"OK"按钮摆放。选中分页端口连接器，单击鼠标右键，在弹出的快捷菜单中可对其进行旋转、左右翻转、上下翻转、复制、粘贴等操作，快捷菜单如图 4-5-13 所示。

> Mirror Horizontally：将分页端口连接器左右翻转。
> Mirror Vertically：将分页端口连接器上下翻转。
> Mirror Both：将分页端口连接器在上下和左右上同时翻转。
> Rotate：将分页端口连接器逆时针旋转 90°。
> Edit Properties…：编辑分页端口连接器的属性。
> Ascend Hierarchy：电路图页面的顶层层次式电路图。
> Zoom In：放大窗口。
> Zoom Out：缩小窗口。
> Go To…：跳转到指定位置。
> Cut：剪切分页端口连接器。
> Copy：复制分页端口连接器。
> Delete：删除分页端口连接器。

注意：在使用分页端口连接器时，这些电路图页面必须在同一个电路文件夹中，并且分页端口连接器要有相同的名字，才能保证电路图页面的电路连接。在不同的文件夹中，即使是相同的名字，也不会在电路上进行连接。当进行规则检查时，就会出现警告信息："No matching off-page connector"。

（8）单击按钮或执行菜单命令"Place"→"Hierarchical Port"，添加电路图 I/O 端口，会弹出如图 4-5-14 所示的"Place Hierarchical Port"对话框。

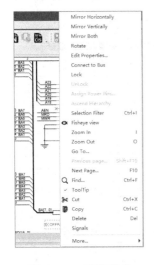

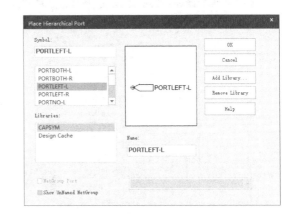

图 4-5-13　快捷菜单　　　　　图 4-5-14　"Place Hierarchical Port"对话框

电路图 I/O 端口类型如下所述。

> PORTHBOTH-L：双向箭头、节点在左的 I/O 端口符号（　PORTBOTH-L）。

> ➢ **PORTHBOTH-R:** 双向箭头、节点在右的 I/O 端口符号（ PORTBOTH-R ）。
> ➢ **PORTHLEFT-L:** 左向箭头、节点在左的 I/O 端口符号（ PORTLEFT-L ）。
> ➢ **PORTHLEFT-R:** 左向箭头、节点在右的 I/O 端口符号（ PORTLEFT-R ）。
> ➢ **PORTNO-L:** 无向箭头、节点在左的 I/O 端口符号（ PORTNO-L ）。
> ➢ **PORTNO-R:** 无向箭头、节点在右的 I/O 端口符号（ PORTNO-R ）。
> ➢ **PORTHRIGHT-L:** 右向箭头、节点在左的 I/O 端口符号（ PORTRIGHT-L ）。
> ➢ **PORTHRIGHT-R:** 右向箭头、节点在右的 I/O 端口符号（ PORTRIGHT-R ）。

添加完端口后，Demo Root Schematic:PAGE1 原理图页面和 Demo Root Schematic:PAGE2 原理图页面如图 4-5-15 和图 4-5-16 所示。

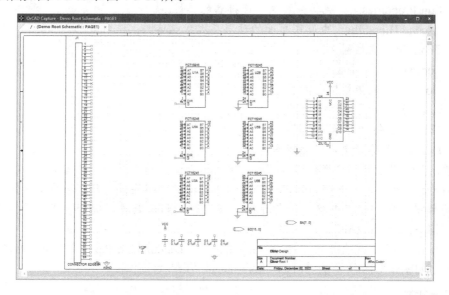

图 4-5-15　Demo Root Schematic:PAGE1 原理图页面

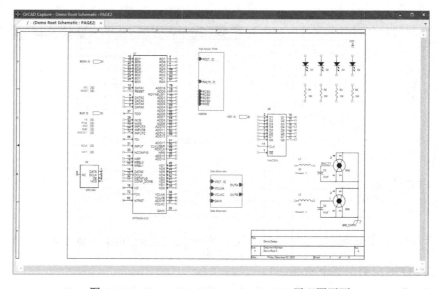

图 4-5-16　Demo Root Schematic:PAGE2 原理图页面

（9）摆放元器件于 PAGE2 的下层电路 HSRAM/High Speed RAM 和 Data Schematic/Data pg1 中。摆放后调整端口的位置，以便连线，High Speed RAM 原理图页面和 Data pg1 原理图页面分别如图 4-5-17 和图 4-5-18 所示。

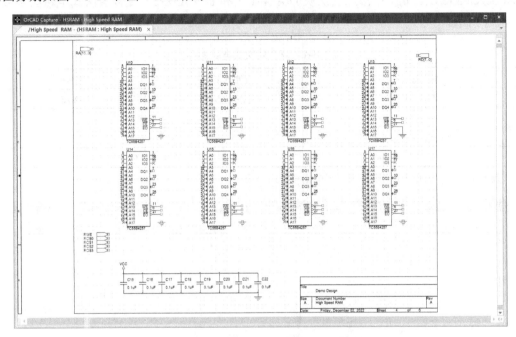

图 4-5-17　High Speed RAM 原理图页面

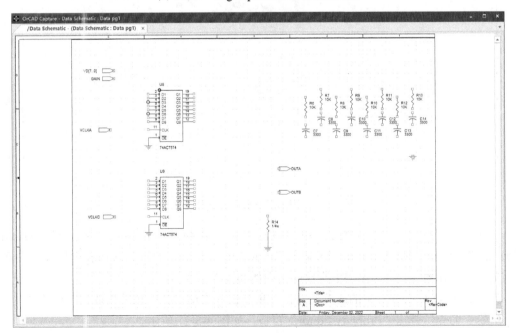

图 4-5-18　Data pg1 原理图页面

2. 创建复合层次式电路

（1）创建复合层次式电路与创建简单层次式电路的操作基本相同。按照前述的步骤在 Data Schematic/Data pg1 中添加层次块 D/A AMP1 和 D/A AMP2。复合层次式电路图参数如表 4-5-1 所示。

表 4-5-1　复合层次式电路图参数

参　数　名	子电路框图 1	子电路框图 2
Reference	D/A AMP1	D/A AMP2
Primitive	No	
Implementation Type	Schematic View	
Implementation name	D/A AMP Circuit	

添加层次块后的原理图页面如图 4-5-19 所示。

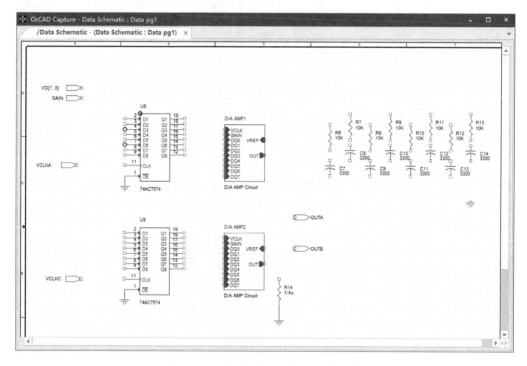

图 4-5-19　添加层次块后的原理图页面

（2）选择层次块 D/A AMP1，单击鼠标右键，在弹出的快捷菜单中选择"Descend Hierarchy"命令，在弹出的对话框中输入"D/A AMP"，单击"OK"按钮新建原理图页面。在该页中摆放元器件，D/A AMP1 原理图页面如图 4-5-20 所示。

（3）选中 D/A AMP1 中的所有元器件，单击鼠标右键，在弹出的快捷菜单中选择"Edit Properties"命令，弹出"Property Editor"窗口，如图 4-5-21 所示。

（4）移动下面的滚动条，显示"Reference"中的属性，并单击左侧的"+"，编辑属性，如图 4-5-22 所示。每个元器件下面都有两个黄色区域，对应于 D/A AMP1 和 D/A AMP2 两个事件。

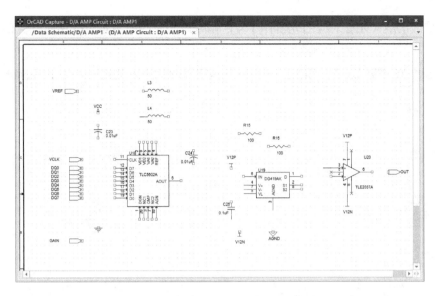

图 4-5-20 D/A AMP1 原理图页面

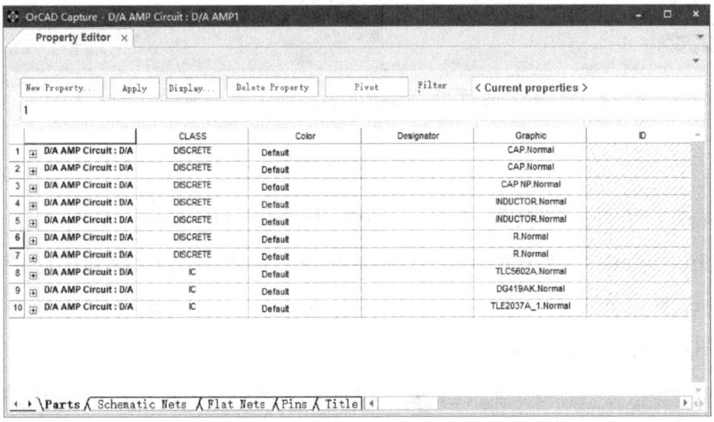

图 4-5-21 "Property Editor"窗口

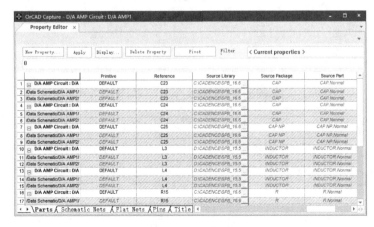

图 4-5-22 编辑属性

（5）修改 D/A AMP2 对应的元器件序号，修改后的属性如图 4-5-23 所示，关闭该属性编辑窗口。

		Primitive	Reference	Source Library	Source Package	Source Part	Value
1	D/A AMP Circuit : D/A	DEFAULT	C23	C:\CADENCE\SPB_16.6	CAP	CAP.Normal	0.01uF
2	/Data Schematic/D/A AMP1/	DEFAULT	C23	C:\CADENCE\SPB_16.6	CAP	CAP.Normal	0.01uF
3	/Data Schematic/D/A AMP2/	DEFAULT	C26	C:\CADENCE\SPB_16.6	CAP	CAP.Normal	0.01uF
4	D/A AMP Circuit : D/A	DEFAULT	C24	C:\CADENCE\SPB_16.6	CAP	CAP.Normal	0.01uF
5	/Data Schematic/D/A AMP1/	DEFAULT	C24	C:\CADENCE\SPB_16.6	CAP	CAP.Normal	0.01uF
6	/Data Schematic/D/A AMP2/	DEFAULT	C27	C:\CADENCE\SPB_16.6	CAP	CAP.Normal	0.01uF
7	D/A AMP Circuit : D/A	DEFAULT	C25	C:\CADENCE\SPB_16.6	CAP NP	CAP NP.Normal	0.1uF
8	/Data Schematic/D/A AMP1/	DEFAULT	C25	C:\CADENCE\SPB_16.6	CAP NP	CAP NP.Normal	0.1uF
9	/Data Schematic/D/A AMP2/	DEFAULT	C28	C:\CADENCE\SPB_16.6	CAP NP	CAP NP.Normal	0.1uF
10	D/A AMP Circuit : D/A	DEFAULT	L3	C:\CADENCE\SPB_15.5	INDUCTOR	INDUCTOR.Normal	50
11	/Data Schematic/D/A AMP1/	DEFAULT	L3	C:\CADENCE\SPB_15.5	INDUCTOR	INDUCTOR.Normal	50
12	/Data Schematic/D/A AMP2/	DEFAULT	L5	C:\CADENCE\SPB_15.5	INDUCTOR	INDUCTOR.Normal	50
13	D/A AMP Circuit : D/A	DEFAULT	L4	C:\CADENCE\SPB_15.5	INDUCTOR	INDUCTOR.Normal	50
14	/Data Schematic/D/A AMP1/	DEFAULT	L4	C:\CADENCE\SPB_15.5	INDUCTOR	INDUCTOR.Normal	50
15	/Data Schematic/D/A AMP2/	DEFAULT	L6	C:\CADENCE\SPB_15.5	INDUCTOR	INDUCTOR.Normal	50
16	D/A AMP Circuit : D/A	DEFAULT	R15	C:\CADENCE\SPB_16.6	R	R.Normal	100
17	/Data Schematic/D/A AMP1/	DEFAULT	R15	C:\CADENCE\SPB_16.6	R	R.Normal	100
18	/Data Schematic/D/A AMP2/	DEFAULT	R17	C:\CADENCE\SPB_16.6	R	R.Normal	100
19	D/A AMP Circuit : D/A	DEFAULT	R16	C:\CADENCE\SPB_16.6	R	R.Normal	100
20	/Data Schematic/D/A AMP1/	DEFAULT	R16	C:\CADENCE\SPB_16.6	R	R.Normal	100
21	/Data Schematic/D/A AMP2/	DEFAULT	R18	C:\CADENCE\SPB_16.6	R	R.Normal	100
22	D/A AMP Circuit : D/A	DEFAULT	U18	D:\PROJECT\ORCAD\	TLC5602A	TLC5602A.Normal	TLC5602A
23	/Data Schematic/D/A AMP1/	DEFAULT	U18	D:\PROJECT\ORCAD\	TLC5602A	TLC5602A.Normal	TLC5602A
24	/Data Schematic/D/A AMP2/	DEFAULT	U21	D:\PROJECT\ORCAD\	TLC5602A	TLC5602A.Normal	TLC5602A
25	D/A AMP Circuit : D/A	DEFAULT	U19	D:\PROJECT\ORCAD\	DG419AK	DG419AK.Normal	DG419AK
26	/Data Schematic/D/A AMP1/	DEFAULT	U19	D:\PROJECT\ORCAD\	DG419AK	DG419AK.Normal	DG419AK
27	/Data Schematic/D/A AMP2/	DEFAULT	U22	D:\PROJECT\ORCAD\	DG419AK	DG419AK.Normal	DG419AK
28	D/A AMP Circuit : D/A	DEFAULT	U20	D:\PROJECT\ORCAD\	TLE2037A_1	TLE2037A_1.Normal	TLE2037A
29	/Data Schematic/D/A AMP1/	DEFAULT	U20	D:\PROJECT\ORCAD\	TLE2037A_1	TLE2037A_1.Normal	TLE2037A
30	/Data Schematic/D/A AMP2/	DEFAULT	U23	D:\PROJECT\ORCAD\	TLE2037A_1	TLE2037A_1.Normal	TLE2037A

图 4-5-23　修改后的属性

（6）在 Data pg1 页面的层次块 D/A AMP2 上单击鼠标右键，在弹出的快捷菜单中选择“Descend Hierarchy”命令，弹出对应的原理图页面。从图中可以看到该电路图与层次块 D/A AMP1 对应的原理图页面一样，只是元器件序号不一样，将元器件序号与图对应修改一致，D/A AMP2 原理图页面如图 4-5-24 所示。

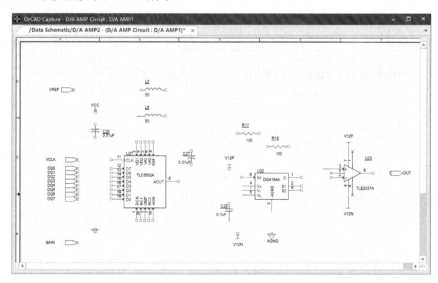

图 4-5-24　D/A AMP2 原理图页面

（7）查看项目管理器，如图 4-5-25 所示。注意，D/A AMP Circuit 对应一个电路 D/A AMP。双击 D/A AMP，弹出如图 4-5-26 所示的选择事件对话框。

可以选择与此电路图关联的两个事件，弹出相应的原理图。至此，本例的元器件已全部摆放完毕，修改元器件相关参数后可进入连接线路操作。

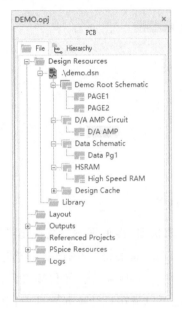

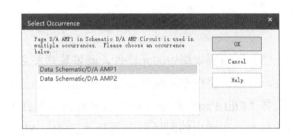

图 4-5-25　项目管理器　　　　　　　　　　图 4-5-26　选择事件对话框

4.6　修改元器件序号与元器件值

（1）修改元器件值，可以直接双击显示的元器件值，也可以双击元器件，或者选中该元器件后单击鼠标右键，在弹出的快捷菜单中选择"Edit Properties"命令，弹出"Property Editor"对话框，在对话框中修改元器件值，如图4-6-1所示。双击R1的阻值，弹出"Display Properties"对话框，如图4-6-2所示，将"Value"栏的值改为"150"。

（2）修改元器件序号与修改元器件值的方法类似，这里不再赘述。

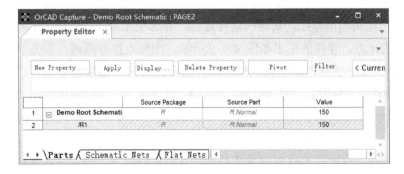

图 4-6-1　修改元器件值

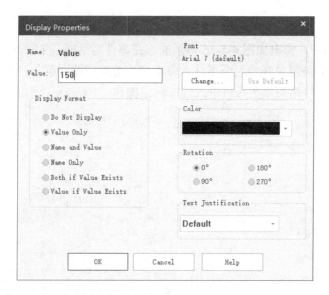

图 4-6-2 "Display Properties" 对话框

（3）更新原理图中的元器件，画好原理图之后，若想增加或修改原理图中某个元器件的属性，可以直接在原理图页面进行操作，选中该元器件，单击鼠标右键，在弹出的快捷菜单中选择"Edit Part"命令，就可以打开该元器件所在的元器件库，编辑好元器件属性后，关闭该页面，在弹出的对话框中选择"Update All"即可。也可以直接打开该元器件所在的元器件库，在元器件库中修改或增加该元器件的属性，再在项目管理器中单击"Design Cache"前面的加号，此时下面会显示所有画原理图时用到的元器件，找到刚才修改过的元器件，单击鼠标右键，在弹出的快捷菜单中选择"Update Cache"，即可更新元器件属性。

注意：在摆放元器件时，最好是边摆放边修改元器件值（如电阻值、电容值）和元器件序号。

4.7 连接电路图

1．导线的连接

基于 4.6 节绘制的电路图，对导线进行连接。在每个元器件的引脚上都有一个小方块，表示连接导线的地方，导线的引出如图 4-7-1 所示。当要连接导线时，首先单击按钮 或按"W"键，光标变成十字状，在需要连接元器件的小方块内单击鼠标左键，移动鼠标即可拉出一条导线。当需要变向时，可直接拐弯；当拐多个弯时，单击鼠标左键或在需要拐弯时按空格键；当到达另一个端点的小方块时，再次单击鼠标左键，即可完成导线的连接，如图 4-7-2所示。

小技巧：连接导线时，可以利用重复功能完成相同的操作。例如，在画好一条导线后，可以按"F4"键重复操作，如图 4-7-3 所示。

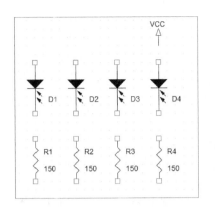

图 4-7-1　导线的引出

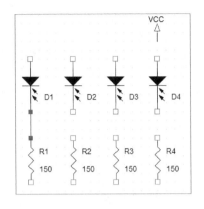

图 4-7-2　导线的连接

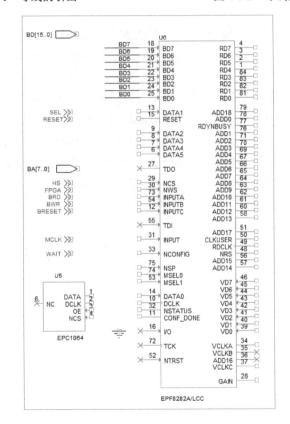

图 4-7-3　按 "F4" 键重复放置导线

　　连接导线时，在交叉点会有一个红点提示，如图 4-7-4 所示。软件会在交叉点自动添加连接关系，添加了节点的电路图如图 4-7-5 所示。节点表示两部分有电气上的连接，若在交叉点无电气连接，欲删除节点，可按住 "S" 键，单击鼠标左键，即可圈住该节点，单击 "Delete" 键即可删除该节点。如欲手动添加节点，可单击按钮 ✛、按快捷键 "J" 或执行菜单命令 "Place" → "Junction"，节点会随着光标移动，单击鼠标左键，在指定位置放置节点。

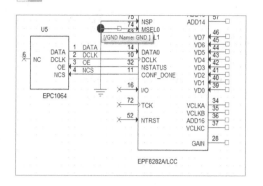

图 4-7-4 交叉点

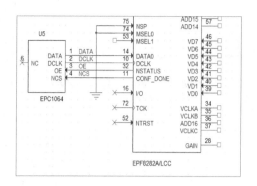

图 4-7-5 添加了节点的电路图

2. 总线的连接

总线可以使整个电路图布局清晰，尤其是在大规模电路的原理图设计中，使用总线尤为重要。总线与导线不同，总线是比导线粗的蓝色线，表示多条线的集合。绘制总线的方法与绘制导线的方法相同。

（1）单击按钮 ，或者按"B"键，在合适的位置画一条总线，如图 4-7-6 所示。

（2）绘制总线的进出点——总线分支。总线的进出点就是导线与总线的连接点，是一小段斜线，单击按钮 、按快捷键"E"或执行菜单命令"Place"→"Bus Entry"，总线分支会随着光标移动，单击鼠标左键放置总线分支。如果想改变总线分支的方向，可在放置总线分支之前按"P"键或单击鼠标右键，在弹出的快捷菜单中选择"Rotate"命令，即可任意改变总线分支的方向。总线分支如图 4-7-7 所示。

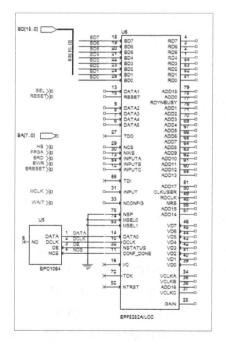

图 4-7-6 画总线

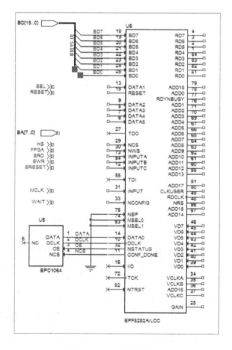

图 4-7-7 总线分支

（3）对总线进行网络标注。标注的目的是辅助读图，并没有实际意义。单击按钮，
弹出如图 4-7-8 所示的"Place Net Alias"对话框，在"Alias"文本框中输入网络标号，在
"Rotation"选区中可以选择网络标号的旋转角度。写好的网络标号一定要粘贴在总线上才能
进行放置。

图 4-7-8　"Place Net Alias"对话框

（4）进行单线标注。单线标注非常重要，它表示两个端点的实际连接。单线标注就是该
单线的网络名称，可以单击按钮或按"N"键进行网络标注，此时会显示如图 4-7-8 所示的
"Place Net Alias"对话框，在"Alias"文本框中输入网络标号（此名称应与网络标注的名称
相同，以增加其可读性）。放置完一个网络标号，可以继续标注下一个网络标号，Capture 会
自动增加网络标号。标注好的网络标号如图 4-7-9 所示。

注意： 此处的单线标注从 BD0 到 BD7，而分页端口连接器和总线标注为 BD[15..0]，不
能标注为 BD[7..0]，因为用到的总线宽度为 16 位，进行 DRC 时会检查总线宽度。如果
用 BD[7..0]，会出现总线宽度不匹配的错误提示。数据总线与数据总线的引出线一定要定义
网络标号。

（5）总线的其他操作。总线的可编辑部分不多，通常只有改变位置、删除等操作。在进
行编辑之前，必须先选取所要编辑的总线，该段线会变成粉红色，总线两端也会出现小方
块。其基本操作与元器件的基本操作相同，这里不再赘述。

注意： 有时，为了增强原理图的可观性，需要把导线画成斜线。下面以总线为例说明如
何画斜线，单击按钮，按住"Shift"键，再按正常绘制总线的方法即可画出斜的总线。将
图 4-7-7 加以修改，修改后的电路图如图 4-7-10 所示。可用同样的方法绘制其他总线。

连接导线后，对于没有连接的引脚，单击按钮，或者执行菜单命令"Place"→"No
Connect"，出现一个随光标移动的"×"。单击无连接的引脚，引脚上会出现一个"×"。

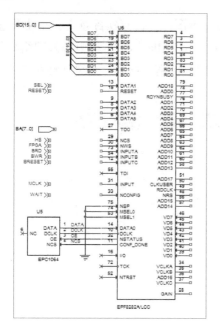

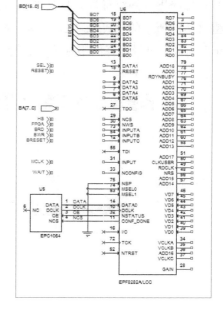

图 4-7-9　标注好的网络标号　　　　　图 4-7-10　修改后的电路图

3. 线路示意

按上述操作步骤对元器件的位置进行调整，连接导线。本例是连接好的 6 页电路图，如图 4-7-11～图 4-7-16 所示。

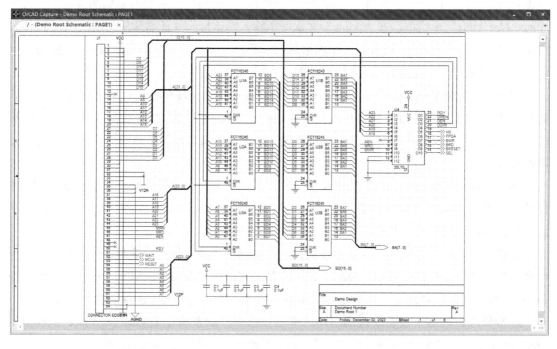

图 4-7-11　Demo Root Schematic:PAGE1 原理图

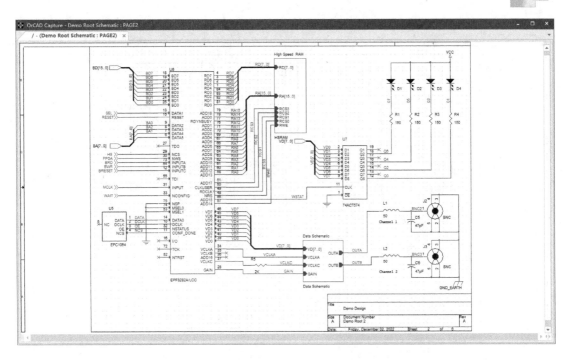

图 4-7-12　Demo Root Schematic:PAGE2 原理图

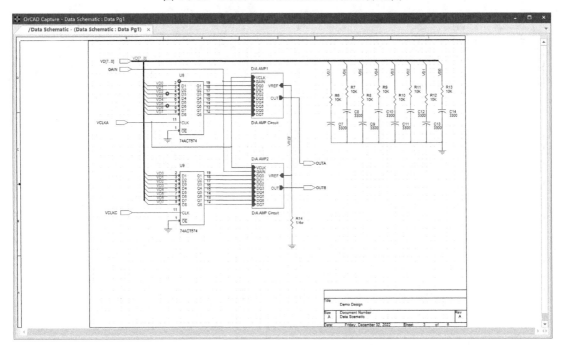

图 4-7-13　Data Schematic:Data pg1 原理图

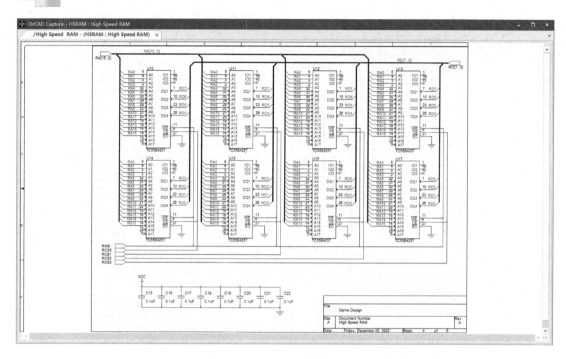

图 4-7-14　High Speed RAM 原理图

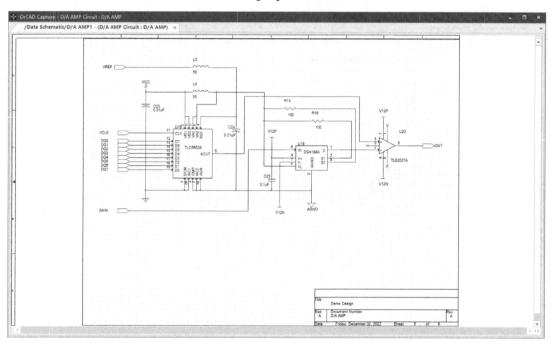

图 4-7-15　D/A AMP1 原理图

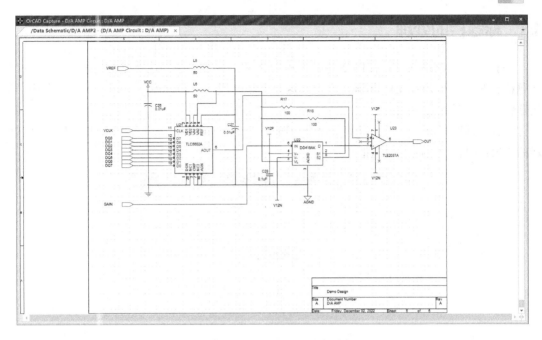

图 4-7-16　D/A AMP2 原理图

对于连接好的电路图，移动其中的某个元器件，不会切断该元器件与其他元器件之间的连线；如果想切断连线，那么可按住"Alt"键并移动该元器件。如果切断连线之后想要再次与之前所连的元器件重新自动连接，可执行菜单命令"Options"→"Preferences..."，会弹出如图 4-7-17 所示的"Preferences"对话框。选择"Miscellaneous"选项卡，勾选"Allow component move with connectivity changes"即可。

图 4-7-17　"Preferences"对话框

4.8 标题栏的处理

当打开一幅电路图时，在图纸的右下角会显示一块方框图，这就是标题栏。Capture 把标题栏放在 CAPSYM.OLB 元器件库中。这个库与一般的元器件库不一样，不能用取用一般元器件库的方法来取用它。

当放置标题栏时，可以执行菜单命令"Place"→"Title Block…"，会弹出如图 4-8-1 所示的"Place Title Block"对话框。

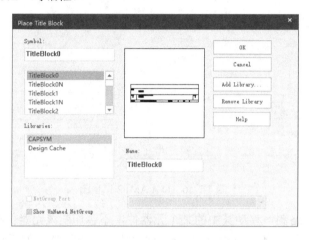

图 4-8-1　"Place Title Block"对话框

可以选择自己所需要的标题栏（对标题栏的设置在设计模板时已经介绍过了）。在进行电路图设计时，只能手动修改。双击图 4-8-2 中的"<Title>"来修改原理图的名称，会弹出如图 4-8-3 所示的"Display Properties"对话框。

在"Value"文本框中输入原理图名称。如果要改变字体，单击"Change…"按钮即可。如果要改变文字对齐方式，可在"Text Justification"下拉列表中选择相应的选项，如图 4-8-3 所示。当一切都设置完后，单击"OK"按钮返回标题栏。

图 4-8-2　标题栏

图 4-8-3　"Display Properties"对话框

在标题栏中，"Size"栏由程序根据所使用的图纸大小自动填入，"Data"栏根据系统的日期填入，"Sheet"栏由项目中电路图的数量及该电路图的顺序而定。

4.9　添加文本和图像

Capture 支持 Microsoft 和 Apple 公司共同研制的字形标准，这样会提高设计页的可读性和打印质量。Capture 可以创建自定义图像和放置位图文件。

1．添加文本

（1）打开电路图页面 Demo Root Schematic:PAGE2，单击工具栏中的按钮 🔤，添加文本，如图 4-9-1 所示。Capture 可以自动换行，若需要强制换行，则按"Ctrl+Enter"组合键。单击"OK"按钮，文本会随光标移动，单击鼠标左键放置文本，如图 4-9-2 所示。按"Esc"键可取消放置文本。

图 4-9-1　添加文本

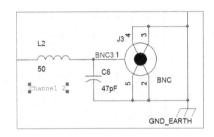

图 4-9-2　放置文本

（2）单击鼠标左键，在边框四角可拉伸文本框的尺寸。选中文本，单击鼠标右键，会弹出如图 4-9-3 所示的改变文本布局的快捷菜单。

2．添加位图

（1）如果要添加位图，可执行菜单命令"Place"→"Picture…"，会弹出如图 4-9-4 所示的"Place Picture"对话框，选择需要的位图文件，单击"打开"按钮放置位图文件，可以添加图形或公司的标志。

（2）选中要添加的位图，单击"OK"按钮，位图会随着光标移动。把位图放到目标位置后，位图的 4 个角会出现 4 个矩形小方框，拖动小方框可调整位图大小。添加的位图如图 4-9-5 所示。

图 4-9-3　改变文本布局的快捷菜单

图 4-9-4 "Place Picture"对话框

图 4-9-5 添加的位图

4.10 建立压缩文档

Capture 建立压缩文档的功能可以将设计和所有相关文件（如库、输出文件、参考项目）直接压缩成压缩文档，还可以指定其他附件和想要一起压缩的目录。将文件按日期命名，便于以后修改，不会产生混乱。

（1）切换到项目管理器，执行菜单命令"File"→"Archive Project"，会弹出如图 4-10-1 所示的"Archive Project"对话框。

➢ Library files：包含库文件。

➢ Output files：包含输出文件。

➢ Referenced projects：包含相关文件中的所有工程。

➢ Include TestBench：包含测试平台。

➢ Archive directory：压缩输出的目录。

➢ Create single archive file：建立单个压缩文档。

➢ File name：输出压缩文档名。

➢ Add more files：添加更多文件。

注意：压缩输出的目录与项目所在的目录应不同，否则会弹出如图 4-10-2 所示的警告信息。

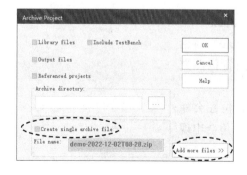

图 4-10-1 "Archive Project"对话框

图 4-10-2 警告信息

（2）设置好"Archive Project"对话框后单击"OK"按钮，就会生成压缩文档。

4.11 将原理图输出为 PDF 格式

OrCAD Capture 可以创建原理图设计的 PDF，此时计算机需要安装 ghostscript32 位、ghostscript64 位、Adobe Acrobat Distiller 或 Custom 程序。创建方法为切换到项目管理器，选择要输出的原理图页面，执行菜单命令"File"→"Export"→"PDF"，会弹出如图 4-11-1 所示的 PDF 输出设置对话框。

图 4-11-1　PDF 输出设置对话框

 ➢ Output Properties：设置输出属性。
  • Output Directory：指定输出目录文件夹。
  • Output PDF File：指定输出 PDF 文件名。
 ➢ Options。
  • Printing Mode：选择要打印的设计的"Instance"模式或"Occurrence"模式。
  • Orientation：选择"Potrait"或"Landscape"模式。
  • Create Properties PDF File：选择此选项即可生成 PDF 文件。PDF 文件以<Output PDF File>.pdf 的形式保存在输出目录中。用户也可以通过选择"Cross Probe"选项来获取 PDF 文件。
  • Create Net & Part Bookmarks：选择此选项即可在 PDF 文件中显示网络及与其连接的零件引脚位。

> ➢ Page Size: 页面尺寸。
> - • Output Paper Size: 从下拉列表中选择输出页面尺寸。
> ➢ Postscript Driver: Postscript 驱动。
> - • Driver: 指定打印 PDF 文件的驱动。Capture 默认安装 Orcad PS Printer 驱动。
> ➢ Postscript Commands: Postscript 命令。
> - • Converter: 从下拉列表中选择 PDF 转换器的类型，用户可以选择下列转换器中的任意一种：Adobe Distiller、GhostScript/equivalent、GhostScript 64bit/equivalent、Custom。
> - • Converter Path: 指定转换器可执行文件（.exe）的保存路径。
> - • Converter Arguments: 指定转换器参数，默认转换器参数为-sDEVICE=pdfwrite -sOutputFile=$::capPdfUtil::mPdfFilePath -dBATCH -dNOPAUSE $::capPdfUtil::mPSFilePath。

4.12 平坦式和层次式电路图设计

对于比较复杂的电路，在设计时一般要采用平坦式或层次式电路结构。层次式电路结构已在电路和系统设计中得到广泛应用。

4.12.1 平坦式和层次式电路的特点

1. 平坦式电路设计（Flat Design）

当电路规模较大时，可按功能将电路分成几个部分，将每部分都绘制在一页图纸上，每张电路图之间的信号连接关系用分页端口连接器表示。在本书示例中，Demo Root Schematic 下的 PAGE1 和 PAGE2 就是采用平坦式电路结构连接的。

Capture 中平坦式电路结构的特点如下。

（1）在平坦式电路设计中，每页电路图上都有分页端口连接器，表示不同页面上电路间的连接关系。在不同电路上，相同名称的分页端口连接器在电学上是相连的。

（2）平坦式电路之间的不同页面属于同一层次，相当于在一个电路图文件夹中。如图 4-12-1 所示，这 3 张电路图都位于一个文件夹下。

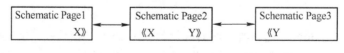

图 4-12-1　平坦式电路图范例

2. 层次式电路设计（Hierarchical Design）

1）层次式电路结构的特点

（1）层次式电路是一种将电路图分门别类，以方块图来代替实际电路，目前在电路和系统设计中比较流行的"自上而下"的设计方法。从根层开始看图，很容易看出整个电路的结构；若要进一步了解内部结构，则需要看下一层。至于信号连接，则将电路方块图上的"电路图 I/O 端口"与内层电路图上相同名称的"电路图 I/O 端口"配对连接。层次式电路图的基本结构如图 4-12-2 所示。

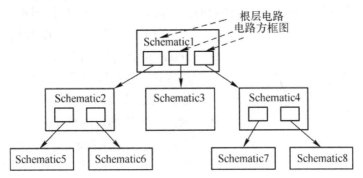

图 4-12-2　层次式电路图的基本结构

在图 4-12-2 中，每个区域都是一个电路图系（表示为 Schematic 而不是 Page），每个区域相当于一个数据夹，其中，可以是一张电路图，也可以是由几张电路图拼接而成的平坦式电路图。

（2）对于层次式电路结构，首先在一张图纸上用框图的形式设计总体结构，然后在另外一张图纸上设计每个子电路框图代表的结构。在实际设计中，下一层次的电路可以包含子电路框图，按层次关系将子电路框图逐级细分，直到最后一层完全为某一个子电路的具体电路图，不再含有子电路框图为止。

2）简单层次式电路　若层次式电路中不同层次的子电路框图内部包含的各种子电路框图或具体子电路没有相同的，分别用不同层次的电路表示，则称其为简单层次式电路。图 4-12-2 所示为简单层次式电路，不同层次的电路只被一个框图"调用"。

3）复合层次式电路　若层次式电路中某些层次含有相同的子电路框图或具体电路，则称其为复合层次式电路。对这些相同框图所代表的电路，只需要绘制一次，便可在多处调用。复合层次式电路如图 4-12-3 所示。

4）本例采用的电路结构　平坦式电路结构与复合层次式电路结构的结合如图 4-12-4 所示。

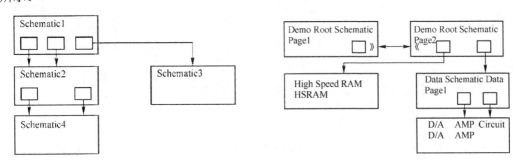

图 4-12-3　复合层次式电路　　　　图 4-12-4　平坦式电路结构与复合层次式电路结构的结合

4.12.2　电路图的连接

1. 多张电路图连接

现在具体说明多张电路图是如何连接的。层次式电路图的连接如图 4-12-5 所示。

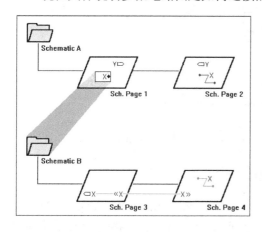

从图 4-12-5 中可以看到，Sch.Page 1 与 Sch.Page 2 之间是简单的层次连接，即平坦式电路连接。层次块表示电路图包含在 Schematic B 中，层次块的端口与原理图页面中的引脚在逻辑上是等价的，因此给定相同的名字以表示电路连接，如 Sch.Page 1 与 Sch.Page 3。在同一张图上，层次式电路图的端口与分页端口连接器有相同的名字也表示有电路上的连接，如 Sch.Page 3；在同一个文件夹下，不同页面的分页端口连接器有相同的名字表示其间有连接，如 Sch.Page 3 与 Sch.Page 4。导线与分页端口连接器如果有相同的名字也表示其间有连接，如

图 4-12-5　层次式电路图的连接

Sch.Page 4。但是 Sch.Page 2 中的 X 与 Sch.Page 4 中的 X 不能连接，因为它们在不同的页上。

对于平坦式电路图，要把多个电路图连接在一起，必须使用分页端口连接器。在层次式电路图设计中，原理图文件夹是被垂直连接起来的。通常情况下，根图包括表示其他原理图文件夹的符号，这些符号称为层次块。在一个简单的层次式电路图设计中，层次块与原理图文件夹有着一一对应的关系，每个层次块都代表一个特殊的原理图文件，简单层次式电路设计如图 4-12-6 所示。

在一个较复杂的层次式电路图中，一个或多个层次式电路图对应同一个原理图文件夹，复合层次式电路设计如图 4-12-7 所示。

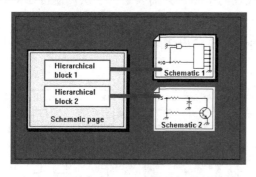

图 4-12-6　简单层次式电路设计

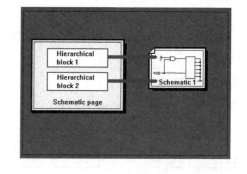

图 4-12-7　复合层次式电路设计

对于比较庞大的项目，除了用平坦式电路图，还可将其划分为几个功能模块进行电路图的编辑，有时还需要对某些功能模块进行重构，这些都需要用到层次式电路图。

2. 平坦式电路和层次式电路的适用范围

如果电路规模过大，使得幅面最大的页面图纸也容纳不下整个电路设计，就必须采用平坦式或层次式电路结构。但是在以下几种情况下，即使电路的规模不是很大，完全可以将其放置在一页图纸上，也往往采用平坦式或层次式电路结构。

（1）将一个复杂的电路设计分为几个部分，分配给几个工程技术人员同时进行设计。

（2）按功能将电路设计分成几个部分，让具有不同特长的设计人员负责不同部分的设计。

（3）采用的打印输出设备不支持幅面过大的电路图页面。

（4）目前自上而下的设计策略已成为电路和系统设计的主流，这种设计策略与层次式电路结构一致，因此相对复杂的电路和系统设计大多采用层次式电路结构，使用平坦式电路结构的情况已相对减少。

习题

（1）在 Capture 中如何加载元器件库？

（2）Design Cache 的作用是什么？

（3）当想要修改已经放置在原理图页面中的某个元器件的属性时应如何操作？

（4）项目管理器的主要作用是什么？

（5）如果希望屏幕显示当前图纸的标题栏，但是在打印时打印不出该标题栏，那么应如何设置？

（6）如果想把某个电路提升为根层电路，那么应如何操作？

（7）简单层次式电路与复合层次式电路有何区别？

（8）层次式电路的优点有哪些？

第**5**章　PCB 设计预处理

5.1　编辑元器件属性

一个元器件的属性定义了其外形和电气特征，一般可以很容易地改变元器件的参数和特性。本节以电阻为例，介绍元器件属性，如图 5-1-1 所示。

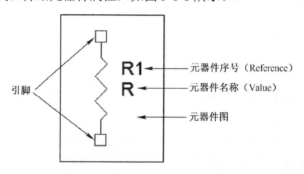

图 5-1-1　元器件属性

1. 编辑元器件属性的两种方法（以 7400 为例）

（1）在取出元器件但未摆放时，单击鼠标右键，弹出功能选项菜单，如图 5-1-2 所示。选择"Edit Properties…"，弹出"Edit Part Properties"对话框，如图 5-1-3 所示。

图 5-1-2　功能选项菜单　　　　　　　图 5-1-3　"Edit Part Properties"对话框

> Part Value: 元器件名称。程序预设的元器件名称为该元器件在元器件库里的名称。
> Part Reference: 元器件序号。元器件不同，程序预设的元器件序号也不一样，如电

阻预设为 "R?"，电容预设为 "C?"，IC 预设为 "U?"，晶体管预设为 "Q?"，连接器预设为 "J?"。

➢ Primitive: 设置该元器件为基本（Primitive）组件，单击 "Yes" 按钮；或设置该元器件为非基本（Non-Primitive）组件，单击 "No" 按钮。基本组件是指该元器件为底层的元器件，而不是由元器件图构成的元器件；非基本组件是指该元器件是由其他电路图组成的，可能是有指定其内层电路图的元器件，或者根本就是一个层次式电路图。

注意：若只是绘制电路图，不进行电路仿真或设计 PCB，则元器件是基本组件或非基本组件均可。若要进行仿真，则应设置元器件为非基本组件。若设计 PCB，则一定要设置元器件为基本组件，否则不能进行布线。

➢ Graphic: 图面显示模式。Graphic 通常是针对逻辑门的元器件而设置的，如果不是逻辑门或不具有转换图，那么本区域将失效。在本区域中包括 "Normal" 及 "Convert" 两个选项，其中，"Normal" 用于一般图形显示，而 "Convert" 用于其转换图显示，如图 5-1-4 所示。

(a) Normal 图　　　　　　　　　　　　　　(b) Convert 图

图 5-1-4　Normal 图与 Convert 图

➢ Packaging: 复合式封装设置，即一个元器件封装中含有多个相同的元器件，如一个 7400 封装中有 4 个与非门。

➢ PCB Footprint: 元器件封装形式，也就是 Allegro 中所取用的元器件。

➢ User Properties…: 自定义属性。单击该按钮后，会弹出如图 5-1-5 所示的 "User Properties" 对话框。

➢ Attach Implementation…: 为该元器件指定所要关联的下层文件。单击该按钮后，会弹出 "Attach Implementation" 对话框，如图 5-1-6 所示。

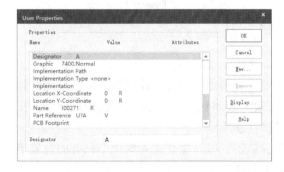

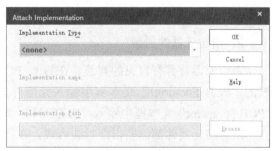

图 5-1-5　"User Properties" 对话框　　　　　　　图 5-1-6　"Attach Implementation" 对话框

（2）当元器件摆放完成后，选中元器件并单击鼠标右键，从弹出的快捷菜单中选择"Edit Properties…"命令，或者在元器件上双击，会弹出"Property Editor"对话框，如图 5-1-7 所示。

➤ New Property…：新增一个属性栏。

➤ Apply：套用新栏设置或修改资料。

➤ Display…：改变所选项的显示。

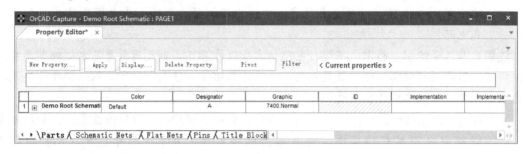

图 5-1-7　"Property Editor"对话框

➤ Delete Property：删除所选取的目标栏。

➤ Pivot：旋转轴，如果元器件在表格中有许多选项，那么可以单击它来改变横坐标与纵坐标的位置。

➤ Filter：设置该栏的分类选择。

如果只需要修改一个属性（如修改元器件序号），可以双击元器件序号，会弹出如图 5-1-8 所示的"Display Properties"对话框，在此对话框中可以选择不同的字体、显示颜色、旋转方向等，也可以改变显示的格式。

➤ Do Not Display：不显示。

➤ Value Only：只显示值。

➤ Name and Value：显示名称和值。

➤ Name Only：只显示名称。

➤ Both if Value Exists：若值存在，则显示名称和值。

➤ Value if Value Exists：若值存在，则显示值。

图 5-1-8　"Display Properties"对话框

2. 指定元器件封装

每个元器件都有自己的封装。在导入 PCB 前，必须正确填写元器件的封装。在属性列表的"PCB Footprint"文本框中输入元器件的封装。在本例中，双击 EPF8282A/LCC，在"PCB Footprint"文本框中输入"PLCC84"，如图 5-1-9 所示。

所有的元器件都需要指定封装形式。在指定封装形式时，要优先考虑库中已有的封装形式，若没有，则要自己创建封装形式，指定的封装名称必须与创建的封装名称一致。

如果元器件在表格中有许多选项，可以双击旋转轴，如图 5-1-9 中的箭头所指，或者在旋转轴位置单击鼠标右键，从弹出的快捷菜单中选择"Pivot"命令来改变横坐标与纵坐标的位置，也可以直接单击"Pivot"命令来实现，轴变换后的图如图 5-1-10 所示。

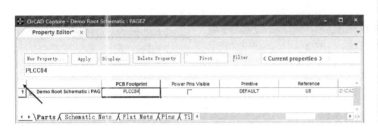

图 5-1-9   填写元器件封装

	A
⊞ SCHEMATIC1 : PAGE2	
Color	Default
Designator	
Graphic	EPF8282A/LCC.Normal
ID	
Implementation	
Implementation Path	
Implementation Type	<none>
Location X-Coordinate	210
Location Y-Coordinate	70
Name	INS206
Part Reference	U1
PCB Footprint	PLCC84
Power Pins Visible	☐
Primitive	DEFAULT
Reference	U1
Source Library	D:\CADENCE\SPB_17.4
Source Package	EPF8282A/LCC
Source Part	EPF8282A/LCC.Normal
Value	EPF8282A/LCC

图 5-1-10   轴变换后的图

3. 参数整体赋值

Capture 的一个特点就是可以实现参数的整体赋值，如电阻的电阻值、元器件的封装等。下面以本例 Demo Root Schematic:PAGE2 中的电阻和二极管为例进行说明。

（1）按住"Ctrl"键，用鼠标逐个点选 8 个元器件，如图 5-1-11 所示。单击鼠标右键，从弹出的快捷菜单中选择"Edit Properties…"命令，打开元器件属性编辑窗口，如图 5-1-12 所示。

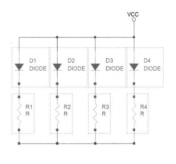

图 5-1-11   编辑元器件属性

	A	B	C	D	E	F	G	H
	⊞ SCHEMATIC1 : PAGE2	⊞ SCHEMATIC1 : PAGE2	⊞ SCHEMATIC1 : PAGE2	⊞ SCHEMATIC1 : PAGE2	⊞ SCHEMATIC1 : PAGE2	⊞ SCHEMATIC1 : PAGE2	⊞ SCHEMATIC1 : PAGE2	⊞ SCHEMATIC1 : PAGE2
Color	Default	Default	Default	Default	Default	Default	Default	Default
Designator								
Graphic	DIODE.Normal	DIODE.Normal	DIODE.Normal	DIODE.Normal	R.Normal	R.Normal	R.Normal	R.Normal
ID								
Implementation								
Implementation Path								
Implementation Type	<none>	<none>	<none>	<none>	<none>	<none>	<none>	<none>
Location X-Coordinate	240	300	360	420	240	300	360	420
Location Y-Coordinate	200	200	200	200	270	270	270	270
Name	INS485	INS501	INS517	INS533	INS403	INS419	INS444	INS460
Part Reference	D1	D2	D3	D4	R1	R2	R3	R4
PCB Footprint								
Power Pins Visible	☐	☐	☐	☐	☐	☐	☐	☐
Primitive	DEFAULT	DEFAULT	DEFAULT	DEFAULT	DEFAULT	DEFAULT	DEFAULT	DEFAULT
Reference	D1	D2	D3	D4	R1	R2	R3	R4
Source Library	D:\CADENCE\SPB_17.4	D:\CADENCE\SPB_17.4	D:\CADENCE\SPB_17.4	D:\CADENCE\SPB_17.4	D:\CADENCE\SPB_17.4	D:\CADENCE\SPB_17.4	D:\CADENCE\SPB_17.4	D:\CADENCE\SPB_17.4
Source Package	DIODE	DIODE	DIODE	DIODE	R	R	R	R
Source Part	DIODE.Normal	DIODE.Normal	DIODE.Normal	DIODE.Normal	R.Normal	R.Normal	R.Normal	R.Normal
Value	DIODE	DIODE	DIODE	DIODE	R	R	R	R

图 5-1-12   元器件属性编辑窗口

（2）单击"PCB Footprint"将选中其所在的行，如图 5-1-13 所示；也可以选中一个框，逐个输入值；还可以按住鼠标左键选择部分列。单击鼠标右键，从弹出的快捷菜单中选择"Edit…"命令，会弹出如图 5-1-14 所示的编辑属性对话框，在空白处输入二极管的封装"LED"，单击"OK"按钮。

	A	B	C	D
	⊞ SCHEMATIC1 : PAGE2	⊞ SCHEMATIC1 : PAGE2	⊞ SCHEMATIC1 : PAGE2	⊞ SCHEMATIC1 : PAGE2
Color	Default	Default	Default	Default
Designator				
Graphic	DIODE.Normal	DIODE.Normal	DIODE.Normal	DIODE.Normal
ID				
Implementation				
Implementation Path				
Implementation Type	<none>	<none>	<none>	<none>
Location X-Coordinate	240	300	360	420
Location Y-Coordinate	200	200	200	200
Name	INS485	INS501	INS517	INS533
Part Reference	D1	D2	D3	D4
PCB Footprint				
Power Pins Visible				
Primitive	DEFAULT	DEFAULT	DEFAULT	DEFAULT
Reference	D1	D2	D3	D4
Source Library	D:\CADENCE\SPB_17.4	D:\CADENCE\SPB_17.4	D:\CADENCE\SPB_17.4	D:\CADENCE\SPB_17.4
Source Package	DIODE	DIODE	DIODE	DIODE
Source Part	DIODE.Normal	DIODE.Normal	DIODE.Normal	DIODE.Normal
Value	DIODE	DIODE	DIODE	DIODE

图 5-1-13 选择部分列

图 5-1-14 编辑属性对话框

（3）继续按上述方法修改电阻封装"SM-0805"，修改后的参数如图 5-1-15 所示。

| New Property... | Apply | Display... | Delete Property | Pivot | Filter | < Current properties > | | Help |

	A	B	C	D	E	F	G	H
	⊞ SCHEMATIC1 : PAGE2	⊞ SCHEMATIC1 : PAGE2	⊞ SCHEMATIC1 : PAGE2	⊞ SCHEMATIC1 : PAGE2	⊞ SCHEMATIC1 : PAGE2	⊞ SCHEMATIC1 : PAGE2	⊞ SCHEMATIC1 : PAGE2	⊞ SCHEMATIC1 : PAGE2
Color	Default	Default	Default	Default	Default	Default	Default	Default
Designator								
Graphic	DIODE.Normal	DIODE.Normal	DIODE.Normal	DIODE.Normal	R.Normal	R.Normal	R.Normal	R.Normal
ID								
Implementation								
Implementation Path								
Implementation Type	<none>	<none>	<none>	<none>	<none>	<none>	<none>	<none>
Location X-Coordinate	240	300	360	420	240	300	360	420
Location Y-Coordinate	200	200	200	200	270	270	270	270
Name	INS485	INS501	INS517	INS533	INS403	INS419	INS444	INS460
Part Reference	D1	D2	D3	D4	R1	R2	R3	R4
PCB Footprint	LED	LED	LED	LED				
Power Pins Visible								
Primitive	DEFAULT	DEFAULT	DEFAULT	DEFAULT	DEFAULT	DEFAULT	DEFAULT	DEFAULT
Reference	D1	D2	D3	D4	R1	R2	R3	R4
Source Library	D:\CADENCE\SPB_17.4	D:\CADENCE\SPB_17.4	D:\CADENCE\SPB_17.4	D:\CADENCE\SPB_17.4	D:\CADENCE\SPB_17.4	D:\CADENCE\SPB_17.4	D:\CADENCE\SPB_17.4	D:\CADENCE\SPB_17.4
Source Package	DIODE	DIODE	DIODE	DIODE	R	R	R	R
Source Part	DIODE.Normal	DIODE.Normal	DIODE.Normal	DIODE.Normal	R.Normal	R.Normal	R.Normal	R.Normal
Value	DIODE	DIODE	DIODE	DIODE	R	R	R	R

图 5-1-15 修改后的参数

4．分类属性编辑

（1）双击 Demo Root Schematic:PAGE2 中的元器件 EPF8282A/LCC，或者在选取元器件后单击鼠标右键，从弹出的快捷菜单中选择"Edit Properties…"命令，弹出"Property Editor"窗口，如图 5-1-16 所示。元器件主要可以分为 3 类，即 IC（集成电路）、IO（接插件）和 Discrete（分立元器件）。CLASS 属性可定义为这 3 种类型，这样在将原理图转换为 PCB 时，就可以有选择地分类放置元器件，具体内容将在相关章节讲述。

（2）在"Filter"下拉列表中选择相应的类型，对应属性栏就会变成该类型包含的属性，这里选择"Allegro PCB Designer"。属性编辑窗口中未使用的属性栏中会有斜线，当输入相应值后斜线将消失。在"CLASS"栏中输入"IC"，在"Filter"下拉列表中选择"<Current properties>"，这时刚输入的属性就会出现，如图 5-1-17 所示。

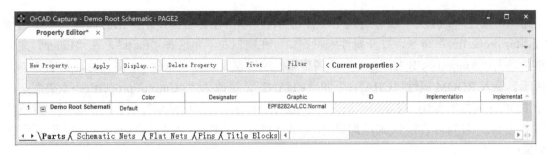

图 5-1-16　"Property Editor"窗口

将所有的元器件按照 IC、IO 和 Discrete 分类，并编辑其属性。

图 5-1-17　修改"CLASS"为"IC"

5. 定义 ROOM 属性

将一个或一些元器件定义在一个 ROOM 中的好处是，在进行 PCB 布局时，可以按 ROOM 属性摆放元器件，从而大大提高摆放效率。在本书采用的示例中，共定义了 5 个 ROOM 属性，即 CPU、LED、MEM、CHAN1 和 CHAN2。

（1）CPU ROOM 的设置：该 ROOM 中只有 EPF8282A/LCC 一个元器件。首先双击元器件 EPF8282A/LCC，弹出属性编辑窗口，ROOM 属性在"Allegro PCB Designer"类中。在"ROOM"栏中输入"CPU"，并在"Filter"下拉列表中选择"<Current properties>"，如图 5-1-18 所示。

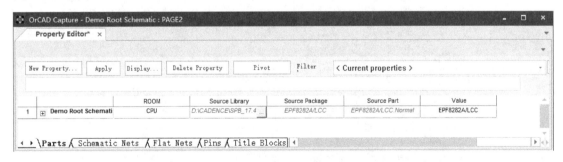

图 5-1-18　CPU ROOM 的设置

（2）CHAN1 ROOM 和 CHAN2 ROOM 的设置：需要强调的是，对于层次式电路图的 ROOM 定义非常重要，尤其是复合层次式电路图中的 ROOM 的定义。打开 D/A AMP Circuit:D/A AMP1

电路图，按住 "Ctrl+A" 组合键选中所有元器件，单击鼠标右键，从弹出的快捷菜单中选择 "Editor properties" 命令，打开属性编辑窗口，在窗口左下角选择 "Parts"，在 "Filter" 文本框中输入 "Allegro PCB Designer" 并调整属性编辑窗口，显示 ROOM 属性栏，如图 5-1-19 所示。输入 ROOM 属性 "CHAN1" 和 "CHAN2"，更改为 "<Current properties>" 类型，显示 ROOM 属性，如图 5-1-20 所示。ROOM 属性中的白色区域未填写内容，只填写了黄色区域的内容，因为复合层次式电路图中 D/A AMP1 和 D/A AMP2 中的元器件属于不同的 ROOM。

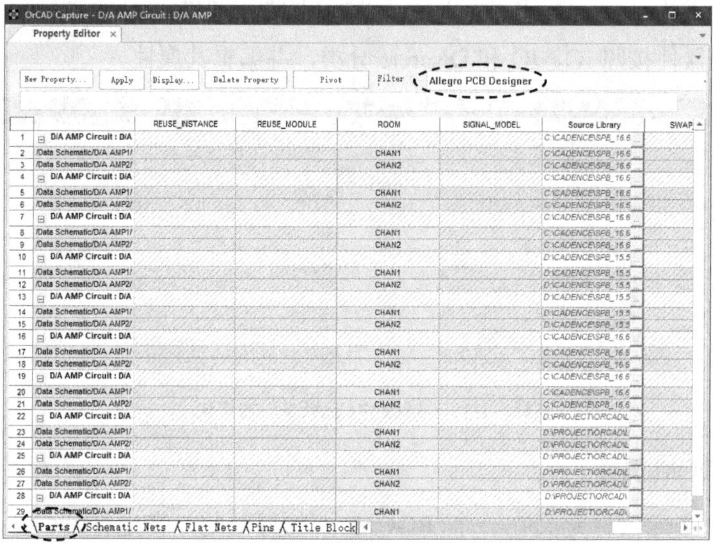

图 5-1-19　属性编辑窗口

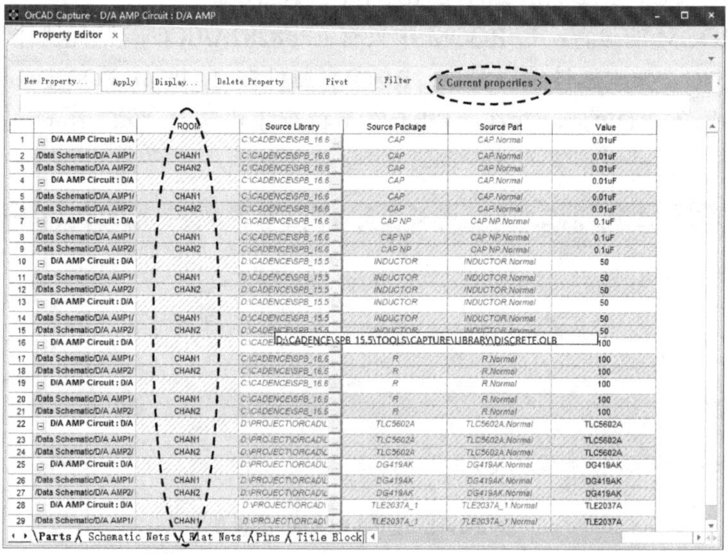

图 5-1-20　CHAN1 ROOM 和 CHAN2 ROOM 的设置

6. 定义按页摆放属性

在平坦式电路和层次式电路中，一般按功能将电路图拆分。在进行 PCB 设计时，为了将这些联系紧密的元器件尽可能地靠近摆放，可以在绘制原理图后为同一页的元器件新增属性。

1）方法一

（1）打开 Demo Root Schematic:PAGE1，选中所有的元器件（可按住"Ctrl+A"组合键选择），单击鼠标右键，从弹出的快捷菜单中选择"Edit Properties…"命令，会弹出如图 5-1-21 所示的属性编辑窗口。

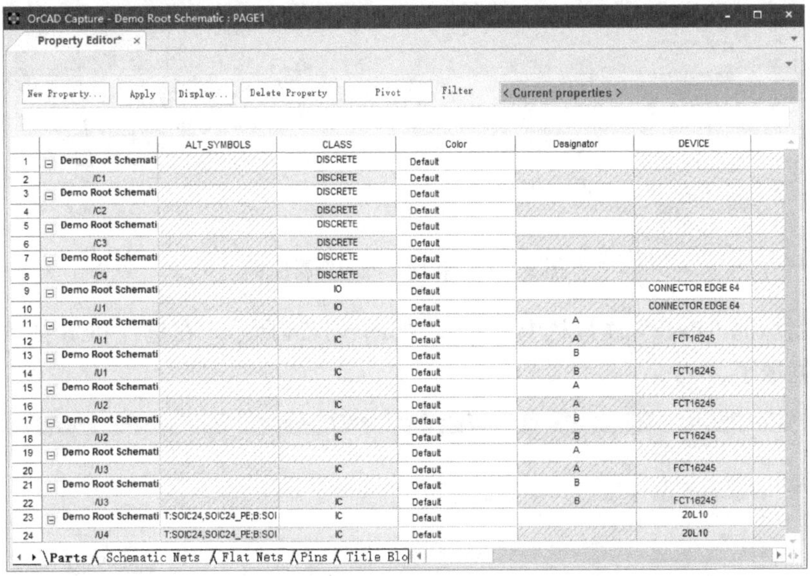

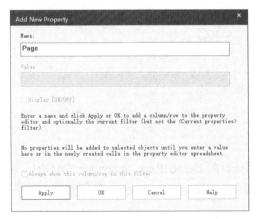

图 5-1-21　属性编辑窗口

（2）单击"New Property…"按钮，会弹出"Add New Property"对话框，如图 5-1-22 所示。在对话框的"Name"文本框中输入"Page"，单击"OK"按钮，在属性编辑窗口中新增"Page"属性栏，如图 5-1-23 所示。

图 5-1-22　"Add New Property"对话框

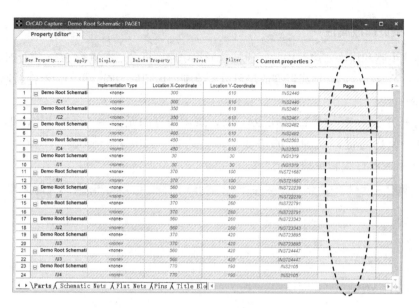

图 5-1-23　新增"Page"属性栏

（3）在新增的"Page"属性栏中输入 1，如图 5-1-24 所示，在进行 PCB 摆放时就可以按照页编号来摆放了。

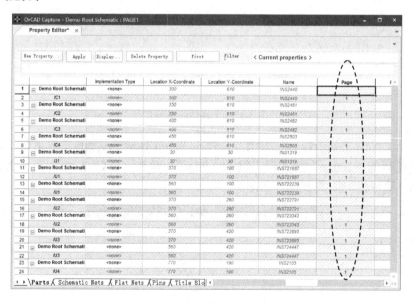

图 5-1-24　设置 Page 属性

2）方法二

（1）在项目管理器中选中 Demo Root Schematic:PAGE1，执行菜单命令"Edit"→"Browse"，如图 5-1-25 所示，可以看到"Browse"子菜单下有许多选项，可以分别选择各项，并进行浏览。

（2）执行菜单命令"Edit"→"Browse"→"Parts"，会弹出如图 5-1-26 所示的

90

"Browse Properties"对话框，选中"Use occurrences(Preferred)"，单击"OK"按钮，会弹出如图 5-1-27 所示的元器件属性编辑窗口。

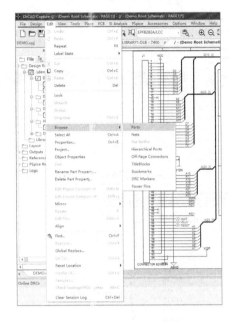

图 5-1-25　"Edit"菜单

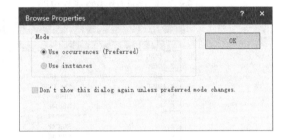

图 5-1-26　"Browse Properties"对话框

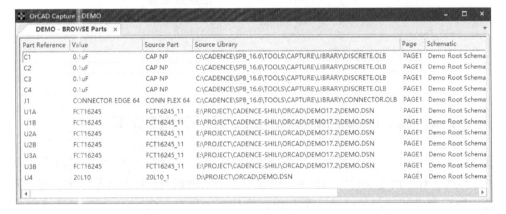

图 5-1-27　元器件属性编辑窗口

（3）按住"Ctrl"键，选择"Part Reference"栏下的所有元器件编号，执行菜单命令"Edit"→"Properties"，会弹出如图 5-1-28 所示的表格浏览属性对话框。

（4）单击"New…"按钮新增属性，会弹出"New Property"对话框，如图 5-1-29 所示，在"Name"文本框中输入"Page"，在"Value"文本框中输入"1"。

（5）单击"OK"按钮，即可将新定义的"Page"属性添加到列表中，且其值被设为"1"，调整显示新添加的属性，如图 5-1-30 所示。

（6）单击"OK"按钮，退出属性编辑窗口。

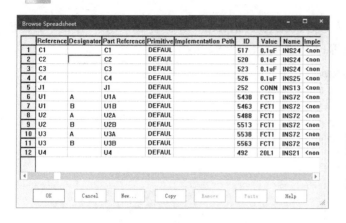

图 5-1-28 表格浏览属性对话框　　　　　　　　　图 5-1-29 "New Property" 对话框

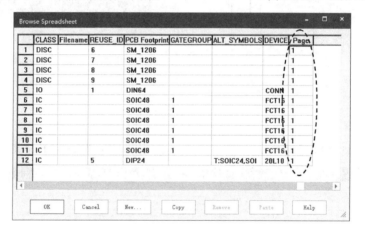

图 5-1-30 设置属性

5.2 Capture 到 Allegro PCB Editor 的信号属性分配

现在的设计经常运行在纳秒级甚至更快的边缘速率下。在如此快的边缘速率下，在设计周期中尽早解决时序问题变得尤为重要，处理好这个问题就能使产品尽早上市。解决高速问题需要在原理图设计阶段早确认、早分析、早规范。现在，Capture 可以处理高速电气约束，并使设计通过一个完整的 Front-to-Back 流程，如图 5-2-1 所示。可以使用新的 GUI 界面在属性编辑窗口（Property Editor）中分配信号流属性，如 PROPAGATION_DELAY、RELATIVE_PROPAGATION_DELAY、RATSNEST_SCHEDULE。

1. 为网络分配 PROPAGATION_DELAY 属性

PROPAGATION_DELAY 属性定义一个网络任意引脚对之间的最小和最大允许传输延迟/传输长度。通过为网络分配这一属性，能够使布线器限制互连长度在约束范围之内，其格式如下：

\<pin-pair\> ： \<min-value\> ： \<max-value\>

➢ pin-pair（引脚对）：被约束的引脚对。

➢ min-value（最小值）：最小允许传输延迟/传输长度。

➢ max-value（最大值）：最大允许传输延迟/传输长度。

（1）双击想要分配 "PROPAGATION_DELAY" 属性的 DATA 网络，如图 5-2-2 所示。

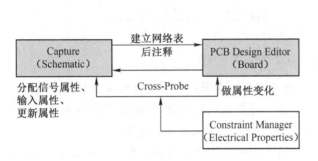

图 5-2-1　Capture 到 PCB 设计的流程

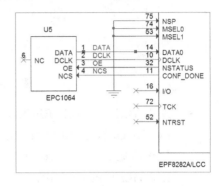

图 5-2-2　为 DATA 网络分配属性

（2）在弹出的属性编辑窗口中的 "Filter" 文本框中输入 "Capture PCB Editor SignalFlow"，选择 "Flat Nets" 标签，如图 5-2-3 所示。

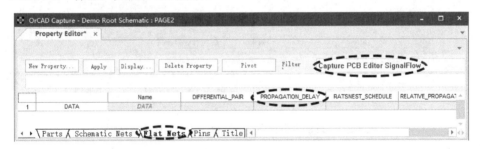

图 5-2-3　属性编辑窗口

（3）用鼠标右键单击 "PROPAGATION_DELAY" 栏下的黄色区域，从弹出的菜单中选择 "Invoke UI"，会弹出如图 5-2-4 所示的 "Propagation Delay" 对话框。

（4）单击按钮 添加引脚对，会弹出如图 5-2-5 所示的建立引脚对对话框，第 1 个引脚选择 U5.1，第 2 个引脚选择 U6.14，单击 "OK" 按钮。选中添加的引脚对，单击按钮 × 可以删除引脚对。也可以单击 "Pin Pair" 栏，在下拉列表（见图 5-2-6）中选择 1 项作为引脚对。

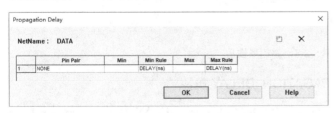

图 5-2-4　"Propagation Delay" 对话框

图 5-2-5　建立引脚对对话框

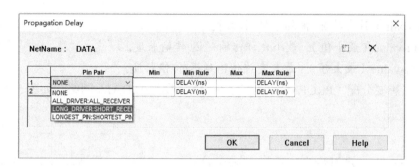

图 5-2-6　"Pin Pair"下拉列表

➤ ALL_DRIVER:ALL_RECEIVER：对所有驱动器/接收器引脚对应用最小/最大约束。

➤ LONG_DRIVER:SHORT_RECEIVER：对最短的驱动器/接收器引脚对应用最小允许传输延迟，对最长的驱动器/接收器引脚对应用最大允许传输延迟。

➤ LONGEST_PIN:SHORTEST_PIN：对最短的引脚对应用最小允许传输延迟，对最长的引脚对应用最大允许传输延迟。

（5）在"Min"文本框中输入最小允许传输延迟，在"Max"栏中输入最大允许传输延迟，在"Min Rule"栏和"Max Rule"栏中指定最小约束、最大约束的单位，如图 5-2-7 所示。

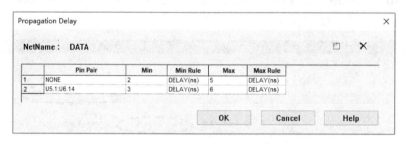

图 5-2-7　设置最小允许传输延迟、最大允许传输延迟

（6）单击"OK"按钮查看属性编辑窗口，新添加的"U5.1:U6.14:3 ns:6 ns"属性出现在"PROPAGATION_DELAY"栏中，如图 5-2-8 所示。

图 5-2-8　添加属性后

2. 为网络分配 RELATIVE_PROPAGATION_DELAY 属性

现在仍然为 DATA 网络添加 RELATIVE_PROPAGATION_DELAY 属性，该属性是附加给一个网络上的引脚对的电气约束。可以为同步总线应用 RELATIVE_PROPAGATION_

DELAY 属性。

（1）在图 5-2-3 中，用鼠标右键单击"RELATIVE_PROPAGATION_DELAY"栏下的黄色区域，从弹出的菜单中选择"Invoke UI"，会弹出如图 5-2-9 所示的"Relative Propagation Delay"对话框。

图 5-2-9 "Relative Propagation Delay"对话框

➢ Scope。
- LOCAL：在同一个网络的不同引脚对间定义 RELATIVE_PROPAGATION_DELAY 属性。
➢ Delta：为组中所有网络匹配目标网络的相对值。
➢ Delta Units：指定 Delta 的单位，若选择 Delay，则单位为 ns；若选择 Length，则单位为 mil。
➢ Tolerance：指定引脚对的最大允许传输延迟。
➢ Tol.Units：指定 Tolerance 的单位，分别为%、ns 和 mil。

（2）单击按钮 添加引脚对，会弹出如图 5-2-5 所示的建立引脚对对话框，第 1 个引脚选择 U5.1，第 2 个引脚选择 U6.14，单击"OK"按钮，设置好的引脚对如图 5-2-10 所示。

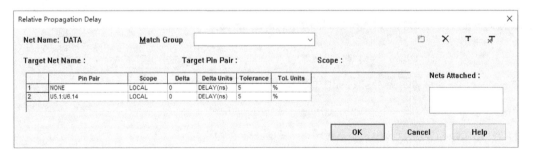

图 5-2-10 设置好的引脚对

（3）修改各栏参数，如图 5-2-11 所示，在"Match Group"文本框中输入"M1"，单击"OK"按钮，查看属性编辑窗口中新添加的约束，设置属性，如图 5-2-12 所示。

3. 为网络分配 RATSNEST_SCHEDULE 属性

"Flat Nets"页面的最后一个属性是 RATSNEST_SCHEDULE，如图 5-2-13 所示。该属性指定 Constraint Manager 对一个网络执行 RATSNEST 计算的类型。通过使用该属性，能够在时间和噪声容限上达到平衡，通过从列表框选择值能够很容易地分配该属性。

图 5-2-11　修改各栏参数

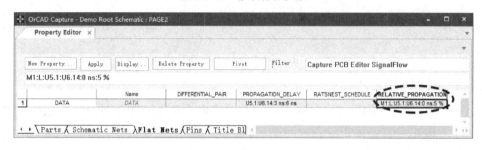

图 5-2-12　设置属性

4．输出新增属性

切换到项目管理器模式，执行菜单命令"Tools"→"Export Property"，会弹出如图 5-2-14 所示的输出属性对话框，在"Contents"选区中选择"Flat Net Properties"，单击"OK"按钮。

图 5-2-13　RATSNEST_SCHEDULE 属性　　　　　图 5-2-14　输出属性对话框

5.3　建立差分对

差分信号在高速电路设计中的应用越来越广泛，电路中的关键信号往往采用差分结构设计。Capture 提供了在原理图绘制后建立差分对的功能。差分对属性表示一对 Flat 网络将以同样的方式布线，信号对于同样的参考值以相反方向流动，这使其抗干扰性能得到增强，电路中的任何电磁噪声均会被移除。

1．为两个 Flat 网络建立差分对（手动建立差分对）

（1）切换到项目管理器模式，选中"demo.dsn"，执行菜单命令"Tools"→"Create Differential Pair"，会弹出如图 5-3-1 所示的"Create Differential Pair"对话框。

（2）在"Filter"文本框中输入"BA"，过滤网络，如图 5-3-2 所示。

图 5-3-1　"Create Differential Pair"对话框

图 5-3-2　过滤网络

（3）选中"BA1"和"BA2"网络，单击按钮">"，所选择的网络会出现在"Selections"选区中，如图 5-3-3 所示，在"Diff Pair Name"文本框中会自动生成"DP2"。

图 5-3-3　定义差分对的名称

（4）单击"Create"按钮建立差分对，在"Diff Pair Name"文本框中输入"DIFFBA03"，单击"Modify"按钮，建立好的差分对如图 5-3-4 所示。此时"Modify"和"Delete"按钮可用，可对建立的差分对进行修改或删除。

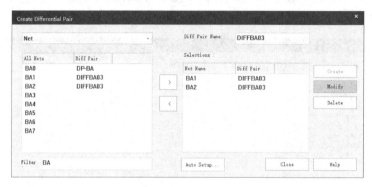

图 5-3-4　建立好的差分对

2．为一个设计中的多对 Flat 网络同时建立差分对（自动建立差分对）

（1）切换到项目管理器模式，选择设计，执行菜单命令"Tools"→"Create Differential Pair"，会弹出如图 5-3-5 所示的"Create Differential Pair"对话框。

（2）单击"Auto Setup…"按钮，会弹出如图 5-3-6 所示的差分对自动设置对话框。

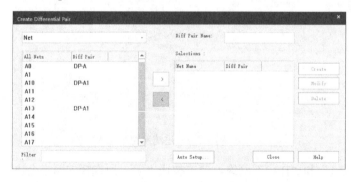

图 5-3-5　"Create Differential Pair"对话框

图 5-3-6　差分对自动设置对话框

（3）在"Prefix"文本框中输入"BA"，在"+Filter"文本框中输入"2"，在"−Filter"文本框中输入"3"，在右边的文本框中单击鼠标左键，如图 5-3-7 所示。

（4）在"Differential Pair Automatic Setup"对话框中单击"Create"按钮自动建立差分对，如图 5-3-8 所示。在该对话框中单击"Remove"按钮可以移除左边列表框中不需要建立差分对的网络对，单击"Close"按钮即可关闭该对话框。

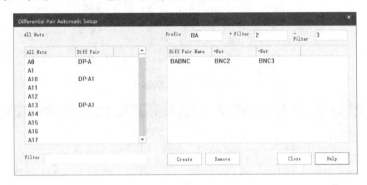

图 5-3-7　按条件过滤网络

图 5-3-8　自动建立差分对

5.4　Capture 中总线的应用

1．平坦式电路图设计中总线的应用

（1）在平坦式电路中，同一张图纸的总线走线及总线名仅是为了方便读图而设置的，没有实际的连接意义。总线网络如图 5-4-1 所示，总线内的网络连接是根据网络上的网络别名完成的，因此其输出的网络表中的网络与网络别名一一对应，网络表如图 5-4-2 所示。

生成网络表后，在项目管理器中选择 pstxnet.dat，单击鼠标右键，在弹出的快捷菜单中选择"Edit"命令，或者双击 pstxnet.dat，打开网络表，网络表中的网络命名以网络标号为准，在图 5-4-2 中，框选部分就是一个网络，NODE_NAME 对应一个元器件引脚。无论总线名为何，其输出的网络表均以网络别名的命名为准。同时，网络的连接是可以通过网络别名实现的。

在平坦式电路中进行跨页连接时，需要通过 OFF-PAGE CONNECTOR 或 PORT 对总线端进行连接。

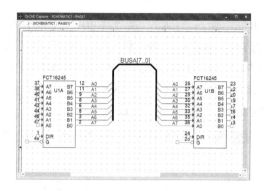

图 5-4-1　总线网络 1

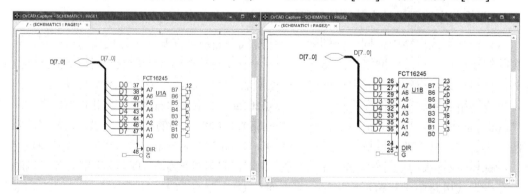

图 5-4-2　网络表 1

注意：总线名或端口名（或 OFF-PAGE CONNECTOR）必须有一个与网络别名相同，若一组线的网络命名为 D0,D1,…,D7，则该总线或 PORT（或 OFF-PAGE CONNECTOR）中至少有一个命名为 D[7..0]。

（2）当总线名、端口名及网络别名完全一致时（见图 5-4-3），其输出的网络表（见图 5-4-4）正确。在图 5-4-3 中，网络别名为 D0,D1,…,D7，总线名为 D[7..0]，端口名为 D[7..0]。

图 5-4-3　总线网络 2

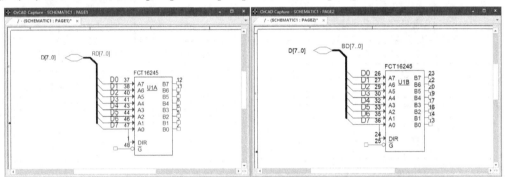

图 5-4-4　网络表 2

（3）若总线名与端口名（或 OFF-PAGE CONNECTOR）不一致，但网络标号与端口名一致（见图 5-4-5），则命名以端口名为主（见图 5-4-6）。在图 5-4-5 中，网络别名为 D0,D1,…,D7，总线名为 RD[7..0] 和 BD[7..0]，端口名为 D[7..0]。

图 5-4-5　总线网络 3

图 5-4-6　网络表 3

（4）若总线名与端口名（或OFF-PAGE CONNECTOR）不一致，但与网络标号一致（见图 5-4-7），则命名以端口名为主（见图 5-4-8）。在图 5-4-7 中，网络别名为 D0,D1,…,D7，总线名为 D[7..0]，端口名为 Data[7..0]。

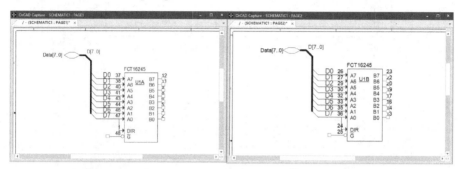

图 5-4-7　总线网络 4

图 5-4-8　网络表 4

（5）若总线名与端口名（或 OFF-PAGE CONNECTOR）不一致，与网络标号也不一致（见图 5-4-9），则总线失去跨页连接的功能（见图 5-4-10）。在图 5-4-9 中，网络别名为 D0，D1,…,D7，总线名为 RD[7..0]和 BD[7..0]，端口名为 Data[7..0]。

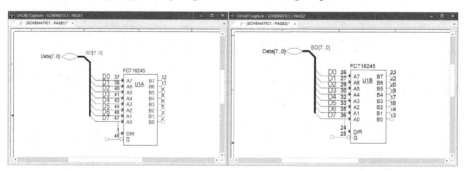

图 5-4-9　总线网络 5

```
OrCAD Capture - pstxnet                              —  □  ×
pstxnet  ×
 1: FILE_TYPE = EXPANDEDNETLIST;
 2: { Using PSTWRITER 17.4.0 d001 on Dec-03-2022 at 19:05:02 }
 3: NET_NAME
 4: 'D7'
 5:  '@DEMOBUS.SCHEMATIC1(SCH_1):D7':
 6:  C_SIGNAL='@demobus.schematic1(sch_1):d7';
 7: NODE_NAME    U1 47
 8:  '@DEMOBUS.SCHEMATIC1(SCH_1):INS729787@DEMO.FCT16245_8.NORMAL(CHIPS)':
 9:  'A0':;
10: NODE_NAME    U1 1
11:  '@DEMOBUS.SCHEMATIC1(SCH_1):INS729787@DEMO.FCT16245_8.NORMAL(CHIPS)':
12:  'DIR':;
13: NET_NAME
14: 'D5'
15:  '@DEMOBUS.SCHEMATIC1(SCH_1):D5':
16:  C_SIGNAL='@demobus.schematic1(sch_1):d5';
17: NODE_NAME    U1 44
18:  '@DEMOBUS.SCHEMATIC1(SCH_1):INS729787@DEMO.FCT16245_8.NORMAL(CHIPS)':
19:  'A2':;
20: NET_NAME
21: 'D6'
22:  '@DEMOBUS.SCHEMATIC1(SCH_1):D6':
23:  C_SIGNAL='@demobus.schematic1(sch_1):d6';
24: NODE_NAME    U1 46
25:  '@DEMOBUS.SCHEMATIC1(SCH_1):INS729787@DEMO.FCT16245_8.NORMAL(CHIPS)':
```

```
OrCAD Capture - pstxnet                              —  □  ×
pstxnet  ×
52: NODE_NAME    U1 41
53:  '@DEMOBUS.SCHEMATIC1(SCH_1):INS729787@DEMO.FCT16245_8.NORMAL(CHIPS)':
54:  'A4':;
55: NET_NAME
56: 'D0_729116'
57:  '@DEMOBUS.SCHEMATIC1(SCH_1):D0_729116':
58:  C_SIGNAL='@demobus.schematic1(sch_1):d0_729116';
59: NODE_NAME    U1 26
60:  '@DEMOBUS.SCHEMATIC1(SCH_1):INS729062@DEMO.FCT16245_8.NORMAL(CHIPS)':
61:  'A7':;
62: NET_NAME
63: 'D2_729116'
64:  '@DEMOBUS.SCHEMATIC1(SCH_1):D2_729116':
65:  C_SIGNAL='@demobus.schematic1(sch_1):d2_729116';
66: NODE_NAME    U1 29
67:  '@DEMOBUS.SCHEMATIC1(SCH_1):INS729062@DEMO.FCT16245_8.NORMAL(CHIPS)':
68:  'A5':;
69: NET_NAME
70: 'D3_729116'
71:  '@DEMOBUS.SCHEMATIC1(SCH_1):D3_729116':
72:  C_SIGNAL='@demobus.schematic1(sch_1):d3_729116';
73: NODE_NAME    U1 30
74:  '@DEMOBUS.SCHEMATIC1(SCH_1):INS729062@DEMO.FCT16245_8.NORMAL(CHIPS)':
75:  'A4':;
76: NET_NAME
```

图 5-4-10　网络表 5

　　图 5-4-10 中框选的内容表明，系统在另外一组网络上随机加上了网络别名，将网络标号分成了两个部分，即 D0,D1,…,D7 和 D0_725257,D1_725257,…,D7_725257。

　　（6）若总线名与端口名（或 OFF-PAGE CONNECTOR）完全一致，且它们均与网络标号不一致（见图 5-4-11），则总线失去跨页连接的功能（见图 5-4-12）。在图 5-4-11 中，网络别名为 D0,D1,…,D7，总线名为 DATA[7..0]，端口名为 Data[7..0]。

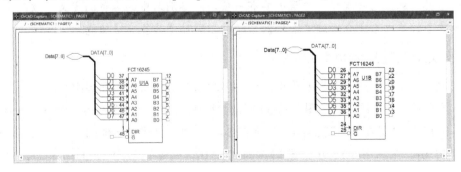

图 5-4-11　总线网络 6

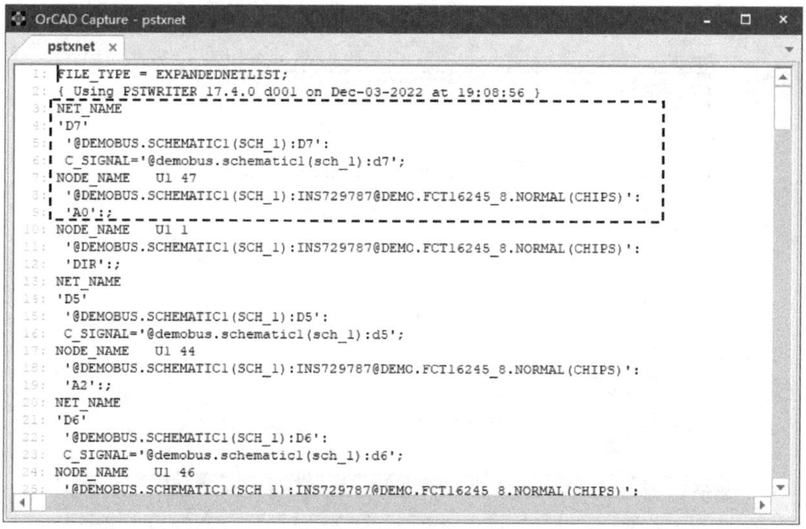

图 5-4-12　网络表 6

【结论】在平坦式电路中，如果同一个电路图文件夹下的总线要进行跨页连接，为了实现正确的连接，总线名和端口名中至少要有一项与网络别名中的名称的定义一致。同时，只有两张电路图的端口名或分页端口连接器名绝对相同时才具备连接功能。

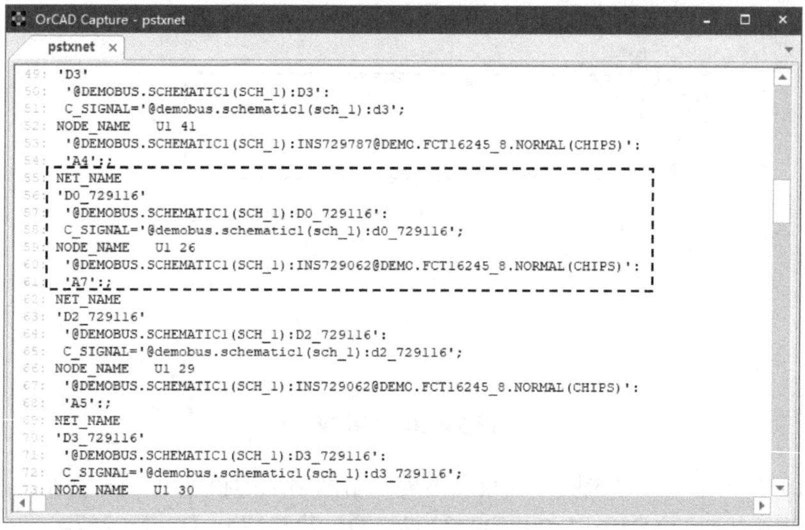

2. 层次式电路图设计中总线的应用

在层次式电路中，由于总线要跨页连接，因此需要配合层次块和层次端口。

（1）当总线名（根图）和子图中的端口名及网络标号与层次引脚完全一致时（见图 5-4-13 和图 5-4-14），输出正确（见图 5-4-15）。在图 5-4-13 中，总线名（根图）为 D[7..0]，层次引脚名为 D[7..0]。在图 5-4-14 中，端口名为 D[7..0]，网络别名为 D0,D1,…,D7，总线名为 D[7..0]。

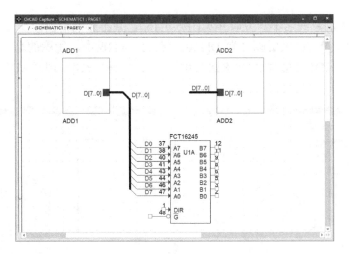

图 5-4-13　层次式电路图 1

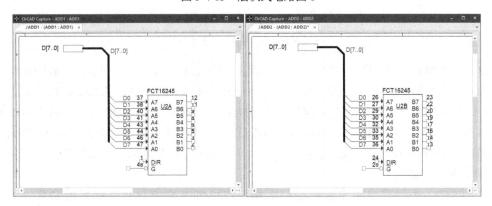

图 5-4-14　总线网络 7

图 5-4-15　网络表 7

（2）当子图中的总线名不一致时（见图 5-4-16），并不影响输出。在图 5-4-13 中，总线名（根图）为 D[7..0]，层次引脚名为 D[7..0]。在图 5-4-16 中，子图的端口名为 D[7..0]，网络别名为 D0,D1,…,D7。总线名为 RD[7..0]（ADD1）和 BD[7..0]（ADD2），其网络表与图 5-4-15 所示相同。

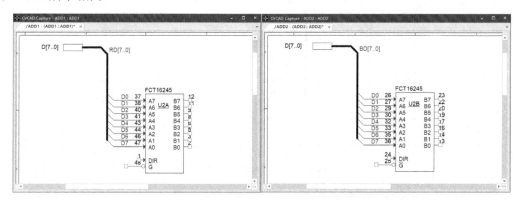

图 5-4-16　总线网络 8

（3）同平坦式电路一样，当端口名与网络别名中的命名一致时（见图 5-4-17 和图 5-4-18），输出正确（网络别名与端口名及层次引脚名在 ADD2 中的命名为 BD）。在图 5-4-17 中，总线名（根图）为 D[7..0]，层次引脚名为 D[7..0]（ADD1）和 BD[7..0]（ADD2）。在图 5-4-18 中，端口名为 D[7..0]（ADD1）和 BD[7..0]（ADD2），网络别名为 D0,D1,…,D7（ADD1）和 BD0,BD1,…,BD7（ADD2），总线名为 D[7..0]（ADD1）和 BD[7..0]（ADD2），其网络表与图 5-4-15 所示一致。

（4）同样，平坦式电路设计的端口名和层次引脚名必须与网络别名的命名一致（见图 5-4-19），否则，总线会失去跨页连接功能（见图 5-4-20）。在图 5-4-17 中，总线名（根图）为 D[7..0]，层次引脚名为 D[7..0]（ADD1）和 BD[7..0]（ADD2）。在图 5-4-19 中，端口名为 D[7..0]（ADD1）和 BD[7..0]（ADD2），网络别名为 D0,D1,…,D7（ADD1）和 BD0,BD1,…,BD7（ADD2），总线名为 D[7..0]（ADD1）和 BD[7..0]（ADD2）。

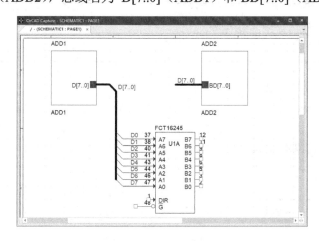

图 5-4-17　层次式电路图 2

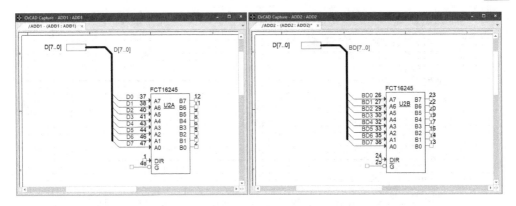

图 5-4-18   总线网络 9

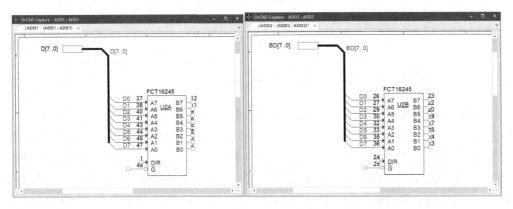

图 5-4-19   总线网络 10

```
 1:  FILE_TYPE = EXPANDEDNETLIST;
 2:  { Using PSTWRITER 17.4.0 d001 on Dec-03-2022 at 15:51:42 }
 3:  NET_NAME
 4:  'D0_ADD2'
 5:   '@DEMOBUS.SCHEMATIC1(SCH_1):D0_ADD2':
 6:   C_SIGNAL='@demobus.schematic1(sch_1):d0_add2';
 7:  NODE_NAME   U2 26
 8:   '@DEMOBUS.SCHEMATIC1(SCH_1):ADD2@DEMOBUS.ADD2(SCH_1):INS724795@DEMO.FCT16245_8.NORMAL(CHIPS)':
 9:   'A7':;
10:  NET_NAME
11:  'D1_ADD2'
12:   '@DEMOBUS.SCHEMATIC1(SCH_1):D1_ADD2':
13:   C_SIGNAL='@demobus.schematic1(sch_1):d1_add2';
14:  NODE_NAME   U2 27
15:   '@DEMOBUS.SCHEMATIC1(SCH_1):ADD2@DEMOBUS.ADD2(SCH_1):INS724795@DEMO.FCT16245_8.NORMAL(CHIPS)':
16:   'A6':;
17:  NET_NAME
18:  'D4'
19:   '@DEMOBUS.SCHEMATIC1(SCH_1):D4':
20:   C_SIGNAL='@demobus.schematic1(sch_1):d4';
21:  NODE_NAME   U1 43
22:   '@DEMOBUS.SCHEMATIC1(SCH_1):INS722893@DEMO.FCT16245_8.NORMAL(CHIPS)':
23:   'A3':;
24:  NODE_NAME   U2 43
25:   '@DEMOBUS.SCHEMATIC1(SCH_1):ADD1@DEMOBUS.ADD1(SCH_1):INS724795@DEMO.FCT16245_8.NORMAL(CHIPS)':
26:   'A3':;
27:  NET_NAME
28:  'D2_ADD2'
29:   '@DEMOBUS.SCHEMATIC1(SCH_1):D2_ADD2':
```

图 5-4-20   网络表 8

```
46: '@DEMOBUS.SCHEMATIC1(SCH_1):D3_ADD2':
47:   C_SIGNAL='@demobus.schematic1(sch_1):d3_add2';
48: NODE_NAME   U2 30
49:   '@DEMOBUS.SCHEMATIC1(SCH_1):ADD2@DEMOBUS.ADD2(SCH_1):INS724795@DEMO.FCT16245_8.NORMAL(CHIPS)':
50:     'A4':;
51: NET_NAME
52: 'D0'
53:   '@DEMOBUS.SCHEMATIC1(SCH_1):D0':
54:   C_SIGNAL='@demobus.schematic1(sch_1):d0';
55: NODE_NAME   U1 37
56:   '@DEMOBUS.SCHEMATIC1(SCH_1):INS722893@DEMO.FCT16245_8.NORMAL(CHIPS)':
57:     'A7':;
58: NODE_NAME   U2 37
59:   '@DEMOBUS.SCHEMATIC1(SCH_1):ADD1@DEMOBUS.ADD1(SCH_1):INS724795@DEMO.FCT16245_8.NORMAL(CHIPS)':
60:     'A7':;
61: NET_NAME
62: 'D4_ADD2'
63:   '@DEMOBUS.SCHEMATIC1(SCH_1):D4_ADD2':
64:   C_SIGNAL='@demobus.schematic1(sch_1):d4_add2';
65: NODE_NAME   U2 32
66:   '@DEMOBUS.SCHEMATIC1(SCH_1):ADD2@DEMOBUS.ADD2(SCH_1):INS724795@DEMO.FCT16245_8.NORMAL(CHIPS)':
67:     'A3':;
68: NET_NAME
69: 'D3'
70:   '@DEMOBUS.SCHEMATIC1(SCH_1):D3':
71:   C_SIGNAL='@demobus.schematic1(sch_1):d3';
72: NODE_NAME   U1 41
73:   '@DEMOBUS.SCHEMATIC1(SCH_1):INS722893@DEMO.FCT16245_8.NORMAL(CHIPS)':
74:     'A4':;
```

图 5-4-20   网络表 8（续）

（5）Capture 中的总线命名很灵活，允许有反接情况。例如，U2A 的 1,2,…,7 在设计总线时与 U2 的 7,6,…,1 相接（见图 5-4-21 和图 5-4-22），这样在网络表中就会出现序号反接的情况（见图 5-4-23）。在图 5-4-21 中，总线名（根图）为 D[7..0]，层次引脚名为 D[7..0]（ADD1）和 D[0..7]（ADD2）。在图 5-4-22 中，端口名为 D[7..0]（ADD1）和 D[0..7]（ADD2），网络别名为 D0,D1,…,D7（ADD1）和 D0,D1,…,D7（ADD2），总线名为 D[7..0]（ADD1）和 D[7..0]（ADD2）。

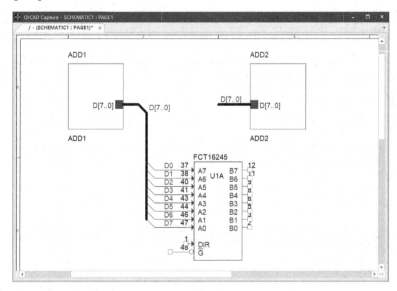

图 5-4-21   层次式电路图 3

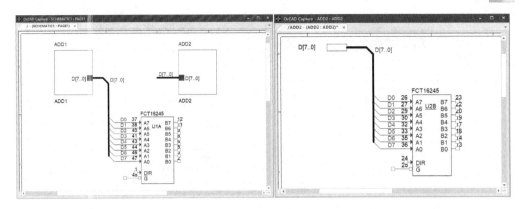

图 5-4-22　总线网络 11

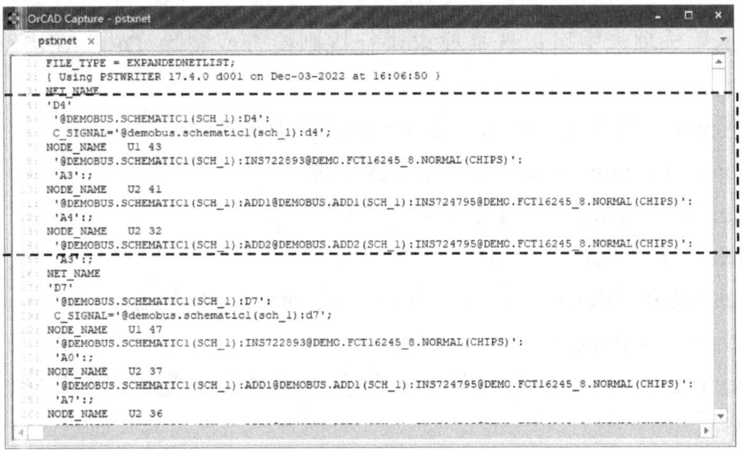

图 5-4-23　网络表 9

5.5　原理图绘制后续处理

绘制好原理图之后，要对电路图进行 DRC，生成网络表及元器件清单，以便制作 PCB。

注意：对原理图进行后续处理时，在 Capture 中必须切换到项目管理器，并选中 *.DSN 文件。

5.5.1　设计规则检查

1. DRC 的设置

当属性修改完成后，即可进行规则检查。打开项目，执行菜单命令"PCB"→"Design Rules Check…"，进入规则检查，"Design Rules Check"对话框如图 5-5-1 所示，其中包括"Options"选项卡、"Rules Setup"选项卡、"Report Setup"选项卡、"ERC Matrix"选项卡和"Exception Setup"选项卡。

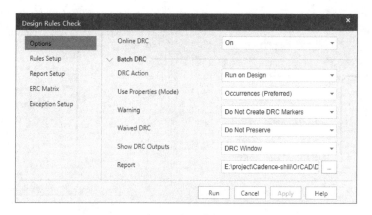

图 5-5-1 "Design Rules Check"对话框

在"Options"选项卡中可以选择要求进行规则检查或删除 DRC 在电路图上产生的标志。

➢ DRC Action: 设置选择对电路图设计规则进行检查。
- Run on Design: 完整电路图系规则检查。
- Run on Selection: 部分电路图系规则检查。
- Delete DRC Markers: 删除 DRC 标志。
- Delete DRC Markers on Selection: 删除部分 DRC 标志。
➢ Use Properties(Mode)使用属性（模式）。
- Occurrences(Preferred): 事件（推荐）。事件指的是在绘图页内出现多次的实体电路。
- Instance: 实体。实体是指放在绘图页内的元器件符号。
➢ Warning: 警告。
- Do Not Create DRC Markers: 不生成警告标志。
- Create DRC Markers: 生成并放置警告标志。
➢ Waived DRC: 豁免的 DRC。
- Do Not Preserve: 不保留。
- Preserve: 保留。
➢ Show DRC Outputs: 展示 DRC 输出。
- None: 无。
- Reports: 报告。
- DRC Window: DRC 窗口。
- Both: 报告及窗口。

在"Rules Setup"选项卡中，可以选择所需的具体电气规则（Electrical Rules）检查、物理规则（Physical Rules）检查和常用的 DRC（Custom DRC）。

在进行电气检查时，可以选择所需的具体电气规则选项。在"Electrical Rules"中，可以选择完整电路图系进行电气规则检查。

- ➤ Electrical Rules:　电气规则检查。
  - Check single node nets:　设置检查完整的电路图系中单独的节点网络。
  - Check no driving source and pin type connection:　设置检查电路图系中无驱动的电源和引脚的连接。
  - Check duplicate net names:　设置检查完整电路图系中已复制的网络名称。
  - Check off-page connector connection:　设置检查平坦式电路图中的分页端口连接器是否正确。在进行平坦式电路检查时，必须选中该项。
  - Check hierarchical port connection:　设置检查在层次式电路图中进行端口连接时，电路方块图 I/O 端口与其内层电路的电路图 I/O 端口是否相符。
  - Check unconnected bus net:　设置检查完整电路图系中未连接到总线的网络。
  - Check unconnected pins:　设置检查完整电路图系中未连接的引脚。
- ➤ Physical Rules:　物理规则检查。
  - Check power pin visible:　检查电源引脚是否可见。
  - Check missing/illegal PCB footprint…:　检查是否有遗漏/不满足设计规则的 PCB 元器件封装。
  - Check normal convert view syntax:　检查标准转换视图的语法规则。
  - Check incorrect pin group assignment:　检查是否有不正确引脚组的分配。
  - Check high speed props syntax:　检查高速设计的语法规则。
  - Check missing pin number:　检查是否有遗漏的引脚编号。
  - Check device with zero pins:　检查设计中是否包含零宽度引脚。
  - Check power ground short:　检查电源和地之间是否短路。
  - Check name prop consistency:　检查电路中设计命名的一致性。

在"Reports Setup"选项卡中，可以选择相应的电路图系电气规则检查和电路图系物理规则检查的具体报告列表。

- ➤ Electrical DRC Reports:　电气规则检查报告。
  - Report all net names:　要求程序列出所有网络的名称。
  - Report off-grid objects:　要求程序列出未放置在格点上的图件。
  - Report hierarchical ports and off-page connectors:　要求程序列出所有的分页端口连接器及电路图 I/O 端口。
  - Report misleading tap connection:　要求程序列出电路图系中所有未正确连接的端口。
- ➤ Physical DRC Reports:　物理规则检查报告。
  - Report visible unconnected power:　检查是否有可见但未连接的电源。
  - Report unused part packaging:　检查是否有未被使用的封装。
  - Report invalid packaging:　检查无效的封装。
  - Report identical part references:　检查是否有重复的元器件序号。

图 5-5-2 所示为规则检查矩阵。其中，垂直方向的各项代表该列所连接的端点。斜边上的各项代表该行所连接的端点。行与列交叉的方块表示当该行的端点与该列的端点相连接

时，程序将做何反应。例如，第 1 列（最左边一列）为输入型（Input）的端点（引脚），而第 1 行（最上边一行）也是输入型（Input）的端点（引脚），其交叉的方块（左上角的方块）为空白方块，表示当进行 DRC 时，如果遇到输入型端点与输入型端点连接，那么程序将视为正常，不做任何反应。同样，最下边那一行为没有连接的（Unconnected）端点，而当它与第 1 列交叉的方块（左下角的方块）为黄颜色的标有"W"的方块时，表示当进行 DRC 时，如果遇到没有连接的输入型端点，那么程序会产生警告。另外，比较严重的是错误，如第 3 列为输出型（Output）端点，而第 3 行也为输出型端点，其交叉处为红色的"E"方块，表示当进行 DRC 时，如果遇到输出型端点与输出型端点连接，那么程序将视为严重错误，并给出错误信息。

在规则检查矩阵中，可以修改检查规则，只需要将光标指向要改变的方块，单击鼠标左键，即可循环切换到其他设置，如图 5-5-3 所示。经过检查的原理图会在"Session Log"窗口中显示检查信息。

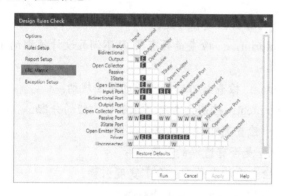

图 5-5-2　规则检查矩阵

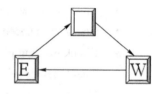

图 5-5-3　状态切换

执行 DRC 后，项目管理器中的 Outputs 目录下会生成与项目名同名且扩展名为.drc 的文件，如图 5-5-4 所示。在项目管理器中选中 demo.drc，单击鼠标右键，在弹出的快捷菜单中选择"Edit"命令，还可以双击 demo.drc，可以看到产生的 DRC 文件的内容，如图 5-5-5 所示。

图 5-5-4　demo.drc 文件位置

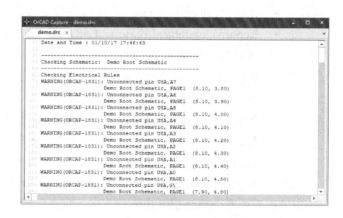

图 5-5-5　DRC 文件的内容

当 DRC 出错误后，错误会显示在"Session Log"窗口中。请认真阅读每个错误，根据错误和警告提示返回原理图进行修改。

2. 常见 DRC 错误及解决办法

1）错误类型 1

（1）在进行 DRC 时，可根据需要选择"Reports Setup"选项卡的内容。如果设计中不存在层次式电路图，可以不选择"Report hierarchical ports and off-page connectors"复选框。当按照图 5-5-6 所示的设置检查 Demo.dsn 时，会弹出如图 5-5-7 所示的错误提示对话框，提示有错误产生，询问是否查看错误信息。单击"是"按钮查看结果，DRC 标志如图 5-5-8 所示。因为在"Option"选项卡中的"Warning"中选择了"Create DRC Markers"，所以 Capture 会在错误的地方添加一个绿色的标志。

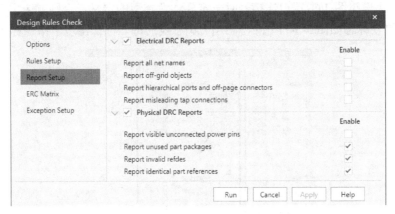

图 5-5-6　设置 DRC 项目

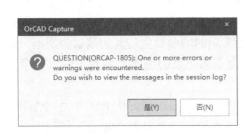

图 5-5-7　错误提示对话框

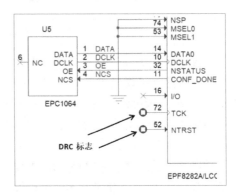

图 5-5-8　DRC 标志

（2）查看"Session Log"中的错误描述，DRC 错误代码如图 5-5-9 所示，该错误代码为"ORCAP-1831"，是由 U6 的 TCK 引脚和 NTRST 引脚未连接造成的。还可以双击错误的绿色标志，会弹出如图 5-5-10 所示的 DRC 标志对话框。

（3）对于设计中未使用的引脚，最好添加不连接符号，这样检查出错误时就不会有麻烦。执行菜单命令"Place"→"No Connect"，在 U6 的 TCK 引脚和 NTRST 引脚上添加标志。修改后重新进行 DRC。

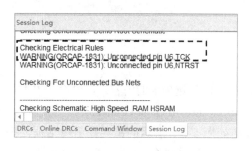

图 5-5-9　DRC 错误代码

图 5-5-10　DRC 标志对话框

2）错误类型 2

（1）在使用电路图 I/O 端口连接器时一定要注意类型的定义，否则就会出现错误。进行 DRC，DRC 错误标志如图 5-5-11 所示，BA[7..0]总线的每一位都出现了错误标志。

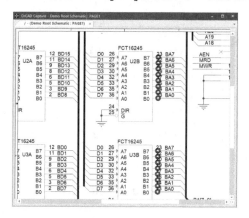

图 5-5-11　DRC 错误标志

（2）查看"Session Log"对话框中的错误说明，错误列表图如图 5-5-12 所示。错误很多，不过只有两种错误代码，即"ORCAP-1620"和"ORCAP-1628"。ORCAP-1620 错误提示 Demo Root Schematic/Page2 中的总线网络 BA[7..0]的端口类型与其他端口类型不一致；ORCAP-1628 错误提示可能的引脚类型冲突，因为三态类型的引脚连接到了输入类型的端口上。

（3）查看提示的端口 BA[15..0]，可以发现 Demo Root Schematic 的 PAGE1 和 PAGE2 上存在端口 BA[15..0]，查看端口属性可以发现 PAGE1 中的端口类型为"Input"，而 PAGE2 中的端口类型为"Output"，也就是 ORCAP-1620 所提示的错误。那么究竟是改为"Input"还是改为"Output"呢？与 ORCAP-1620 相似的一个错误是 ORCAP-1628 错误。对于 ORCAP-1628 错误，应查看 DRC 矩阵，如图 5-5-13 所示，上面的十字交叉点处为标有"E"的红色方框，表示当三态类型的引脚连接到输入型端口时会有错误产生；而下面的十字交叉点为空白方框，表示规则允许，不会产生错误。于是修改 PAGE1 中的端口类型为"Output"，重新进行 DRC，发现检查通过。

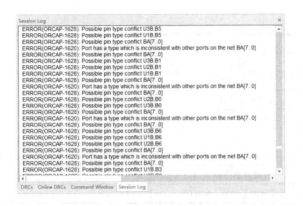

图 5-5-12　错误列表图

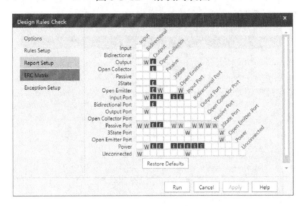

图 5-5-13　DRC 矩阵

注意：以上所讲的两种 DRC 错误是经常容易被忽略的。另外，Capture 进行 DRC 时不支持字母引脚名，也就是说元器件的引脚名必须是数字形式的。因为每个人绘制原理图的习惯不一样，出现的错误也不一样，所以需要具体问题具体分析。

5.5.2　为元器件自动编号

通常，需要对自己设计的原理图中的元器件进行编号。Capture 提供自动排序功能，允许对原理图重新进行排序，自动编号功能可以在设计流程的任何时间执行，不过最好在全部设计完成后重新执行一遍自动编号功能，这样才能保证设计电路中没有漏掉任何元器件的序号，并且不会出现两个元器件的序号重复的情况。

每个元器件编号的第 1 个字母为关键字符，表示元器件类别，其后为字母和数字的组合，以区分同一类元器件中的不同个体。元器件编号关键字符如表 5-5-1 所示。

表 5-5-1　元器件编号关键字符

字 符 代 号	元器件类别	字 符 代 号	元器件类别
B	GaAs 场效应晶体管	E	电压控制电压源
C	电容	F	电流控制电流源

续表

字 符 代 号	元器件类别	字 符 代 号	元器件类别
D	二极管	G	电压控制电流源
H	电流控制电压源	R	电阻
I	独立电流源	S	电压控制开关
J	结型场效应管（JFET）	T	传输线
L	电感	U	数字电路单元
M	MOS 场效应晶体管（MOSFET）	U STIM	数字电路激励信号源
Q	双极型晶体管	V	独立电压源
Z	绝缘栅双极型晶体管（IGBT）	W	电流控制开关

单击按钮 ⋃ 或执行菜单命令"Tools"→"Annotate"，会弹出如图 5-5-14 所示的
"Annotate"（自动排序）对话框。

图 5-5-14   "Annotate"对话框

➢   Refdes control required：选择是否需要对元器件文字符号进行管理。
➢   Scope。
    •   Update entire design：更新整个设计。
    •   Update selection：更新选择的部分电路。
➢   Action。
    •   Incremental reference update：在现有的基础上进行升序排序。
    •   Unconditional reference update：无条件进行排序。
    •   Reset part references to "?"：把所有的序号都变成"?"。

- Add Intersheet References: 在分页图纸间的端口序号中加上图纸编号。
- Delete Intersheet References: 删除分页图纸间的端口序号中的图纸编号。
- ➢ Annotation Type。
  - Default: 按照默认次序为元器件自动编号。
  - Left-Right: 按照从左到右的次序为元器件自动编号。
  - Top-Bottom: 按照自上而下的次序为元器件自动编号。
- ➢ Combined property string: 网络表中要包含的属性。
- ➢ Reset reference numbers to begin at 1 in each page: 编号时每张图纸都从 1 开始。
- ➢ Do not change the page number: 不改变图纸编号。

5.5.3　反标

如果对已排序的电路不满意，想要改变其中的元器件序号、对调引脚或对调逻辑门，只需要按规则编辑一个*.swp 文件即可实现这些功能。该文件的内容与叙述方式要用到下面 3 个命令。

- ➢ CHANGEREF: 改变元器件序号，如把"U1A"改为"U2A"，其命令格式为"CHANGEREF U1A U2A"。
- ➢ GATESWAP: 将电路图中存在的两个相同的逻辑门互换，如将 U1A 与 U1D 互换，其命令格式为"GATESWAP U1A U1D"。
- ➢ PINSWAP: 交换指定元器件中的两个引脚，如把 U1A 的第 1 个引脚和第 4 个引脚交换，其命令格式为"PINSWAP U1A 1 4"。

切换到项目管理器并选择 demo.dsn，单击按钮 或执行菜单命令"Tools"→"Back Annotation"，会弹出如图 5-5-15 所示的"Backannotate"对话框。

图 5-5-15　"Backannotate"对话框

5.5.4 自动更新元器件或网络的属性

对于使用特殊封装或拥有自己的封装库的公司，自动更新元器件或网络属性是一项特别有用的功能。首先定义好自己的属性文件（在后面会详述其格式），然后执行菜单命令"Tools"→"Update Properties"，会弹出如图 5-5-16 所示的"Update Properties"对话框。

➢ "Scope"选区和"Mode"选区与"Annotate"对话框中的相同，此处不再赘述。

➢ Action。

- Update parts：指定更新元器件的属性数据。
- Update nets：指定更新网络的属性数据。
- Use case insensitive compares：不考虑元器件的灵敏度。
- Convert the update property to uppercase：把更新的属性转换成大写字母。
- Unconditionally update the property(normally only updated if empty)：无条件更新属性。
- Do not change updated properties visibility：不改变元器件更新属性的可见性。
- Make the updated property visible：使元器件更新的属性可见。
- Make the updated property invisible：使元器件更新的属性不可见。
- Create a report file：产生报告文件。

➢ Property Update File：要更新的属性文件。

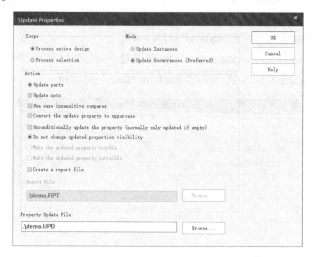

图 5-5-16　"Update Properties"对话框

属性文件的格式如下（可以用记事本编辑，存为文本文件即可）：

"{Value}"	"PCB Footprint"
"74LS00"	"14DIP300"
"74LS138"	"16DIP300"
"74LS163"	"16DIP300"
"8259A"	"28DIP600"

第 1 行："{属性栏名称}""要置换的属性"
第 2 行：开始描述

注意：需要置换的属性可以有多个

5.5.5　生成网络表

绘制原理图的目的不只是画出元器件，其最终目的是要设计出 PCB。要设计 PCB，就必须建立网络表，对于 Capture 来说，生成网络表是它的一项特殊功能。在 Capture 中，可以生成多种格式的网络表（共 39 种），以满足各种不同 EDA 软件的需求。

在制作网络表前，必须确认下列事项：

➢　元器件序号是否排列？

➢　电路图是否通过了 DRC？

➢　属性数据是否完整？每个元器件是否有元器件封装？

如果上述过程已经完成，那么就可以生成网络表。

（1）切换到项目管理器，选取要产生网络表的电路图。

（2）单击按钮　或执行菜单命令 "Tools" → "Create Netlist…"，会弹出如图 5-5-17 所示的 "Create Netlist" 对话框，选择需要的 EDA 软件格式，单击 "确定" 按钮即可生成相应的网络表。其中包括 8 个选项卡，每个选项卡都代表一种网络表的格式与接口，这里只介绍 "PCB" 选项卡。

在 "PCB" 选项卡中，可以自己规定创建或更新 PCB，也可以规定改变组件放置选项，包括 PCB 的激励选项。

➢　PCB Footprint：指定 PCB 封装的属性名，默认值为 "PCB Footprint"。单击 "Setup…" 按钮，打开 "Setup" 对话框，如图 5-5-18 所示，可以进行修改、编辑，并查看文件存放位置，这些文件包括 Capture 与 Allegro 之间一系列的属性映射。也可以指定备份类型的数目，以 PST*.DAT 网络表文件形式进行保存。

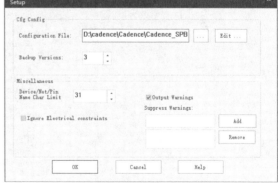

图 5-5-17　"Create Netlist" 对话框　　　　图 5-5-18　"Setup" 对话框

➢　Create PCB Editor Netlist：在 PCB Editor 格式中产生网络表，这些格式的文件包括 pstchip.dat、pstxnet.dat 和 pstxprt.dat。通过选择这些复选框，可以确保在项目管理器或在目录中找到这 3 个 PST 文件。如果复选框为空，就不会产生网络表，复选框也会变成无效的。

➢　Options。

- Netlist Files：此项的功能是指定 PST*.DAT 文件的保存位置，默认位置为在设计中指定的最后一次调用对话框的目录。如果是第一次设计网络表，那么默认位置为设计目录的 Allegro 子文件，这是首选位置。如果网络表先于项目产生，那么默认位置为最后一次用这个对话框进行设计时使用的目录。

- View Output：选择此复选框可以自动打开 3 个 PST 文件，当创建完网络表后，这 3 个文件会在独立的 Capture 窗口中显示，默认选项为空。

（3）单击"OK"按钮即可生成网络表，先弹出如图 5-5-19 所示的提示信息对话框，单击"确定"按钮，再弹出如图 5-5-20 所示的正在生成网络表对话框，同时在 Project Manager 中生成 pstxnet.dat、pstxprt.dat 和 pstchip.dat 3 个网络表文件，如图 5-5-21 所示。这 3 个文件的内容分别如图 5-5-22～图 5-5-24 所示。如果在建立网络表时出现错误，可查看"Session Log"中的错误信息，并根据提示进行修改。

图 5-5-19　提示信息对话框

图 5-5-20　正在生成网络表对话框

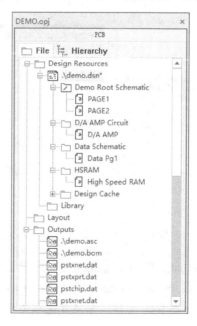

图 5-5-21　网络表文件位置

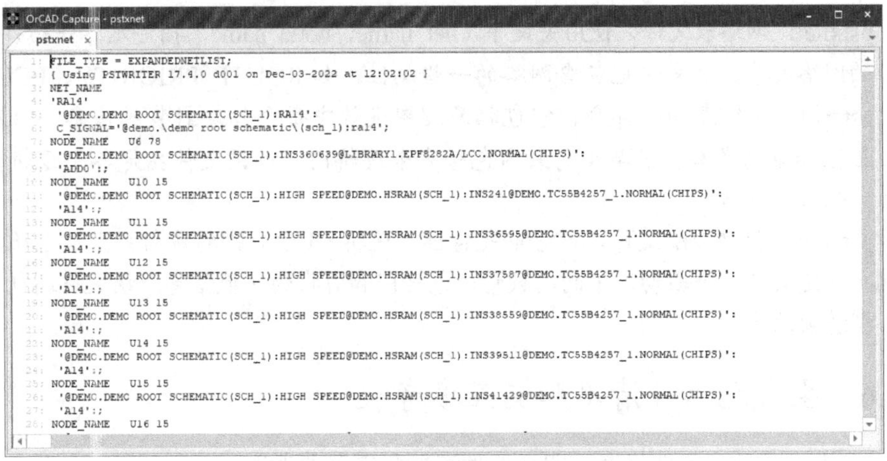

```
FILE_TYPE = EXPANDEDNETLIST;
{ Using PSTWRITER 17.4.0 d001 on Dec-03-2022 at 12:02:02 }
NET_NAME
'RA14'
 '@DEMO.DEMO ROOT SCHEMATIC(SCH_1):RA14':
 C_SIGNAL='@demo.\demo root schematic\(sch_1):ra14';
NODE_NAME	U6 78
 '@DEMO.DEMO ROOT SCHEMATIC(SCH_1):INS360639@LIBRARY1.EPF8282A/LCC.NORMAL(CHIPS)':
 'ADD0':;
NODE_NAME	U10 15
 '@DEMO.DEMO ROOT SCHEMATIC(SCH_1):HIGH SPEED@DEMO.HSRAM(SCH_1):INS241@DEMO.TC55B4257_1.NORMAL(CHIPS)':
 'A14':;
NODE_NAME	U11 15
 '@DEMO.DEMO ROOT SCHEMATIC(SCH_1):HIGH SPEED@DEMO.HSRAM(SCH_1):INS36595@DEMO.TC55B4257_1.NORMAL(CHIPS)':
 'A14':;
NODE_NAME	U12 15
 '@DEMO.DEMO ROOT SCHEMATIC(SCH_1):HIGH SPEED@DEMO.HSRAM(SCH_1):INS37587@DEMO.TC55B4257_1.NORMAL(CHIPS)':
 'A14':;
NODE_NAME	U13 15
 '@DEMO.DEMO ROOT SCHEMATIC(SCH_1):HIGH SPEED@DEMO.HSRAM(SCH_1):INS38559@DEMO.TC55B4257_1.NORMAL(CHIPS)':
 'A14':;
NODE_NAME	U14 15
 '@DEMO.DEMO ROOT SCHEMATIC(SCH_1):HIGH SPEED@DEMO.HSRAM(SCH_1):INS39511@DEMO.TC55B4257_1.NORMAL(CHIPS)':
 'A14':;
NODE_NAME	U15 15
 '@DEMO.DEMO ROOT SCHEMATIC(SCH_1):HIGH SPEED@DEMO.HSRAM(SCH_1):INS41429@DEMO.TC55B4257_1.NORMAL(CHIPS)':
 'A14':;
NODE_NAME	U16 15
```

图 5-5-22　pstxnet.dat 文件的内容

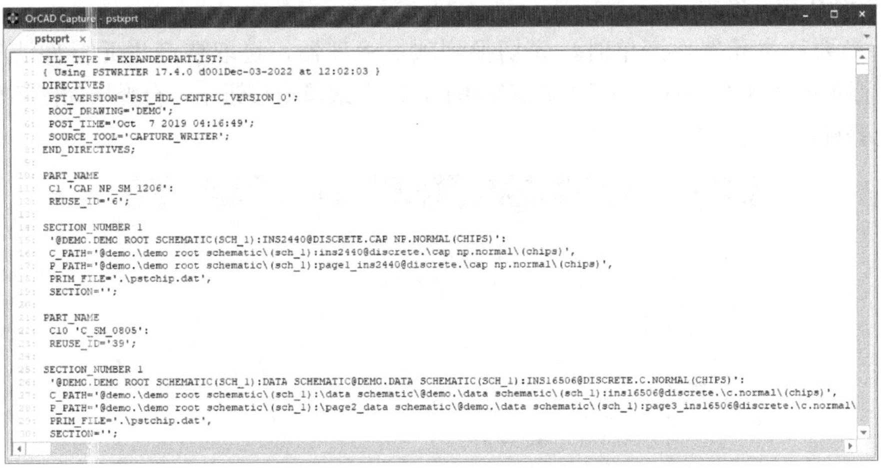

```
FILE_TYPE = EXPANDEDPARTLIST;
{ Using PSTWRITER 17.4.0 d001Dec-03-2022 at 12:02:03 }
DIRECTIVES
 PST_VERSION='PST_HDL_CENTRIC_VERSION_0';
 ROOT_DRAWING='DEMO';
 POST_TIME='Oct  7 2019 04:16:49';
 SOURCE_TOOL='CAPTURE_WRITER';
END_DIRECTIVES;

PART_NAME
 C1 'CAP NP_SM_1206':
 REUSE_ID='6';

SECTION_NUMBER 1
 '@DEMO.DEMO ROOT SCHEMATIC(SCH_1):INS2440@DISCRETE.CAP NP.NORMAL(CHIPS)':
 C_PATH='@demo.\demo root schematic\(sch_1):ins2440@discrete.\cap np.normal\(chips)',
 P_PATH='@demo.\demo root schematic\(sch_1):page1_ins2440@discrete.\cap np.normal\(chips)',
 PRIM_FILE='.\pstchip.dat',
 SECTION='';

PART_NAME
 C10 'C_SM_0805':
 REUSE_ID='39';

SECTION_NUMBER 1
 '@DEMO.DEMO ROOT SCHEMATIC(SCH_1):DATA SCHEMATIC@DEMO.DATA SCHEMATIC(SCH_1):INS16506@DISCRETE.C.NORMAL(CHIPS)':
 C_PATH='@demo.\demo root schematic\(sch_1):\data schematic\@demo.\data schematic\(sch_1):ins16506@discrete.\c.normal\(chips)',
 P_PATH='@demo.\demo root schematic\(sch_1):\page2_data schematic\@demo.\data schematic\(sch_1):page3_ins16506@discrete.\c.normal\
 PRIM_FILE='.\pstchip.dat',
 SECTION='';
```

图 5-5-23　pstxprt.dat 文件的内容

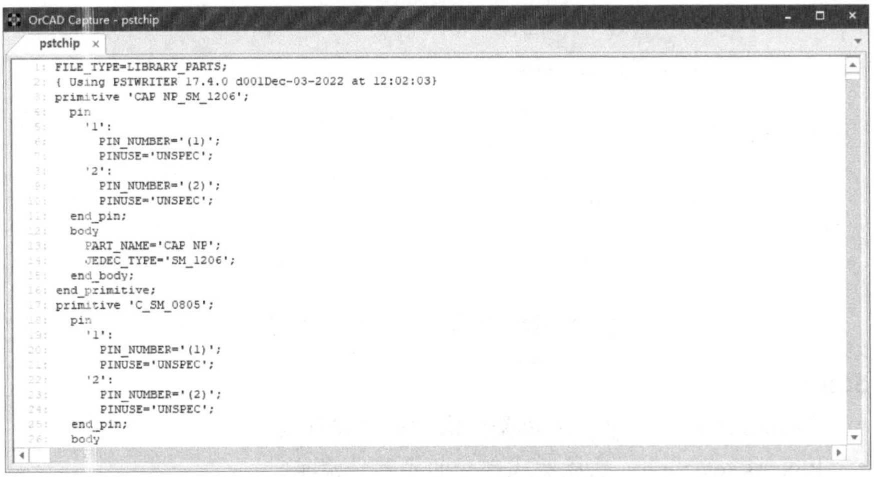

```
FILE_TYPE=LIBRARY_PARTS;
{ Using PSTWRITER 17.4.0 d001Dec-03-2022 at 12:02:03}
primitive 'CAP NP_SM_1206';
  pin
    '1':
      PIN_NUMBER='(1)';
      PINUSE='UNSPEC';
    '2':
      PIN_NUMBER='(2)';
      PINUSE='UNSPEC';
  end_pin;
  body
    PART_NAME='CAP NP';
    JEDEC_TYPE='SM_1206';
  end_body;
end_primitive;
primitive 'C_SM_0805';
  pin
    '1':
      PIN_NUMBER='(1)';
      PINUSE='UNSPEC';
    '2':
      PIN_NUMBER='(2)';
      PINUSE='UNSPEC';
  end_pin;
  body
```

图 5-5-24　pstchip.dat 文件的内容

➤ pstxnet：网络表文件，使用关键字（net_name，node_name）指定元器件和引脚数之间的网络关系。该文件也包含网络的一些属性，如 ROUTE_PRIORITY、ECL 等。

➤ pstxprt：网络表的一部分，它包括原理图设计中每个物理封装的信息，以及元器件属性和驱动类型。若某个封装内包含多个逻辑门，则该文件指定各个逻辑门在封装中的摆放位置。

☺ pstchip：驱动分配文件，包含电气特性、逻辑-物理引脚的映射关系及电压需求。该文件定义了一个驱动器中的门数量，包括门和引脚的交换信息。该文件还包含封装类型替换的信息。

5.5.6 生成元器件清单和交互参考表

Capture 提供两种元器件报表，即元器件清单和交互参考表。

1. 生成元器件清单

（1）当要产生元器件清单时，先切换到项目管理器，选取要产生元器件清单的电路图，再执行菜单命令"Tools"→"Bill of Materials..."或单击按钮 🖼，会弹出如图 5-5-25 所示的生成元器件清单对话框。

图 5-5-25　生成元器件清单对话框

➤ Scope。

- Process entire design：生成整个设计的元器件清单。
- Process selection：生成所选部分的元器件清单。

➤ Mode。

- Use instances: 使用当前属性。
- Use occurrences(Preferred): 使用事件属性（推荐）。

➢ Line Item Definition: 定义元器件清单的内容。
- Place each part entry on a separate line: 在元器件清单中，每个元器件的信息占一行。

➢ Include File: 是否在元器件清单中加入其他文件。

（2）单击 "OK" 按钮，即可创建元器件清单，元器件清单如图 5-5-26 所示。同时在 Project Manager 项目的 Outputs 目录下生成 demo.bom 文件。

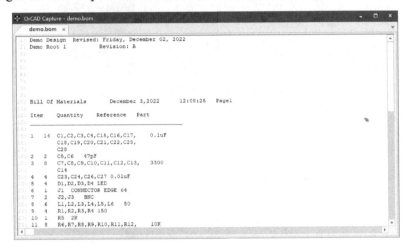

图 5-5-26　元器件清单

2. 建立交互参考表

交互参考表可以告诉我们某个元器件取自哪个元器件库、存放在哪个位置。

（1）切换到项目管理器，选取要产生交互参考表的电路图，执行菜单命令 "Tools" → "Cross reference…" 或单击按钮 ，会弹出如图 5-5-27 所示的建立交互参考表对话框。

➢ Scope。
- Cross reference entire design: 生成整个设计的交互参考表。
- Cross reference selection: 生成所选部分电路图的交互参考表。

➢ Mode。
- Use instances: 使用当前属性。
- Use occurrences(Preferred): 使用事件属性（推荐）。

➢ Sorting。
- Sort output by part value, then by reference designator: 先报告 value 后报告 reference，并按 value 排序。
- Sort output by reference designator, then by part value: 先报告 reference 后报告 value，并按 reference 排序。

➢ Report。
- Report the X and Y coordinates of all parts: 报告元器件的 X 坐标和 Y 坐标。

- Report unused parts in multiple part packages：报告封装中未被使用的元器件。

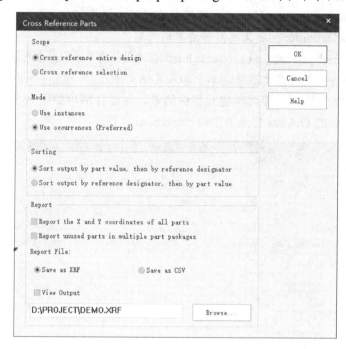

图 5-5-27　建立交互参考表对话框

（2）单击"OK"按钮，即可生成交互参考表，如图 5-5-28 所示。

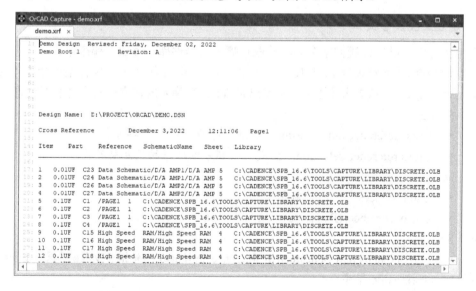

图 5-5-28　交互参考表

5.5.7　属性参数的输入/输出

在 Capture 中，还可以通过属性参数文件来更新元器件属性参数。具体方法是，首先将电路图中的元器件属性参数输出到一个属性参数文件中，并对该文件进行编辑修改，然后将其输入电路图，更新元器件属性参数。

1．元器件属性参数的输出

（1）在项目管理器中选择要输出属性参数的电路设计，执行菜单命令"Tools"→"Export Properties"，会弹出如图 5-5-29 所示的输出属性对话框。

图 5-5-29　输出属性对话框

➢ Scope。
- Export entire design or library：输出整个设计或库文件。
- Export selection：输出选择的设计或库文件。

➢ Contents。
- Part Properties：输出元器件属性。
- Part and Pin Properties：输出元器件和引脚的属性。
- Flat Net Properties：输出 Flat 网络的属性。

➢ Mode。
- Export Instance Properties：输出实体的属性。
- Export Occurrence Properties：输出事件的属性。

➢ Export File：输出文件的位置。

（2）单击"OK"按钮，在项目管理器中打开属性参数文件 demo.exp，属性参数文件内容如图 5-5-30 所示。

2．元器件属性参数文件的输入

（1）在项目管理器中选择电路设计，执行菜单命令"Tools"→"Import Properties"，会弹出"Import Properties"对话框，选择属性参数文件，如图 5-31 所示。

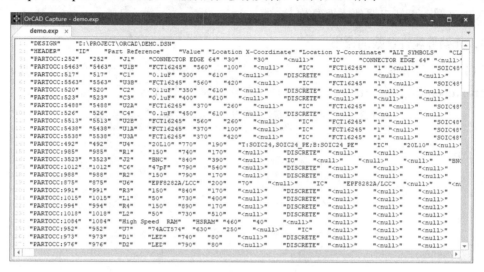

图 5-5-30　属性参数文件内容

图 5-5-31　选择属性参数文件

（2）选择文件 DEMO.EXP，单击"打开"按钮，输入属性参数文件。

习题

（1）某电路图中有 10 个相同的电容，当前的"Value"为"C"，需要将其改变为"0.1μF"，应如何操作？

（2）如果要在所产生的交互参考表中列出未被用到的复合封装元器件，应该如何设置？

（3）在制作网络表前，必须确定哪些事情？

（4）如何为两个 Flat 网络建立差分对？

第6章 Allegro 的属性设置

6.1 Allegro 的界面介绍

在进行 PCB 设计时，主要用到 PCB Editor 和 Padstack Editor 两个程序。

➤ PCB Editor：PCB 设计和元器件封装设计。

➤ Padstack Editor：创建和编辑焊盘，包括设置焊盘参数；创建通孔、盲孔和埋孔焊盘。

➤ 其他应用程序：如 PCB Editor to PCB Router、Batch DRC、DB Doctor 等。

打开菜单栏，会弹出如图 6-1-1 所示的 Cadence 相关文件。

下面对 PCB Editor 界面进行介绍。

执行菜单命令"Cadence PCB 17.4-2019"→"PCB Editor 17.4"，会弹出"Cadence 17.4 ALLEGRO Product Choices"对话框，如图 6-1-2 所示。

图 6-1-1　Cadence 相关文件　　　图 6-1-2　"Cadence 17.4 ALLEGRO Product Choices"对话框

如果购买了一种以上的 SPB 开发设计平台，那么在"Cadence 17.4 ALLEGRO Product Choices"对话框的"Select a Product"中会显示，其中，Allegro PCB Designer 的功能最强大，在其中可以选择"PCB Team Design"和"Analog/RF"选项，而其他软件都不具有"PCB Team Design"和"Analog/RF"功能。

> ➢ "PCB Team Design"功能允许多个 PCB 设计者同时工作在一个 PCB 设计平台上，PCB 设计被分成多个部分，并被分给团队中的各个设计人员，团队中的各个设计人员都能查看和更新设计进度。

> ➢ "Analog/RF"功能是在 Allegro 平台上提供一个快捷的、自动化的 RF 板设计进程，使设计者可以更方便地使用 RF 板基于元器件安排和基于外形的方法设计 RF 板。

当勾选"Use as default"后，系统启动时会直接进入该开发平台。要想使用其他设计平台，可以通过菜单命令"File"→"Change Editor"改变开发平台。

双击"Allegro PCB Designer"图标进入设计系统的主界面，Allegro PCB Designer 工作界面如图 6-1-3 所示。本书的示例都是在 Allegro PCB Designer 平台上完成的。

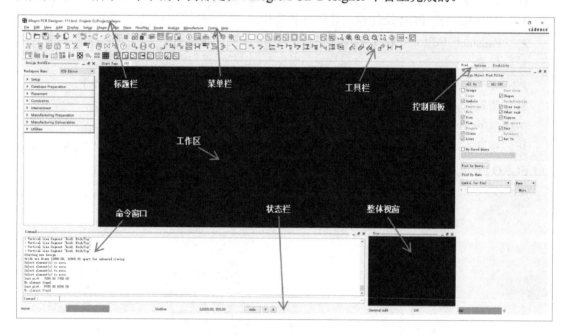

图 6-1-3　Allegro PCB Designer 工作界面

1）标题栏　标题栏显示所选择的开发平台、设计名称、存放路径等信息。

2）菜单栏　菜单栏包括设计所需的大部分命令。

3）工具栏　工具栏包括常用的命令按钮。

4）控制面板　控制面板由以前版本的固定格式改变为自动隐藏格式，分为 Find（选取）、Options（选项）和 Visibility（层面显示）3 个页面，当用鼠标单击某一页面时，该页面就会显示出来。也可以通过每个页面右上角的图标来确定每个页面是否自动隐藏，且可以将各个页面移动到工作区的四边。只要沿着各页面的名称单击鼠标左键，就可以将页面拖动并放置到界面的任意位置。当放置的位置是界面周边的预设位置时，可放置的区域将变成浅蓝色。

（1）Find（选取）：选择需要的对象。这一功能可以使用户非常方便地选取 PCB 上的任何对象，它由两部分组成，即"Design Object Find Filter"和"Find By Name"，如图 6-1-4 所示。预设位置如图 6-1-5 所示。

图 6-1-4　"Find"选项卡

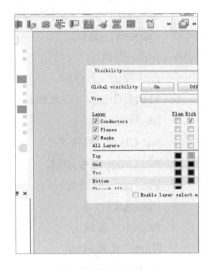

图 6-1-5　预设位置

➢ Design Object Find Filter。

- Groups：群组。
- Comps：Allegro 元器件。
- Symbols：Allegro 符号。
- Functions：功能。
- Nets：网络。
- Pins：引脚。
- Vias：过孔。
- Clines：具有电气特性的线段，包括导线到导线、导线到过孔、过孔到过孔。
- Lines：没有电气特性的线段，如元器件外框等。
- Shapes：形状。
- Voids/Cavities：填充的挖空区域。
- Cline segs：在 Clines 中没有拐弯的导线。
- Other segs：在 Lines 中没有拐弯的导线。
- Figures：图形符号。
- DRC errors：DRC 错误。
- Text：文本。
- Ratsnests：飞线。
- Rat Ts："T"形飞线。

➢ Find By Name。

- 类型选择如图 6-1-6 所示。
  ✧ Symbol（or Pin）：符号（或引脚）。

◇ Device Type: 元器件类型。

◇ Symbol Type: 符号类型。

◇ Property: 属性。

◇ Bus: 总线。

◇ Diff Pair: 差分对。

◇ Match Group: 匹配组。

◇ Module: 模型。

◇ Net Class: 网络类。

◇ Net Group: 网络组。

◇ Pin Pair: 引脚对。

◇ Ratbundle: 束。

◇ Region: 区域。

◇ Xnet: 交互网络。

◇ Generic Group: 组。

• 类别选择如图 6-1-7 所示。

◇ Name: 在左下角输入元器件名称。

◇ List: 在左下角输入元器件列表。

图 6-1-6　类型选择

图 6-1-7　类别选择

在图 6-1-6 中单击按钮 More... ，会弹出"Find by Name or Property"窗口，如图 6-1-8 所示。

➢ Object type: 选择进行过滤的对象类型。

➢ Name filter: 按照名称进行过滤，如输入"C*"表示选择所有以"C"开头的元器件。

➢ Value filter: 按照元器件的值进行过滤。

（2）Options（选项）：显示正在使用的命令。该功能体现了 Allegro 操作的方便性，用户不必记住在哪儿设置每个命令的相关参数，执行具体命令后，Options 的相关参数就会显示当前命令的有关设置。选择"Move"命令时"Options"选项变化示例如图 6-1-9 所示。单击鼠标右键，在弹出的快捷菜单中选择"Done"命令即可回到原来的窗口。

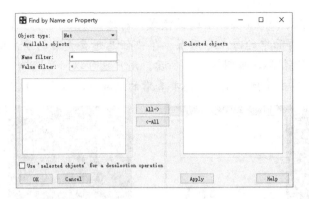

图 6-1-8　"Find by Name or Property" 窗口

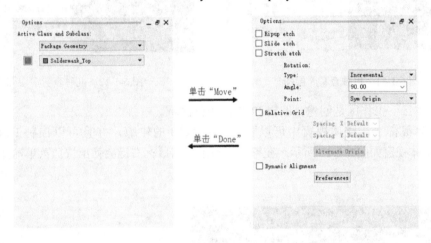

图 6-1-9　选择 "Move" 命令时 "Options" 选项变化示例

（3）Visibility（层面显示）：选择所需要的各层面的颜色，"Visibility" 属性编辑窗口如图 6-1-10 所示。

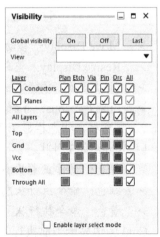

- ➤ View：将目前的层面颜色存储为 View 文件，随后就可在 "View" 下拉列表中选取设置好的 View 文件，系统会自动调整其层面颜色。
- ➤ Conductors：所有的布线层显示总开关。
- ➤ Planes：所有的电源/地层显示总开关。
- ➤ Masks：所有的掩膜显示总开关。
- ➤ All Layers：竖行的所有层显示总开关。
- ➤ Etch：布线。
- ➤ Via：过孔。
- ➤ Pin：元器件的引脚。
- ➤ Drc：错误标志。
- ➤ All：所有的层面及标志。

图 6-1-10　"Visibility" 属性编辑窗口

➤ Enable layer select mode：层选择模式。勾选该项后，用户可以在设计中快速查看 "Visibility" 页面中的每个可用层。单击任意想要查看的层名称，设计中只显示与该层图有关的信息，如图 6-1-11 所示。用户也可以同时选择多层图进行查看，按下 "Ctrl" 键，单击鼠标左键选择想要查看的层即可，如图 6-1-12 所示。

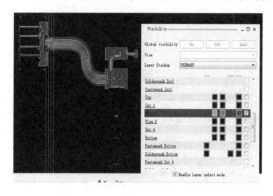

图 6-1-11　单独查看一层图　　　　　　　　　　图 6-1-12　同时查看多层图

5）工作区　工作区是创建、编辑 PCB 的工作区域。

6）整体视窗　在整体视窗中可以看到整个 PCB 的轮廓，并且可以控制 PCB 的大小和移动，整体视窗如图 6-1-13 所示。在整体视窗上单击鼠标右键会弹出快捷菜单，如图 6-1-14 所示。

图 6-1-13　整体视窗　　　　　　　　　　　图 6-1-14　快捷菜单

➤ Move Display：移动显示界面。

➤ Resize Display：重新定义显示界面的大小。

➤ Find Next：寻找下一个版图（当有多个版图时）。

➤ Find Previous：寻找上一个版图（当有多个版图时）。

7）状态栏　状态栏显示正在执行命令的名称、光标的位置，如图 6-1-15 所示。

（1）Cmd 有 3 种状态。

➤ 绿色：动作正常状态。

➤ 红色：命令执行状态。

➤ 黄色：命令执行状态，但可以通过单击下面的 "Stop" 按钮或按 "Esc" 键退出。

Cmd 旁边显示当前执行的命令，图 6-1-15 中为 "move" 命令。

（2）如果当前有命令正在执行，那么单击 "P" 按钮，会出现 "Pick" 对话框，如图 6-1-16 所示，可以输入 X 轴、Y 轴的坐标值。

图 6-1-15　状态栏

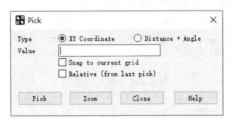

图 6-1-16　"Pick"对话框

如果当前没有命令执行，即处于空闲状态，那么单击图 6-1-15 中的"P"按钮，会出现"Zoom Center"对话框，表示可以输入画面中央的 X 值、Y 值。

➢ XY Coordinate：输入坐标值。

➢ Snap to current grid：依附格点。

➢ Relative (from last pick)：使用相对坐标，并以上一次选取的坐标为参考原点。

（3）坐标显示模式：Allegro 提供了两种坐标模式，即绝对模式（Absolute）和相对模式（Relative）。

在如图 6-1-15 所示的状态栏中，"A"按钮表示目前的坐标模式为绝对模式，以坐标原点为参考点。单击"A"按钮即变为"R"按钮，表示目前的坐标模式为相对模式，以上一次选取的坐标为参考点。

（4）状态栏左边的"Idle"表示当前没有命令执行，如图 6-1-17 所示；当有命令执行时，"Idle"处会变成当前正在执行的命令，如当前正在执行"copy"命令，此处就会显示"copy"，如图 6-1-18 所示。这样的好处是用户可以随时看到当前正在执行的命令，可以避免一些误操作。

图 6-1-17　无命令执行　　　　　　　　图 6-1-18　执行"copy"命令

8）命令窗口　命令窗口显示目前使用的命令的信息，可在此输入命令并执行，如图 6-1-19 所示。关于命令窗口的使用，将在画板框时进行具体说明。

图 6-1-19　命令窗口

6.2　设置工具栏

1）工具栏　工具栏包括下列选项，如图 6-2-1 所示。

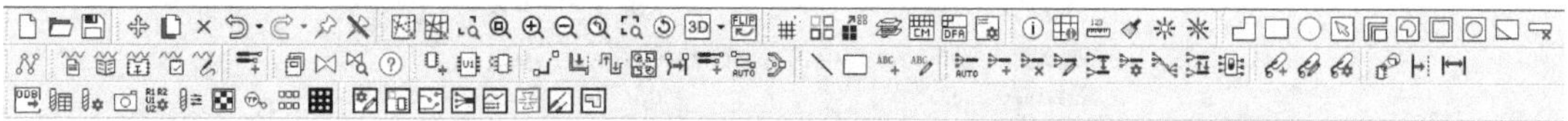

图 6-2-1　工具栏选项

- ➢ File（文件） 
- ➢ Edit（编辑） 
- ➢ View（视图） 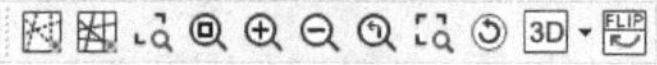
- ➢ Setup（设置） 
- ➢ Display（显示） 
- ➢ Shape（形状） 
- ➢ Dimension（尺寸） 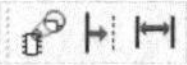
- ➢ Manufacture（加工制造） 
- ➢ Logic（逻辑）
- ➢ Analysis（分析） 
- ➢ Misc（多种报表输出） 
- ➢ Fanout（扇出）
- ➢ Place（放置） 
- ➢ Route（布线） 
- ➢ Add（添加） 
- ➢ FlowPlan（编辑线束）

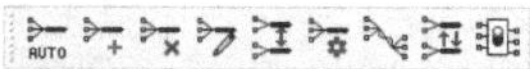

2）自行定义工具栏　可执行菜单命令"View"→"Customize Toolbar..."，会弹出"Customize"对话框，如图 6-2-2 所示。

此对话框可以设置是否显示（默认为全部显示）各个工具条，以及建立新的工具条。例如，取消勾选"Toolbars:"栏下的"FlowPlan"，即可不显示 FlowPlan 工具条，或者在工具栏空白处单击鼠标右键，会弹出如图 6-2-3 所示的工具条菜单，将其中的某一项工具条取消勾选，也可使该工具条不显示。

3）状态栏——显示/隐藏部分

沿着底部状态栏任意部分单击鼠标右键，会弹出如图 6-2-4 所示的底部状态栏菜单，可勾选常用的部分，使其显示在状态栏中，也可将不希望显示的部分取消勾选（默认为全部显示）。

4）添加/删除工具栏按钮

（1）执行菜单命令"View"→"Customize Toolbar..."，选择"Commands"选项卡，自定义工具栏，如图 6-2-5 所示。

图 6-2-2　"Customize"对话框

图 6-2-3　工具条菜单

图 6-2-4　底部状态栏菜单

图 6-2-5　自定义工具栏

（2）若要删除按钮，只需要选中要删除的按钮并单击右边的"Delete"按钮即可。若想将删除的按钮添加回去，可在"Commands"选项卡中单击"Reset"按钮返回默认状态。

（3）在"Toolbar"下拉列表中选择想要添加按钮的工具条，单击"Add Command…"按钮，会弹出如图 6-2-6 所示的"Add Command"对话框，在"Categories"列表框中选择想要添加的按钮，此时该按钮会显示在右边的"Commands"列表框中，如图 6-2-7 所示，选中该按钮，单击"Add"按钮即可将想要添加的按钮添加到工具栏中，如图 6-2-8 所示。

（4）若想改变某一按钮在工具栏中的位置，可在"Commands"选项卡中选中该按钮，并单击"Move Up"或"Move Down"按钮。

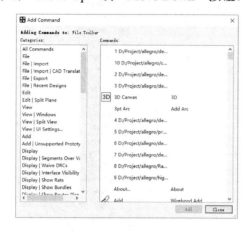 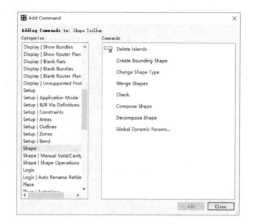

图 6-2-6　"Add Command"对话框　　　　　图 6-2-7　添加的按钮

（a）未添加按钮的工具栏　　　　　　　（b）添加按钮后的工具栏

图 6-2-8　添加按钮

6.3　定制 Allegro 环境

Allegro 根据不同功能的文件类型将其保存为不同的文件后缀，Allegro 文件类型描述如表 6-3-1 所示。

在制作 PCB 之前，需要设置 Allegro 的工作环境。单击"Setup"菜单，在这个菜单中可以设置各种参数，包括 Design Parameter（设计参数）、Grids（格点）、Subclasses（子层）、B/B Via Definitions（盲孔/埋孔设置）等。

表 6-3-1　Allegro 文件类型描述

文件后缀名	文 件 类 型
.brd	普通的电路板文件
.dra	符号绘制（Symbols Drawing）文件
.pad	Padstack 文件，在制作 Symbol 时可以直接调用
.psm	Library 文件，存储一般元器件
.osm	Library 文件，存储由图框及图文说明组成的元器件
.bsm	Library 文件，存储由板框及螺钉孔等组成的元器件
.fsm	Library 文件，存储特殊图形元器件，仅用于建立 Padstack 的 Thermal Relief（防止散热用）
.ssm	Library 文件，存储特殊外形元器件，仅用于建立特殊外形的 Padstack
.mdd	模块定义（Module Definition）文件
.tap	输出的包含 NC Drill 数据的文件
.scr	Script 和 Macro 文件

续表

文件后缀名	文 件 类 型
.art	输出的底片文件
.log	输出的一些临时信息文件
.color	在 View 层面切换文件
.jrl	记录操作 Allegro 的事件

1. 设置设计参数

执行菜单命令"Setup"→"Design Parameters…"，会弹出"Design Parameter Editor"对话框，如图 6-3-1 所示。

图 6-3-1　"Design Parameter Editor"对话框

1) Display（设置显示属性）　"Display"选项卡如图 6-3-1 所示。

➢ Connect point size：设置"T"形连接点的尺寸。

➢ DRC marker size：设置 DRC 标志的尺寸。

➢ Rat T(Virtual pin) size：设置"T"形飞线的尺寸。

➢ Max rband count：当放置、移动元器件时允许显示的网格飞线数目。

➢ Ratsnest geometry：飞线的布线模式，包括两种模式，如图 6-3-2 和图 6-3-3 所示。

● Jogged：当飞线呈水平或垂直状态时自动显示有拐角的线段。

● Straight：最短的直线段。

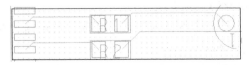

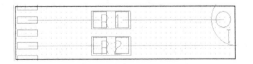

图 6-3-2　Jogged 布线模式　　　　　　　　图 6-3-3　Straight 布线模式

➤ Ratsnest points: 设置飞线的点距，包括两种模式。

- Closest endpoint: 显示 Etch/Pin/Via 的最近两点之间的距离。
- Pin to pin: 显示引脚之间最近的距离。

➤ plated holes: 显示上锡的孔。

➤ Back drill holes: 显示反钻孔。

➤ Non-plated holes: 显示不上锡的孔。

➤ Padless holes: 显示无焊盘的孔。

➤ Connect points: 显示连接点。

➤ Filled pads: 系统会将 Pin 和 Via 由中空改为填满的模式，如图 6-3-4 所示。

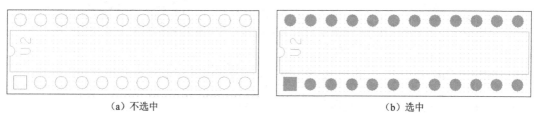

（a）不选中　　　　　　　　　　　　　　　　（b）选中

图 6-3-4　更改 Pin 和 Via 的填充模式

➤ Connect line endcaps: 显示导线在拐弯处的连接，如图 6-3-5 所示。

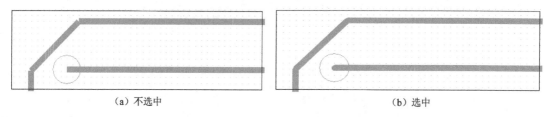

（a）不选中　　　　　　　　　　　　　　　　（b）选中

图 6-3-5　更改导线在拐弯处的连接状态

➤ Thermal pads: 显示 Negative Layer 中 Pin/Via 的散热"十"字形孔。

➤ Bus rats: 显示 Bus 型的飞线。

➤ Waived DRCs: 显示被延迟的设计规则检查结果。

➤ Drill labels: 显示过孔的标志。

➤ Design origin: 显示连接的初始端。

➤ Diffpair driver pins: 显示不同的驱动引脚。

➤ Use secondary step models in the 3D Canvas: 在 3D 浏览器中显示 3D 模型。

➤ Grids on: 显示格点。

➤ Setup grids: 打开"Define Grids"对话框进行 Grids 设置。

➤ Display net names(OpenGL only): 在 GL 情况下显示网络名，可选择显示渐变群（Clines）、显示形状（Shapes）、显示引脚（Pins）。

2）Design（设置设计属性）　"Design"选项卡如图 6-3-6 所示。

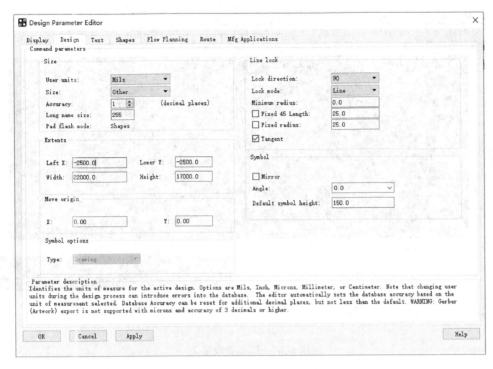

图 6-3-6　"Design" 选项卡

> User units：可以选用的单位，包括 Mil（毫英寸）、Inch（英寸）、Micron（微米）、Millimeter（毫米）、Centimeter（厘米）。

> Size：用于定义图纸的尺寸，包括 A、B、C、D、Other（任意）。

> Accuracy：定义小数点的位数，即精度，如 "2" 表示有两位小数位。如果使用 "Mil" 为单位，则小数点后面的位数为 "0"，必须在全过程保持设置一致，避免出现舍、入精度问题。

> Long name size：定义下列名称的最大字符数——net 名称、pad stack 名称、slot 名称及功能 pin 的名称。该数值只能越来越大，最小值为 32，最大值为 255，默认值为 255。

> Left X：图纸左下角的起始横坐标。

> Lower Y：图纸左下角的起始纵坐标。

> Width：绘图区的宽度（显示全部信息时）。

> Height：绘图区的高度（显示全部信息时），图纸参数定义如图 6-3-7 所示。

> Move origin：把当前的原点移到新的坐标（X、Y）。

> Type：选择绘制图纸的类型，此时只有 "Drawing" 类型。

> Lock direction：锁定布线方向。

　　• Off：拐角度数任意。

　　• 45：45° 拐角。

　　• 90：90° 拐角。

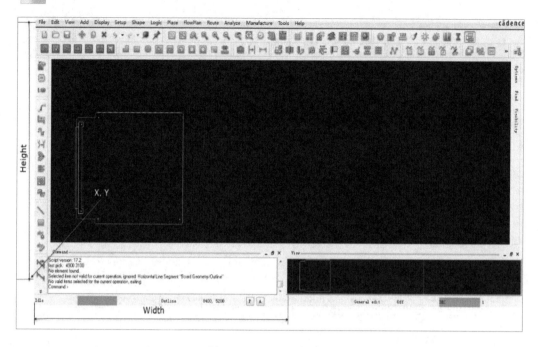

图 6-3-7　图纸参数定义

➤ Lock mode：锁定模式。

- Line：直线。
- Arc：圆弧线。

➤ Minimum radius：设置放置圆弧线时的最小半径。

➤ Fixed 45 Length：设置放置 45° 拐角时斜边的固定长度。

➤ Fixed radius：设置放置圆弧线时的固定半径值。

➤ Tangent：设置放置圆弧线时以切线方式放置。

➤ Symbol（设置元器件的旋转角度及高度）：设置元器件在被调入时的旋转角度及是否翻转至背面。

- Mirror：设置是否翻转至背面。
- Angle：设置旋转角度（0、45、90、135、180、225、270、315）。
- Default symbol height：设置默认元器件的高度。

3）Text（设置文本属性）　"Text"选项卡如图 6-3-8 所示，用于设置写入 Allegro 时文本的预设大小。

➤ Justification：文本对齐位置，共有 3 种，即 Left、Center、Right。

➤ Parameter block：文本块的大小。

➤ Parameter name：文本块的名称。

➤ Text marker size：文本标志的大小。

➤ Setup text sizes：打开 "Text Setup" 对话框。

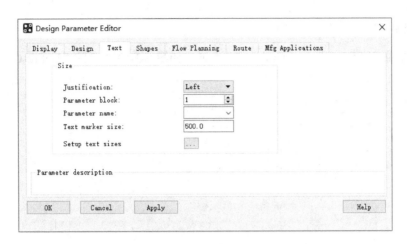

图 6-3-8 "Text" 选项卡

单击按钮 ┌─┐，会弹出如图 6-3-9 所示的 "Text Setup" 对话框。

Text Blk	Width	Height	Line Space	Photo Width	Char Space	Name
1	16.0	25.0	31.0	0.0	6.0	
2	23.0	31.0	39.0	0.0	8.0	
3	38.0	50.0	63.0	0.0	13.0	
4	47.0	63.0	79.0	0.0	16.0	
5	56.0	75.0	96.0	0.0	19.0	
6	60.0	80.0	100.0	0.0	20.0	
7	69.0	94.0	117.0	0.0	23.0	
8	75.0	100.0	125.0	0.0	25.0	
9	93.0	125.0	156.0	0.0	31.0	
10	117.0	156.0	195.0	0.0	62.0	
11	131.0	175.0	219.0	0.0	44.0	
12	141.0	188.0	235.0	0.0	47.0	
13	150.0	200.0	250.0	0.0	50.0	
14	167.0	225.0	281.0	0.0	56.0	
15	189.0	250.0	313.0	0.0	63.0	
16	375.0	500.0	625.0	0.0	125.0	
17	32.0	50.0	63.0	0.0	12.0	

图 6-3-9 "Text Setup" 对话框

➢ Text Blk：文字的字号大小（1～64 号），单击 "Add" 按钮可根据需要新增字体。

➢ Width：字体的宽度。

➢ Height：字体的高度。

➢ Line Space：行与行之间的距离。

➢ Photo Width：写在底片上的字体的线宽。

➢ Char Space：字与字之间的距离。

➢ Name：文本块的名字。

关于 "Design Parameters Editor" 对话框的其他选项卡将在后续章节中介绍，此处不再赘述。

2. 设置格点

执行菜单命令"Setup"→"Grids..."，会弹出如图 6-3-10 所示的"Define Grid"窗口。

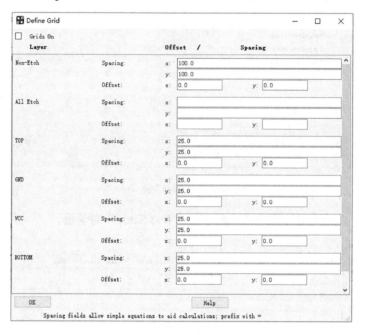

图 6-3-10　"Define Grid"窗口

设置非走线层（Non-Etch）和走线层（All Etch）的格点属性，系统会按目前的 Active Class 自动选取不同的格点。若 Active Class 为"Etch"，则系统使用"All Etch"项设置格点参数；若 Active Class 为其他类型，则系统使用"Non-Etch"项设置格点参数。

➢ Grids On: 显示格点（当选中此选项时，显示格点，否则不显示格点）。

➢ Non-Etch: 设置非走线层的格点参数。

➢ All Etch: 设置走线层的格点参数。

➢ TOP: 设置顶层的格点参数。

➢ GND: 设置地层的格点参数。

➢ VCC: 设置电源层的格点参数。

➢ BOTTOM: 设置底层的格点参数。

如果添加某层，还应设置该层的格点参数，参数设置说明如下。

➢ Spacing x: x 轴的格点间距大小。

➢ Spacing y: y 轴的格点间距大小。

➢ Offset x: x 轴的偏移量。

➢ Offset y: y 轴的偏移量。

3. 设置"Subclasses"选项

执行菜单命令"Setup"→"Subclasses..."，会弹出如图 6-3-11 所示的"Define

Subclass"窗口，可以根据设计需要来添加子类或删除子类。下面以添加/删除一个 PCB 的"Non-Etch"层为例进行说明。

（1）在图 6-3-11 中单击"BOARD GEOMETRY"按钮，即可弹出增加层，如图 6-3-12 所示。

（2）在"New Subclass"文本框中输入"MY_GEO_LAYER"，按"Enter"键添加该层。若要删除该层，可单击按钮▼，选择"Delete"选项，删除该层，如图 6-3-13 所示。

（3）增加子类后，查看控制面板，在"Options"标签下选择"Active Class"为"Board Geometry"，"Subclass"为新加入的"MY_GEO_LAYER"。

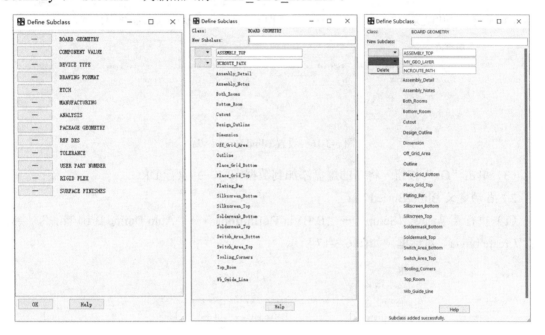

图 6-3-11　"Define Subclass"窗口　　　图 6-3-12　增加层　　　图 6-3-13　删除 MY_GEO_LAYER 层

4．设置 Blind/Buried Via

Blind/Buried Via 就是 Blind Via 和 Buried Via，也就是盲孔和埋孔，其示意图如图 6-3-14 所示。

1）定义 Blind/Buried Via

（1）执行菜单命令"Setup"→"B/BVia Definitions"→"Define B/BVia..."，会弹出如图 6-3-15 所示的"Blind/Buried Vias"窗口。

（2）添加相关信息，设置 Blind/Buried Via，如图 6-3-16 所示。

➢　Add BBVia：在建立的焊盘上建立一个新的项目块。

➢　Delete：删除项目块，从数据库中删除相应的焊盘。

➢　BBVia Padstack：正在创建的焊盘名称。

➢　Padstack to Copy：从创建的元器件库中复制焊盘。

➤ Start Layer: 选择传导层的名字开始新焊盘。

➤ End Layer: 选择传导层的名字结束新焊盘。

图 6-3-14　盲孔和埋孔示意图　　　　　图 6-3-15　"Blind/Buried Vias" 窗口

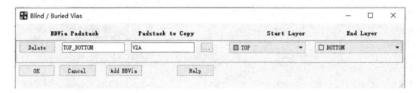

图 6-3-16　设置 Blind/Buried Via

（3）单击 "Ok" 按钮，将新的焊盘添加到数据库中，并执行 DRC。

2）自动定义 Blind/Buried Via

（1）执行菜单命令 "Setup" → "B/BVia Definitions" → "Auto Define B/BVia…"，会弹出 "Create bbvia" 对话框，如图 6-3-17 所示。

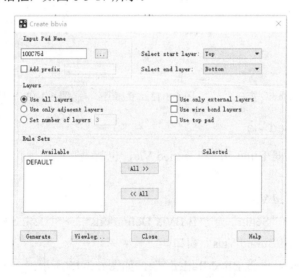

图 6-3-17　"Create bbvia" 对话框

➤ Input Pad Name: 指定建立 BBVia 的源焊盘。

➤ Add prefix: 输入文本附加到 BBVia 名称的前面，格式是<前缀>-<起始传导层名称>-<结束传导层名称>。当设计建立多于一组的 BBVia 时，在此选项中修改信息。

➢ Selcet start layer: 指定起始层。

➢ Select end layer: 指定结束层。

➢ Use all layers: 对于所有层的组合建立 BBVia。

➢ Use only adjacent layers: BBVia 的跨度，最多为两层。

➢ Set number of layers: BBVia 的最大层数，将覆盖起始层和结束层。

➢ Use only external layers: BBVia 必须开始和停止在外部层。

➢ Use wire bond layers: 包括定义为焊线的 Subclass。

➢ Use top pad: 当选择时，将强制每个新焊盘最上面的焊盘匹配输入焊盘的开始层的焊盘定义。

➢ Rule Sets: 在当前的过孔列表中，选择焊盘包含的物理规则设置。

注意：输入焊盘的几何定义将与当前设计层的定义匹配，也就是说，如果当前层要建立的几何形状是内层，那么输入焊盘的默认内层的几何定义将被使用。

（2）单击"Generate"按钮，产生新的 BBVia，命令窗口会出现如下提示信息：

```
Starting Create bbvia list...
bbvia completed successfully , use Viewlog to review the log file.
Opening existing design...
bbvia completed successfully , use Viewlog to review the log file.
```

5. PCB 预览功能

（1）执行菜单命令"File"→"Open..."，选择"demo_plane.brd"，如图 6-3-18 所示。

（2）单击按钮 🄿，预览 PCB 框架，如图 6-3-19 所示。

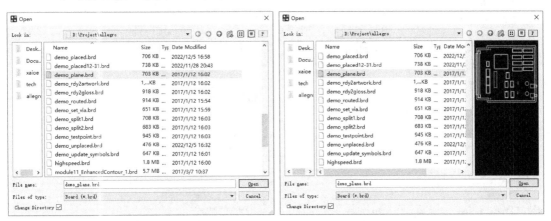

图 6-3-18　选择预览 PCB　　　　　　　　　图 6-3-19　预览 PCB 框架

6. 打印

1）打印设置　执行菜单命令"File"→"Plot Setup"，会弹出"Plot Setup"对话框，如图 6-3-20 所示。

（1）"General"选项卡。

➢ Plot scaling。

- Fit to page：将打印范围调整到适合纸张的大小。

- Scaling factor：设置打印的份数。

- Default line weight：设置打印的线宽。

➢ Plot orientation。

- Auto center：将打印范围放置到纸张的正中央。

- Mirror：翻转打印范围。

➢ Plot method。

- Color：设置彩色打印输出。

- Black and white：设置黑白打印输出。

➢ Plot contents。

- Screen contents：仅打印目前屏幕呈现的部分。

- Sheet contents：打印整个 PCB 的内容。

➢ IPF setup。

- Vectorize text：将文字转换成线段方式输出。

- width：设置文字线段的宽度。

（2）"Windows"选项卡如图 6-3-21 所示。

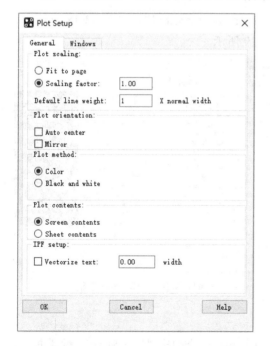

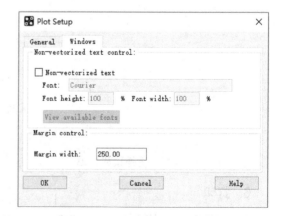

图 6-3-20　"Plot Setup"对话框　　　　图 6-3-21　"Windows"选项卡

➢　Non-vectorize text control。

　　•　Non-vectorize text：文字不转换成线段方式输出。

　　•　Font：字体。

　　•　Font height：字高。

　　•　Font width：字宽。

　　•　View available fonts：浏览可用字体。

➢　Margin Control。

　　•　Margin width：页边距。

2）打印输出　执行菜单命令"File"→"Plot"，会弹出如图 6-3-22 所示的"打印"对话框。

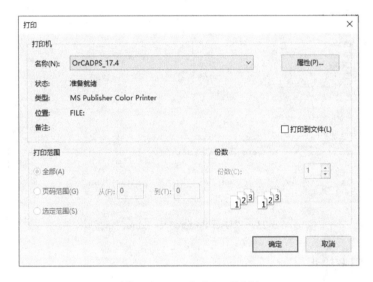

图 6-3-22　"打印"对话框

7. 设置自动保存功能

为了防止突然断电或死机，Allegro 每隔一段时间会自动备份当前的文件。

注意：自动备份功能只有在不使用 Allegro 时才会被激活，也就是说，用户在操作 Allegro 时，自动保存功能是不起作用的。因此用户应该经常自行备份，以避免麻烦。

可以自行设置自动保存的时间间隔，最短为 10min（推荐），最长为 300min。

（1）执行菜单命令"Setup"→"User Preference"，会弹出"User Preferences Editor"对话框，如图 6-3-23 所示。

（2）在"File_management"下选择"Autosave"，表示可以自动保存，在"autosave_time"文本框中输入"10"，表示每隔 10min 自动保存一次。

（3）单击"OK"按钮，完成自动保存的设置。

在用户参数中有许多参数，此处不再一一说明。

图 6-3-23　"User Preferences Editor" 对话框

6.4　编辑窗口控制

1. 鼠标按键功能

鼠标按键功能如表 6-4-1 所示。

表 6-4-1　鼠标按键功能

两　键　鼠　标	三　键　鼠　标	按　键　功　能
左键	左键	选择设计元素、菜单按钮和快捷图标
右键	右键	打开弹出的菜单或执行 stroke 动作
"Shift" 键+右键	中键	移动和缩放

建议使用三键鼠标。Allegro SPB 15.7 及之前的版本使用鼠标中键不能自由缩放画面，在新版本中，使用鼠标中键能自由缩放画面。

2. 画面控制

画面控制按钮如图 6-4-1 所示。

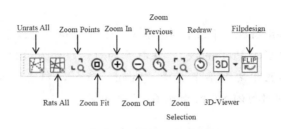

图 6-4-1　画面控制按钮

➢ Unrats All：隐藏所有的飞线。

➢ Rats All：显示所有的飞线。

➢ Zoom Points：通过单击斜对角的两个点来指定新的显示区域。单击一个点后，从第 1 个点到光标出现一个框架，单击第 2 个点可以定义新工作区域的显示状态。

➢ Zoom Fit：建立一个包含 PCB 的视图，但没有 PCB 大。

➢ Zoom In：扩大视图到绘图的一个小区域，但中心不变，显示的内容变少。

➢ Zoom Out：增加绘图的显示区域，这表明显示的信息多，但对象少。

➢ Zoom Previous：显示前一次的视图。

➢ Zoom Selection：显示选择的区域。

➢ Redraw：刷新当前显示区域。

➢ 3D_Viewer：3D 立体视图的显示。

➢ Flipdesign：反转设计的显示。

"View"菜单下还有以下两个 Zoom 命令。

➢ Zoom Worlds：在工作区域显示整个绘图内容。

➢ Zoom Center：以选择的点为中心重新显示绘图区域。

画面控制也可使用整体视窗来实现。

（1）在整体视窗区域单击鼠标右键，在弹出的快捷菜单中选择"Resize Display"命令。

（2）用鼠标左键单击视窗区域中的一点，移动鼠标，可以发现有一个白色矩形框随光标变化。

（3）观察工作区域可以发现，在白色矩形框内的区域已经显示在工作区域中。

注意：也可在整体视窗区域单击鼠标左键，并按住不放，会有一个矩形框随光标变化，到达预定位置后松开鼠标左键，以此实现上述步骤（1）～（3）。

（4）在单击鼠标右键弹出的菜单中选择"Move Display"命令，此时画好的矩形框随光标一起移动，在预定位置单击鼠标左键，矩形框内的区域会显示在工作区域中。

3．使用 Stroke

Stroke 功能是通过鼠标产生的，节省了选取菜单或单击工具栏命令的时间，使操作更加快捷。

使用方法：按住"Ctrl"键，按住鼠标右键在工作区域内滑动，通过不同的路径，可以产生几种不同的功能。

　　技巧：在"User Preference"下设置后直接单击鼠标右键就可以了，具体操作为，执行菜单命令"Setup"→"User Preference"，在打开的对话框的左边的"Categories"中单击"Ui"左边的加号，在展开的菜单中选择"Input"命令，勾选"no_dragpopup"，单击"OK"按钮完成设置。设计好的 Stroke 如表 6-4-2 所示。

表 6-4-2　设计好的 Stroke

Stroke	功　　能
C	Copy
M	Move
Z	Zoom In
U	Oops（Undo）
W	Zoom Worked
∧	Delete

　　除了使用系统自带的 Stroke，还可以自定义 Stroke。下面以"Zoom Fit"命令为例，介绍如何自定义 Stroke。

　　（1）执行菜单命令"Tools"→"Utilities"→"Stroke Editor"，会弹出以下窗口，"Stroke Editor"编辑器如图 6-4-2 所示。

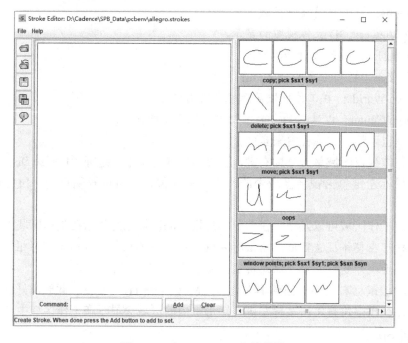

图 6-4-2　"Stroke Editor"编辑器

　　（2）在图 6-4-2 中，右侧为系统定义的 Stroke，在左侧文本框中可绘制 Stroke。在左侧文本框中画"V"形，如图 6-4-3 所示。

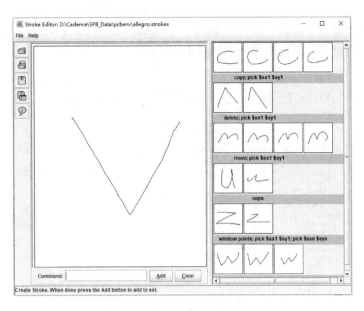

图 6-4-3　绘制 Stroke

（3）在"Command"文本框中输入"Zoom Fit"命令，单击"Add"按钮，新添加的 Stroke 出现在右侧，如图 6-4-4 所示。如果要更改，选择右侧的 Stroke，修改后单击"Update"更新；如果要删除 Stroke，选中右侧的 Stroke，单击鼠标右键，在弹出的快捷菜单中选择"Delete"命令即可。

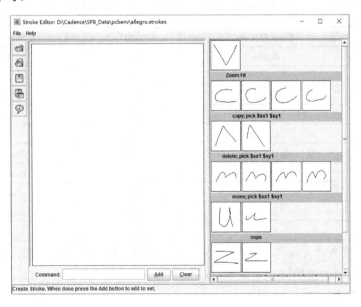

图 6-4-4　设置好的 Stroke

4．设置快捷键

为了使用软件更为方便，可以自行设置快捷键。在命令栏中输入"Alias"，按"Enter"

键，或者执行菜单命令"Tools"→"Utilities"→"Aliases/Function Keys"，会弹出如图 6-4-5 所示的快捷键列表窗口。常用快捷键如表 6-4-3 所示。

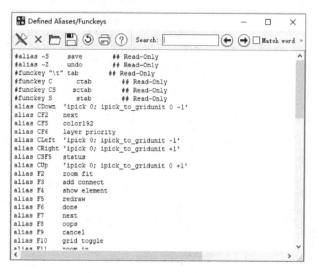

图 6-4-5　快捷键列表窗口

表 6-4-3　常用快捷键

快 捷 键	命 令	快 捷 键	命 令
F2	Zoom Fit	SF2	Property Edit
F3	Add Connect	SF3	Slide
F4	Show Element	SF4	Show Measure
F5	Redraw	SF5	Copy
F6	Done	SF6	Move
F7	Next	SF7	Dehilight
F8	Oops	SF8	Hilight Pick
F9	Cancel	SF9	Vertex
F10	Grid Toggle	SF10	Save_as Temp
F11	Zoom In	SF11	Zoom Previous
F12	Zoom Out	SF12	Zoom World
CF2	Next	CF6	Layer Priority
CF5	Color	CSF5	Status

在命令栏中输入"Alias"+空格+想定义的快捷键+想要定义的功能，如定义"F2"为 "Add Connect"命令的快捷键，如图 6-4-6 所示。

➢　A：命令 Alias。

➢　B：预定义的快捷键。

➢　C：定义功能。

可以定义为快捷键的功能键包括"F2"～"F12"，"↑"

| Command > | Alias | F2 | Add Connect |
| | A | B | C |

图 6-4-6　设置快捷键

"↓""←""→""Insert""Home""Page Up""Delete""End""Page Down"，以及上述功能

键加上"Ctrl""Alt""Shift""Ctrl+Alt""Ctrl+Shift""Shift+Alt""Ctrl+Alt+Shift"切换键的单独使用或共用的各种组合。另外，"Ctrl"+键盘上除功能键外的任意键都可以设置为快捷键。

Allegro 可以将较长或常用的命令简化，其设置方式与设置快捷键相同。如"Open"命令 Alias O Open：可以用"O"来代替"Open"命令，在命令窗口中输入"O"，按"Enter"键，就会提示打开文件。

5. 定义颜色和可视性

在 Allegro 中，一个设计文件由多个层面组合而成，这些层中的元素及其颜色和可视性都是可以设置的。Allegro 的设计文件采用层次结构。从分层结构来讲，从高到低的级别是 Group、Class 和 Subclass。所有图形都存储在一个基于两级水平的图形数据结构中，顶层的称为级，在这个数据库中，共定义了 20 个级，不可以修改，也不可以删除。在每级下面都有许多子级，它们处于数据库的第 2 级，在设计中，它们通常被归类为"层"，可以添加、删除自己定义的子级。例如，当准备为 PCB 绘制外框时，使用"Outline"子级，它的上一级为"Board Geometry"，它们都属于"Geometry"组，这个组有一个"Board Geometry"级。

（1）执行菜单命令"Display"→"Color/Visibility"，会弹出"Color Dialog"窗口，如图 6-4-7 所示。

想要设置某个子级的可视性，可以选择该子级后面对应的复选框，改变复选框后面颜色框的颜色可以改变该子级的颜色。在顶部右端的"Global Visibility"中有"On""Off""Last"三个按钮，若选择"On"按钮，则所有子级的可视性全部打开；若选择"Off"按钮，则所有子级的可视性全部关闭；若选择"Last"按钮，则可以执行上一次的操作。完成想要设置的颜色和可视性后单击"OK"按钮，保存并关闭"Color Dialog"窗口，设置生效。

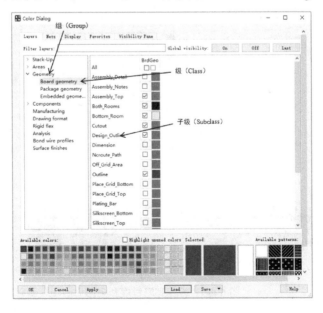

图 6-4-7　"Color Dialog"窗口

（2）"Color Dialog"窗口有一个"Filter layers"搜索框，用户能通过"Filter layers"搜索框快速筛选出想要设置的对象。例如，想要修改"Geometry"组的"Outline"级，可在"Filter layers"搜索框中输入"Outline"（输入文本的字母不区分大小写），即可筛选出所有有关"Outline"的级，如图 6-4-8 所示。

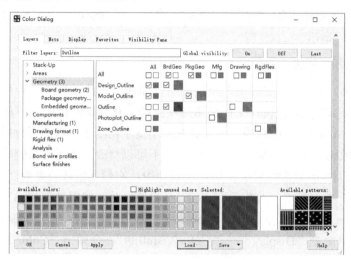

图 6-4-8　搜索"Outline"

（3）在"Color Dialog"窗口中选择"Display"选项卡，如图 6-4-9 所示，在该选项卡中可以针对不同目标的重要性而设置不同的亮暗程度和阴影，如可以改变工作区域的背景颜色等。

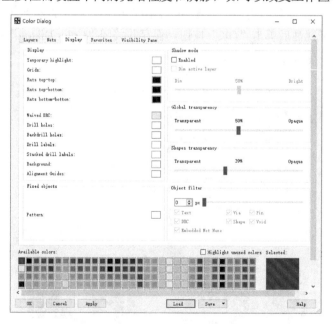

图 6-4-9　设置亮暗程度和阴影

（4）将"My Favorites"设立成独立的"Favorites"选项卡，如图 6-4-10 所示。该选项

卡的功能相当于收藏夹，由于 Cadence Allegro 里设置参数的选项较多、较细，有时会忘记对应的参数设置在哪一个子目录下，此时可将经常使用的设置参数选项收藏在"Favorites"选项卡中，可在使用时快速找到该参数并设置。找到想要收藏的参数，在对应的颜色框上单击鼠标右键，会弹出相应菜单，选择"Add to Favorites"即可，如图 6-4-11 所示。

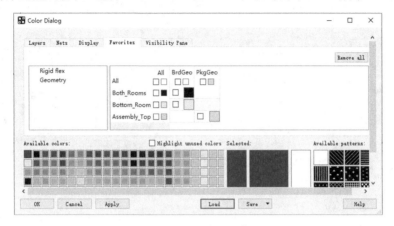

图 6-4-10　"Favorites"选项卡

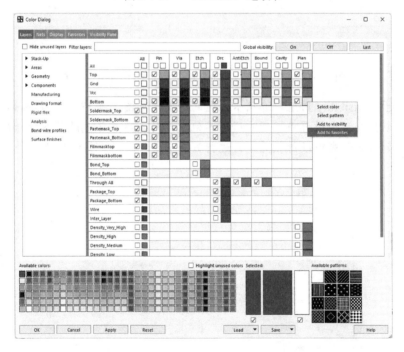

图 6-4-11　将参数添加到"Favorites"选项卡中

（5）"Visibility Pane"选项卡与控制面板中的"Visibility"页面相对应，也可以单击鼠标右键将想要添加的子级添加到"Visibility Pane"选项卡中，具体操作方法与添加子级到"Favorites"选项卡中类似。添加到"Visibility Pane"选项卡中的子级同时会在控制面板的"Visibility"页面下方显示，更方便用户操作。出现在"Visibility"页面下方的层可以按用户的喜好重新排序，具体操作方法为，在"Visibility Pane"选项卡中（见图 6-4-12 左边的框选部分）选中一个层，单击鼠标左键将其拖到新的位置，控制面板"Visibility"页面中的层的顺序也会随之动态更新（见图 6-4-12 右边的框选部分）。如果想删除一个层，选中该层，单击鼠标右键删除即可，如图 6-4-12 所示。

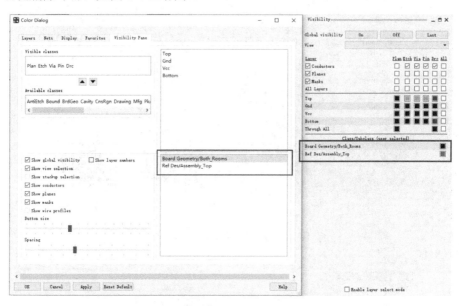

图 6-4-12 "Visibility Pane"选项卡和"Visibility"页面

注意：对于"Visibility Pane"选项卡左边的设置（见图 6-4-13 中的框选部分），一经设置，便会保存在用户环境设置中，用户进行其他设计时，用户环境设置参数保持不变。添加到选项卡右边的层只和当前设计相关，当进行另一个设计时，之前添加的层会消失。

图 6-4-13 "Visibility Pane"选项卡

➤ Button Size & Spacing。

可拖动 "Button Size" 滑块来控制控制面板中 "Visibility" 页面中颜色框的大小；可拖动 "Spacing" 滑块来控制控制面板中 "Visibility" 页面中颜色框的间距，如图 6-4-14 所示。

（6）单击 "OK" 按钮，关闭 "Color Dialog" 窗口。17.2 版本的这一更新使得 "Color Dialog" 窗口中的 "Visibility Pane" 选项卡与控制面板中的 "Visibility" 页面相对应，从而使用户在进行相关操作时不用再次打开 "Color Dialog" 窗口，而是直接在控制面板的 "Visibility" 页面中操作即可，使得操作更加快捷有效。

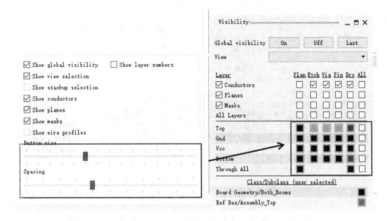

图 6-4-14 设置 "Button Size" 和 "Spacing"

6．定义和运行脚本

Allegro 可以将正在进行的操作记录，并制作成 Script 文件。在以后的使用中，调用此文件可以重复以前的动作。下面以修改颜色和可视性为例，说明如何制作脚本。

（1）执行菜单命令 "File" → "Script…"，会弹出如图 6-4-15 所示的 "Scripting" 对话框。

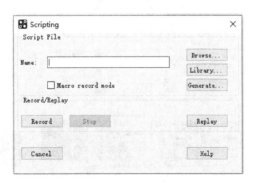

图 6-4-15 "Scripting" 对话框

（2）在 "Name" 文本框中输入脚本的名称 "my_fav_ colors"，单击 "Record" 按钮开始录制使用者的操作过程。

（3）单击按钮，在屏幕上显示如图 6-4-16 所示的"Color Dialog"窗口。

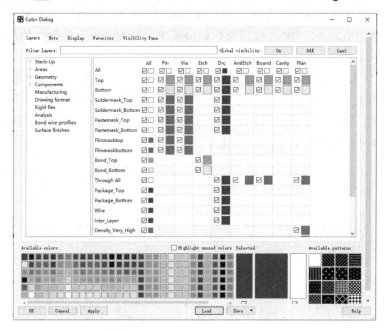

图 6-4-16　"Color Dialog"窗口

（4）在图 6-4-16 右上方的"Global Visibility"后选择"Off"按钮，则所有的元素都不可见，如图 6-4-17 所示。

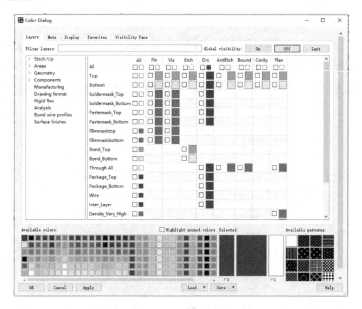

图 6-4-17　设置元素不可见

（5）在左侧文件窗口选择"Components"，在"Ref Des"级下选中"Assembly_Top"前

的复选框；在左侧文件窗口选择"Geometry"，在"BrdGeo"级下选中"Outline"前的复选框，在"Package Geometry"级下选中"Assembly_Top"前的复选框；在左侧文件窗口选择"Stack-Up"级。设置颜色和可视性，如图 6-4-18 所示，单击"Apply"按钮。

（6）设置颜色，在调色板中选择颜色块，分别设置给 Bottom 的 Pin、Via、Etch，如图 6-4-19 所示，单击"OK"按钮返回编辑窗口。

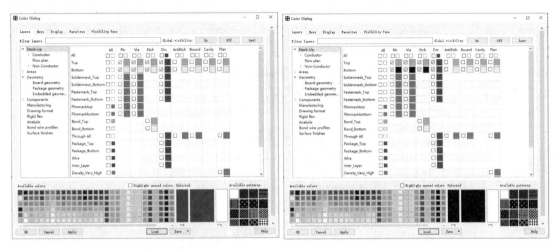

图 6-4-18　设置颜色和可视性　　　　　　　　　图 6-4-19　设置颜色

"Load"下拉列表中有如下 2 个选项。

➢ Load default color palette：加载默认的调色板。

➢ Load color palette：加载调色板。

调色板中共有 192 种颜色可供选择。如果想选用别的颜色，可以单击"Selected"左下方的颜色框，会弹出如图 6-4-20 所示的"Select Color"对话框。

在颜色框中点选颜色并拖动十字光标自由移动，直到选到满意的颜色为止。

（7）执行菜单命令"File"→"Script..."，会弹出如图 6-4-21 所示的"Scripting"对话框，单击"Stop"按钮，完成录制过程。

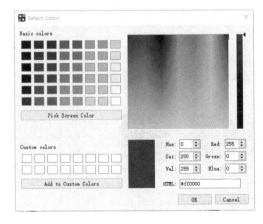

图 6-4-20　"Select Color"对话框　　　　　　　图 6-4-21　"Scripting"对话框

（8）执行菜单命令"File"→"Viewlog"或"File Viewer"，修改默认打开文件类型"log"为"scr"。选择录制好的文件，可以查看录制的文件内容，也可以用记事本查看录制的文件内容，如图 6-4-22 所示。

图 6-4-22　录制的文件内容

（9）单击按钮 ，会弹出"Color Dialog"窗口，单击"Global Visibility"后面的"Off"按钮，屏幕上的所有元素消失，如图 6-4-23 所示。

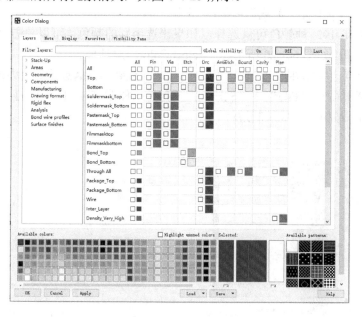

图 6-4-23　屏幕上的所有元素消失

（10）在 Allegro 的命令窗口中输入"replay my_fav_colors"，或者在"Scripting"对话框

中单击"Library…"按钮，会弹出"Select Script to Replay"对话框，如图 6-4-24 所示，选择已经录制好的文件。

（11）单击"OK"按钮，弹出"Scripting"对话框，单击"Replay"按钮，回放录制的文件内容，如图 6-4-25 所示。

图 6-4-24　选择录制好的文件

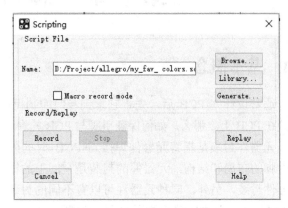

图 6-4-25　回放录制的文件内容

习题

（1）Allegro 的绘图项目分为哪几级？它们之间的关系如何？Group 这一级包含几个数据？分别是什么？

（2）设置差分对属性有哪几种方法？如果在 Capture 中设置了差分对，那么在 Allegro 中还需要设置差分对吗？

（3）如何制作和使用 Script 文件？

（4）如何设置和修改 Stroke？如何增加 Stroke？

（5）如何设置快捷键，常用的快捷键有哪些？

（6）如何改变工作区域的背景颜色？

（7）在控制面板的"Find"选项卡中，"Clines"和"Lines"的区别是什么？

第7章 焊盘制作

7.1 基本概念

通常设计完 PCB 后，先将它拿到专门的制板单位制作成 PCB，再取回 PCB，将元器件焊接在 PCB 上。那么，如何保证引脚与 PCB 的焊盘一致呢？这就必须依靠元器件的封装。

元器件封装是指将元器件焊接到 PCB 时的外观和焊盘的位置。元器件封装指的是元器件引脚的布局和结构，元器件的封装是空间上的概念。因此，不同的元器件可以公用同一个元器件封装，另外，同种元器件可以有不同的封装，在取用、焊接元器件时，不仅要知道元器件的名称，还要知道元器件的封装类型。

元器件的封装形式主要可以分成两大类，即针脚式（DIP）元器件封装和表贴式（SMT）元器件封装。进行针脚式元器件封装时，需要先将元器件针脚插入焊盘导通孔，再焊锡。表贴式元器件封装的焊盘只限于表面层，在选择焊盘属性时必须为单一层面。

PCB 上的元器件大致可以分为 3 类，即连接器、分立元器件和集成电路。元器件封装信息的获取通常有两种途径，即元器件数据手册和自己测量。元器件数据手册可以从厂商那里或互联网上获取。

对元器件封装来说，最主要的是焊盘的选择。焊盘的英文有两个词：LAND 和 PAD，经常可以交替使用。可是，在功能上，LAND 是二维的表面特征，用于表贴式（SMD）元器件，而 PAD 是三维特征，用于可插件的元器件。作为一般规律，LAND 不包括电镀通孔（PTH），旁路孔（VIA）是连接不同电路层的电镀通孔，盲旁路孔连接最外层与一个或多个内层，而埋入的旁路孔只连接内层。焊盘的作用是放置焊锡，从而连接导线和元器件的引脚。焊盘是 PCB 设计中最常接触的也是最重要的概念之一。在选用焊盘时要从多个方面考虑，可选的焊盘类型有很多，包括圆形、正方形、六角形等。在设计焊盘时，需要考虑以下因素。

➢ 发热量的多少。

➢ 电流的大小。

➢ 当长短不一致时，要考虑连线宽度与焊盘特定边长的大小差异不能过大。

➢ 当需要在元器件引脚之间布线时，选用长短不同的焊盘。

➢ 焊盘的大小要按元器件引脚的粗细分别进行编辑确定。

➢ 对于 DIP 封装的元器件，第 1 引脚一般为正方形，其他引脚为圆形。

通孔焊盘的外层形状通常为圆形、方形或椭圆形，通孔焊盘的层面剖析如图 7-1-1 所示。

➢ 阻焊层（Solder Mask）：又称为绿油层，是 PCB 的非布线层，用于制成丝网漏印板，在不需要焊接的地方涂上阻焊剂。由于在焊接 PCB 时，焊锡在高温下具有流动性，所以必须在不需要焊接的地方涂一层阻焊剂，防止焊锡流动、溢出引起短路。在阻焊层上预留的焊盘大小要比实际焊盘大一些，其差值一般为 10~20mil。在制作 PCB 时，先使用阻焊层来制作涓板，再以涓板将防焊漆（绿、黄、红等颜色）印到 PCB 上，因此 PCB 上除了焊盘和通孔，还会印上防焊漆。

➤ 热风焊盘（Thermal Relief）：又称为花焊盘，是一种特殊的样式，是为了在焊接过程中连接嵌入的平面，阻止热量集中在引脚或过孔附近。花焊盘通常是一个开口的轮子的图样，PCB Editor 支持正平面的花焊盘，也支持负平面的花焊盘。花焊盘通常用于连接焊盘到铺铜区域，发生在平面层，此外，花焊盘也用于连接焊盘到布线层的铺铜区域。

表贴焊盘的层面剖析如图 7-1-2 所示。

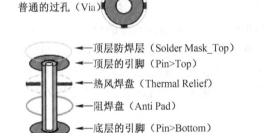

普通的过孔（Via）

顶层防焊层（Solder Mask_Top）
顶层的引脚（Pin>Top）
热风焊盘（Thermal Relief）
阻焊盘（Anti Pad）
底层的引脚（Pin>Bottom）
底层防焊层（Solder Mask_Bottom）

顶层锡膏防护层（Paste Mask_Top）
顶层阻焊层（Solder Mask_Top）
顶层（Top）

图 7-1-1　通孔焊盘的层面剖析　　　　图 7-1-2　表贴焊盘的层面剖析

➤ 锡膏防护层（Paste Mask）：为非布线层，该层用于制作钢膜（片），钢膜上的孔对应着 PCB 上 SMD 器件的焊点。在进行 SMD 元器件焊接时，先将钢膜盖在 PCB 上（与实际焊盘对应），再将锡膏涂上，用刮片将多余的锡膏刮去，移除钢膜，这样 SMD 器件的焊盘就加上了锡膏；之后将 SMD 元器件贴附到锡膏上（手动或用表贴机），最后通过回流焊机完成 SMD 元器件的焊接。通常钢膜上孔径的大小会比 PCB 上实际的焊点小一些，这个差值在 Pad Designer 工具中可以设置，与 Solder Mask 相同。

焊盘类型如图 7-1-3 所示。

（a）规则焊盘　　（b）正热风焊盘　　（c）负热风焊盘　　（d）阻焊盘　　（e）不规则焊盘

图 7-1-3　焊盘类型

➢ 规则焊盘（Regular Pad）：形状规则的焊盘（圆形、正方形、矩形、椭圆形），仅在正平面层上出现，是通孔焊盘的基本焊盘，主要与 Top layer、Bottom layer、Internal layer 等正片进行连接。

➢ 正热风焊盘（Thermal Relief，Positive）：用于连接引脚到正铜区域。

➢ 负热风焊盘（Thermal Relief，Negative）：用于连接引脚到负铜区域。使用热风焊盘是为了避免由元器件引脚与大面积铜箔直接相连导致焊接过程中的元器件的焊盘散热太快，避免因焊接不良或表贴元器件两侧散热不均而翘起。

➢ 阻焊盘（Anti-Pad）：使引脚和周围的铜区域不连接，在负片中有效，用于负片中焊盘与铺铜的隔离，一般用于电源和地等内电层，制作焊盘时要注意阻焊盘的尺寸一定要大于规则焊盘的尺寸。

➢ 不规则焊盘（Irregular Pad）：使用符号编辑器建立的形状不规则的焊盘。

定义的焊盘一般都是通用焊盘，这个焊盘可能用在布线层，也可能用在平面层。对于平面层，焊盘可能用在正平面，也可能用在负平面。

17.4 版本的焊盘制作界面与以前的版本大不相同，16.x 版本的软件的焊盘制作信息可以被应用于 17.4 版本的软件中，反之则不行。新软件不仅在焊盘的几何形状方面增加了 Rounded Rectangle（弧角的长方形）和 Chamfered Rectangle（斜角的长方形）这两种类型，而且在焊盘的制作过程中增加了 Keepouts 的定义，同时将 User mask layers 层的定义从 16 层增加到 32 层。

7.2 热风焊盘的制作

1. 标准热风焊盘的制作

标准热风焊盘的内径（Inner Diameter，ID）等于钻孔直径+20mil；外径（Outer Diameter，OD）等于 Anti-Pad 的直径，Anti-Pad 的直径通常比焊盘直径大 20mil；开口宽度等于(OD−ID)/2+10mil，保留至整数位。

在本示例中，DIN24 的封装尺寸是由实际元器件量取的，取焊盘 50mil，钻孔尺寸 32mil，则 ID=45mil，OD=70mil，开口宽度为 20mil。按照 Allegro 的命名规则，将标准热风焊盘命名为 tr45x70x20-45。

（1）启动 Cadence PCB 17.4-2019→PCB Editor→Allegro PCB Designer，执行菜单命令"File"→"New"，弹出"New Drawing"对话框，在"Drawing Name"文本框中输入"tr45x70x20-45.dra"，在"Drawing Type"列表框中选择"Flash symbol"，单击"Browse…"按钮，指定存放的位置，如图 7-2-1 所示。

（2）单击"OK"按钮返回编辑界面，执行菜单命令"Add"→"Flash"，弹出"Thermal Pad Symbol Defaults"对话框，设置参数，如图 7-2-2 所示。

➢ Thermal Pad Definition。

• Inner diameter：输入 45.0，表示内径为 45mil。

• Outer diameter：输入 70.0，表示外径为 70mil。

➢ Spoke definition。

- Spoke width：输入 20.0，表示开口为 20mil。
- Number of spokes：选择 4，表示有 4 个开口。
- Spoke angle：选择 45，表示开口角度为 45°。

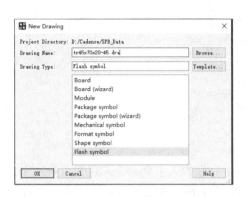

图 7-2-1　"New Drawing"对话框　　图 7-2-2　"Thermal Pad Symbol Defaults"对话框

（3）单击"OK"按钮，标准热风焊盘如图 7-2-3 所示。

（4）执行菜单命令"File"→"Save"，标准热风焊盘被保存到前面设置的目录中，并生成 tr45x70x20-45.fsm 文件。

2．非标准热风焊盘的制作

有时在设计中会用到非标准热风焊盘，下面介绍非标准热风焊盘的制作。非标准热风焊盘如图 7-2-4 所示。

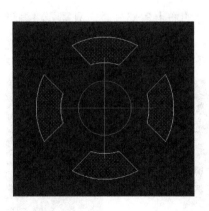

图 7-2-3　标准热风焊盘

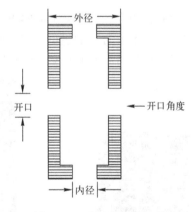

图 7-2-4　非标准热风焊盘

（1）启动 Cadence PCB 17.4-2019→PCB Editor→ Allegro PCB Designer，执行菜单命令"File"→"New"，打开"New Drawing"对话框，在"Drawing Name"文本框中输入"Pad100x180o60x140o.dra"，在"Drawing Type"列表框中选择"Flash symbol"，单击"Browse…"按钮指定焊盘的位置，如图 7-2-5 所示。

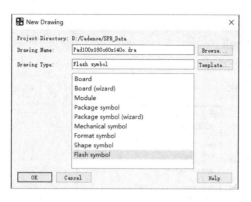

图 7-2-5　"New Drawing" 对话框

（2）以元器件中心为原点，单击按钮 ，在命令窗口中分别输入下列命令，每输入一次命令按一次 "Enter" 键，最后单击鼠标右键，在弹出的快捷菜单中选择 "Done" 命令，焊盘的左下角部分如图 7-2-6 所示。

x -45 -85

ix 30

iy 15

ix -15

iy 55

ix -15

iy -70

（3）同理，编辑焊盘左上角部分。在命令窗口中分别输入下列命令，每输入一次命令按一次 "Enter" 键，最后单击鼠标右键，在弹出的快捷菜单中选择 "Done" 命令，焊盘的左上角部分如图 7-2-7 所示。

x -45 15

ix 15

iy 55

ix 15

iy 15

ix -30

iy -70

（4）用同样的方法输入剩下的两段，当编辑焊盘的右上角部分时，只需要将编辑焊盘的左上角部分的命令中的 x 的坐标值取反即可。同理，当编辑焊盘的右下角部分的命令时，将焊盘的左下角部分的命令中的 x 的坐标值取反，最终的非标准热风焊盘如图 7-2-8 所示。

图 7-2-6　焊盘的左下角部分　　　图 7-2-7　焊盘的左上角部分　　　图 7-2-8　最终的非标准热风焊盘

（5）执行菜单命令 "File" → "Save"，非标准热风焊盘被保存到前面设置的目录中，并生成 Pad100x180o60x140o.fsm 文件。

7.3 通孔焊盘的制作

封装的制作必须依照数据手册中的尺寸。下面以 DIP24 封装的引脚焊盘制作为例，介绍通孔焊盘的制作，DIP24 封装尺寸图如图 7-3-1 所示。

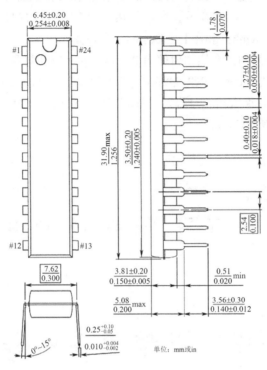

图 7-3-1 DIP24 封装尺寸图

DIP 元器件引脚应与通孔公差配合良好，通孔直径一般比引脚直径大 8～20mil，考虑到公差可再适当增加尺寸，以确保透锡良好。元器件的孔径形成序列化，在 40mil 以上按 5mil 递增，即 40mil,45mil,50mil,55mil…；在 40mil 以下按 4mil 递减，即 36mil,32mil,28mil,24mil,20mil, 16mil,12mil,8mil。元器件引脚直径与 PCB 焊盘孔径的对应关系如表 7-3-1 所示。

表 7-3-1 元器件引脚直径与 PCB 焊盘孔径的对应关系

元器件引脚直径（D）	PCB 焊盘孔径
$D \leqslant 40mil$	$D+12mil$
$40mil < D \leqslant 80mil$	$D+16mil$
$D > 80mil$	$D+20mil$

经计算，本设计中的焊盘孔径为 32mil。因为要保证焊盘黏锡部分的宽度不小于 10mil，所以盘面尺寸选择 50mil 即可。根据 Allegro 的命名规则，需要制作的焊盘的名称为 pad50sq32d 和 pad50cir32d。

焊盘 pad50cir32d 的名称的含义如下所述。

➢ pad: 表示是一个焊盘。

> ➤ 50: 代表焊盘的外形大小为 50mil。
> ➤ cir: 代表焊盘的外形为圆形，sq 表示正方形。
> ➤ 32: 代表焊盘的钻孔尺寸为 32mil。
> ➤ d: 代表钻孔的孔壁必须上锡（Plated Through Hole，PTH），可用于导通各层面。

确定好焊盘的尺寸后，还需要设计内层的热风焊盘。设计热风焊盘有两种方法，即在 PCB Editor 中建立 Flash Symbol 和在 Pad Designer 中设置。

下面以 pad50cir32d 为例，介绍如何使用 Pad Designer 制作焊盘。

（1）执行菜单命令"Cadence PCB Utilities 17.4-2019"→"Padstack Editor 17.4"，会弹出如图 7-3-2 所示的"Padstack Editor"窗口，按图 7-3-2 进行设置，焊盘类型选择"Thru Pin"，焊盘的默认几何形状选择"Circle"。

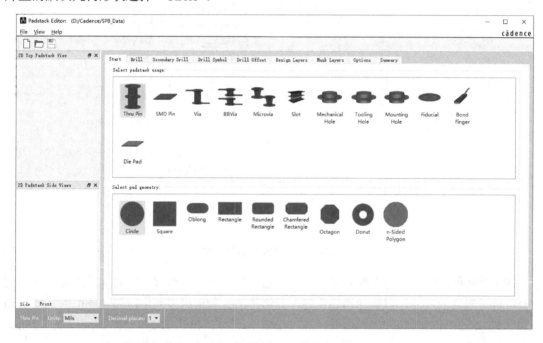

图 7-3-2 "Padstack Editor"窗口

> ➤ 2D Top Padstack Views: 焊盘的 2D 顶视图。
> ➤ 2D Padstack Side Views: 焊盘的 2D 正视图及侧视图，在左下角可以选择单击"Side"查看焊盘的侧视图或单击"Front"查看焊盘的正视图。通过焊盘的顶视图、正视图及侧视图，能够直观地了解到焊盘的封装信息、层叠信息及钻孔信息。
> ➤ Start: 开始界面，包含"Select padstack usage"和"Select pad geometry"两部分。
> ➤ Select padstack usage: 焊盘类型，共有 12 种类型。
> ➤ Select pad geometry: 焊盘默认的几何形状，共有 9 种类型，分别为 Circle（圆形）、Square（正方形）、Oblong（椭圆形）、Rectangle（矩形）、Rounded Rectangle（圆角矩形）、Chamfered Rectangle（倒角矩形）、Octagon（八边形）、Donut（圆环形）、n-Sided Polygon（N 边形）。

> Units：可选项有 Mils（毫英寸）、Inch（英寸）、Millimeter（毫米）、Centimeter（厘米）、Micron（微米）。

> Decimal places：十进制数，0 为整数。

（2）选择"Drill"选项卡，设置 Hole type（过孔的类型）为圆形，设置 Finished diameter（直径）为 32.0Mils，设置 Hole/Slot Plating（孔壁是否上锡）为 Plated，如图 7-3-3 所示。

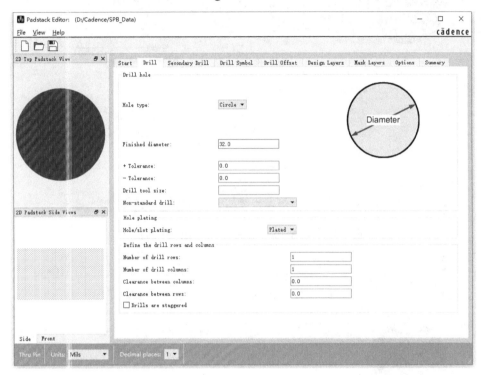

图 7-3-3　设置"Drill"选项卡的参数

> Drill hole：设置钻孔的类型和尺寸。
>   • Hole type：钻孔的类型。
>   • Finished diameter：钻孔的直径。
>   • Tolerance：孔径的公差。

> Hole/Solt Plating：孔壁是否上锡，包括 Plated（孔壁上锡）、Non-Plated（孔壁不上锡）、Optional（任意）。

> Define the drill rows and columns：定义过孔的行与列。

（3）设置"Secondary Drill"选项卡的参数，如图 7-3-4 所示。

> Backdrill：设置背钻的直径，背钻能够将多余的镀铜用钻孔的方式钻掉，从而消除由于多余的镀铜带来的 EMI 问题。

> Backdrill drill symbol：定义背钻的图例。

（4）设置"Drill Symbol"选项卡的参数，设置过孔标志，如图 7-3-5 所示。

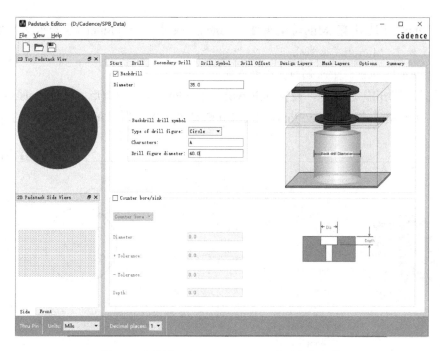

图 7-3-4　设置"Secondary Drill"选项卡的参数

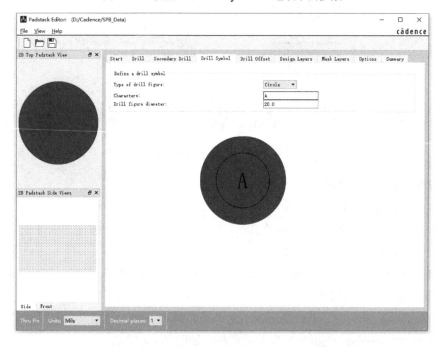

图 7-3-5　设置"Drill Symbol"选项卡的参数

➢ Define a drill symbol: 定义钻孔图例。

- Type of drill figure: 钻孔符号的形状，包括 None（空）、Circle（圆形）、Square（正方形）、Hexagon X（水平六边形）、Hexagon Y（垂直六边形）、Octagon（八

边形）、Cross（十字形）、Diamond（菱形）、Triangle（三角形）、Oblong X（X方向的椭圆形）、Oblong Y（Y 方向的椭圆形）、Rectangle（长方形）。

- Characters：表示图形内的文字。
- Drill figure diameter：钻孔符号的直径。

（5）单击"Design Layers"选项卡，如图 7-3-6 所示。

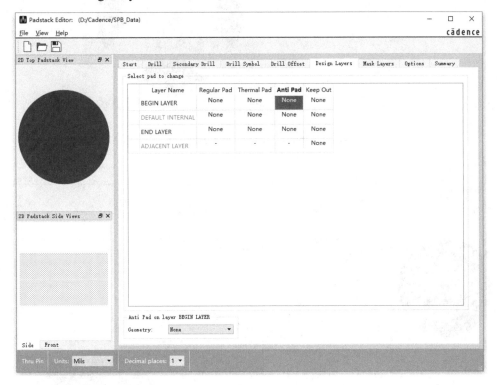

图 7-3-6　"Design Layers"选项卡

默认的布线层包括 BEGIN LAYER、DEFAULT INTERNAL、END LAYER。当设计多层 PCB 时，DEFAULT INTERNAL 对应中间层。当焊盘被放入元器件封装时，BEGIN LAYER 对应顶层，END LAYER 对应底层。在窗口下方的 Geometry 项中，通过下拉列表可以设置当前层的形状。

➢ Regular Pad：设置焊盘的尺寸。

➢ Thermal Pad：设置散热孔的尺寸。

➢ Anti Pad：设置焊盘的隔离孔尺寸。

➢ Keep Out：禁止布线。

（6）设置"Design Layers"选项卡 BEGIN LAYER 层的"Thermal Pad"的"Geometry"为"Flash"，单击"Flash symbol"右侧的按钮 ... 。之后会弹出"Library Shape Symbol Browser"对话框，选择"tr45x70x20-45"，单击"OK"按钮，如图 7-3-7 所示。

（7）"Design Layers"选项卡 BEGIN LAYER 层其他的参数设置如图 7-3-8 所示。

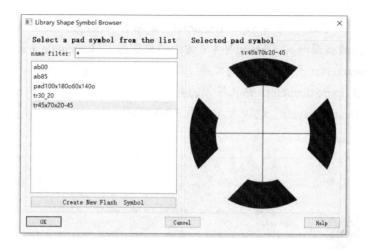

图 7-3-7　"Library Shape Symbol Browser"对话框

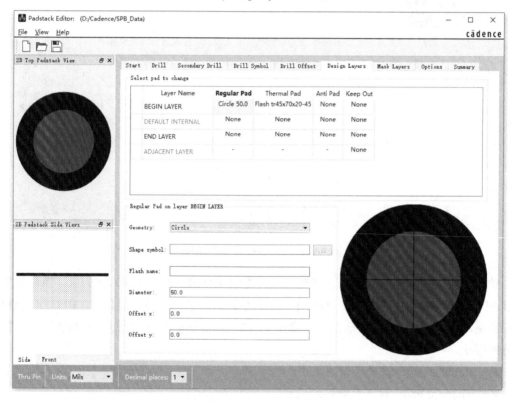

图 7-3-8　"Design Layers"选项卡 BEGIN LAYER 层其他的参数设置

（8）选中 BEGIN LAYER 层的"Regular Pad"下的"Circle 50.0"，单击鼠标右键，从弹出的快捷菜单中选择"Copy"命令，然后单击鼠标右键，在弹出的快捷菜单中选择"Paste"命令，将数据复制到 DEFAULT INTERNAL 层的 Regular Pad 中，同理，将 BEGIN LAYER 层的其他数据复制到 DEFAULT INTERNAL 层的对应项中，对 END LAYER 层进行同样的操作，复制后的数据如图 7-3-9 所示。

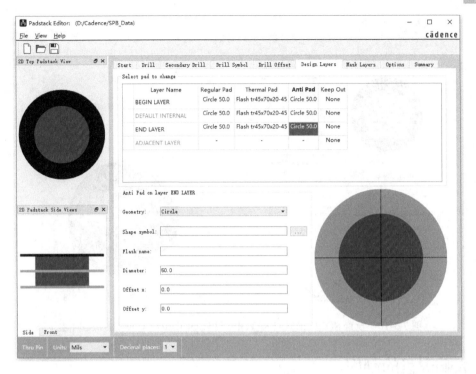

图 7-3-9　复制后的数据

➤ Thermal Pad 的尺寸应比焊盘大约 20mil。如果焊盘直径小于 40mil，可根据需要适当减小焊盘尺寸。

➤ Anti Pad 的尺寸通常比焊盘直径大 20mil。如果焊盘直径小于 40mil，可根据需要适当减小焊盘尺寸。

➤ 锡膏防护层（Paste Mask）为非布线层，该层用于制作钢膜（片），而钢膜上的孔对应着 PCB 上 SMD 元器件的焊点。在焊接 SMD 元器件时，首先将钢膜盖在 PCB 上（与实际焊盘对应）；然后将锡膏涂上，用刮片将多余的锡膏刮去，移除钢膜，这样 SMD 元器件的焊盘就加上了锡膏；接着，将 SMD 元器件贴附到锡膏上（手动操作或用表贴机操作）；最后，通过回流焊机完成 SMD 元器件的焊接。通常，钢膜上孔径的大小会比 PCB 上实际的焊点小一些，这个差值在 Pad Designer 工具中可以设置，与 Solder Mask 相同。

（9）设置 SOLDERMASK_TOP 层和 SOLDERMASK_BOTTOM 层，首先单击"Mask Layers"选项卡，然后进行设置，如图 7-3-10 所示。

用户可以根据自己的需要，利用"Add Layer"选项来定义新的"Mask Layers"，但是最多只能添加到 32 层。

（10）执行菜单命令"File"→"Save as"，保存焊盘于 D:/Cadence/SPB_Data 目录下，焊盘名为"pad50cir32d.pad"。

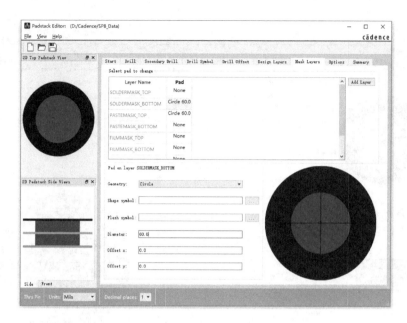

图 7-3-10　设置 SOLDERMASK_TOP 层和 SOLDERMASK_BOTTOM 层

7.4　表贴焊盘的制作

从元器件数据手册中查到 SOIC20 封装的尺寸，如图 7-4-1 所示。

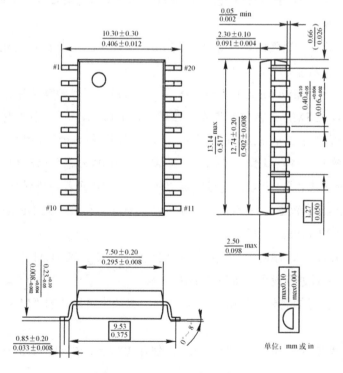

图 7-4-1　SOIC20 封装尺寸图

对于有延伸脚的元器件，元器件的侧视图如图 7-4-2 所示。其中，D 为元器件中心到引脚端点的距离，W 为引脚与焊盘接触的长度。

焊盘尺寸图如图 7-4-3 所示。其中，X 代表焊盘长度，Y 代表焊盘宽度，Z 代表元器件引脚的宽度。尺寸约束为 $X=W+48$，$S=D+24$。若引脚间距 $P \leqslant 26$mil，则 $Y=P/2+1$；若 $P > 26$mil，则 $Y=Z+8$。

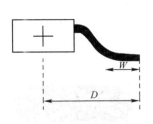

图 7-4-2　元器件的侧视图

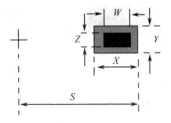

图 7-4-3　焊盘尺寸图

从图 7-4-1 中读取相关数据，计算后得出如下数据：$W=33$mil，$D=203$mil，$P=50$mil，$Z=16$mil，因此 $X=33+48=81$mil，这里取 80mil，$S=203+24=227$mil，$Y=16+8=24$mil。SOIC20 封装的焊盘尺寸为 80mil×24mil，根据 Allegro 的命名规则将其命名为 smd80_24。

（1）执行菜单命令"Cadence PCB Utilities 17.4-2019"→"Padstack Editor 17.4"，会弹出如图 7-4-4 所示的"Padstack Editor"窗口，按图 7-4-4 进行设置，焊盘类型选择"SMD Pin"，说明制作的是表贴焊盘，焊盘的默认几何形状选择"Rectangle"。

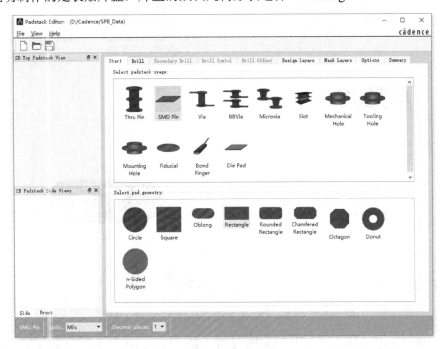

图 7-4-4　选择表贴焊盘

（2）单击"Design Layers"选项卡，设置"BEGIN LAYER"层的"Regular Pad"的形状

为"Oblong"，尺寸 Width 为 80.0mil，Height 为 24.0mil，从页面左侧可以看到焊盘的顶视图和主视图，如图 7-4-5 所示。

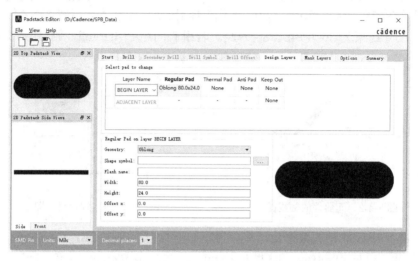

图 7-4-5　设置"BEGIN LAYER"层

（3）单击"Mask Layers"选项卡，设置"Pad on layer SOLDERMASK_TOP"的"Geometry"为"Oblong"，尺寸 Width 为 90.0mil，Height 为 34.0mil，如图 7-4-6 所示。

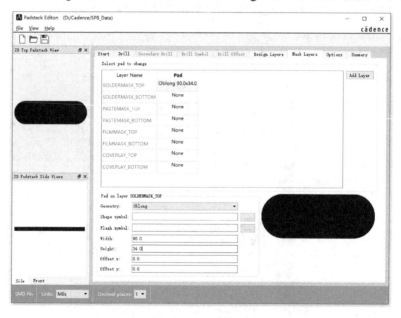

图 7-4-6　设置"Pad on layer SOLDERMASK_TOP"

（4）设置"Pad on layer PASTEMASK_TOP"的"Geometry"为"Oblong"，尺寸 Width 为 80.0mil，Height 为 24.0mil，从页面左侧可以看到焊盘的顶视图，如图 7-4-7 所示。

（5）执行菜单命令"File"→"Save as"，保存焊盘到 D:/Cadence/SPB_Data 目录下，文

件名为"smd80_24"。单击"Summary"选项卡，查看报表，如图 7-4-8 所示，在报表中可以查看设置的各种信息。

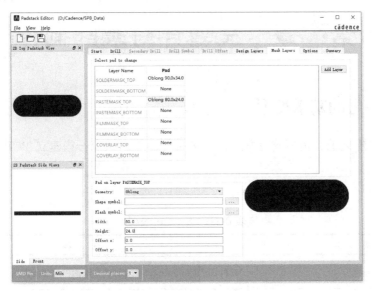

图 7-4-7　设置"Pad on layer PASTEMASK_TOP"

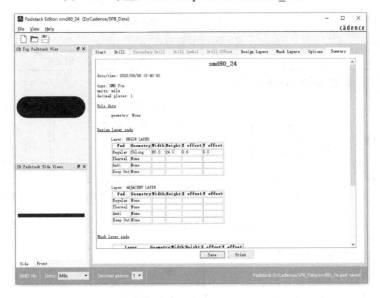

图 7-4-8　查看报表

习题

（1）如何制作通孔焊盘？

（2）如何制作表贴焊盘？

（3）新版本的软件的焊盘制作的更新操作有哪些？

第8章　元器件封装的制作

8.1　封装符号的基本类型

在建立 PCB 之前，需要建立基本的封装符号。下面认识一些建立 PCB 所必须了解的符号。

（1）Symbol 类型如表 8-1-1 所示。

表 8-1-1　Symbol 类型

类　　型	注　　释
Package Symbol（*.psm）	在 PCB 里面有 Footprint 的元器件（如 DIP14、SOIC14、R0603、C0805 等）
Mechanical Symbol（*.bsm）	PCB 中的机械类零件（如 outline 及螺钉孔等）
Format Symbol（*.osm）	关于 PCB 的 Logo、Assembly 等的注解
Shape Symbol（*.ssm）	用于定义特殊的 Pad
Flash Symbol（*.fsm）	这个零件用于 Thermal Relief 和内层负片的连接

（2）封装符号类型如图 8-1-1 所示。

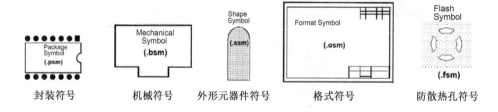

封装符号　　　　机械符号　　　外形元器件符号　　　格式符号　　　防散热孔符号

图 8-1-1　封装符号类型

（3）封装元器件的基本组成。

➤ 元器件脚，Padstack。

➤ 元器件外框，Assembly outline、Silkscreen outline。

➤ 限制区，Package Boundary、Via Keepout。

➤ 标志 Labels（Device、RefDes、Value、Tolerance、Part Number）。

8.2　集成电路封装的制作

集成电路封装不仅起到集成电路芯片内键合点与外部进行电气连接的作用，也为集成电路芯片提供了一个稳定可靠的工作环境，对集成电路芯片起到保护作用，从而使集成电路芯片能够发挥正常的作用，并保证其具有高稳定性和高可靠性。总之，集成电路封装质量的好坏对集成电路总体性能的影响很大。因此，封装应具有良好的机械性能、电气性能、散热性能和化学稳定性。

集成电路封装还必须充分适应电子整机的需求和发展。由于各类电子设备、仪器仪表的功能不同，其总体结构和组装要求也往往不同，因此集成电路封装必须多种多样，才能满足各种整机的需求。

随着各个行业的发展，整机也向着多功能、小型化的方向变化，这就要求集成电路的集成度越来越高，功能越来越复杂，相应地要求集成电路的封装密度越来越大、引线数越来越多、体积和质量越来越小、更新换代越来越快，封装结构的合理性和科学性将直接影响集成电路的质量。因此，对于集成电路的制造者和使用者，除了要掌握各类集成电路的性能参数和识别引线排列方式，还要对集成电路各种封装的外形尺寸、公差配合、结构特点和封装材料等知识有系统的认识和了解，以避免集成电路制造者因选用封装不当而降低集成电路性能，使集成电路使用者在使用集成电路进行整机设计和组装时，可以合理地进行平面布局、空间占用，做到选型适当、应用合理。

1．利用向导制作集成电路封装

首先按照前面讲述的方法建立焊盘 pad50sq32d，然后利用向导建立 DIP24 的封装。

制作封装所需要的 CLASS/SUBCLASS 如表 8-2-1 所示。

表 8-2-1　制作封装所需要的 CLASS/SUBCLASS

序号	CLASS	SUBCLASS	元器件要素	备　注
1	Etch	Top	PAD/PIN（通孔或表贴孔） Shape（表贴 IC 下的散热铜箔）	必要，有电导性
2	Etch	Bottom	PAD/PIN（通孔或盲孔）	视需要而定，有电导性
3	Package Geometry	Pin_Number	映射原理图中元器件的引脚号，如果焊盘无标号，表示这个引脚或机械孔不重要	必要
4	Ref Des	Silkscreen_Top	元器件的序号	必要
5	Component Value	Silkscreen_Top	元器件型号或元器件值	必要
6	Package Geometry	Silkscreen_Top	元器件的外形和说明，如线条、弧、字等	必要
7	Package Geometry	Place_Bound_Top	元器件占用的面积和高度	必要
8	Route Keepout	Top	禁止布线区	视需要而定
9	Via Keepout	Top	禁止放过孔	视需要而定

（1）在程序文件夹中选择"PCB Editor17.4"，会弹出"Cadence 17.4 ALLEGRO Product Choices"对话框，如图 8-2-1 所示。

（2）选择"Allegro PCB Designer"，会弹出"Allegro"编辑窗口。

（3）执行菜单命令"File"→"New…"或单击按钮，会弹出"New Drawing"对话框，在"Drawing Name"文本框中输入"DIP24.dra"，在"Drawing Type"列表框中选择

"Package symbol(wizard)"，单击"Browse…"按钮指定保存的位置，建立新文件如图 8-2-2 所示。

（4）单击"OK"按钮进入编辑界面，自动打开"Package Symbol Wizard"对话框，选择要制作的封装类型，如图 8-2-3 所示。

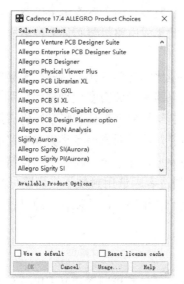

图 8-2-1 "Cadence 17.4 ALLEGRO Product Choices"对话框

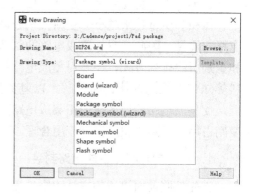

图 8-2-2 建立新文件

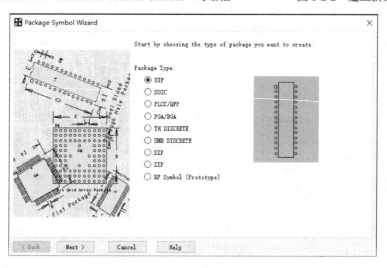

图 8-2-3 选择要制作的封装类型

（5）在图 8-2-3 中列出了可选择的封装类型，这里选择"DIP"，单击"Next"按钮，会出现"Package Symbol Wizard-Template"对话框，提示加载默认模板还是自定义模板，单击"Load Template"按钮，选择加载默认模板，如图 8-2-4 所示。

（6）单击"Next"按钮，会弹出"Package Symbol Wizard-General Parameters"对话框，设置单位与精确度，如图 8-2-5 所示。

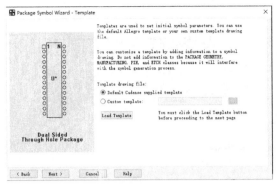

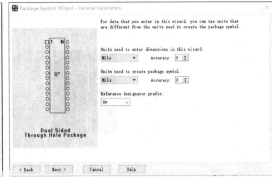

图 8-2-4　选择加载默认模板　　　　　　图 8-2-5　设置单位与精确度

（7）单击"Next"按钮，弹出"Package Symbol Wizard-DIP Parameters"对话框，可以获得以下参数，设置封装参数，如图 8-2-6 所示。

> ➢ Number of pins(N)：24，表示引脚数为 24。
> ➢ Lead pitch(e)：100，表示上、下两个引脚的中心间距为 100mil。
> ➢ Terminal row spacing(e1)：300，表示左、右两个引脚的中心间距为 300mil。
> ➢ Package width(E)：255，表示封装宽度为 255mil。
> ➢ Package length(D)：1256，表示封装长度为 1256 mil。

（8）单击"Next"按钮，出现"Package Symbol Wizard- Padstacks"对话框，指定引脚使用的焊盘，如图 8-2-7 所示。

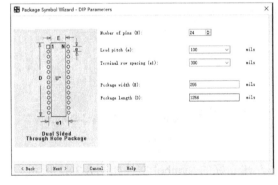

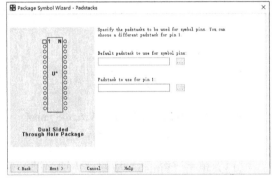

图 8-2-6　设置封装参数　　　　　　　图 8-2-7　指定引脚使用的焊盘

> ➢ Default padstack to use for symbol pins：用于符号引脚的默认焊盘。
> ➢ Padstack to use for pin 1：用于 1 号引脚的焊盘，对于 DIP 封装 1 号引脚一般采用方形焊盘。

（9）单击文本框后面的按钮，出现如图 8-2-8 所示的"Package Symbol Wizard Padstack Browser"对话框，选择 Pad50cir32d。

（10）选择焊盘，如图 8-2-9 所示，选择 Pad50sq32d。

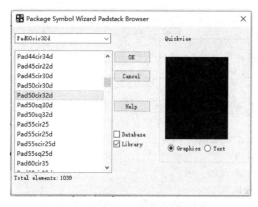

图 8-2-8 "Package Symbol Wizard Padstack Browser" 对话框

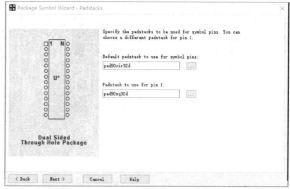

图 8-2-9 选择焊盘

（11）单击"Next"按钮，弹出"Package Symbol Wizard-Symbol Compilation"对话框，如图 8-2-10 所示。

（12）单击"Next"按钮，弹出"Package Symbol Wizard- Summary"对话框，如图 8-2-11 所示。

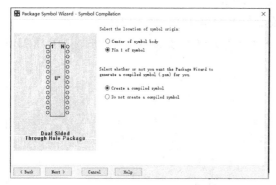

图 8-2-10 "Package Symbol Wizard-Symbol Compilation" 对话框

图 8-2-11 "Package Symbol Wizard-Summary" 对话框

（13）单击"Finish"按钮，完成封装的制作，建立好的 Symbol 文件如图 8-2-12 所示。

（14）执行菜单命令"Display"→"Color/Visibility"，关掉"Package Geometry"→"Place_Bound_Top"、"Package Geometry"→"Dfa_Bound_Top"、"Package Geometry"→"Assembly_Top"、"Components"→"Ref Des"→"Assembly_Top"、"Manufacturing"→"Ncdrill_Figure"的显示，如图 8-2-13 所示。

（15）执行菜单命令"Layout"→"Labels"→"Value"，在控制面板的"Options"选项卡中选择"Active Class"为"Component Value"，选择"Active Subclass"为"Silkscreen_Top"，在绘图区域输入"***"，"Text Block"选择"3"，设置后的元器件如图 8-2-14 所示。

（16）执行菜单命令"Display"→"Color/Visibility"，打开"Package Geometry"→

"Place_Bound_Top"的显示,执行菜单命令"Setup"→"Areas"→"Package Height",选中"Place_Bound_Top",由图 7-3-1 中数据计算可知,Max height=340mil(200mil+140mil),将该值输入控制面板的"Options"选项卡,设置元器件高度,如图 8-2-15 所示。

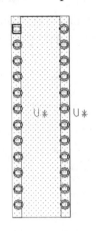

图 8-2-12 建立好的 Symbol 文件

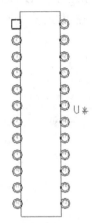

图 8-2-13 关掉部分显示元素

图 8-2-14 设置后的元器件

图 8-2-15 设置元器件高度

(17)执行菜单命令"Tools"→"Database Check",弹出"DBDoctor(Database health monitor)"对话框,如图 8-2-16 所示,选择"Update all DRC(including Batch)"和"Check shape outlines"。

(18)单击"Check"按钮,执行检查,命令窗口出现如下信息:

```
Original DRC errors: 0
Performing DRC...
No DRC errors detected.
Updated DRC errors: 0
Done dbdoctor.
```

(19)执行菜单命令"File"→"Save",保存制作的封装,命令窗口提示 DIP24.dra 被保存,DIP24.psm 已建立。

2．手动制作 IC 封装

首先按照本书第 7 章的内容建立 smd80_24 焊盘，然后手动建立 soic20 封装。

（1）打开"Allegro PCB Designer"，执行菜单命令"File"→"New"，弹出"New Drawing"对话框，在"Drawing Name"文本框中输入"soic20.dra"，在"Drawing Type"列表框中选择"Package symbol"，单击"Browse…"按钮，指定保存的位置为 D:/Project/allegro/symbols，如图 8-2-17 所示。

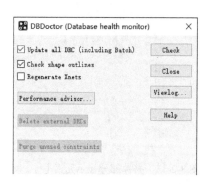
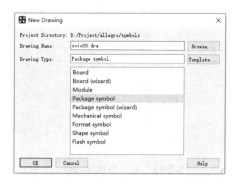

图 8-2-16　"DBDoctor"对话框　　　　图 8-2-17　"New Drawing"对话框

（2）单击"OK"按钮进入工作区域。执行菜单命令"Setup"→"Design Parameters"，弹出"Design Parameter Editor"对话框，选择"Design"选项卡，设置绘图参数，如图 8-2-18 所示。

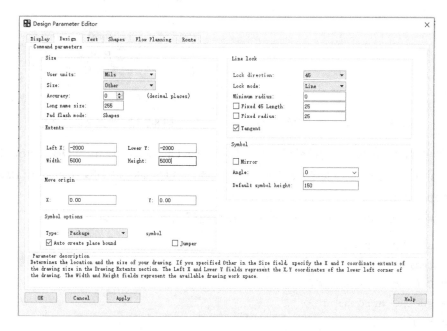

图 8-2-18　设置绘图参数

➢ User units：选择 Mils，表示使用单位为 mil。

> Size: 选择 Other，自定义绘图尺寸。
> Accuracy: 输入 0，表示没有小数位。
> Extents。
  • Left X: 输入-2000。
  • Lower Y: 输入-2000。
  • Width: 输入 5000。
  • Height: 输入 5000。

表示工作区域左下角的坐标为（-2000,-2000），工作区域宽度为 5000，长度为 5000。
其他参数保持默认设置。

（3）执行菜单命令"Setup"→Grids"，弹出"Define Grid"窗口，设置格点，如图 8-2-19
所示，设置"Non-Etch"的"Spacing"的"x"为"10"，设置"y"为"10"，单击"OK"
按钮。

（4）执行菜单命令"Layout"→"Pins"，"Options"选项卡如图 8-2-20 所示。

图 8-2-19　设置格点　　　　　图 8-2-20　"Options"选项卡

> Connect: 引脚有编号。
> Mechanical: 引脚无编号。
> Padstack: 选择焊盘，如图 8-2-21 所示。
> X Qty 和 Y Qty: X 方向和 Y 方向上焊盘的数目。
> Spacing: 输入多个焊盘时，焊盘中心的距离。
> Order: X 方向和 Y 方向上引脚的递增方向。
> Rotation: 选择焊盘的旋转角度。
> Pin #: 当前的引脚号。
> Inc: 表示引脚号的增加值。
> Text block: 文本大小。

➢ Text name：文本名称。

➢ Offset X：表示引脚在 X 方向上的偏移量。

➢ Offset Y：表示引脚在 Y 方向上的偏移量。

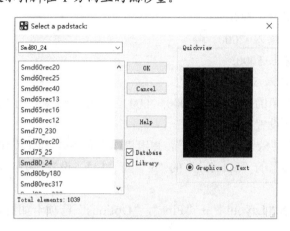

图 8-2-21　选择焊盘

（5）摆放 1～10 号引脚的 10 个焊盘，设置"Options"选项卡，如图 8-2-22 所示。

（6）在命令窗口中输入"x 0 0"并按"Enter"键，摆放 1～10 号引脚的 10 个焊盘。需要注意的是，在命令窗口中输入坐标的时候，输入的 x、y 的大小写是有区别的，只有输入小写字母命令才能有效执行，若输入的是大写字母，则命令窗口中会提示以下信息，如图 8-2-23 所示，即无法执行命令。因此用户在输入坐标命令的时候要注意将键盘切换为小写状态。

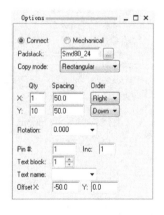

Command ＞Ｘ 0 0
E· Command not found: Ｘ 0 0

图 8-2-22　设置"Options"选项卡　　　　图 8-2-23　命令窗口

（7）放置完前 10 个引脚之后，"Pin#"会自动变为序号"11"，由图 7-4-1 可查到元器件两端对应引脚中心的间距为 375mil，因此在命令窗口中输入"x 375 0"并按"Enter"键，单击鼠标右键，在弹出的快捷菜单中选择"Done"命令，摆放完的焊盘如图 8-2-24 所示。

（8）设置元器件外形。执行菜单命令"Setup"→"Areas"→"Package Boundary"，确认控制面板"Options"选项卡的设置，选择"Active Class"为"Package Geometry"，选择"Active Subclass"为"Place_Bound_Top"，并设置"Type"为"Line 45"，如图 8-2-25 所示。

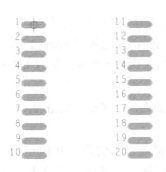

图 8-2-24 摆放完的焊盘

（9）在命令窗口分别输入"x 5 25""iy -495""ix 370""iy 495""ix -370"命令，单击鼠标右键，在弹出的快捷菜单中选择"Done"命令，添加元器件实体范围，如图 8-2-26 所示。或者执行菜单命令"Add"→"Rectangle"，在控制面板的"Options"选项卡中选择"Active Class"为"Package Geometry"，选择"Active Subclass"为"Place_Bound_Top"，并在"Rectangle Creation"下选择"Draw Rectangle"，表示通过在命令窗口中输入坐标命令来确定元器件外形，如图 8-2-27 所示。在命令窗口中输入上述坐标命令，单击鼠标右键，在弹出的快捷菜单中选择"Done"命令，即可添加元器件实体范围。

图 8-2-25 设置元器件外形 1

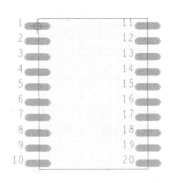

图 8-2-26 添加元器件实体范围

图 8-2-27 设置元器件外形 2

（10）设置元器件高度。执行菜单命令"Setup"→"Areas"→"Package Height"，选择"Active Class"为"Package Geometry"，选择"Active Subclass"为"Place_Bound_Top"，选中该元器件，在控制面板"Options"选项卡的"Max height"中输入"100"，如图 8-2-28 所示。

（11）执行菜单命令"Display"→"Color/Visibility"，关掉"Package Geometry/Place_Bound_Top"的显示。

（12）添加丝印外形。丝印框与引脚的间距≥10mil，丝印线宽≥6mil。执行菜单命令"Add"→"Line"，确认控制面板的"Options"选项卡，选择"Active Class"为"Package Geometry"，选择"Active Subclass"为"Silkscreen_Top"，如图 8-2-29 所示。此处，将"Line width"设为"0"，表示线宽未定义，在输出光绘文件时可设置所有的未定义线宽。

图 8-2-28　设置元器件高度

图 8-2-29　添加丝印外形

（13）在命令窗口中依次输入"x 60 -40""x 120 20""ix 195""iy -490""ix -255""iy 430"，单击鼠标右键，从弹出的快捷菜单中选择"Done"命令，添加的丝印层如图 8-2-30 所示。

（14）添加元器件标志，执行菜单命令"Layout"→"Labels"→"RefDes"，设置"Options"选项卡，如图 8-2-31 所示。

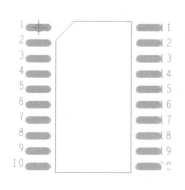

图 8-2-30　添加的丝印层

图 8-2-31　添加元器件标志 1

（15）在 1 号引脚旁边单击鼠标左键，输入"U*"，单击鼠标右键，在弹出的快捷菜单中选择"Done"命令。

（16）添加装配层。执行菜单命令"Add"→"Line"，确认控制面板的"Options"选项卡，选择"Active Class"为"Package Geometry"，选择"Active Subclass"为"Assembly_Top"，如图 8-2-32 所示。

（17）在命令窗口中依次输入"x 60 20""iy -490""ix 255""iy 490""ix -100""iy -40""ix -55""iy 40""ix -100"，单击鼠标右键，从弹出的快捷菜单中选择"Done"命令，添加的装配层如图 8-2-33 所示。

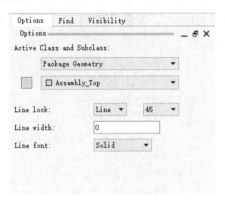

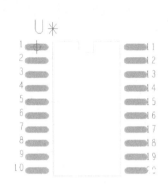

图 8-2-32 添加装配层   图 8-2-33 添加的装配层

（18）添加元器件标志，执行菜单命令"Layout"→"Labels"→"RefDes"，设置"Options"选项卡，如图 8-2-34 所示。

（19）在适当位置单击鼠标左键，输入"U*"，单击鼠标右键，在弹出的快捷菜单中选择"Done"命令，添加的装配层元器件序号如图 8-2-35 所示。

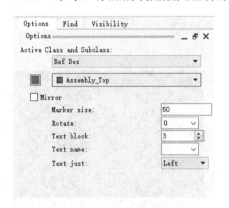

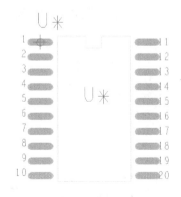

图 8-2-34 添加元器件标志 2   图 8-2-35 添加的装配层元器件序号

（20）保存元器件。执行菜单命令"File"→"Save"，保存所制作的元器件，在创建元器件时已经指定了保存目录，保存时 Allegro 会自动创建符号。若没有创建符号，则执行菜单命令"File"→"Create Symbol"即可。

8.3 连接器封装的制作

1．制作标准连接器封装

1）制作热风焊盘 在本示例中，DIN64 的封装尺寸是从实际元器件量取的，取焊盘 62mil，钻孔尺寸 38mil。因此 ID=58mil，OD=82mil，开口宽度为 22mil。按照 Allegro 的命名规则，将热风焊盘命名为 tr58x82x22_45。

（1）启动 Allegro PCB Designer，执行菜单命令"File"→"New"，弹出"New Drawing"对话框，如图 8-3-1 所示，在"Drawing Name"文本框中输入"tr58x82x22-45.dra"，在"Drawing Type"列表框中选择"Flash symbol"，单击"Browse…"按钮，指定存放的位置。

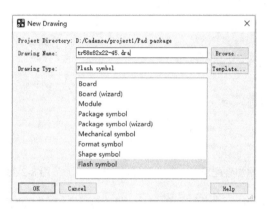

图 8-3-1 "New Drawing"对话框

（2）单击"OK"按钮返回编辑界面，执行菜单命令"Add"→"Flash"，弹出"Thermal Pad Symbol Defaults"对话框，设置参数，如图 8-3-2 所示。

（3）单击"OK"按钮，产生的热风焊盘如图 8-3-3 所示。

图 8-3-2 "Thermal Pad Symbol"对话框

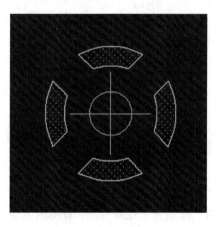

图 8-3-3 产生的热风焊盘

（4）执行菜单命令"File"→"Save"，热风焊盘被保存到前面设置的目录中，并生成 tr58x82x22-45.fsm 文件。

2）制作焊盘

（1）打开"Padstack Editor"窗口，设置"Options""Drill""Drill Symbol"选项卡的参数，分别如图 8-3-4、图 8-3-5、图 8-3-6 所示。

（2）选择"Design Layers"选项卡，设置 BEGIN LAYER 层，如图 8-3-7 所示，其中，"Thermal Pad"选择刚刚建立的 Flash tr58x82x22-45。

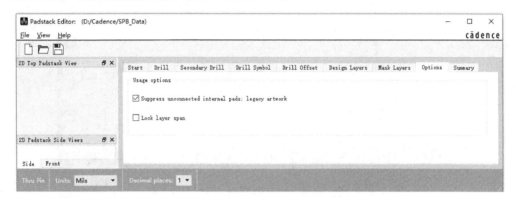

图 8-3-4　设置"Options"选项卡的参数

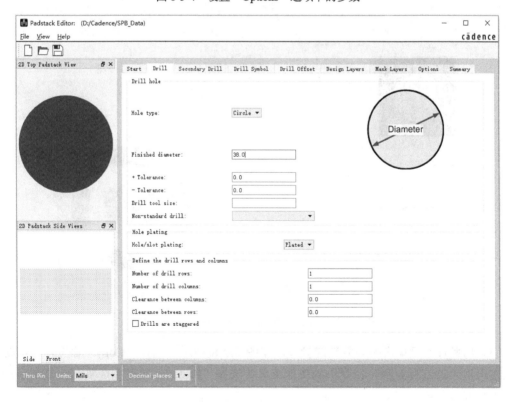

图 8-3-5　设置"Drill"选项卡的参数

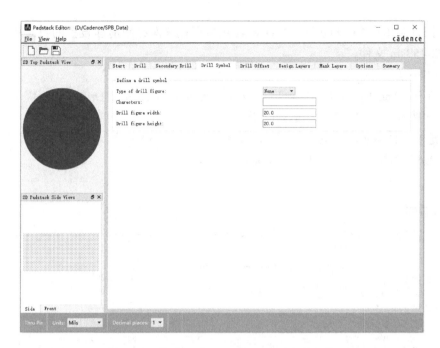

图 8-3-6　设置"Drill Symbol"选项卡的参数

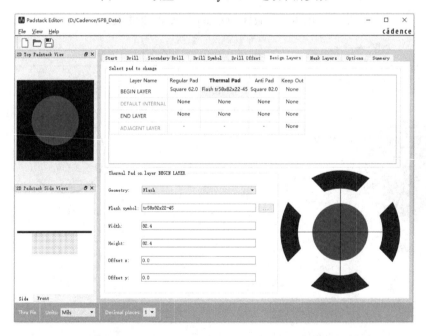

图 8-3-7　设置"Design Layers"选项卡的参数

（3）用鼠标右键单击想要复制的参数，如图 8-3-8 所示，选择"Copy"命令，在欲复制的地方再次单击鼠标右键，在弹出的快捷菜单中选择"Paste"，即可完成复制，复制后的数据如图 8-3-9 所示。

（4）选择"Mask layers"选项卡，设置 SOLDERMASK_TOP 和 SOLDERMASK_BOTTOM

层的数据，添加阻焊层，如图 8-3-10 所示。可以在"Padstack Editor"窗口的左侧看到焊盘的三视图。

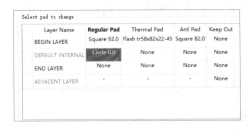

图 8-3-8 选择复制的参数

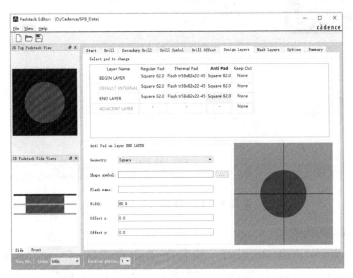

图 8-3-9 复制后的数据

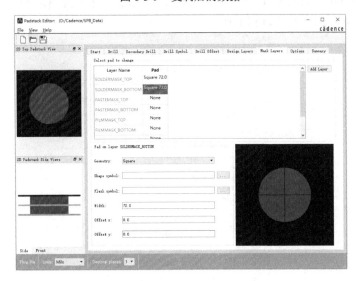

图 8-3-10 添加阻焊层

（5）执行菜单命令"File"→"Save As"，保存焊盘至 D:/Cadence/project1/Pad Package 目录下，文件名为"62sq38d"。

（6）选择"Summary"选项卡查看报表，焊盘信息概览如图 8-3-11 所示，在报表中可以查看设置的各种信息。

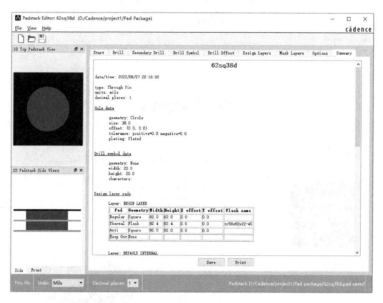

图 8-3-11　焊盘信息概览

3）制作 DIN64 的封装

（1）打开 Allegro PCB Designer，执行菜单命令"File"→"New"，弹出"New Drawing"对话框，在"Drawing Name"文本框中输入"din64.dra"，在"Drawing Type"列表框中选择"Package symbol"，单击"Browse…"按钮，指定保存的位置为 D:/Cadence/project1/Pad Package，如图 8-3-12 所示。

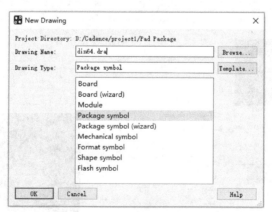

图 8-3-12　"New Drawing"对话框

（2）单击"OK"按钮，进入工作区域。执行菜单命令"Setup"→"Design Parameters"，

弹出"Design Parameter Editor"对话框，选择"Design"选项卡，设置图纸参数，如图 8-3-13 所示。

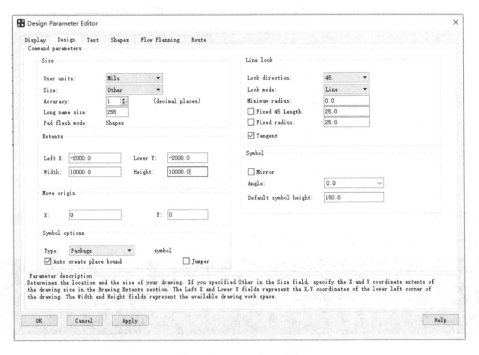

图 8-3-13　设置图纸参数

（3）添加引脚，Pin1 为正方形，以方便识别引脚位置，并且以 Pin1 的焊盘中心为原点。单击按钮或执行菜单命令"Layout"→"Pins"，设置"Options"选项卡，如图 8-3-14 所示。在命令窗口中输入"x 0 0"，并按"Enter"键完成添加。如果将引脚放错位置，想删除该引脚，但又不想退出本操作，那么可以单击鼠标右键，在弹出的菜单中选择"Oops"命令，即可重新放置引脚。若选择"Cancel"，则会退出此次操作，如图 8-3-15 所示。

（4）添加 2,3,4,…,31,32 共 31 个引脚，设置"Options"选项卡，如图 8-3-16 所示。在命令窗口中输入"x 100 0"，并按"Enter"键完成添加。

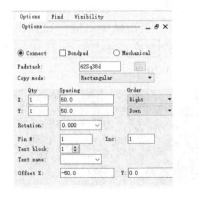

图 8-3-14　设置"Options"选项卡 1　　图 8-3-15　删除引脚菜单　　图 8-3-16　设置"Options"选项卡 2

（5）添加 33,34,35,…,63,64 共 32 个引脚，设置"Options"选项卡，如图 8-3-17 所示。

图 8-3-17　设置"Options"选项卡 3

在命令窗口中输入"x 0 -200"，并按"Enter"键完成添加。单击鼠标右键，在弹出的快捷菜单中选择"Done"命令，完成引脚添加，添加好的引脚如图 8-3-18 所示。

图 8-3-18　添加好的引脚

图 8-3-19　设置"Options"选项卡 4

（6）执行菜单命令"Setup"→"Areas"→"Package Boundary"，确认控制面板"Options"选项卡的设置，选择"Active Class"为"Package Geometry"，选择"Active Subclass"为"Place_Bound_Top"，并设置"Type"为"Line 45"，如图 8-3-19 所示。

（7）在命令窗口中输入"x -300 200"，按"Enter"键；输入"iy -450"，按"Enter"键；输入"ix 3700"，按"Enter"键；输入"iy 450"，按"Enter"键；输入"ix -3700"，按"Enter"键。单击鼠标右键，在弹出的快捷菜单中选择"Done"命令完成添加，元器件实体范围为 450×3700，如图 8-3-20 所示。

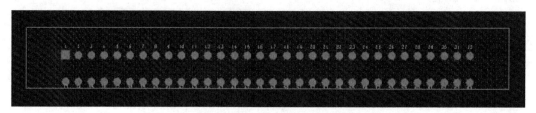

图 8-3-20　添加元器件实体范围

（8）执行菜单命令"Setup"→"Areas"→"Package Height"，选择"Active Class"为
"Package Geometry"，选择"Active Subclass"为"Place_Bound_Top"，选中该元器件，如
图 8-3-21 所示，在"Max height"文本框中输入"300"。

（9）单击按钮 🐱 或执行菜单命令"Layout"→"Pins"，设置"Options"选项卡，如
图 8-3-22 所示。

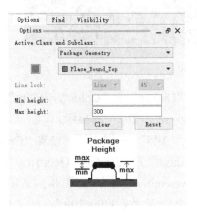

图 8-3-21　设置元器件高度

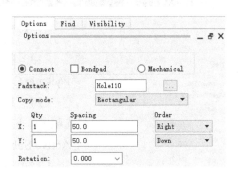

图 8-3-22　设置"Options"选项卡 5

（10）在命令窗口中输入"x -200 100"，按"Enter"键；输入"x 3300 100"，按"Enter"
键。单击鼠标右键，在弹出的快捷菜单中选择"Done"命令完成添加。添加安装孔如图 8-3-23
所示。

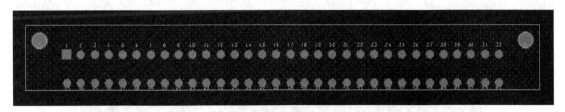

图 8-3-23　添加安装孔

（11）执行菜单命令"Add"→"Line"，设置控制面
板的"Options"选项卡，选择"Active Class"为"Package
Geometry"，选择"Active Subclass"为"Silkscreen_Top"，
如图 8-3-24 所示。

（12）在命令窗口中输入"x 3200 200"，按"Enter"
键；输入"iy 150"，按"Enter"键；输入"ix -3300"，按
"Enter"键；输入"iy -150"，按"Enter"键；输入"ix -
200"，按"Enter"键；输入"iy -200"，按"Enter"键；输
入"ix 200"，按"Enter"键；输入"iy 50"，按"Enter"
键；输入"ix 3300"，按"Enter"键；输入"iy -50"，按
"Enter"键；输入"ix 200"，按"Enter"键；输入"iy 200"，按"Enter"键；输入"ix -

图 8-3-24　设置"Options"选项卡 6

3500"，单击鼠标右键，在弹出的快捷菜单中选择"Done"命令完成添加。添加丝印外框如图 8-3-25 所示。

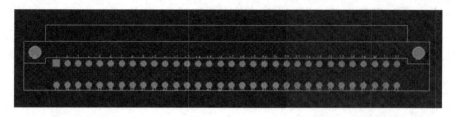

图 8-3-25 添加丝印外框

图 8-3-26 设置"Options"选项卡

（13）执行菜单命令"Display"→"Color/Visibility"，关掉"Package Geometry→Silkscreen_Top"的显示。

（14）执行菜单命令"Add"→"Line"，设置"Options"选项卡，选择"Active Class"为"Package Geometry"，选择"Active Subclass"为"Assembly_Top"，如图 8-3-26 所示。

（15）在命令窗口中输入"x 3200 200"，按"Enter"键；输入"iy 150"，按"Enter"键；输入"ix -3300"，按"Enter"键；输入"iy -150"，按"Enter"键；输入"ix -200"，按"Enter"键；输入"iy -200"，按"Enter"键；输入"ix 200"，按"Enter"键；输入"iy 50"，按"Enter"键；输入"ix 3300"，按"Enter"键；输入"iy -50"，按"Enter"键；输入"ix 200"，按"Enter"键；输入"iy 200"，按"Enter"键；输入"ix -3500"，单击鼠标右键，在弹出的快捷菜单中选择"Done"命令完成添加。添加装配外框，如图 8-3-27 所示。

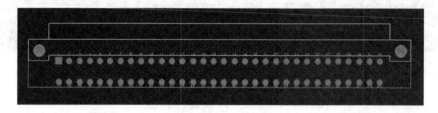

图 8-3-27 添加装配外框

（16）执行菜单命令"Setup"→"Grids"，弹出"Define Grid"窗口，如图 8-3-28 所示，设置"Non-Etch"的"Spacing"的"x"为"10"，设置"y"为"10"，单击"OK"按钮。

（17）执行菜单命令"Layout"→"Labels"→"Refdes"，设置"Options"选项卡，如图 8-3-29 所示。

（18）在设计区域靠近 Pin1 附近单击鼠标左键，输入"J*"，单击鼠标右键，在弹出的快捷菜单中选择"Done"命令。元器件的局部视图如图 8-3-30 所示。

（19）执行菜单命令"Layout"→"Labels"→"Refdes"，设置"Options"选项卡，如图 8-3-31 所示。

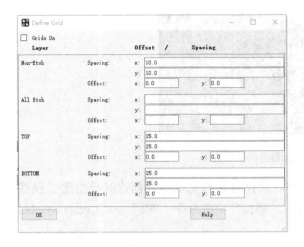

图 8-3-28　设置格点

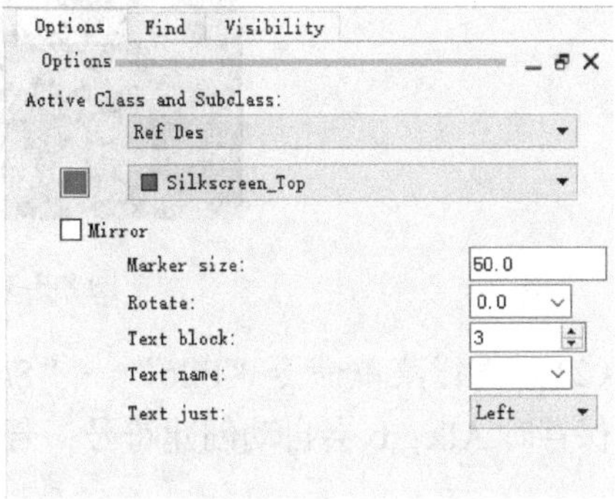

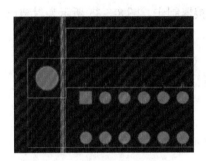

图 8-3-30　元器件的局部视图

图 8-3-29　设置"Options"选项卡 7

图 8-3-31　设置"Options"选项卡 8

（20）在设计区域单击鼠标左键，输入"J*"，单击鼠标右键，在弹出的快捷菜单中选择"Done"命令。元器件的局部视图如图 8-3-32 所示。

（21）执行菜单命令"Layout"→"Labels"→"Device"，设置"Options"选项卡，如图 8-3-33 所示。

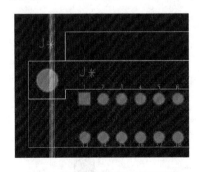

图 8-3-32　元器件的局部视图

图 8-3-33　设置"Options"选项卡 9

（22）在设计区域单击鼠标左键，输入"DEVICETYPE"，单击鼠标右键，从弹出的快捷菜单中选择"Done"命令。元器件的局部视图如图 8-3-34 所示。

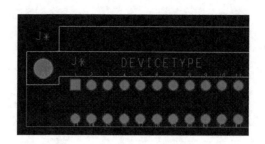

图 8-3-34　元器件的局部视图

（23）执行菜单命令"File"→"Save"，保存制作的元器件，创建时已指定了保存目录，保存时 Allegro 会自动创建符号；若没有，则执行菜单命令"File"→"Create Symbol"即可。

2. 制作边缘连接器（Edge Connector）

本例通过封装 62pinedgeconn 制作来介绍边缘连接器制作。图 8-3-35 所示为封装尺寸图。

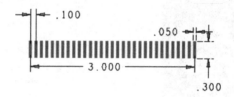

图 8-3-35　封装尺寸图

1）制作焊盘

（1）打开"Padstack Editor"窗口，选择"Design Layers"选项卡，设置 BEGIN LAYER 层的参数，如图 8-3-36 所示。

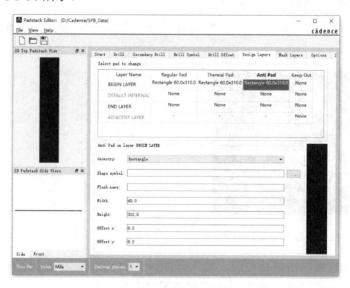

图 8-3-36　设置 BEGIN LAYER 层的参数

（2）选择"Mask Layers"选项卡，设置 SOLDERMASK_TOP 层的参数，如图 8-3-37 所示。

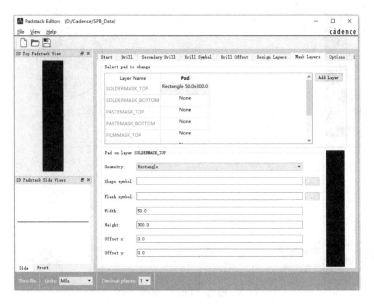

图 8-3-37　设置 SOLDERMASK_TOP 层的参数

（3）执行菜单命令"File"→"Save As"，保存焊盘到 D:/project1/Pad Package 目录下，文件名为"50x300edgetop"。

（4）分别选择"Options""Drill""Drill Symbol"选项卡，设置其参数，如图 8-3-38、图 8-3-39、图 8-3-40 所示。

图 8-3-38　设置"Options"选项卡的参数

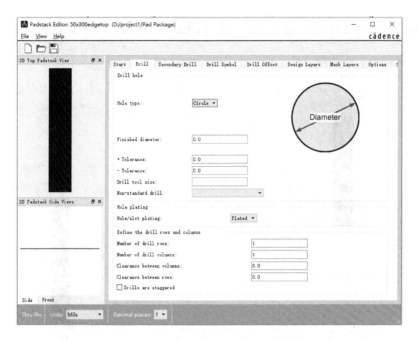

图 8-3-39   设置"Drill"选项卡的参数

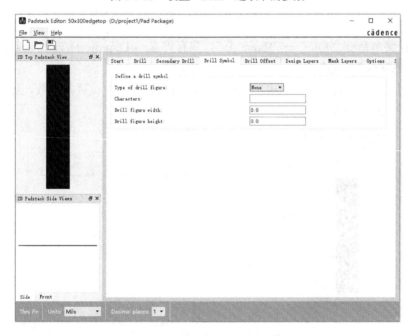

图 8-3-40   设置"Drill Symbol"选项卡的参数

（5）选择"Design Layers"选项卡，可以发现刚刚建立的焊盘 50x300edgetop 的参数设置还在，将所有参数清空。设置 END LAYER 层的参数，如图 8-3-41 所示。

（6）选择"Mask Layers"选项卡，设置 SOLDERMASK_BOTTOM 层的参数和 END LAYER 层的参数相同。

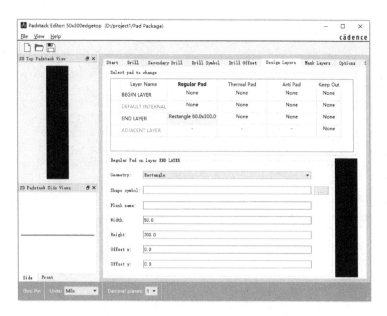

图 8-3-41　设置 END LAYER 层的参数

（7）执行菜单命令"File"→"Save As"，保存焊盘至 D:/project1/Pad Package 目录下，文件名为"50x300edgebottom"。

2）建立元器件封装

（1）打开 Allegro PCB Designer，执行菜单命令"File"→"New"，弹出"New Drawing"对话框，在"Drawing Name"文本框中输入"62pinedgeconn.dra"，在"Drawing Type"列表框中选择"Package symbol"，单击"Browse…"按钮，指定保存的位置为 D:/project1/ Pad Package，如图 8-3-42 所示。

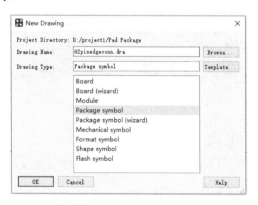

图 8-3-42　"New Drawing"对话框

（2）单击"OK"按钮进入工作区域。执行菜单命令"Setup"→"Design Parameters"，弹出"Design Parameter Editor"对话框，选择"Design"选项卡，设置图纸参数，如图 8-3-43 所示。

（3）执行菜单命令"Setup"→"Constraints"→"Physical"，弹出"Allegro Constraint

Manager"窗口，如图 8-3-44 所示。

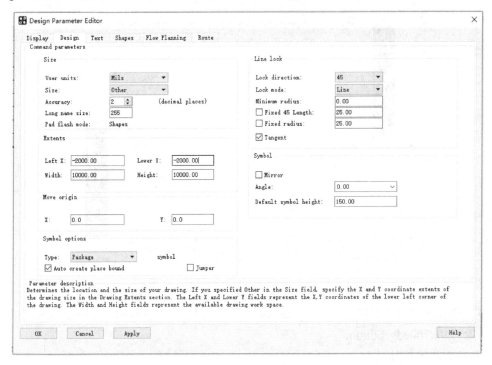

图 8-3-43　设置图纸参数

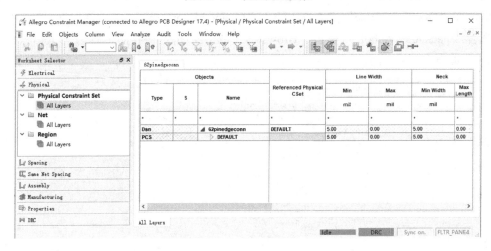

图 8-3-44　"Allegro Constraint Manager"窗口

（4）设置"Line Width"→"Min"为 10.00，设置"Neck"→"Min Width"为 10.00，如图 8-3-45 所示。

（5）在"Allegro Constraint Manager"右侧表格区域向右拉动滚动条，找到"Vias"项目，单击其下"PCS"对应的"VIA"栏，弹出"Edit Via List"对话框，如图 8-3-46 所示。

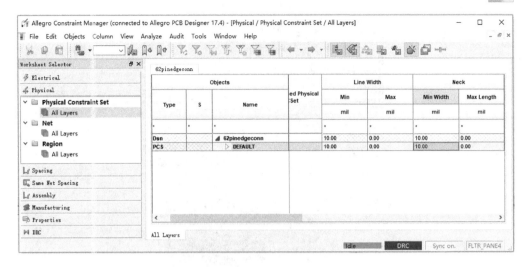

图 8-3-45　设置参数

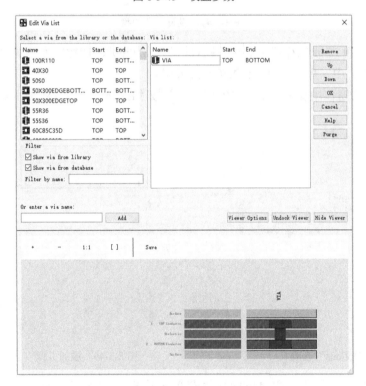

图 8-3-46　"Edit Via List"对话框

（6）在"Edit Via List"对话框左侧的"Select a via from the library or the database"列表框中选择"PAD40CIR25D"，此时"PAD40CIR25D"出现在右侧的"Via list"区域。在右侧的"Via list"区域选择"VIA"，单击"Remove"按钮。设置过孔焊盘，如图 8-3-47 所示。

（7）单击"OK"按钮，关闭"Edit Via List"对话框。

（8）关闭"Allegro Constraint Manager"窗口。

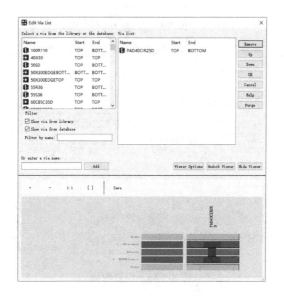

图 8-3-47　设置过孔焊盘

（9）单击按钮 或执行菜单命令"Layout"→"Pins"，在控制面板的"Options"选项卡（见图 8-3-48）中，焊盘选择"50X300edgetop"。

（10）在命令窗口中输入"x -1550 150"，并按"Enter"键完成添加引脚，如图 8-3-49 所示。

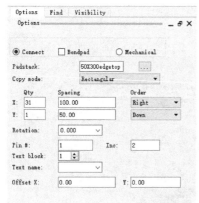

图 8-3-48　"Options"选项卡　　　　　　　　　图 8-3-49　添加引脚

（11）单击鼠标右键，在弹出的快捷菜单中选择"NEXT"命令，设置控制面板的"Options"选项卡，焊盘选择"50X300edgebottom"，如图 8-3-50 所示。

（12）在命令窗口中输入"x -1550 150"，并按"Enter"键完成添加引脚，如图 8-3-51 所示。

（13）单击鼠标右键，在弹出的快捷菜单中选择"Done"命令。

（14）执行菜单命令"Layout"→"Connections"，设置"Options"选项卡，如图 8-3-52 所示。

（15）单击引脚 1，从引脚 1 开始布线，在命令窗口中输入"iy 150"，并按"Enter"键完成添加，单击鼠标右键，在弹出的快捷菜单中选择"Add Via"命令。

（16）单击鼠标右键，在弹出的快捷菜单中选择"Next"命令，这时可以注意到，当前的布线层是"Bottom"，继续布线和添加过孔，如图 8-3-53 所示。

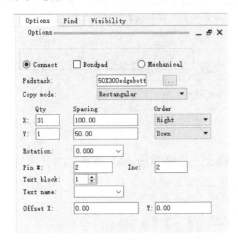

图 8-3-50　设置"Options"选项卡 10

图 8-3-51　添加引脚

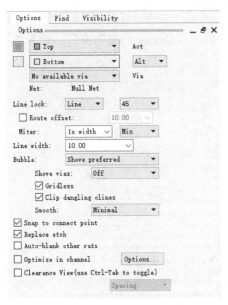

图 8-3-52　设置"Options"选项卡 11

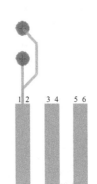

图 8-3-53　布线和添加过孔

（17）执行菜单命令"Edit"→"Copy"，设置"Find"选项卡，如图 8-3-54 所示。

（18）按住鼠标左键，拖动一个矩形框，矩形框内包括刚刚完成的布线和添加的过孔，单击矩形框内的任何一点，设置"Options"选项卡，如图 8-3-55 所示，在命令窗口中输入"ix 100"，并按"Enter"键完成添加。添加效果如图 8-3-56 所示。

图 8-3-54　设置"Find"选项卡

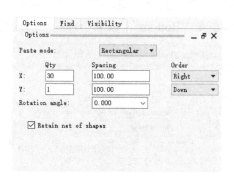

图 8-3-55　设置"Options"选项卡 12

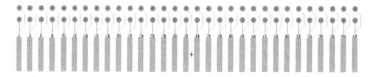

图 8-3-56　添加效果

（19）执行菜单命令"Setup"→"Grids"，弹出"Define Grid"窗口，设置过孔焊盘，如图 8-3-57 所示。

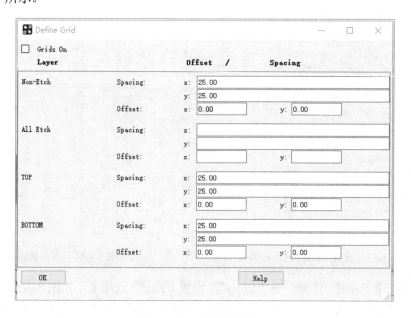

图 8-3-57　设置过孔焊盘

（20）单击"OK"按钮，关闭"Define Grid"窗口。执行菜单命令"Add"→"Line"，设置"Options"选项卡，如图 8-3-58 所示。

（21）单击引脚 1 的下边缘，在命令窗口中输入"iy‑100"，并按"Enter"键完成添加，单击鼠标右键，在弹出的快捷菜单中选择"Done"命令，添加效果如图 8-3-59 所示。

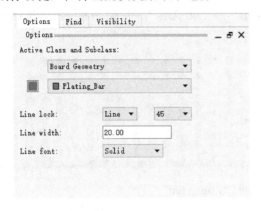

图 8-3-58　设置"Options"选项卡 13

图 8-3-59　添加效果

（22）执行菜单命令"Edit"→"Copy"，依照刚才的方法，将刚刚添加的"Plating Bar"复制到其他引脚下面，如图 8-3-60 所示。

（23）执行菜单命令"Add"→"Line"，设置"Options"选项卡，如图 8-3-61 所示。

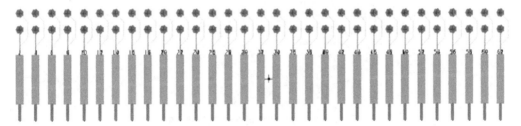

图 8-3-60　复制"Plating Bar"

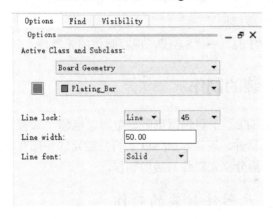

图 8-3-61　设置"Options"选项卡 14

（24）在刚添加的"Plating Bar"下面布一道横向的"Plating Bar"，单击鼠标右键，在弹出的快捷菜单中选择"Done"命令，添加的"Plating Bar"如图 8-3-62 所示。

关于添加丝印层和封装层等，这里不再详细介绍，但是必须添加元器件的"RefDes Label"。

（25）执行菜单命令"Layout"→"Labels"→"RefDes"，设置"Options"选项卡，如图 8-3-63 所示。

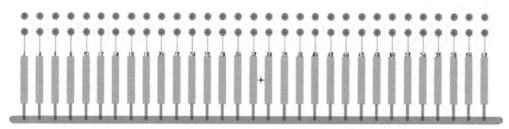

图 8-3-62　添加的"Plating Bar"

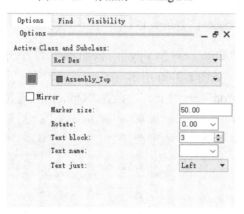

图 8-3-63　设置"Options"选项卡 15

（26）在适当位置单击鼠标左键，输入"ECONN*"，单击鼠标右键，在弹出的快捷菜单中选择"Done"命令，完成添加。

（27）执行菜单命令"File"→"Save"，保存制作的元器件。

8.4　分立元器件封装的制作

分立元器件（DISCRETE）主要包括电阻、电容、电感、二极管和三极管等，这些都是电路设计中常用的电子元器件。现在，60%以上的分立元器件都有表贴封装，下面主要介绍表贴分立元器件封装和直插分立元器件封装的制作。

8.4.1　表贴分立元器件封装的制作

表贴分立元器件的侧视图与底视图如图 8-4-1 所示。其中，L 为引脚电极的长度，W 为引脚电极的宽度，H 为引脚电极的高度，其公差为 $H–b\sim H+a$，$H_{max}=H+a$。

表贴分立元器件的 PCB 焊盘的视图如图 8-4-2 所示。

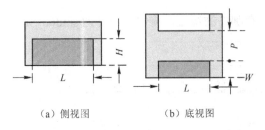

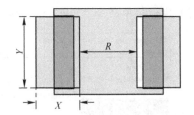

（a）侧视图　　　　　（b）底视图

图 8-4-1　表贴分立元器件的侧视图与底视图　　　图 8-4-2　表贴分立元器件的 PCB 焊盘的视图

$X=W+2/3H_{\max}+8$，$Y=L$，$R=P-8$，单位为 mil。

0805 封装是常用的表贴封装之一，其尺寸如下：$L=(50\pm4)$mil；$H=(20\pm4)$mil；$W=(14\pm8)$mil；$P=52$mil；$X=22+16+8=46$mil，这里取 50mil；$Y=54$mil，这里取 60mil；$R=44$mil，这里取 40mil（L、$H_{\max}$ 和 W 取最大值）。依据 Allegro 的命名规则，将焊盘命名为 50×60。

1．制作焊盘

（1）打开"Padstack Editor"窗口，"Design Layers"选项卡如图 8-4-3 所示。

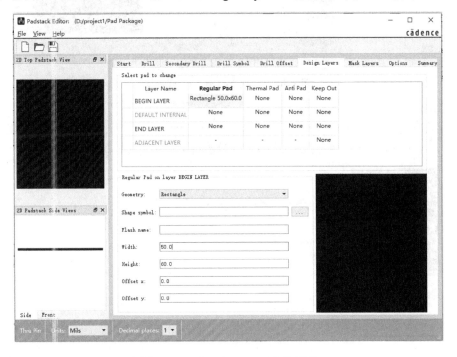

图 8-4-3　"Design Layers"选项卡

（2）选择"Mask Layers"选项卡，设置 SOLDERMASK_TOP 层和 PASTEMASK_TOP 层的参数，如图 8-4-4 所示。

（3）选择"Options"选项卡，设置参数，如图 8-4-5 所示，其他参数选取默认值。

（4）选择"Summary"选项卡，可查看设置的参数，从选项卡的左侧可以看到焊盘的三视图，如图 8-4-6 所示。

（5）执行菜单命令"File"→"Save"，保存制作的焊盘，将焊盘命名为 smd60_50。

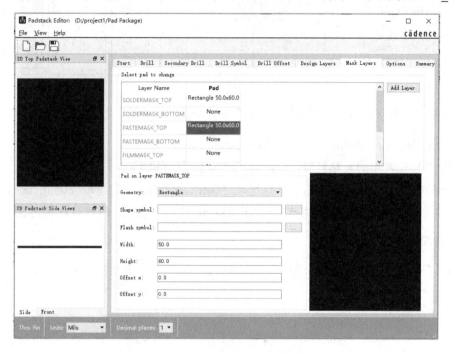

图 8-4-4　"Mask Layers"选项卡

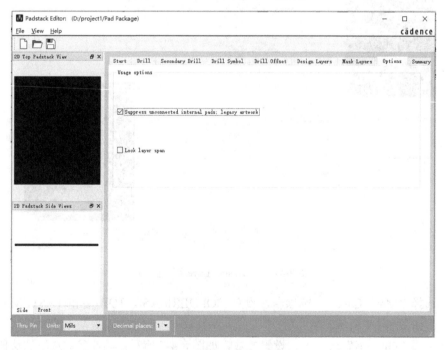

图 8-4-5　"Options"选项卡

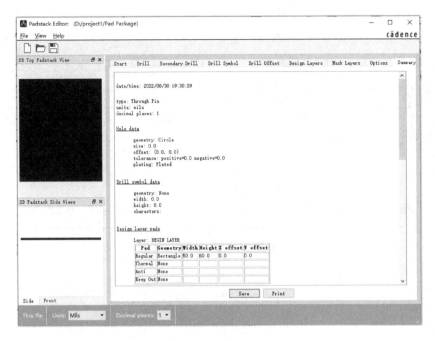

图 8-4-6　"Summary"选项卡

2．制作 0805 封装

（1）打开"Allegro PCB Designer"，执行菜单命令"File"→"New"，弹出"New Drawing"对话框，如图 8-4-7 所示。

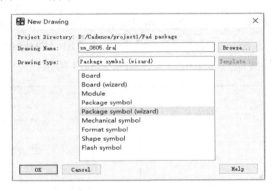

图 8-4-7　"New Drawing"对话框

（2）单击"OK"按钮，弹出"Package Symbol Wizard"对话框，选择"SMD DISCRETE"，如图 8-4-8 所示。单击"Next"按钮，弹出"Package Symbol Wizard-Template"对话框，如图 8-4-9 所示，单击"Load Template"按钮，添加模板。

（3）单击"Next"按钮，弹出"Package Symbol Wizard-General Parameters"对话框，"Reference designator prefix"选择"C*"（电容选择"C*"，电阻选择"R*"），如图 8-4-10 所示。单击"Next"按钮，弹出"Package Symbol Wizard-Surface Mount Discrete Parameters"对话框，依据前面计算的值设置参数，如图 8-4-11 所示。

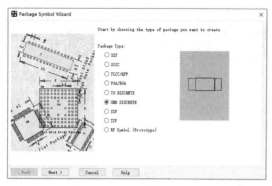

图 8-4-8　选择封装类型

图 8-4-9　加载模板

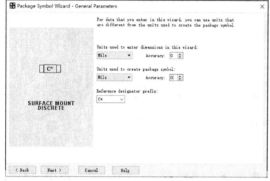

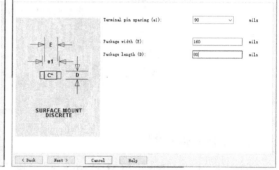

图 8-4-10　设置通用参数

图 8-4-11　设置表贴分立元器件的参数

（4）单击"Next"按钮，弹出"Package Symbol Wizard-Padstacks"对话框，选择焊盘"smd60_50"，如图 8-4-12 所示。单击"Next"按钮，弹出"Package Symbol Wizard-Symbol Compilation"对话框，设置原点并生成符号，如图 8-4-13 所示。

图 8-4-12　选择焊盘

图 8-4-13　设置原点并生成符号

（5）单击"Next"按钮，弹出"Package Symbol Wizard-Summary"对话框，封装概览如图 8-4-14 所示。单击"Finish"按钮，完成封装的创建，制作的 0805 封装如图 8-4-15 所示。

图 8-4-14　封装概览

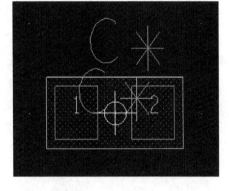

图 8-4-15　制作的 0805 封装

8.4.2　直插分立元器件封装的制作

直插分立元器件焊盘的选择与 DIP 封装类似，这里不再介绍。下面以设计中用到的 LED 为例，说明如何制作直插分立元器件的封装。

1．添加引脚

（1）打开"Allegro PCB Designer"，执行菜单命令"File"→"New"，弹出"New Drawing"对话框，如图 8-4-16 所示。单击"OK"按钮，执行菜单命令"Layout"→"Pins"，设置"Options"选项卡，如图 8-4-17 所示。

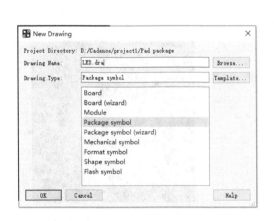

图 8-4-16　"New Drawing"对话框

图 8-4-17　设置"Options"选项卡

（2）在命令窗口中输入"x 0 0"，按"Enter"键，在控制面板的"Options"选项卡中更改焊盘为"62Cir38d"，如图 8-4-18 所示。

（3）在命令窗口中输入"x 100 0"，按"Enter"键，单击鼠标右键，在弹出的快捷菜单中选择"Done"命令，添加的焊盘如图 8-4-19 所示。

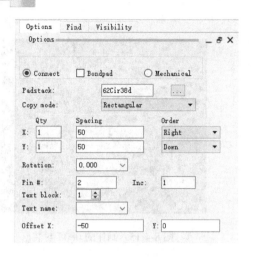

图 8-4-18　更改焊盘

图 8-4-19　添加的焊盘

2．添加元器件实体范围

执行菜单命令"Shape"→"Circular"，设置"Options"选项卡，如图 8-4-20 所示。在命令窗口中输入"x 50 0"，按"Enter"键；确定圆心，按"Enter"键；输入"x 170 0"，按"Enter"键。单击鼠标右键，在弹出的快捷菜单中选择"Done"命令，添加的元器件实体范围如图 8-4-21 所示。

图 8-4-20　设置"Options"选项卡

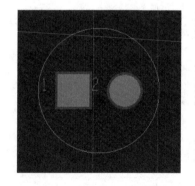

图 8-4-21　添加的元器件实体范围

3．添加丝印层

执行菜单命令"Add"→"Circle"，在"Options"选项卡中选择"Active Class"为"Package Geometry"，选择"Active Subclass"为"Silkscreen_Top"，如图 8-4-22 所示。在命令窗口中输入"x 50 0"，按"Enter"键；输入"x 162 0"，按"Enter"键。单击鼠标右键，在弹出的快捷菜单中选择"Done"命令，添加的丝印层如图 8-4-23 所示。

图 8-4-22　设置"Options"选项卡

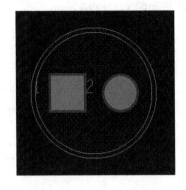

图 8-4-23　添加的丝印层

4．添加装配层

执行菜单命令"Add"→"Circle"，在控制面板的"Options"选项卡中选择"Active Class"为"Package Geometry"，选择 Active Subclass 为"Assembly_Top"，如图 8-4-24 所示。在命令窗口中输入"x 50 0"，按"Enter"键；输入"x 153 0"，按"Enter"键。单击鼠标右键，在弹出的快捷菜单中选择"Done"命令，添加的装配层如图 8-4-25 所示。

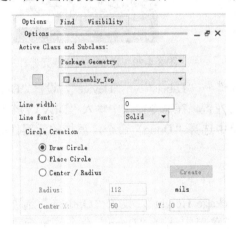

图 8-4-24　设置"Options"选项卡

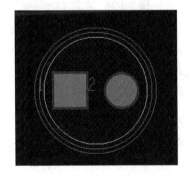

图 8-4-25　添加的装配层

5．添加元器件 Labels

1）添加装配层元器件序号　执行菜单命令"Layout"→"Labels"→"Ref Des"，设置"Options"选项卡，如图 8-4-26 所示。在适当位置单击鼠标左键，在命令窗口中输入"U*"，按"Enter"键，或者直接在鼠标单击的位置输入"U*"，单击鼠标右键，在弹出的快捷菜单中选择"Done"命令，添加的元器件序号如图 8-4-27 所示。

2）添加丝印层元器件序号　执行菜单命令"Layout"→"Labels"→"RefDes"，设置"Options"选项卡，如图 8-4-28 所示。在适当位置单击鼠标左键，在命令窗口中输入"U*"，按"Enter"键，单击鼠标右键，在弹出的快捷菜单中选择"Done"命令，添加的丝印层元器件序号如图 8-4-29 所示。

图 8-4-26　设置"Options"选项卡

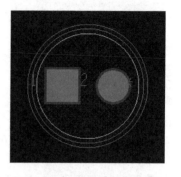

图 8-4-27　添加的元器件序号

图 8-4-28　设置"Options"选项卡

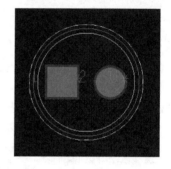

图 8-4-29　添加的丝印层元器件序号

3）添加元器件类型　执行菜单命令"Layout"→"Labels"→"Device"，设置"Options"选项卡，如图 8-4-30 所示。在适当位置单击鼠标左键，在命令窗口中输入"DEVTYPE*"，按"Enter"键，单击鼠标右键，在弹出的快捷菜单中选择"Done"命令，添加的元器件类型如图 8-4-31 所示。

6. 设置元器件高度

执行菜单命令"Setup"→"Areas"→"Package Height"，设置"Options"选项卡，如图 8-4-32 所示。单击鼠标右键，在弹出的快捷菜单中选择"Done"命令，执行菜单命令"File"→"Save"，保存文件。

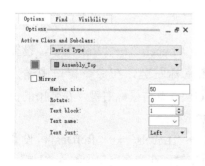

图 8-4-30　设置"Options"选项卡

图 8-4-31　添加的元器件类型

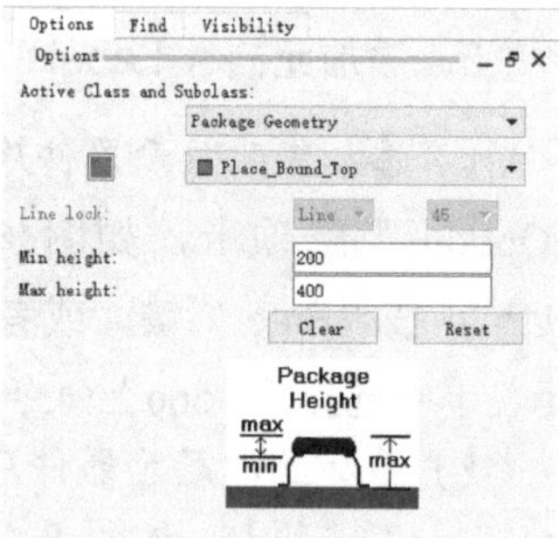

图 8-4-32　设置"Options"选项卡

8.4.3　自定义焊盘封装的制作

自定义焊盘封装主要用于设计焊盘形状不规则的封装类型。下面以制作 CR60x110 为例介绍如何制作自定义焊盘封装。

1. 制作 SHAPE 符号

（1）打开"Allegro PCB Designer"，执行菜单命令"File"→"New"，弹出"New Drawing"对话框，如图 8-4-33 所示，在"Drawing Name"文本框中输入"60x110melf.dra"，在"Drawing Type"列表框中选择"Shape symbol"，单击"Browse..."按钮，指定存放的位置。

（2）单击"OK"按钮返回编辑界面，执行菜单命令"Setup"→"Design Parameters..."，弹出"Design Parameter Editor"对话框，选择"Design"选项卡进行设置，如图 8-4-34 所示。

图 8-4-33　"New Drawing"对话框

图 8-4-34　设置"Design"选项卡

（3）单击"OK"按钮，关闭"Design Parameter Editor"对话框。

（4）执行菜单命令"Shape"→"Polygon"，设置"Options"选项卡，如图 8-4-35 所示。在命令窗口中输入以下命令，每输入一次命令按一次"Enter"键，最后单击鼠标右键，在弹出的快捷菜单中选择"Done"命令，绘图效果如图 8-4-36 所示。

x -30 -55

ix 60

iy 49

ix -30

iy 12

ix 30

iy 49

ix -60

iy -110

图 8-4-35　设置"Options"选项卡

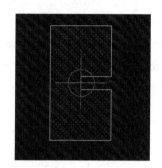

图 8-4-36　绘图结果

（5）执行菜单命令"File"→"Save"，命令窗口显示如下信息：

```
'60x110melf.dra' saved to disk.
Symbol '60x110melf.ssm' created.
```

2. 制作焊盘

（1）打开"Padstack Editor"窗口，执行菜单命令"File"→"New"，新建焊盘至 D:/project/allegro/symbols 目录下，文件名为 60X110melf。分别设置"Options""Drill""Drill Symbol"选项卡的参数，如图 8-4-37、图 8-4-38、图 8-4-39 所示。

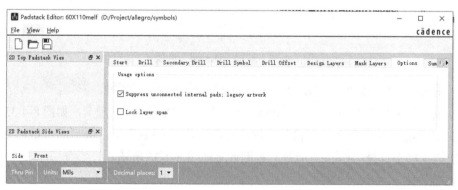

图 8-4-37　设置"Options"选项卡的参数

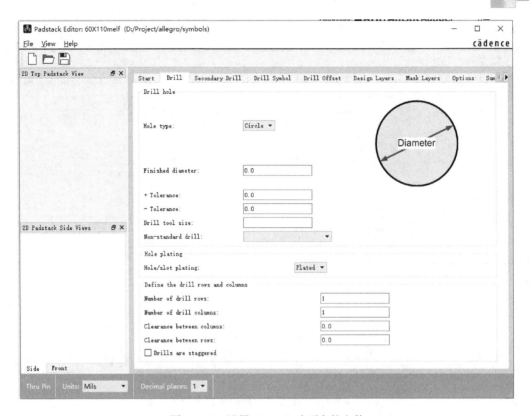

图 8-4-38　设置"Drill"选项卡的参数

图 8-4-39　设置"Drill Symbol"选项卡的参数

（2）选择"Design Layers"选项卡，设置 BEGIN LAYER 层的"Geometry"为"Shape symbol"，如图 8-4-40 所示。

（3）单击"Shape symbol"后面的按钮，弹出"Library Shape Symbol Browser"对话框，如图 8-4-41 所示，选择"60x110melf"。

（4）单击"OK"按钮，关闭"Library Shape Symbol Browser"对话框。

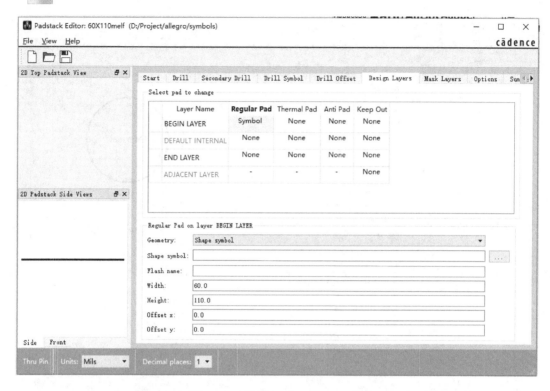

图 8-4-40　设置 BEGIN LAYER 层

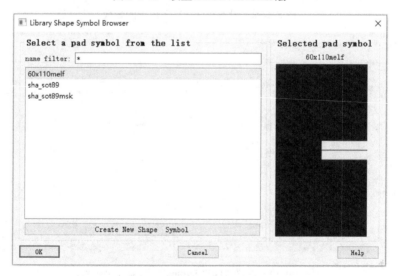

图 8-4-41　"Library Shape Symbol Browser"对话框

（5）重复步骤（1）～步骤（4），依次设置 SOLDERMASK_TOP 层和 PASTEMASK_TOP 层。设置 PASTEMASK_TOP 层参数，如图 8-4-42 所示。

（6）执行菜单命令"File"→"Save"，保存文件。

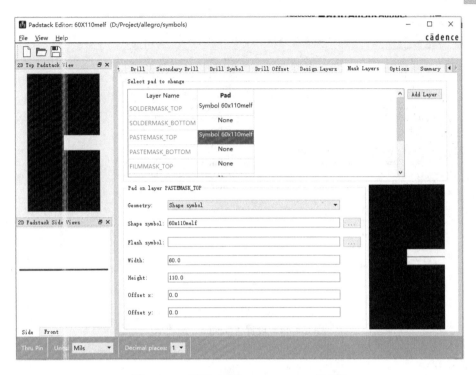

图 8-4-42　设置 PASTEMASK_TOP 层参数

3．制作 CR60x110 封装

（1）打开"Allegro PCB Designer"，执行菜单命令"File"→"New"，弹出"New Drawing"对话框，在"Drawing Name"文本框中输入"CR60x110.dra"，在"Drawing Type"列表框中选择"Package symbol"，单击"Browse…"按钮，指定存放的位置，如图 8-4-43 所示。

（2）单击"OK"按钮返回编辑界面，执行菜单命令"Setup"→"Design Parameters…"，弹出"Design Parameter Editor"对话框，选择"Design"选项卡，设置"Size"部分的"Size"为"Other"，设置"Extents"部分的"Width"

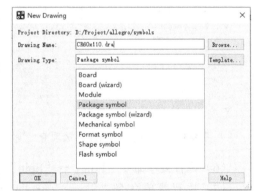

图 8-4-43　"New Drawing"对话框

为"2000.00"，设置"Height"为"2000.00"，设置"Left X"为"−1000.00"，设置"Lower Y"为"−1000.00"，如图 8-4-44 所示。

（3）单击"OK"按钮，关闭"Design Parameter Editor"对话框。

（4）执行菜单命令"Layout"→"Pins"，设置"Options"选项卡，如图 8-4-45 所示。

（5）在命令窗口中输入"x 0 0"，按"Enter"键；输入"x 200 0"，按"Enter"键，添加第 2 个引脚，如图 8-4-46 所示。

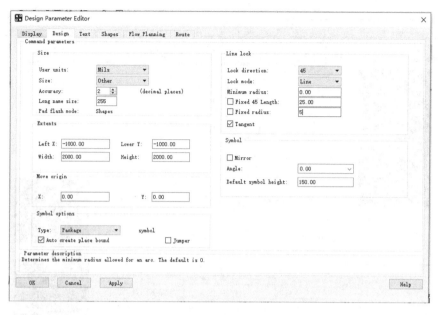

图 8-4-44　设置"Design"选项卡

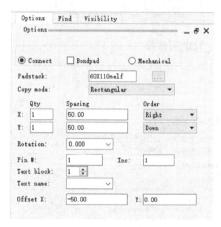

图 8-4-45　设置"Options"选项卡

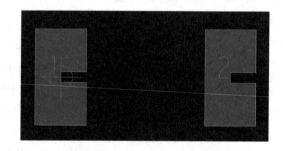

图 8-4-46　添加第 2 个引脚

（6）执行菜单命令"Edit"→"Spin"，调整第 2 个引脚，如图 8-4-47 所示。

（7）执行菜单命令"Shape"→"Polygon"，设置"Options"选项卡，如图 8-4-48 所示。

（8）在命令窗口中输入以下命令，每输入一次命令按一次"Enter"键，最后单击鼠标右键，在弹出的快捷菜单中选择"Done"命令，添加元器件实体范围，如图 8-4-49 所示。

x -40 -60

ix 280

iy 120

ix -280

iy -120

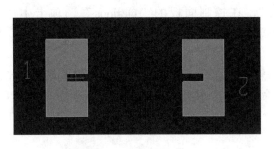

图 8-4-47　调整第 2 个引脚

图 8-4-48　设置"Options"选项卡

（9）执行菜单命令"Add"→"Line"，在控制面板的"Options"选项卡中选择"Active Class"为"Package Geometry"，选择"Active Subclass"为"Silkscreen_Top"，如图 8-4-50 所示。

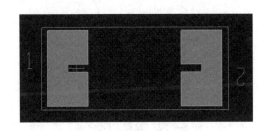

图 8-4-49　添加元器件实体范围

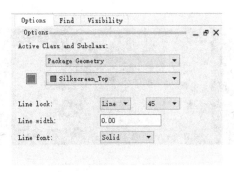

图 8-4-50　设置"Options"选项卡

（10）在命令窗口中输入下面的命令，每输入一次命令按一次"Enter"键，最后单击鼠标右键，在弹出的快捷菜单中选择"Done"命令。

x -40 -60

ix 280

iy 120

ix -280

iy -120

（11）执行菜单命令"Add"→"Line"，在命令窗口中输入下面的命令，每输入一次命令按一次"Enter"键，最后单击鼠标右键，在弹出的快捷菜单中选择"Done"命令，添加丝印层，如图 8-4-51 所示。

x 70 -60

iy 60

x 130 -60

iy 120

x 70 0

iy 60

（12）执行菜单命令"Add"→"Line"，在控制面板的"Options"选项卡中选择"Active Class"为"Package Geometry"，选择"Active Subclass"为"Assembly_Top"，如图 8-4-52 所示。

（13）在命令窗口中输入下面的命令，每输入一次命令按一次"Enter"键，最后单击鼠标右键，在弹出的快捷菜单中选择"Done"命令，添加装配层，如图 8-4-53 所示。

x -35 -55

ix 270

iy 110

ix -270

iy -110

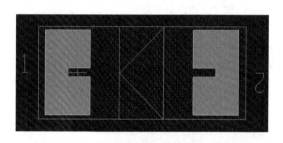

图 8-4-51　添加丝印层

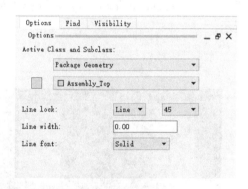

图 8-4-52　设置"Options"选项卡

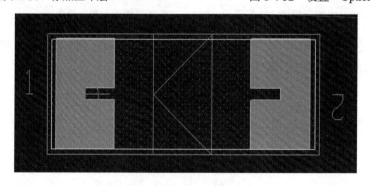

图 8-4-53　添加装配层

（14）执行菜单命令"Layout"→"Labels"→"Ref Des"，设置"Options"选项卡，如图 8-4-54 所示。

（15）在适当位置单击鼠标左键，在命令窗口中输入"CR*"，按"Enter"键，单击鼠标右键，在弹出的快捷菜单中选择"Done"命令，添加元器件序号，如图 8-4-55 所示。

图 8-4-54　设置"Options"选项卡

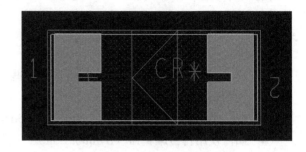

图 8-4-55　添加元器件序号

（16）执行菜单命令"Layout"→"Labels"→"RefDes"，设置"Options"选项卡，如图 8-4-56 所示。

（17）在适当位置单击鼠标左键，在命令窗口中输入"CR*"，按"Enter"键，单击鼠标右键，在弹出的快捷菜单中选择"Done"命令，添加丝印层元器件序号，如图 8-4-57 所示。

图 8-4-56　设置"Options"选项卡

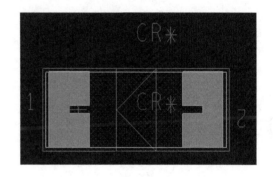

图 8-4-57　添加丝印层元器件序号

（18）执行菜单命令"Layout"→"Labels"→"Device"，控制面板的"Options"选项卡，如图 8-4-58 所示。

（19）在适当位置单击鼠标左键，在命令窗口中输入"DEVTYPE*"，按"Enter"键，单击鼠标右键，在弹出的快捷菜单中选择"Done"命令，添加元器件类型，如图 8-4-59 所示。

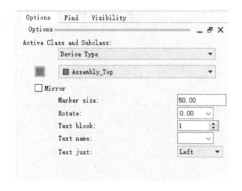

图 8-4-58　设置"Options"选项卡

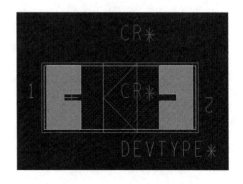

图 8-4-59　添加元器件类型

（20）执行菜单命令"File"→"Save"，保存文件。

习题

（1）建立一个 Flash 符号的热风焊盘需要哪些步骤？

（2）为什么 SMD 焊盘要设置钢板的层面？

（3）叙述使用 Pad Designer 建立 pad120cir65d 焊盘和 pad90x160o50x120 焊盘的过程。

（4）如何使用符号编辑器（Symbol Editor）制作表贴分立元器件封装？

（5）自定义焊盘封装的制作步骤是什么？

（6）如何设置元器件的高度？设置元器件高度的意义是什么？

第9章　PCB 的建立

9.1　建立 PCB

1．使用 PCB 向导（Board Wizard）建立 PCB

（1）启动 Allegro PCB Designer，执行菜单命令"File"→"New…"，弹出"New Drawing"对话框，在"Drawing Name"文本框中输入"demo_brd_wizard.brd"，在"Drawing Type"列表框中选择"Board（wizard）"，单击"Browse…"按钮，确定保存的位置，如图 9-1-1 所示。

（2）单击"OK"按钮，弹出"Board Wizard"对话框，如图 9-1-2 所示，显示使用 PCB 向导的流程。

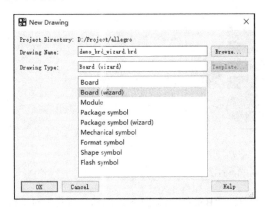
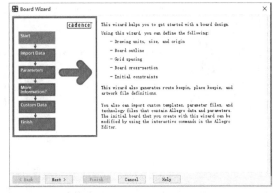

图 9-1-1　"New Drawing"对话框　　　　　图 9-1-2　"Board Wizard"对话框

（3）单击"Next"按钮，弹出"Board Wizard-Template"对话框，选择"No"，表示不输入模板，如图 9-1-3 所示。

（4）单击"Next"按钮，弹出"Board Wizard-Tech File/Parameter file"对话框，在两个选择部分都选择"No"，表示不输入技术文件和参数文件，如图 9-1-4 所示。

（5）单击"Next"按钮，弹出"Board Wizard-Board Symbol"对话框，选择"No"，表示不输入 PCB 符号，如图 9-1-5 所示。

（6）单击"Next"按钮，弹出"Board Wizard-General Parameters"对话框，在"Units"下拉列表中选择"Mils"，表示使用单位 mil；在"Size"下拉列表中选择"B"，表示图纸尺寸为 B；选择"At the center of the drawing."，表示以绘图中心为原点，如图 9-1-6 所示。

（7）单击"Next"按钮，弹出"Board Wizard-General Parameters(Continued)"对话框，

在"Grid spacing"文本框中输入"25.00"，表示格点间距为 25mil；在"Etch layer count"数值框中输入"4"，表示有 4 层板；选择"Generate default artwork films."，表示产生默认的底片文件，如图 9-1-7 所示。

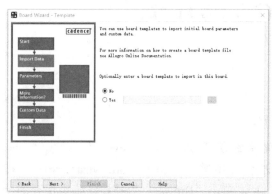

图 9-1-3 "Board Wizard-Template"对话框

图 9-1-4 "Board Wizard-Tech File/Parameter file"对话框

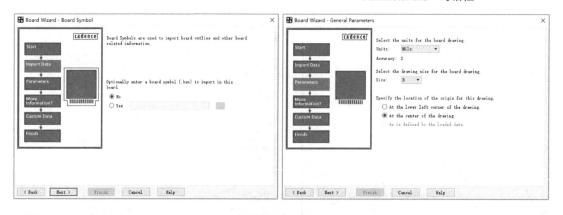

图 9-1-5 "Board Wizard-Board Symbol"对话框　图 9-1-6 "Board Wizard-General Parameters"对话框

（8）单击"Next"按钮，弹出"Board Wizard-Etch Cross-section details"窗口，将 Layer2 改为"Gnd"，将 Layer3 改为"Vcc"，将"Layer type"改为"Power plane"，勾选"Generate negative layers for Power planes."，表示为电源平面产生负层，如图 9-1-8 所示。

（9）单击"Next"按钮，弹出"Board Wizard-Spacing Constraints"对话框，在"Minimum Line width"文本框中输入 5.00，表示最小线宽为 5mil；在"Minimum Line to Line spacing"文本框中输入"5.00"，表示线与线之间的最小间距为 5mil；在"Minimum Line to Pad spacing"文本框中输入"5.00"，表示线与焊盘间的最小间距为 5mil；在"Minimum Pad to Pad spacing"文本框中输入"5.00"，表示焊盘之间的最小间距为 5mil；在"Default via padstack"文本框中输入"via"，如图 9-1-9 所示。

（10）单击"Next"按钮，弹出"Board Wizard-Board Outline"对话框，选择"Rectangular board"，表示板框为矩形，如图 9-1-10 所示。

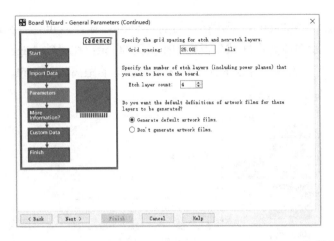

图 9-1-7　"Board Wizard-General Parameters(Continued)"对话框

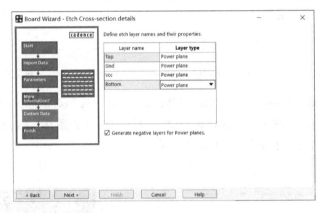

图 9-1-8　"Board Wizard-Etch Cross-section details"窗口

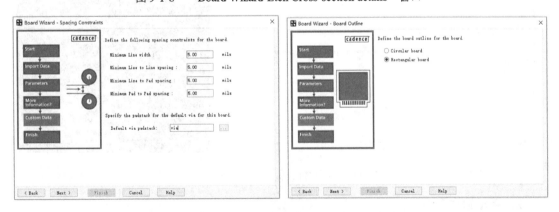

图 9-1-9　"Board Wizard-Spacing Constraints"对话框　图 9-1-10　"Board Wizard-Board Outline"对话框

（11）单击"Next"按钮，弹出"Board Wizard-Rectangular Board Parameters"对话框，在"Width"文本框中输入"5000.00"，表示 PCB 宽度为 5000mil；在"Height"文本框中输入"5000.00"，表示 PCB 高度为 5000mil；勾选"Corner cutoff"，表示拐角切割；在"Cut length"文本框中输入"400.00"，表示拐角切割 400mil；在"Route keepin distance"文本框中输入"50.00"，表示布线允许区域与板框的距离为50mil；在"Package keepin distance"文本框中输入"100.00"，表示允许摆放元器件区域与板框的距离为100mil，如图9-1-11所示。

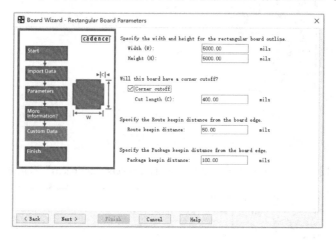

图 9-1-11　"Board Wizard-Rectangular Board Parameters"对话框

（12）单击"Next"按钮，弹出"Board Wizard-Summary"对话框，如图9-1-12所示。

（13）单击"Finish"按钮，完成板框设计，设计的板框如图9-1-13所示。

（14）执行菜单命令"File"→"Save"，保存文件。

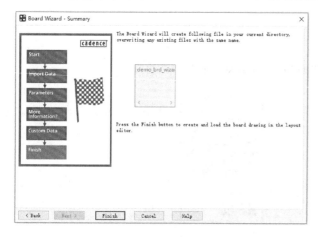

图 9-1-12　"Board Wizard-Summary"对话框

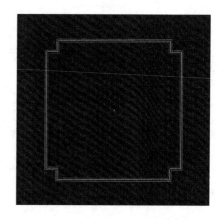

图 9-1-13　设计的板框

2．手动建立 PCB

1）设置绘图参数

（1）启动 Allegro PCB Designer，执行菜单命令"File"→"New"，弹出"New Drawing"对话框，在"Drawing Name"文本框中输入"demo_brd.brd"，在"Drawing Type"列表框中选择"Board"，单击"Browse…"按钮，确定保存的位置，如图9-1-14所示。

（2）单击"OK"按钮，进入编辑界面，执行菜单命令"Setup"→"Design Parameters…"，弹出"Design Parameter Editor"对话框，设置图纸参数，如图 9-1-15 所示。

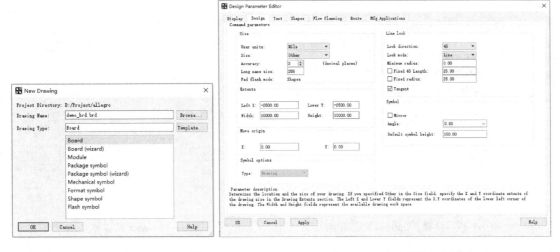

图 9-1-14　"New Drawing"对话框　　　　图 9-1-15　设置图纸参数

2）建立板框

选择"Add"菜单进行编辑，如图 9-1-16 所示。

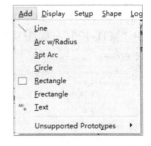

- ➢ Line：添加直线。
- ➢ Arc w/Radius：设置半径的圆弧。
- ➢ 3pt Arc：设置直径的圆弧。
- ➢ Circle：画圆。
- ➢ Rectangle：矩形。
- ➢ Frectangle：填充矩形。
- ➢ Text：文字

图 9-1-16　"Add"菜单

（1）执行菜单命令"Add"→"Line"，在控制面板的 "Options"选项卡中选择"Active Class"为"Board Geometry"，选择"Active Subclass"为 "Outline"，如图 9-1-17 所示。

（2）在命令窗口中输入下列设置值，每输入一次命令按一次"Enter"键。

x -1000 0

ix 850

iy -200

ix 4100

iy 4500

ix -4100

iy -200

ix -850

iy -4100

（3）单击鼠标右键，在弹出的快捷菜单中选择"Done"命令，画好的板框如图 9-1-18 所示。

图 9-1-17　设置"Options"选项卡

图 9-1-18　画好的板框

3）放置安装孔

（1）执行菜单命令"Place"→"Manually"，弹出"Placement"窗口，选择"Advanced Settings"选项卡，勾选"Library"，如图 9-1-19 所示。

（2）选择"Placement List"选项卡，在左侧下拉列表中选择"Mechanical symbols"，选中"MTG125"，如图 9-1-20 所示。

图 9-1-19　勾选"Library"

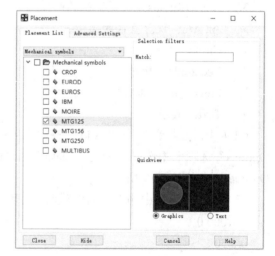

图 9-1-20　选择安装孔

（3）在命令窗口中输入"x 0 0"并按"Enter"键；选中 MTG125，输入"x 3800 0"并按"Enter"键；选中 MTG125，输入"x 0 4100"并按"Enter"键。单击鼠标右键，在弹出的快捷菜单中选择"Done"命令或在"Placement"窗口中单击"Close"按钮。添加好安装孔，如图 9-1-21 所示。

4）设置允许摆放区域

（1）执行菜单命令"Setup"→"Areas"→"Package Keepin"，设置"Options"选项卡，选择"Active Class"为"Package Keepin"，选择"Active Subclass"为"All"，选择"Type"为"Line 45"，如图 9-1-22 所示。

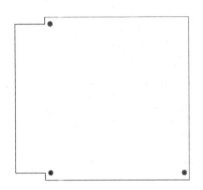

图 9-1-21　添加好安装孔

图 9-1-22　设置"Options"选项卡

（2）在命令窗口中分别输入下列命令，每输入一次命令按一下"Enter"键，单击鼠标右键，在弹出的快捷菜单中选择"Done"命令。设置允许摆放区域，如图 9-1-23 所示。

x -925 75

ix 850

iy -200

ix 3950

iy 4350

ix -3950

iy -200

ix -850

iy -3950

5）设置允许布线区域

（1）执行菜单命令"Setup"→"Areas"→"Route Keepin"，设置"Options"选项卡，选择"Active Class"为"Route Keepin"，选择"Active Subclass"为"All"，选择"Type"为"Line 45"，如图 9-1-24 所示。

（2）在命令窗口中分别输入下列命令，每输入一次命令按一下"Enter"键。单击鼠标右键，在弹出的快捷菜单中选择"Done"命令，设置好的允许布线区域如图 9-1-25 所示，局部图如图 9-1-26 所示。

x -950 50

ix 850

iy -200

ix 4000

iy 4400

ix -4000

iy -200

ix -850

iy -4000

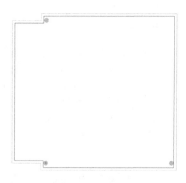

图 9-1-23　设置允许摆放区域

图 9-1-24　设置"Options"选项卡

图 9-1-25　设置好的允许布线区域

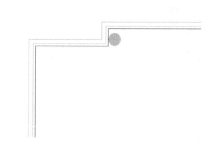

图 9-1-26　局部图

6）设置禁止布线区域

执行菜单命令"Setup"→"Areas"→"Route Keepout"，设置"Options"选项卡，选择"Active Class"为"Route Keepout"，选择"Active Subclass"为"All"，选择"Type"为"Line 45"，如图 9-1-27 所示。在命令窗口分别输入下列命令，每输入一次命令按一下"Enter"键，单击鼠标右键，在弹出的快捷菜单中选择"Done"命令，设置好的禁止布线区域如图 9-1-28 所示。

x -900 200

ix 450

iy 3700

ix -450

iy -3700

图 9-1-27　设置 "Options" 选项卡

图 9-1-28　设置好的禁止布线区域

3. 建立 PCB 机械符号

1）新建机械符号文件　启动 Allegro PCB Designer，执行菜单命令 "File" → "New"，弹出 "New Drawing" 对话框，在 "Drawing Name" 文本框中输入 "outline.dra"，在 "Drawing Type" 列表框中选择 "Mechanical symbol"，单击 "Browse…" 按钮，指定保存的位置，如图 9-1-29 所示。单击 "OK" 按钮关闭 "New Drawing" 对话框，弹出编辑窗口，执行菜单命令 "Setup" → "Design Parameters…"，弹出 "Design Parameter Editor" 对话框，设置图纸参数，如图 9-1-30 所示。单击 "OK" 按钮，关闭 "Design Parameter Editor" 对话框。

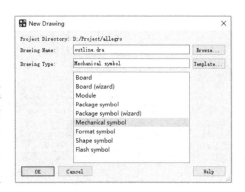

图 9-1-29　 "New Drawing" 对话框

2）设置格点　执行菜单命令 "Setup" → "Grids"，弹出 "Define Grid" 窗口，在 "Non-Etch" 部分的 "Spacing" 的 "x" 文本框中输入 "25.00"，在 "Spacing" 的 "y" 文本框中输入 "25.00"，如图 9-1-31 所示。单击 "OK" 按钮，关闭 "Define Grid" 窗口。

3）建立板框　执行菜单命令 "Add" → "Line"，在控制面板的 "Options" 选项卡的 "Active Class" 下拉列表中选择 "Board Geometry"，在 "Active Subclass" 下拉列表中选择 "Outline"，如图 9-1-32 所示。在命令窗口分别输入下列命令，每输完一次命令按一下 "Enter" 键。单击鼠标右键，从弹出的快捷菜单中选择 "Done" 命令，设置板框，如图 9-1-33 所示（注意：原点在板框左下角安装孔的中心）。

x -1000 0

ix 850

iy -200

ix 4100

iy 4500

ix -4100

iy -200

ix -850

iy -4100

图 9-1-30　设置图纸参数

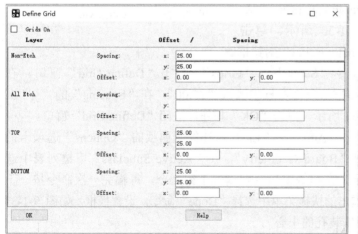

图 9-1-31　设置格点　　　　　　　　图 9-1-32　设置"Options"选项卡

4）添加定位孔

（1）执行菜单命令"Layout"→"Pins"，或单击按钮 ，在控制面板的"Options"选项卡中单击"Padstack"后面的按钮 …，弹出"Select a padstack:"对话框，选择安装孔"Hole120"，如图 9-1-34 所示。设置"Options"选项卡，如图 9-1-35 所示。

（2）在命令窗口分别输入下列命令，每输入一次命令按一下"Enter"键。单击鼠标右键，在弹出的快捷菜单中选择"Done"命令，添加固定孔，如图 9-1-36 所示。

x 0 0

x 3800 0

x 0 4100

图 9-1-33　设置板框

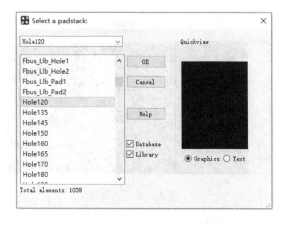

图 9-1-34　选择安装孔"Hole120"

图 9-1-35　设置"Options"选项卡

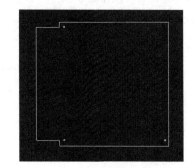

图 9-1-36　添加固定孔

5）倾斜拐角

（1）执行菜单命令"Dimension"→"Chamfer"，设置"Options"选项卡，将"First"文本框设为 50.00，如图 9-1-37 所示。命令窗口提示"Pick first segment to be chamfered"，显示板框的左上角，倾斜拐角，如图 9-1-38 所示。

（2）先单击直角的一边，再单击另一边，还可以用鼠标左键框住要倾斜的直角，如图 9-1-39 所示。

（3）单击鼠标右键，在弹出的快捷菜单中选择"Done"命令，倾斜后的图如图 9-1-40 所示。

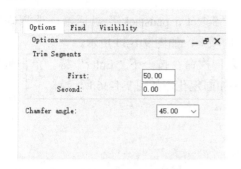

图 9-1-37　设置"Options"选项卡

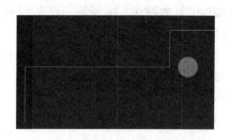

图 9-1-38　倾斜拐角

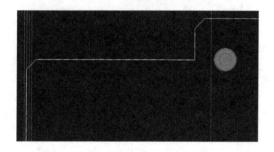

图 9-1-39　拐角图示

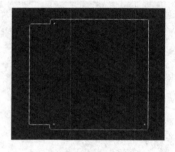

图 9-1-40　倾斜后的图

6）尺寸标注

（1）执行菜单命令"Dimension"→"Dimension Environment"，在图纸页面任意处单击鼠标右键，从弹出的快捷菜单中选择"Parameters…"命令，弹出如图 9-1-41 所示的"Dimensioning Parameters"对话框。

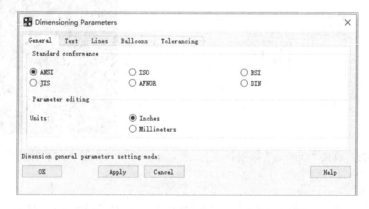

图 9-1-41　"Dimensioning Parameters"对话框

➢　Standard conformance。
- ANSI：设置为美国国家标准委员会，默认值为 ANSI。
- ISO：国际标准化组织。
- BSI：英国标准化委员会。
- JIS：日本工业化标准。

- AFNOR：法国规范化联合会。
- DIN：德国工业标准。
➢ Parameter editing。
- Inches：以英寸为单位。
- Millimeters：以毫米为单位。
➢ "Text" 选项卡：尺寸文本设置。
➢ "Lines" 选项卡：尺寸线的设置。
➢ "Balloons" 选项卡：气球的设置。
➢ "Tolerancing" 选项卡：延长线的设置。

（2）单击 "Tolerancing" 选项卡，修改参数，如图 9-1-42 所示。

（3）单击 "OK" 按钮，关闭 "Dimensioning Parameters" 对话框。

（4）显示板框的左上角，右击 "Linear dimension"，设置控制面板的 "Options" 选项卡，选择 "Active Class" 为 "Board Geometry"，选择 "Active Subclass" 为 "Dimension"，"Value" 和 "Text" 为空，如图 9-1-43 所示。

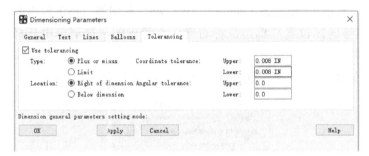

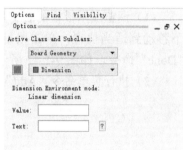

图 9-1-42　"Tderancing" 选项卡　　　　图 9-1-43　设置 "Options" 选项卡

（5）单击板框的左边线，系统会默认标注所选直线的长度，右击 "Reject"，所选点会出现一个标注点，如图 9-1-44 所示。

（6）单击右边线上任意一点，向上移动鼠标选择 X 轴方向标注。单击鼠标左键，出现标注值，再次单击鼠标左键确认标志值放置位置。单击鼠标右键，在弹出的快捷菜单中选择 "Next" 命令，对其他数据进行标注。全部标注完成后，单击鼠标右键，在弹出的快捷菜单中选择 "Done" 命令结束标注。添加的标注如图 9-1-45 所示。

图 9-1-44　标注点

图 9-1-45　添加的标注

（7）按照同样的步骤完成其他尺寸标注，如图 9-1-46 所示。

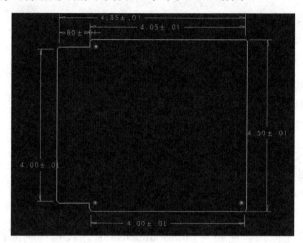

图 9-1-46　完成其他尺寸标注

7）标注斜角

（1）调整显示板框的右下角，右击"Chamfer Leader"，单击 45°的斜线，拖动鼠标向下移动到适当位置，单击鼠标左键确定位置，单击鼠标右键，在弹出的快捷菜单中选择"Done"命令，如图 9-1-47 所示。

（2）执行菜单命令"Add"→"Text"，设置"Options"选项卡，如图 9-1-48 所示。

图 9-1-47　调整显示板框的右下角　　　图 9-1-48　设置"Options"选项卡

（3）在适当位置单击鼠标左键，在命令窗口中输入"（6 places）"并按"Enter"键，单击鼠标右键，在弹出的快捷菜单中选择"Done"命令，摆放文本，如图 9-1-49 所示。

8）设置允许摆放区域和允许布线区域

（1）单击"Zoom Fit"按钮 显示整个 PCB，执行菜单命令"Edit"→"Z-Copy Shape"，设置"Options"选项卡，选择"Copy to Class"为"PACKAGE KEEPIN"，选择"Copy to Subclass"为"ALL"，选择"Size"为"Contract"，在"Offset"文本框中输入"70.00"，如图 9-1-50 所示。

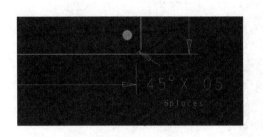

图 9-1-49　摆放文本

图 9-1-50　设置"Options"选项卡

（2）单击板框的边界就会出现允许摆放区域，如图 9-1-51 所示。

（3）在控制面板的"Options"选项卡中选择"Copy to Class"为"ROUTE KEEPIN"，选择"Copy to Subclass"为"ALL"，选择"Size"为"Contract"，在"Offset"文本框中输入"50.00"，如图 9-1-52 所示。

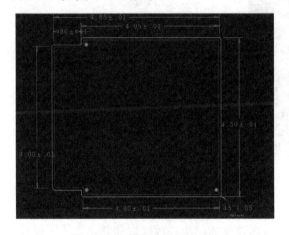

图 9-1-51　设置允许摆放区域

图 9-1-52　设置"Options"选项卡

（4）单击板框的边界就会出现允许布线区域，单击鼠标右键，在弹出的快捷菜单中选择"Done"命令，如图 9-1-53 所示。

9）设置禁止摆放区域和禁止布线区域

（1）执行菜单命令"Setup"→"Areas"→"Package Keepout"，设置"Options"选项卡，选择"Active Class"为"Package Keepout"，选择"Active Subclass"为"All"，如图 9-1-54 所示。

（2）在 PCB 中间任意画一个矩形，设置禁止摆放区域，如图 9-1-55 所示。

（3）单击"Zoom"相关命令，显示左下角的固定孔。执行菜单命令"Setup"→"Areas"→"Route Keepout"，设置"Options"选项卡，选择"Active Class"为"Route Keepout"，选择"Active Subclass"为"All"，如图 9-1-56 所示。

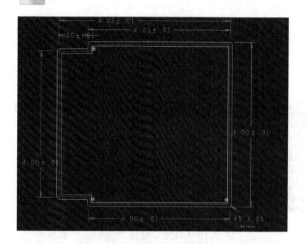

图 9-1-53 设置允许布线区域

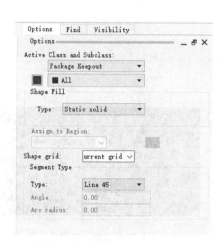

图 9-1-54 设置"Options"选项卡

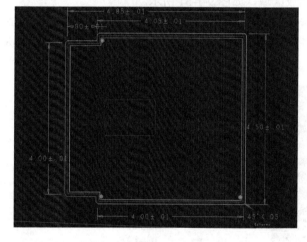

图 9-1-55 设置禁止摆放区域

图 9-1-56 设置"Options"选项卡

（4）在固定孔附近画一个矩形，设置禁止布线区域，如图 9-1-57 所示。

（5）删除禁止摆放区域和禁止布线区域。前面设置的禁止摆放区域和禁止布线区域只是临时定义的，作为示例讲解，本例不需要，所以必须删除它们。

执行菜单命令"Edit"→"Delete"，确认"Find"选项卡中的"Shapes"项被勾选，如图 9-1-58 所示。单击禁止摆放区域，单击鼠标右键，在弹出的快捷菜单中选择"Done"命令。

10）设置禁止过孔区域

（1）执行菜单命令"Setup"→"Areas"→"Via Keepout"，设置"Options"选项卡，选择"Active Class"栏为"Via Keepout"，选择"Active Subclass"栏为"All"，选择"Type"栏为"Line Orthogonal"，表示直角线，如图 9-1-59 所示。

（2）在命令窗口分别输入下列命令，每输入一次命令按一下"Enter"键。单击鼠标右键，在弹出的快捷菜单中选择"Done"命令，设置禁止过孔区域，如图 9-1-60 所示。

x -900 200

iy 3700

ix 450

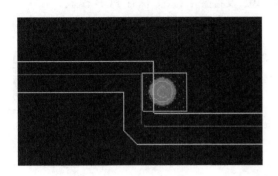

图 9-1-57　设置禁止布线区域

图 9-1-58　设置"Find"选项卡

图 9-1-59　设置"Options"选项卡

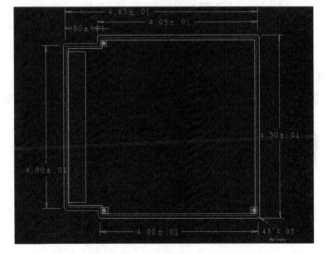

图 9-1-60　设置禁止过孔区域

11）建立机械符号

执行菜单命令"File"→"Save"，保存 outline.dra 在目录 D:/Project/allegro/symbols 下，同时 outline.bsm 文件被建立。若未建立，可执行菜单命令"File"→"Create Symbol"建立 outline.bsm 文件，建立的文件也保存在目录 D:/Project/allegro/symbols 下。

4．建立 Demo 设计文件

到目前为止，已经建立了 Allegro PCB Editor 所需的库文件。图 9-1-61 所示为 Allegro PCB Editor 的总体流程。首先，建立标准热风焊盘或非标准热风焊盘，使其能增加到引脚焊盘制作中。其次，在 Padstack Editor 中建立焊盘，并根据需要添加热风焊盘。在各自的编辑器中分别建立元器件封装符号、机械符号、格式符号。所有的这些封装都将通过网络表或库加载到 PCB Editor 的 PCB 设计文件中。最后，输出加工文件。

进行 PCB Editor 设计的第一步是建立主设计文件，在本例中为建立 Demo 设计文件。主设计文件如图 9-1-62 所示。

建立 Demo 设计文件的步骤：① 设置图纸参数；② 添加机械符号；③ 添加格式符号；④ 添加封装符号；⑤ 设置颜色和可视性；⑥ 设置叠层；⑦ 保存 PCB 模板。

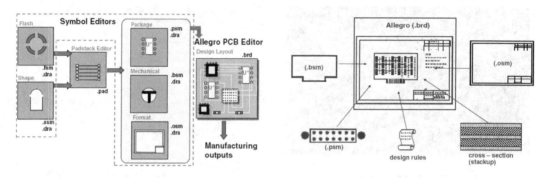

图 9-1-61　Allegro PCB Editor 的总体流程　　　　图 9-1-62　主设计文件

1）设置图纸参数

（1）启动 Allegro PCB Designer，执行菜单命令"File"→"New"，弹出"New Drawing"对话框，在"Drawing Name"文本框中输入"demo.brd"，在"Drawing Type"列表框中选择"Board"，单击"Browse…"按钮，指定保存路径，如图 9-1-63 所示。

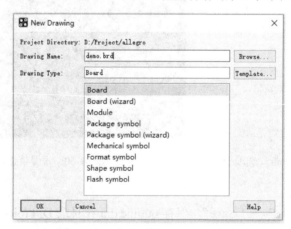

图 9-1-63　"New Drawing"对话框

（2）单击"OK"按钮关闭"New Drawing"对话框，执行菜单命令"Setup"→"Design Parameters…"，弹出"Design Parameter Editor"对话框，设置图纸参数，如图 9-1-64 所示。

（3）单击"OK"按钮，关闭"Design Parameter Editor"对话框。

2）添加机械符号

（1）执行菜单命令"Place"→"Manually"，弹出"Placement"窗口，在"Advanced Settings"选项卡中选择"Database"和"Library"选项。在"Placement List"选项卡中选择

"Mechanical symbols"目录，勾选"OUTLINE"，如图 9-1-65 所示。

（2）单击"Hide"按钮，在命令窗口中输入"x 0 0"并按"Enter"键，板框被摆放在绘图原点。单击鼠标右键，从弹出的快捷菜单中选择"Done"命令。摆放的是建立的机械符号 outline.bsm，如图 9-1-66 所示。

图 9-1-64　设置图纸参数

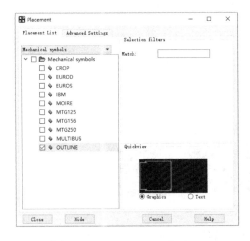

图 9-1-65　"Placement"窗口

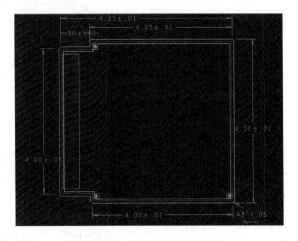

图 9-1-66　建立的机械符号

（3）执行菜单命令"Tools"→"Reports"，弹出"Reports"对话框，在"Available reports"列表框中选择"Symbol Library Path Report"，双击该项，该项会出现在"Selected Reports"文本框中，如图 9-1-67 所示。单击"Generate Reports"按钮，弹出"Symbol Library Path Report"窗口，如图 9-1-68 所示。

（4）关闭报告和"Reports"对话框。

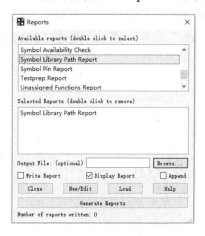

图 9-1-67　"Reports"对话框

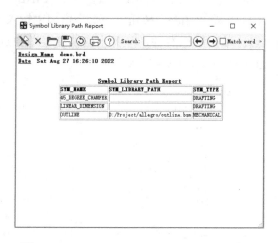

图 9-1-68　"Symbol Library Path Report"窗口

3）添加格式符号

（1）执行菜单命令"Display"→"Color/Visibility"，或单击按钮 ▦，弹出"Color Dialog"窗口，选择"Board geometry"，关闭"Dimension"的颜色显示，如图 9-1-69 所示。

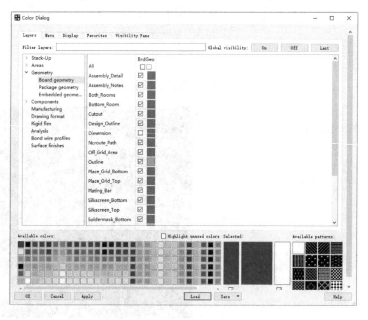

图 9-1-69　"Color Dialog"窗口

（2）单击"OK"按钮，关闭"Color Dialog"窗口。

（3）执行菜单命令"Place"→"Manually"，弹出"Placement"窗口，选择"Format symbols"，勾选"BSIZE"，如图 9-1-70 所示。

添加好的格式符号如图 9-1-71 所示。

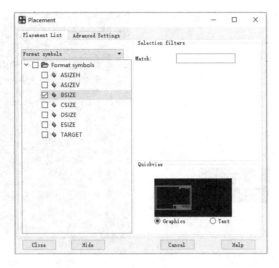

图 9-1-70　"Placement"窗口

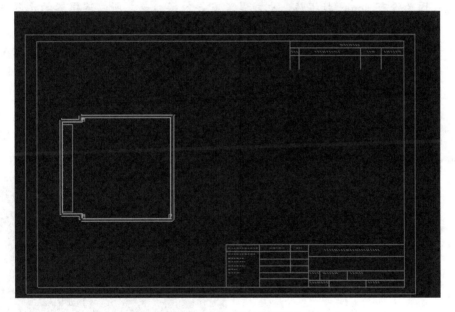

图 9-1-71　添加好的格式符号

4）添加封装符号　摆放符号时，要确保符号文件和 PCB 文件的精确度一致，以减少错误，如连接器、LED、开关等器件应摆放到 Demo 设计文件中。

（1）执行菜单命令"Place"→"Manually"，弹出"Placement"窗口，在"Placement List"选项卡中选择"Package symbols"，然后勾选"DIN64"，如图 9-1-72 所示。

（2）单击"Hide"按钮，在空白位置单击鼠标右键，在弹出的快捷菜单中选择"Rotate"命令，将图形旋转，完成后单击鼠标左键，在命令窗口中输入"x −700 500"并按"Enter"键。单击鼠标右键，在弹出的快捷菜单中选择"Done"命令完成摆放，添加连接器符号，如图 9-1-73 所示。

图 9-1-72　勾选 "DIN64"

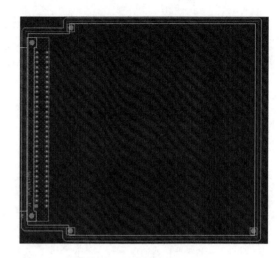

图 9-1-73　添加连接器符号

注意：因为没有 logic 数据库，也就是没有导入网络表，所以连接器的元器件序号为 "J*"。

（3）执行菜单命令 "Place" → "Manually"，弹出 "Placement" 窗口，选择 "Advanced Settings" 选项卡，"Autonext" 选择 "Disable"。选择 "Placement List" 选项卡，勾选 "BNC"，如图 9-1-74 所示。

（4）单击 "Hide" 按钮，在命令行输入 "x 3700 350" 并按 "Enter" 键，在 "Package Symbols" 列表框中再次勾选 "BNC"，在命令行输入 "x 3700 1100" 并按 "Enter" 键。单击鼠标右键，从弹出的快捷菜单中选择 "Done" 命令，添加封装符号，如图 9-1-75 所示。

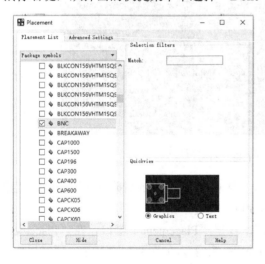

图 9-1-74　勾选 "BNC"

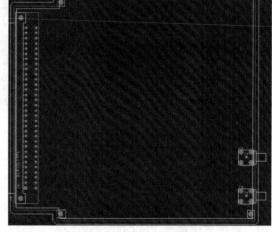

图 9-1-75　添加封装符号

5）设置颜色和可视性　因为前面已经定义了 Script 文件，所以在 Allegro 命令窗口中输入 "replay my_fav_colors" 并按 "Enter" 键，可以注意到一些层面的显示被关闭了，如图 9-1-76 所示。

6）设置叠层

（1）执行菜单命令"Setup"→"Subclasses"，弹出"Define Subclass"窗口，如图 9-1-77 所示。

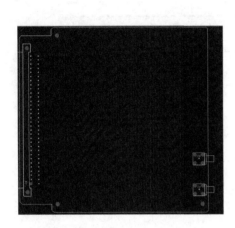

图 9-1-76　关闭一些层面的显示

图 9-1-77　"Define Subclass"窗口

（2）单击"ETCH"前面的按钮，弹出"Cross-section Editor"窗口，已将 TOP 层面和 BOTTOM 层面定义为传导层（Conductor），如图 9-1-78 所示。

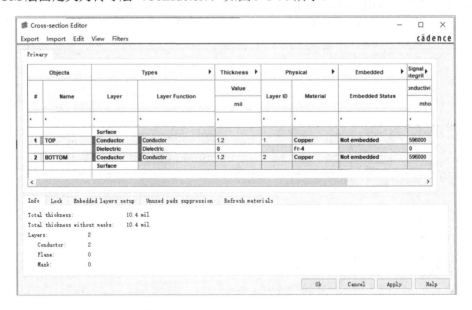

图 9-1-78　"Cross-section Editor"窗口

（3）用鼠标右键单击 TOP 层，在弹出的快捷菜单中选择"Add Layer Below"命令，插入层面。

（4）连续插入 4 个层面，如图 9-1-79 所示。

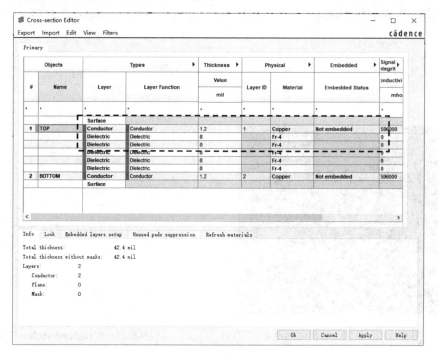

图 9-1-79　连续插入 4 个层面

（5）修改层面，如图 9-1-80 所示。

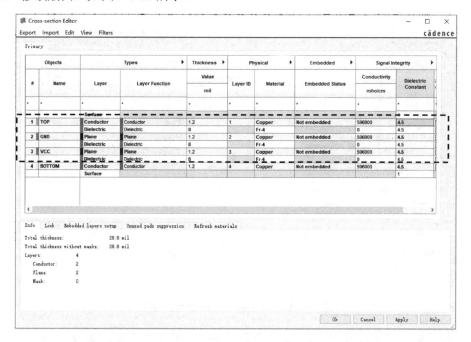

图 9-1-80　修改层面

➢ Name: 输入布线层面的名称。

➢ Layer: 选择层面的类型。"Plane"表示层面的类型为整片的铜箔;"Conductor"表示层面的类型为布线的层面。

➢ Material: 选择层面的物质材料类型。"Copper"表示材料为铜箔,"Air"表示空气,"FR-4"表示玻璃纤维。

➢ DRC as Photo Film Type: "Positive"表示正片形式,"Negative"表示负片形式。在一般条件下,当"Layer"栏选择"Conductor"时,"DRC as Photo Film Type"栏选择"Positive";当"Type"栏选择"Plane"时,"DRC as Photo Film Type"栏选择"Negative"。

7)保存 PCB 模板　执行菜单命令"File"→"Save",将文件保存于目录 D:/Project/allegro 下。

9.2　输入网络表

（1）启动 Allegro PCB Designer,打开 demo.brd 文件。

（2）执行菜单命令"File"→"Import"→"Logic…",弹出"Import Logic/Netlist"对话框,设置"Cadence"选项卡和"Other"选项卡,分别如图 9-2-1 和图 9-2-2 所示。

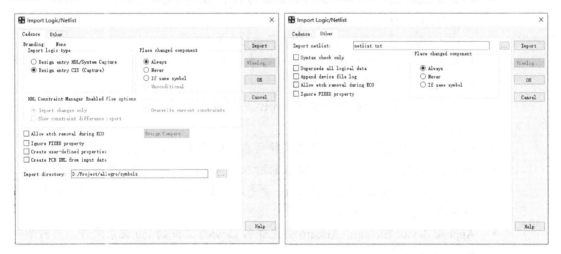

图 9-2-1　设置"Cadence"选项卡　　　　图 9-2-2　设置"Other"选项卡

➢ Cadence 选项卡。

　• Import logic type。

　　◇ Design entry HDL/System Capture: 读入 Concept HDL 的网络表。

　　◇ Design entry CIS(Capture): 读入 OrCAD Capture 或 OrCAD Capture CIS 的网络表。

　• Place changed component。

　　◇ Always: 无论元器件在电路图中是否被修改,都将该元器件放在原处。

◇ Never: 若元器件被修改过，则 Allegro 不会将它置于 PCB 中。

◇ If same symbol: 若元器件在电路图中被修改过，而封装符号没有被修改，则该元器件仍会被放在原处。

- HDL Constraint Manager Enabled Flow options: 只有在读入 Concept HDL 的网络表时才起作用。

◇ Import changes only: 仅更新 Constraint Manager 中修改过的部分。

◇ Overwrite current constraints: 先删除 PCB 内所有的 Constraint Manager 约束，再读入 Constraint Manager 约束。

- Allow etch removal during ECO: 当新导入网络表时，Allegro 会自动删除多余的布线。
- Ignore FIXED property: 当在输入网络表的过程中出现固定属性的元素时，选择此项可忽略错误。
- Create user-defined properties: 根据网络表中的用户自定义属性，在 PCB 内建立此属性的定义。
- Create PCB XML from input data: 在输入网络表的过程中会产生 XML 格式的文件，将来可以用 PCB Design Compare 工具与其他 XML 格式的文件比较差异。
- Design Compare…: 按下此按钮会启动 PCB Design Compare 工具，用来比较电路图与 PCB 的 XML 文件。
- Import directory: 要输入的网络表的路径。
- Import: 单击此按钮开始输入网络表，同时 Allegro 会产生一个记录文件 netrev.lst，可用来查看错误信息。
- Viewlog…: 单击此按钮查看 netrev.lst 的内容。

➢ Other 选项卡。

- Import netlist: 要输入的网络表文件所在的路径及文件名称。
- Syntax check only: 不进行网络表的输入，仅对网络表文件进行语法检查。
- Supersede all logical data: Allegro 会先比较要输入的网络表与 PCB 的差异，再将这些差异更新到 PCB 内。
- Append device file log: Allegro 会先保留 Device 文件的 log 记录文件，再附加新的 log 记录文件。
- 其余选项的功能与 Cadence 选项卡的相同。

（3）单击"Import"按钮输入网络表，出现进度对话框，如图 9-2-3 所示。

当执行上述操作完毕后，若没有错误，则在命令窗口中显示下列信息：

图 9-2-3　输入网络表后的进度对话框

```
netrev completed successfully-use Viewlog to review the log file.
Opening existing drawing...
netrev completed successfully-use Viewlog to review the log file.
```

若有错误，则使用者可以查看记录文件，即 netin.log，在文件中会有错误提示，必须将错误修改后才能正确地输入网络表。

（4）执行菜单命令"File"→"Viewlog"，打开 netrev.lst 文件，如图 9-2-4 所示。

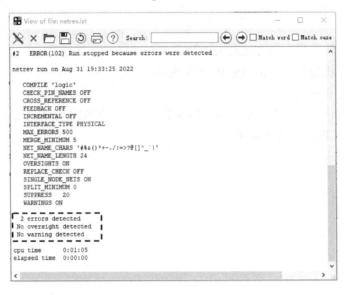

图 9-2-4　打开 netrev.lst 文件

（5）执行菜单命令"Tools"→"Reports"，弹出"Reports"对话框，在"Available reports"列表框中双击"Bill of Material Report"，使其出现在"Selected Reports"文本框中，如图 9-2-5 所示。

（6）单击"Generate Reports"按钮产生报告，报告的内容如图 9-2-6 所示。

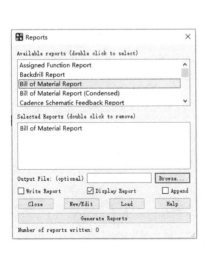

图 9-2-5　"Reports"对话框

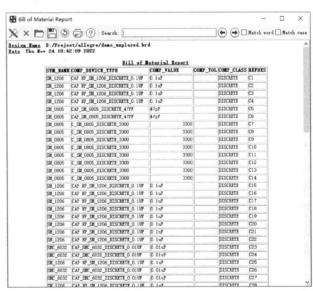

图 9-2-6　报告的内容

（7）关闭报告和"Reports"对话框。执行菜单命令"File"→"Save as"，保存文件，文件名为 demo_unplaced.brd，保存路径为 D:/Project/allegro/demo_unplaced.brd。

习题

（1）如何使用输入坐标的方法画出 PCB？

（2）如何使用机械符号编辑器建立 PCB 机械符号？

（3）如何增加布线内层？

（4）网络表的作用是什么？如何生成网络表？如何将网络表导入 Allegro？

（5）如何对 PCB 进行尺寸标注？

（6）如何添加定位孔？

第10章 设置设计规则

Allegro PCB 17.4 相对于以前的 15.x 版本有一项重要的变化，那就是约束管理器（Constraint Manager）。新版本将间距约束（Spacing Rules）设置、物理约束（Physical Rules）设置及相同网络间距（Same Net Spacing）都以数据表的形式放入了约束管理器中。这样做有如下几点好处。

➢ 从数据表中可以查看和编辑所有可用的约束。

➢ 能够查看和编辑所有约束关联下的层（Layer）。

➢ 可以方便地执行复制和粘贴操作。

➢ 从一个对象中提取或设置约束。

➢ 如同一个书架，便于查看。

➢ 便于打印。

在 Allegro 中，设计规则包括 Spacing Rules 和 Physical Rules。Spacing Rules 决定元器件、线段、引脚和其他布线层之间保持多远的距离；Physical Rules 决定使用多宽的线段和在布线中采用什么类型的贯穿孔；Same Net Spacing 设置 Net to Net Spacing 之间的约束规则。在网络与元器件和分组网络与元器件中采用不同的布线。

10.1 间距规则设置

1. 修改默认间距

（1）启动 Allegro PCB Designer，打开 demo_unplaced.brd 文件，执行菜单命令"Setup"→"Constraints"→"Spacing…"，弹出"Allegro Constraint Manager"窗口，如图 10-1-1 所示。

左侧为"Worksheet Selector"选区，可以选择要设置的约束类型。

➢ Electrical: 设置电气约束。

➢ Physical: 设置物理约束。

➢ Spacing: 设置间距约束。

➢ Same Net Spacing: 设置 Net to Net Spacing 之间的约束规则。

➢ Assembly: 设置装配约束。

➢ Manufacturing: 设置制造约束。

➢ Properties: 设置元器件或网络属性。

➢ DRC: 显示 DRC 错误信息。

（2）单击"Spacing Constraint Set"前的">"，打开"All layers"，在右侧表格中选择

"Line To"，如图 10-1-1 所示。该模块中的数据表示"Line"到"Line""SMD Pin"等的距离，默认距离为 5mil，我们希望其默认值是 6mil。

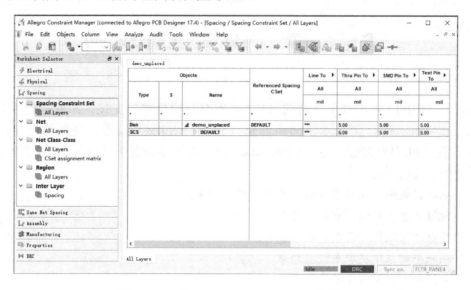

图 10-1-1　"Allegro Constraint Manager"窗口

（3）单击数据表格中"All"下面的数值 5.00，可直接将其值改写为 6.00。将"Line To"的所有值改为 6.00，如图 10-1-2 所示。

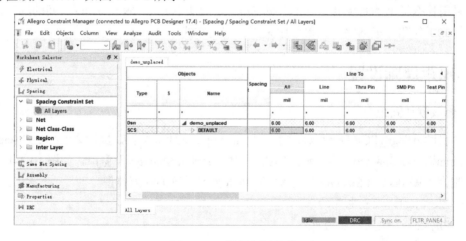

图 10-1-2　设置间距约束

（4）在已经修改过的间距值上单击鼠标右键，弹出如图 10-1-3 所示的快捷菜单，选择"Copy"命令，依次双击图中右侧表格的"Thru Pin To ▶""SMD Pin To ▶"等选项将其展开，在展开的各模块的"All"下方的数据表格上单击鼠标右键，在弹出的快捷菜单中选择"Paste"命令，即可修改该模块的所有间距值。现将所有默认间距值改为 6.00，如图 10-1-4 所示。

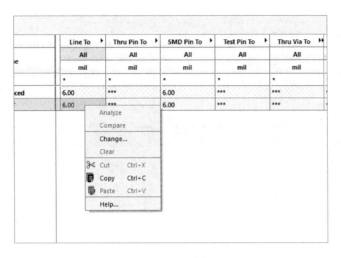

图 10-1-3　快捷菜单

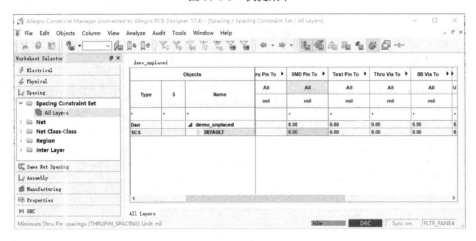

图 10-1-4　设置所有默认间距值为 6.00

2．设置间距约束规则

假定网络 VCLKA 和 VCLKC 需要比前面设置的间距更大的间隙，这里介绍一种直接设置间距约束规则的方法。

（1）执行菜单命令"Objects"→"Create"→"Spacing CSet…"，在弹出的"Create SpacingCSet"对话框的文本框中输入"8_mil_space"，如图 10-1-5 所示。

（2）单击"OK"按钮，在"Objects"栏中出现新的规则名称"8_MIL_SPACE"，改变表格区域的值为 8.00，如图 10-1-6 所示。

图 10-1-5　创建新间距规则名称

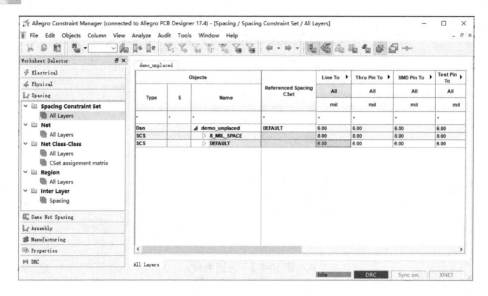

图 10-1-6　编辑约束

3. 分配约束

（1）选择约束类型为"Spacing"，单击"Net"前的">"，打开"All layers"，然后选择"Line To"将其展开，如图 10-1-7 所示。

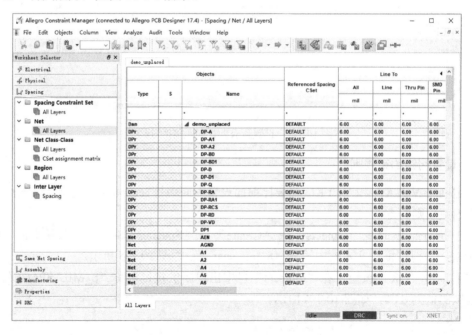

图 10-1-7　选择"Line To"

（2）在右侧工作窗口"Objects"栏下找到网络"VCLKA"，单击其"Referenced Spacing CSet"属性，出现一个下拉列表，在下拉列表中选择刚刚设置的约束"8_MIL_SPACE"。同样地，将网络"VCLKC"的"Referenced Spacing CSet"属性设置为"8_MIL_SPACE"，如图 10-1-8 所示。

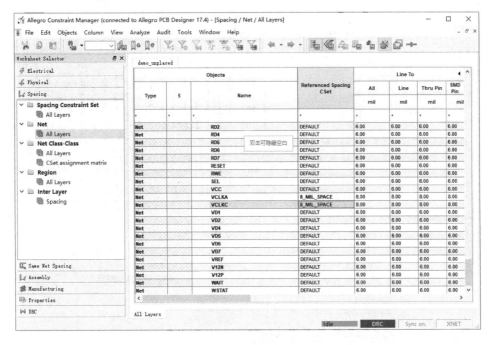

图 10-1-8　分配约束

这样，网络 VCLKA 和 VCLKC 的间距特性就遵循新的约束规则"8_MIL_SPACE"，而其他没有分配的网络遵循默认的约束规则。设置其参数的意义是，当两个默认网络布线彼此靠近时，遵守默认的间距规则（6mil），当 VCLKA 和 VCLKC 网络布线靠近默认网络，或者 VCLKA 和 VCLKC 网络布线彼此靠近时，遵守 8_MIL_SPACE 约束规则。

（3）关闭"Allegro Constraint Manager"窗口。

（4）执行菜单命令"File"→"Save as"，保存文件于 D:/project/Allegro 目录下，文件名为 demo_constraints。

4．设置层间检查（Inter-layer Check）规则

（1）执行菜单命令"Setup"→"Constraints"→"Spacing…"，弹出"Allegro Constraint Manager"窗口，单击"Inter Layer"前的">"，打开"Spacing"，右侧会出现可用于层间检查的按矩阵排列的一系列子层，如图 10-1-9 所示。

注意：层间检查不允许进行布线层之间的检查，如顶层布线层到底层布线层；不允许进行相同层之间的检查，如 Coverlay_top 层到 Coverlay_top 层；不能分辨 Trace（Cline）或 copper area（Shape）之间的差异；不能进行层间检查的层、子层或对象有制图格式（Drawing format）、分析（Analysis）、DRC、文本（任何子层）、电路板几何结构外框（Board Geometry Outline）、丝印层（Silk Screen Layers）和已命名的介电层。

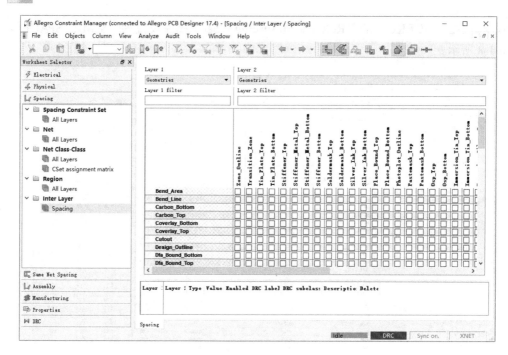

图 10-1-9　层间检查

（2）表 10-1-1 所示为可进行层间检查的子层。

表 10-1-1　可进行层间检查的子层

导电层（Conductor Layers）（不包括文本）	Place Bound（顶层/内层/底层）
引脚/过孔层（Pin/Via Layers）	预留层（Film Mask）（顶层/底层）
所有的掩膜层（Mask Layers）（定义的叠层）	阻焊层（Solder Mask）（顶层/底层）
软硬结合子层（Rigid Flex Subclasses）	锡膏防护层（Paste Mask）（顶层/内层/底层）

（3）在图 10-1-9 中，将子层矩阵左侧一栏列出的可选子层标记为"Layer 1"，将顶部一栏列出的可选子层标记为"Layer 2"。"Layer 1"和"Layer 2"下方的搜索框"Layer 1 filter"和"Layer 2 filter"的功能是为用户缩小查找范围，只需要在搜索框中输入一个或多个字母（不区分大小写），对应栏中就会只出现名称中包含所输字母的子层，查找子层，如图 10-1-10 所示。

（4）当选中两个子层交叉处的复选框时，两个子层的层间检查便被建立，同时，相应的规则条目会增加到对话框的规则表中，激活层间检查，如图 10-1-11 所示。

➤ Layer 1: 在"Layer 1"中选定的子层名。

➤ Layer 2: 在"Layer 2"中选定的子层名。

➤ Type: 可定义的具体检查类型。单击方框，出现下拉列表，其中列出了 4 种可用的检查类型。

- Gap: 已选两个子层上指定对象之间的最小间距值。

- Overlap: 已选两个子层上指定对象之间的最小重叠值。

- 1 inside 2："Layer 1"中选定的子层上的几何结构必须包含在"Layer 2"中选定的子层上的几何结构之中。
- 2 inside 1："Layer 2"中选定的子层上的几何结构必须包含在"Layer 1"中选定的子层上的几何结构之中，检查类型如图 10-1-12 所示。

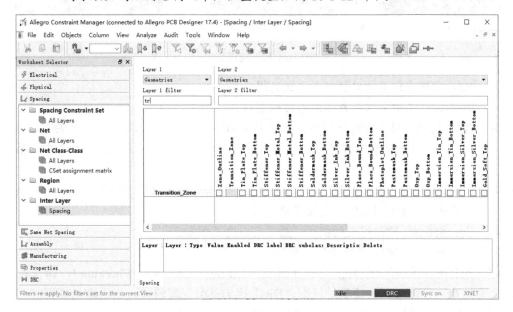

图 10-1-10　查找子层

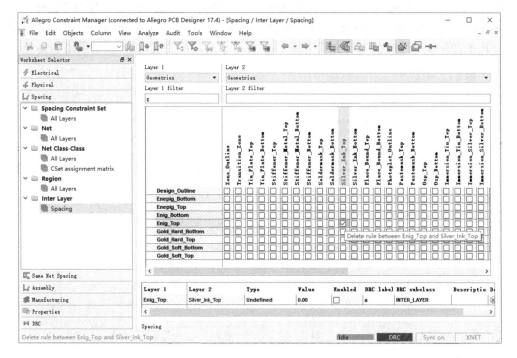

图 10-1-11　激活层间检查

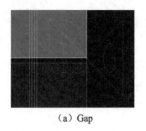
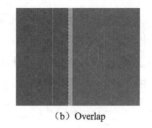
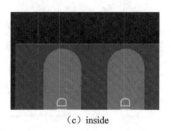

（a）Gap　　　　　　　　　（b）Overlap　　　　　　　　　（c）inside

图 10-1-12　检查类型

- Value：用户设置的单位下所定义的间距尺寸。
- Enabled：选中复选框表示启用该检查规则。
- DRC label：用户可在此框内自行添加 DRC 标志中的第二个字符，字符可以在 a～ z、A～Z 或 0～9 中任意选取，不允许使用特殊字符，不允许修改标志中的第一个字符 "I"。
- DRC subclass：表示 DRC 标志的显示层。单击方框，出现下拉列表，其中列出了能够显示此规则的 DRC 标志的可用子层。
- Description：对此规则的描述，用户可以自己添加。
- Delete：单击按钮 ✖ 删除此规则条目。

（5）层间检查还有一个特点，即实时性（On-line Inter-Layer Checking），即在相应层上，几何结构一经修改，只要满足规则，DRC 标志就会立即消失，当不满足规则时，DRC 标志会立即出现。在默认情况下，层间检查的实时性是关闭的，需要在约束管理器中进行设置。执行菜单命令"Setup"→"Constraints"→"Modes"，弹出"Analysis Modes"对话框，单击"Design"，在"General"选项的最下方有"On-line InterLayer checks"一栏，单击"On"下方的方框，再单击"Apply"按钮，就打开了层间检查实时性，如图 10-1-13 所示。

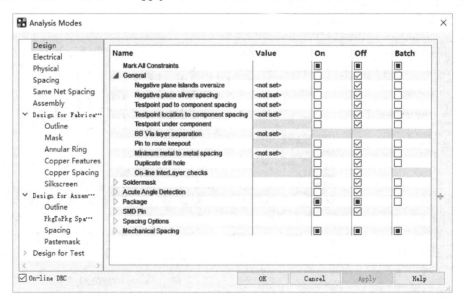

图 10-1-13　"Analysis Modes"对话框

单击"OK"按钮，关闭"Analysis Modes"对话框。

上述操作均作为示例讲解，本例中不需要设置层间检查。

10.2　物理规则设置

1．修改默认物理规则

（1）执行菜单命令"File"→"Open"，打开 demo_unplaced.brd，再执行菜单命令"Setup"→"Constraints"→"Physical…"，弹出"Allegro Constraint Manager"窗口，单击"Physical Constraint Set"前的">"号，打开"All layers"，如图 10-2-1 所示。

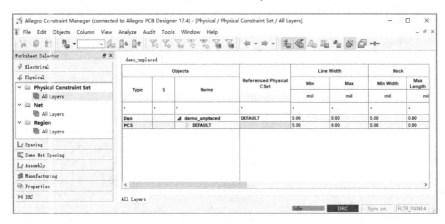

图 10-2-1　"Allegro Constraint Manager"窗口

（2）最小线宽为 5mil，我们希望线宽是 6mil。单击数据表格中的 5.00，可直接将其改为 6.00。设置线宽约束，如图 10-2-2 所示，将最小线宽改为 6mil。

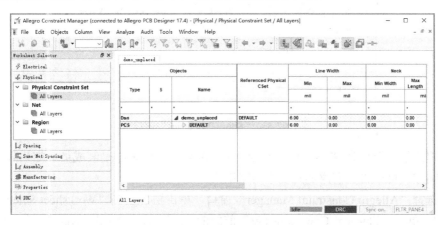

图 10-2-2　设置线宽约束

2．设置物理规则

假定网络 VCLKA 和 VCLKC 需要比前面设置的线宽更大的线宽，这里介绍另一种先建立网络级再进行设置的方法。

（1）在 Allegro PCB Designer 中执行菜单命令"Edit"→"Properties"，在控制面板的"Find"选项卡下的"Find By Name"部分选择"Net"和"Name"，并输入"VCLK*"，如图 10-2-3 所示。

（2）按"Enter"键，弹出"Edit Property"窗口和"Show Properties"窗口，在"Edit Property"窗口中选择"Physical_Constraint_Set"，在右边的"Value"文本框中输入网络组的名称"SYNC"，如图 10-2-4 所示。单击"Apply"按钮，将属性添加到"Show Properties"窗口，如图 10-2-5 所示。

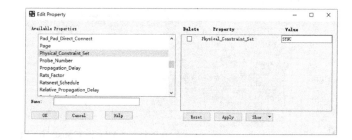

图 10-2-3　设置"Find"选项卡　　　　　　　图 10-2-4　　"Edit Property"窗口

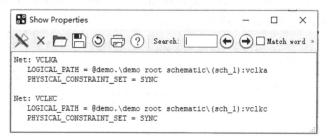

图 10-2-5　　"Show Properties"窗口

现在建立了一个名为 SYNC 的网络组，VCLKA 和 VCLKC 是其成员。如果其他网络需要同样的间隙，可以将它们添加到这个网络组中。

（3）选择"Allegro Constraint Manager"窗口，单击窗口左侧"Worksheet Selector"下的"Physical"，单击"Physical Constraint Set"前面的">"，打开"All Layers"，在"Objects"栏中出现新的规则名"SYNC"。右侧工作区域的"Line Width"表示最大线宽、最小线宽，最小线宽为 5mil，选择"Line Width"中的"Min"，单击表格中的数据，将其值更改为8.00，如图 10-2-6 所示。

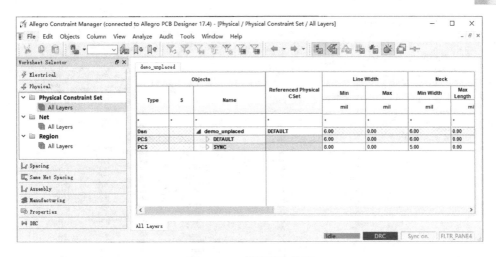

图 10-2-6　设置线宽约束

3．分配约束

（1）在"Allegro Constraint Manager"窗口的"Physical"部分单击"Net"→"All Layers"，分配约束，如图 10-2-7 所示。

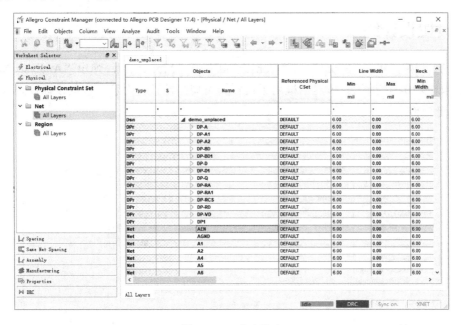

图 10-2-7　分配约束

（2）在右侧工作窗口"Objects"栏下找到网络 VCLKA，单击其"Referenced Physical C Set"属性，出现一个下拉列表，在下拉列表中选择刚刚设置的约束"SYNC"。同样，将网络 VCLKC 的"Referenced Physical C Set"属性设置为"SYNC"，如图 10-2-8 所示。

（3）关闭"Allegro Constraint Manager"窗口。

（4）执行菜单命令"File"→"Save"，保存文件。

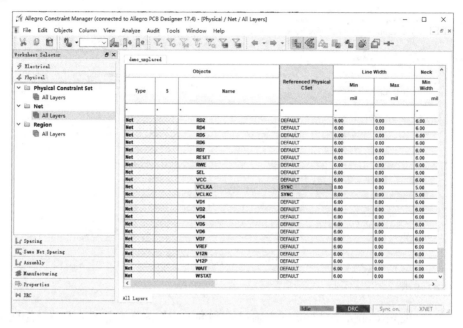

图 10-2-8   改变设置

10.3   设置设计约束

（1）执行菜单命令"Setup"→"Constraints"→"Modes…"，弹出"Analysis Modes"对话框，如图 10-3-1 所示。该对话框用于设置约束规则检查的内容，这些设计规则都是在全局模式下进行检查的。

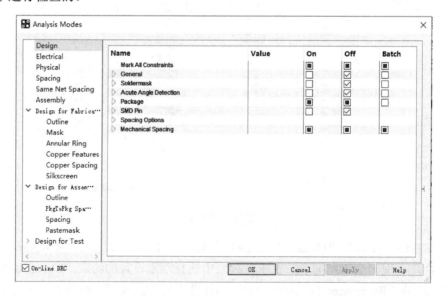

图 10-3-1   "Analysis Modes"对话框

（2）选择"Design"选项卡下的"General"和"Soldermask"，如图 10-3-2 所示。该对

话框用于设置元器件摆放检查、Soldermask 检查、负平面孤铜检查，这些检查都是在全局模式下进行的。检查在整个设计中一直运行，可以将检查设置为以下 3 种模式之一，即 On、Off、Batch。

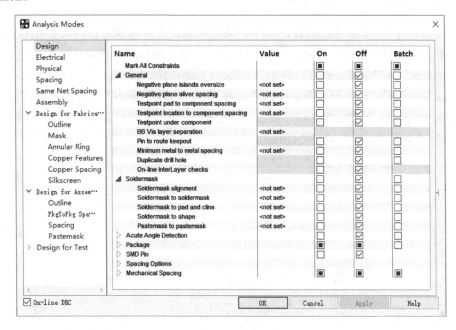

图 10-3-2 "Design" 选项卡

- ➤ Negative plane islands oversize：检查使用负平面时的孤铜部分，oversize 值用于在检查孤铜前增加焊盘的几何尺寸。
- ➤ Negative plane silver spacing：检查使用负平面时的 PCB 镀银保护层部分。
- ➤ Testpoint pad to component spacing：测试点的焊盘到元器件的距离。
- ➤ Testpoint location to component spacing：测试点的位置与元器件的关系。
- ➤ Testpoint under component：是否在元器件下面产生测试点。
- ➤ BB Via layer separation：盲孔/埋孔层分离。
- ➤ Pin to route keepout：检查 pin 与 route keepout 之间的间距。
- ➤ Minimum metal to metal spacing：最小金属间距。
- ➤ Duplicate drill hole：检查重复过孔。
- ➤ On-line InterLayer checks：在线进行中间层检查。
- ➤ Soldermask alignment：检查 mask 与焊点之间有无错位现象。
- ➤ Soldermask to soldermask：检查 soldermask 与 soldermask 之间的间距。
- ➤ Soldermask to pad and cline：检查 soldermask 与 pad 和 cline 之间的间距。
- ➤ Soldermask to shape：检查 soldermask 与 shape 之间的间距。
- ➤ Pastemask to pastemask：检查 pastemask 与 pastemask 之间的间距。

（3）单击 "OK" 按钮，关闭 "Analysis Modes" 对话框，使用默认设置。

（4）执行菜单命令"File"→"Save"，保存文件。

10.4 设置元器件/网络属性

设置元器件/网络属性的方法多种多样，使用约束管理器可以方便地设置元器件/网络属性。执行菜单命令"File"→"Open"，打开 demo_constraints.brd，再执行菜单命令"Setup"→"Constraints"→"Spacing…"，弹出"Allegro Constraint Manager"窗口，在窗口左侧的"Worksheet Selector"下选择"Properties"，先单击"Component"前面的">"，再单击"Component Properties"前面的">"，双击"General"，设置元器件属性，如图 10-4-1 所示。单击"Net"前面的">"，再双击"General Properties"，设置网络属性，如图 10-4-2 所示。

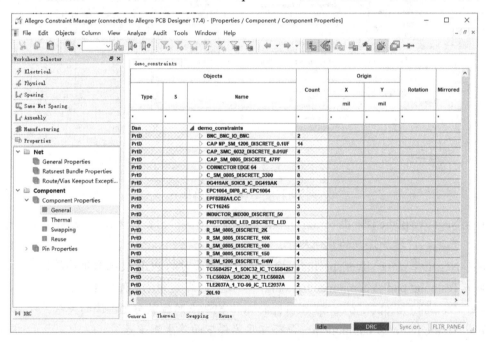

图 10-4-1 设置元器件属性

图 10-4-1 右侧工作区间的"Objects"以元器件封装的形式列出了元器件，在这里可以编辑设置元器件属性。图 10-4-2 右侧工作区间的"Objects"列出了所有网络，在这里可以编辑设置网络属性。

下面介绍使用"Edit Property"窗口进行属性设置的方法。

1. 为元器件添加属性

（1）执行菜单命令"Edit"→"Properties"，在控制面板"Find"选项卡的"Find By Name"选区选择"Comp(or Pin)"，在文本区域输入"J1"，如图 10-4-3 所示。

（2）按"Enter"键，显示"Edit Property"窗口和"Show Properties"窗口，分别如图 10-4-4 和图 10-4-5 所示。

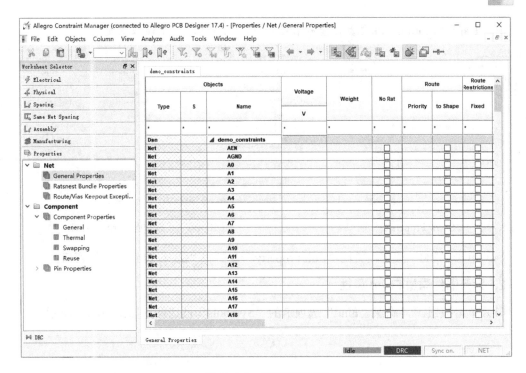

图 10-4-2　设置网络属性

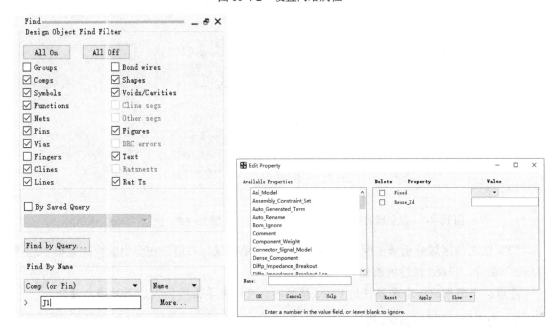

图 10-4-3　设置"Find"选项卡　　　　图 10-4-4　"Edit Property"窗口

（3）选择"Fixed"和"Hard_Location"属性，并设置为"True"，如图 10-4-6 所示。单击"Apply"按钮添加属性，新的属性出现在"Show Properties"窗口中，如图 10-4-7 所示。

➢　Fixed：使元器件不能被移动。

> ➢ Hard_Location: 在元器件重命名过程中，元器件序号不能被改变。

图 10-4-5 "Show Properties" 窗口

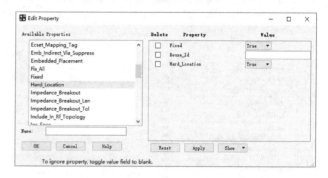

图 10-4-6 "Edit Property" 窗口

（4）单击"OK"按钮，关闭"Edit Property"窗口和"Show Properties"窗口。

2．为元器件添加 Fixed 属性

（1）单击按钮 ✐，确保"Find"选项卡的"Symbols"被选择，如图 10-4-8 所示。

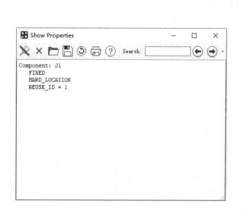

图 10-4-7 显示新的属性

图 10-4-8 设置"Find"选项卡

（2）在工作区域分别单击两个 BNC 连接器，单击鼠标右键，在弹出的快捷菜单中选择"Done"命令，Fixed 属性被添加。

注意：当想删除一个元器件的 Fixed 属性时，可以先单击图标 ✖，再单击元器件。

3．为元器件添加 Room 属性

（1）执行菜单命令"Edit"→"Properties"，在"Find"选项卡的"Find By Name"选区中选择"Comp(or Pin)"，单击"More…"按钮，弹出"Find by Name or Property"窗口，如图 10-4-9 所示。

（2）在"Available objects"选区中选择元器件，按"Enter"键，元器件会出现在右侧的

"Selected objects"区域中，如图 10-4-10 所示。

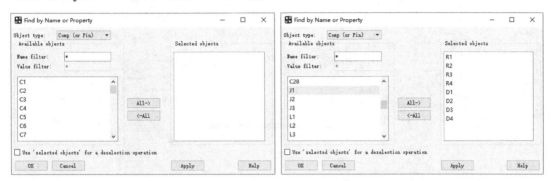

图 10-4-9　"Find by Name or Property"窗口　　　图 10-4-10　选择元器件

（3）单击"Apply"按钮，在"Edit Property"窗口中选择"Room"，输入"LED"，设置 Room 名称，如图 10-4-11 所示。

（4）单击"Apply"按钮，在"Show Properties"窗口中显示新添加的属性，如图 10-4-12 所示。

图 10-4-11　设置 Room 名称　　　　　　图 10-4-12　显示新添加的属性

（5）单击"OK"按钮，关闭"Edit Property"窗口和"Show Properties"窗口。

（6）单击"OK"按钮，关闭"Find by Name or Property"窗口，单击鼠标右键，在弹出的快捷菜单中选择"Done"命令完成操作。

4．为网络添加属性

（1）执行菜单命令"Edit"→"Properties"，在"Find"选项卡的"Find By Name"选区中选择"Net"，并输入"VCC"，如图 10-4-13 所示。

（2）按"Enter"键，弹出"Edit Property"窗口和"Show Properties"窗口。在"Edit Property"窗口左侧的"Available Properties"列表框中选择"Min_Line_Width"，在右侧的"Value"文本框中输入"15MIL"，如图 10-4-14 所示。

（3）单击"Apply"按钮，将新的属性添加到"Show Properties"窗口中，如图 10-4-15 所示。

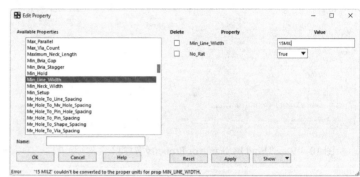

图 10-4-13　设置"Find"选项卡　　　　　　　　图 10-4-14　设置属性

图 10-4-15　显示新的属性

（4）单击"OK"按钮，关闭"Edit Property"窗口和"Show Properties"窗口，单击鼠标右键，在弹出的快捷菜单中选择"Done"命令完成操作。

5．显示属性和元素

（1）执行菜单命令"Edit"→"Properties"，在"Find"选项卡的"Find By Name"选区中选择"Net"，输入"*"，并按"Enter"键，弹出"Edit Property"窗口和"Show Properties"窗口。在"Edit Property"窗口中显示添加的属性，如图 14-4-16 所示，而在"Show Properties"窗口中显示每个网络的属性，如图 14-4-17 所示。

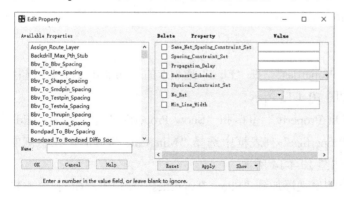

图 10-4-16　"Edit Property"窗口　　　　　　　图 10-4-17　"Show Properties"窗口

（2）在"Show Properties"窗口中单击按钮，在弹出的对话框中输入"netprops"，单击"保存"按钮保存，netprops.txt 文件被保存在当前目录下。

（3）单击"OK"按钮，关闭"Edit Property"窗口和"Show Properties"窗口。

（4）执行菜单命令"Display"→"Property"，弹出"Show Property"对话框，如图 10-4-18 所示。

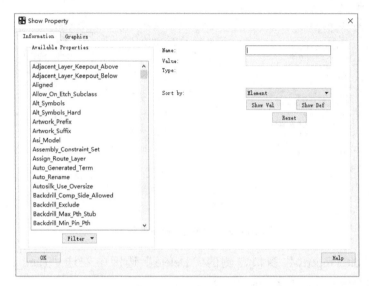

图 10-4-18　"Show Property"对话框

（5）在"Information"选项卡下的"Available Properties"列表框中选择"Room"，或在右侧的"Name"文本框中直接输入"ROOM"，如图 10-4-19 所示。

（6）单击"Show Val"按钮，弹出"Show"窗口，显示 Room 属性，如图 10-4-20 所示。

（7）关闭"Show"窗口，单击"OK"按钮，关闭"Show Property"对话框。

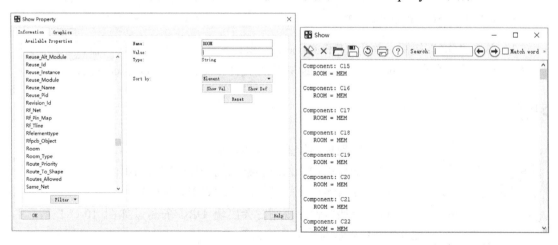

图 10-4-19　查找 ROOM　　　　　　　图 10-4-20　显示 Room 属性

6. 删除属性

（1）执行菜单命令"Edit"→"Properties"，在"Find"选项卡的"Find By Name"选区中选择"Comp(or Pin)"，并输入"J1"，按"Enter"键，弹出"Edit Property"窗口和"Show Properties"窗口，分别如图 10-4-21 和图 10-4-22 所示。

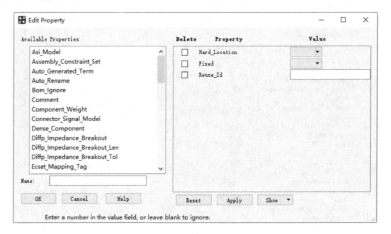

图 10-4-21　"Edit Property"窗口

（2）在"Edit Property"窗口右侧的"Delete"选区中勾选"Hard_Location"，单击"Apply"按钮删除该属性，如图 10-4-23 所示。

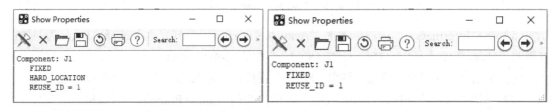

图 10-4-22　"Show Properties"窗口　　　　　　图 10-4-23　删除属性

（3）单击"OK"按钮，关闭"Edit Property"窗口和"Show Properties"窗口。

（4）执行菜单命令"File"→"Save as"，保存文件，文件名为 demo_constraints.brd。

习题

图 10-Q-1　习题（4）图

（1）物理规则设置包含哪几步？

（2）如何添加、修改和删除元器件或网络的属性？

（3）在诸多设计规则中，基本规则有哪些？

（4）当违背设计规则时会出现 DRC 符号，如图 10-Q-1 所示的 DRC 符号表示的意义是什么？

第11章 布 局

在设计中，布局是一个重要的环节。布局的好坏将直接影响布线的效果，因此可以这样认为，合理的布局是 PCB 设计成功的第一步。

布局的方式分两种，一种是交互式布局，另一种是自动布局。一般是在自动布局的基础上用交互式布局进行调整。在布局时，还可以根据布线的情况对门电路进行再分配，将两个门电路交换，使其成为便于布线的最佳布局。在布局完成后，还可以对设计文件及有关信息进行返回标注，使得 PCB 中的有关信息与原理图一致，以便能与今后的建档、更改设计同步，同时对模拟的有关信息进行更新，对电路的电气性能及功能进行板级验证。

首先，要考虑 PCB 尺寸大小，当 PCB 尺寸过大时，印制线路长，阻抗增加，抗噪声能力下降，成本也会增加；当 PCB 尺寸过小时，散热不好，且临近布线时易受干扰。其次，在确定 PCB 尺寸后，要确定特殊元器件的位置。再次，根据电路的功能单元，对电路的全部元器件进行布局。

PCB 布局规则如下。

（1）在通常情况下，所有的元器件均应布置在电路板的同一面上，只有当顶层元器件过密时，才能将一些高度有限且发热量小的元器件（如表贴电阻、表贴电容等）放在底层。

（2）在保证电气性能的前提下，元器件应放置在栅格上且相互平行或垂直排列，以求整齐美观，在一般情况下不允许元器件重叠。

（3）电路板上不同组件的相邻焊盘图形之间的最小距离为 1mm。

在确定特殊元器件的位置时要遵守以下原则。

（1）尽可能缩短高频元器件之间的连线，设法减少它们的分布参数和相互间的电磁干扰。易受干扰的元器件不能挨得太近，输入元器件与输出元器件应尽量远离。

（2）某些元器件或导线之间可能有较大的电位差，应加大它们之间的距离，以免放电导致意外短路。带强电的元器件应尽量布置在调试时人体不易接触到的地方。

（3）对于质量超过 15g 的元器件，应当先用支架加以固定，再焊接。又大又重、发热量多的元器件不宜装在 PCB 上，而应装在整机的机箱底板上，且应考虑散热问题，热敏元器件应远离发热元器件。

（4）对于电位器、可调电感线圈、可变电容器、微动开关等可调元器件的布局应考虑整机的结构要求。对于一些经常用到的开关，在结构允许的情况下，应将其放置到手容易接触到的地方。

（5）应留出 PCB 的定位孔和固定支架所占用的位置。

根据电路的功能单元对电路的全部元器件进行布局时，要符合以下原则。

（1）按照电路中各个功能单元的位置，使布局便于信号流通，并使信号尽可能保持方向一致。

（2）以每个功能单元的核心元器件为中心，围绕它们进行布局。元器件应均匀、整齐、紧凑地排列在 PCB 上，尽量减少和缩短各个元器件之间的引线。

（3）对于高频电路，要考虑元器件之间的分布参数。一般电路应尽可能使元器件平行排列。这样，不仅美观，而且焊接容易，易于批量生产。

（4）位于 PCB 边缘的元器件离 PCB 边缘的距离一般不小于 2mm，PCB 的最佳形状为矩形，长宽比为 3:2 或 4:3。当 PCB 尺寸大于 200mm×150mm 时，应考虑 PCB 的机械强度。

布局后要严格进行以下检查。

（1）PCB 尺寸是否与加工图纸尺寸相符？是否符合 PCB 制造工艺要求？有无定位标志？

（2）元器件在二维、三维空间上有无冲突？

（3）元器件布局是否疏密有序、排列整齐？是否全部布完？

（4）需要经常更换的元器件是否方便更换？插件板插入设备是否方便？

（5）热敏元器件与发热元器件之间是否有适当的距离？

（6）调整可调元器件是否方便？

（7）在需要散热的地方是否装了散热器？空气流动是否通畅？

（8）信号流程是否顺畅？

（9）插头、插座等与机械设计是否矛盾？

（10）是否考虑了线路的干扰问题？

11.1　规划 PCB

1．设置格点

（1）启动 Allegro PCB Designer，执行菜单命令"File"→"Open"，打开 constraints.brd 文件。

（2）执行菜单命令"Setup"→"Grids"，弹出"Define Grid"窗口，如图 11-1-1 所示。

（3）单击按钮 ▦ 可以显示或关闭格点。

（4）单击"OK"按钮，关闭"Define Grid"窗口。

2．添加 ROOM

（1）执行菜单命令"Display"→"Color/Visibility"，或者单击按钮 ▦，弹出"Color Dialog"窗口，在左侧工作区间选择"Board geometry"，勾选"Both_Rooms""Bottom_Room""Cutout""Design_Outline""Outline"，设置颜色，如图 11-1-2 所示。

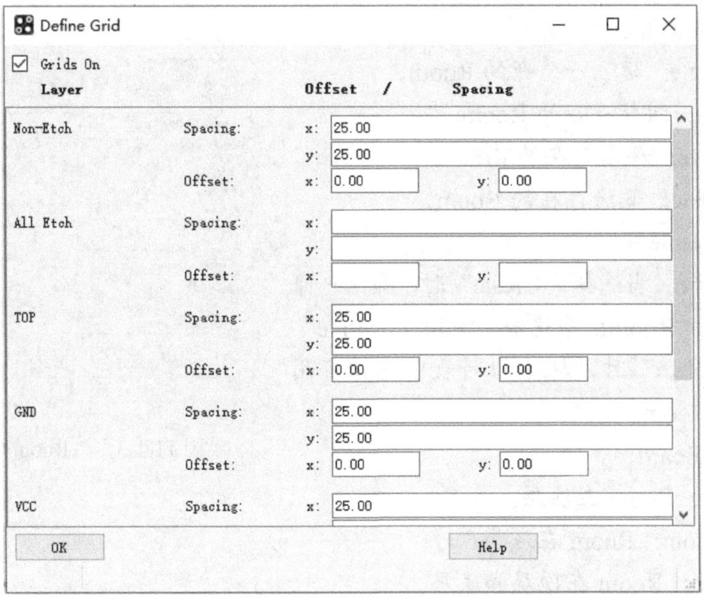

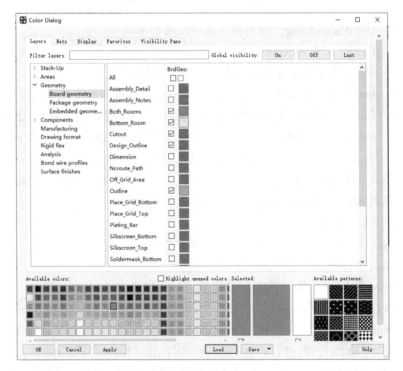

图 11-1-1 "Define Grid"窗口

图 11-1-2 设置颜色

（2）单击"OK"按钮，关闭"Color Dialog"窗口。

（3）执行菜单命令"Setup"→"Outlines"→"Room Outline..."，弹出"Room Outline"窗口，如图 11-1-3 所示。

➢ Command Operations。

• Create: 建立一个新的 Room。

• Edit: 编辑存在的 Room。

• Move: 移动存在的 Room。

• Delete: 删除存在的 Room。

➢ Room Name。

• Name: 当选择"Create"时，命名一个新的 Room；当选择"Edit""Move""Delete"时，从下拉列表中选择可用的 Room。

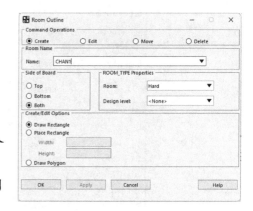

图 11-1-3 "Room Outline"窗口

➢ Side of Board。

• Top: Room 在顶层。

• Bottom: Room 在底层。

• Both: Room 在顶层和底层。

➢ ROOM_TYPE Properties。

• Room。

✧ Use design value: 使用整个设计设置的参数。

✧ Hard: 属于该 Room 的元器件必须摆放在区域内。

✧ Soft: 属于该 Room 的元器件可摆放在区域外。

✧ Inclusive: 不属于该 Room 的元器件可摆放在 Room 范围内。

✧ Hard straddle: 属于该 Room 的元器件可放在区域内或跨过 Room 边界。

✧ Inclusive straddle: 属于该 Room 的元器件可放在区域内或跨过 Room 边界，不属于该 Room 的元器件可摆放在 Room 范围内。

• Design level: 针对整个设计设置参数，可选项包括"None""Hard""Inclusive""Hard straddle""Inclusive straddle"。

➢ Create/Edit Options。

• Draw Rectangle: 画矩形并可定义矩形大小。

• Place Rectangle: 按指定尺寸画矩形。

• Draw Polygon: 允许绘制任意形状。

（4）在命令窗口中输入"x 1300 1500"，按"Enter"键，输入"x 3900 700"，按"Enter"键。

（5）在"Room Outline"窗口中，Room Name 自动变为"CHAN2"。在命令窗口中输入"x 1300 700"，按"Enter"键，输入"x 3900 -100"，按"Enter"键。

（6）在"Room Outline"窗口的"Room Name"区域选择"CPU"，改变"Side of Board"为"Top"。在命令窗口中输入"x 450 2400"，按"Enter"键，输入"x 1750 3700"，按"Enter"键。

（7）在"Room Outline"窗口的"Room Name"区域选择"LED"，在命令窗口中输入"x 1400 2200"，按"Enter"键，输入"x 3900 1500"，按"Enter"键。

（8）在"Room Outline"窗口的"Room Name"区域选择"MEM"，改变"Side of Board"为"Both"。在命令窗口中输入"x 1900 4200"，按"Enter"键，输入"x 3800 2200"，按"Enter"键。

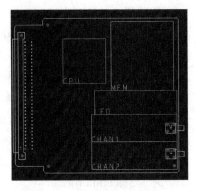

（9）单击"OK"按钮，关闭"Room Outline"窗口。此时已经添加了"CHAN1""CHAN2""CPU""LED""MEM"5 个 Room 到板框内，如图 11-1-4 所示。

（10）执行菜单命令"File"→"Save As"，保存文件到目录 D:/Project/Allegro 下，文件名为 demo_ addroom。

图 11-1-4　添加的 Room

3．为预摆放封装分配元器件序号

（1）执行菜单命令"Logic"→"Assign Refdes"，显示"Options"选项卡，在"Refdes"文本框中输入"J1"，如图 11-1-5 所示。

（2）在 Allegro 编辑区域单击最左侧的连接器，元器件序号由"J*"变为"J1"。

（3）单击右侧上面的 BNC 元器件，元器件序号由"J*"变为"J2"。注意，"Options"选项卡中的元器件序号自动增加，且元器件序号与原理图对应。

（4）单击右侧下面的 BNC 元器件，元器件序号由"J*"变为"J3"。

（5）单击鼠标右键，在弹出的快捷菜单中选择"Done"命令，为 BNC 分配元器件序号，如图 11-1-6 所示。

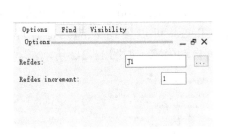

图 11-1-5　设置"Options"选项卡

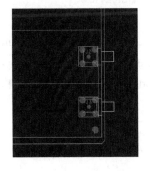

图 11-1-6　为 BNC 分配元器件序号

（6）执行菜单命令"File"→"Save as"，保存文件于 D:/Project/Allegro 下，文件名为 demo_ assign_RefDes.brd。

11.2　手动摆放元器件

1．按照元器件序号摆放

在布局时，当一个元器件的封装被摆放到某一层的某个确定区域时，要调整该元器件的属性来适应该区域。

（1）执行菜单命令"Place"→"Manually"，弹出"Placement"窗口，如图 11-2-1 所示。

> Placement List。
> - Components by refdes：允许选择一个或多个元器件序号。
> - Package symbols：允许摆放封装符号（不包含逻辑信息，即网络表中不存在）。
> - Mechanical symbols：允许摆放机械符号。
> - Format symbols：允许摆放格式符号。
> - Components by net group：允许按组摆放元器件。
> - Module instances：模块实例。
> - Module definition：模块定义。
> Selection filters。
> - Match：选择与输入的名字匹配的元素，可以使用通配符 "*" 选择一组元器件，如 "U*"。
> - Property：按照定义的属性摆放元器件。
> - Room：按 Room 定义摆放元器件。
> - Part #：按元器件号摆放元器件。
> - Net：按网络摆放元器件。
> - Net group：按网络组摆放元器件。
> - Schematic page number：按电路原理图的页码摆放元器件。
> - Place by refdes：按元器件序号摆放元器件。
> Quickview。
> 快速浏览。

（2）单击 "Advanced Settings" 选项卡，在 "List construction" 选区中勾选 "Display definitions from" 下的 "Library" 复选框，使 Allegro 可以使用外部元器件库；勾选 "AutoHide" 选项，使摆放时 "Placement" 窗口能够自动隐藏，如图 11-2-2 所示。

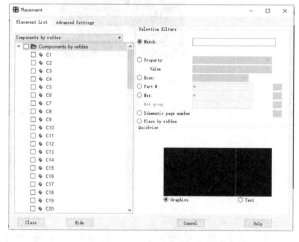

图 11-2-1　"Placement" 窗口　　　　　　　　图 11-2-2　选择元器件库和自动隐藏功能

（3）在 "Placement List" 选项卡中选择 "Components by refdes"，打开下拉列表，在

"Match"文本框中输入"U*"并按"Tab"键。勾选要放置的元器件"U6",在 "Quickview"选区中显示要放置的元器件的封装,如图 11-2-3 所示。

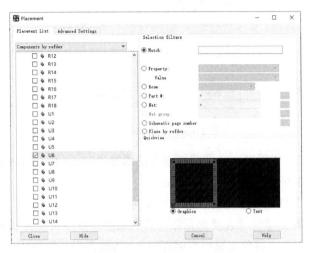

图 11-2-3　选择元器件

注意: 当在下拉列表中找不到需要的元器件时,要重新添加制作的元器件封装所在的路 径。设置如下:返回编辑界面,执行菜单命令"Setup"→"User Preferences..."。"Setup"菜 单如图 11-2-4 所示。

单击"User Preferences..."后,在"Categories"列表中单击"Paths"前的">",单击 "Library",如图 11-2-5 所示。

图 11-2-4　"Setup"菜单

图 11-2-5　设置"Library"

单击"Padpath"右侧的 ⬚，在弹出的界面中添加封装路径，如图 11-2-6 所示。

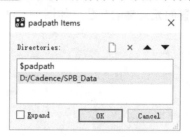

图 11-2-6　添加封装路径

单击"OK"按钮完成设置，采用同样的方法添加"Psmpath"的封装路径。这样可以将制作好的元器件的封装添加到"Library"中。

（4）可以看到元器件附着在光标上，移动鼠标，窗口会自动隐藏。把元器件放到适当位置，单击鼠标左键放置元器件（若要把元器件放在底层，则单击鼠标右键，在弹出的快捷菜单中选择"Mirror"命令，再单击鼠标左键即可）。当放置完元器件后，"Placement"窗口会自动出现，在已放置的元器件前画一个"P"的小标注，表示该元器件已经被摆放到 PCB上。如图 11-2-7 所示，放置完"U6"后在"U6"前加了一个字母"P"。

（5）单击"OK"按钮，关闭"Placement"窗口，摆放后的元器件如图 11-2-8 所示。

2. 变更 GND 和 VCC 网络颜色

当摆放元器件时，GND 和 VCC 网络没有飞线，因为在读入网络表时，No_Rat 属性被自动添加给 GND 和 VCC 网络。使用不同的颜色分配这些网络，可以知道在什么位置摆放连接这些网络的分立元器件。

（1）执行菜单命令"Display"→"Color Visibility…"，弹出"Color Dialog"窗口，如图 11-2-9 所示。

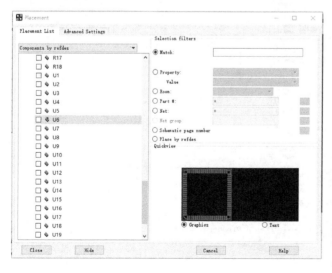

图 11-2-7　放置完的"U6"

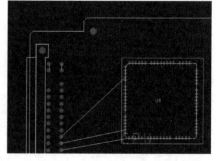

图 11-2-8　摆放后的元器件

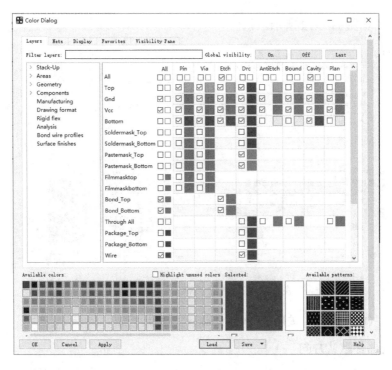

图 11-2-9　"Color Dialog" 窗口

（2）在 "Color Dialog" 窗口中单击 "Nets" 选项卡，并且选择 "Net" 选项，如图 11-2-10 所示。

（3）如图 11-2-11 中的黑色箭头所指，在右上角的 "Filter nets" 文本框中输入 "GND"，"GND" 网络被选择，设置该网络的颜色，如图 11-2-11 所示。

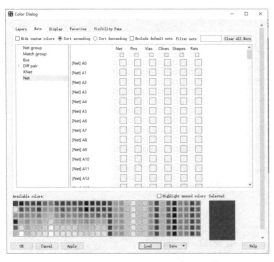

图 11-2-10　选择 "Net" 选项

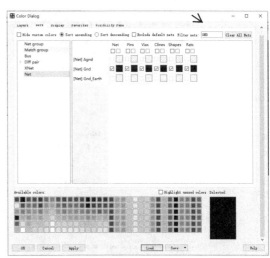

图 11-2-11　设置 "GND" 网络的颜色

（4）同样，在右上角的 "Filter nets" 文本框中输入 "VCC"，"VCC" 网络被选择，设置该网络的颜色，如图 11-2-12 所示。

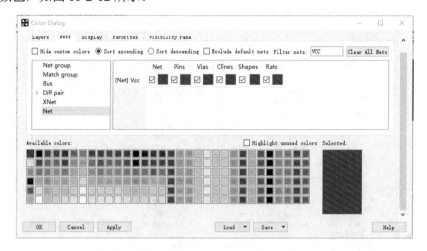

图 11-2-12　设置"VCC"网络的颜色

（5）单击"OK"按钮，关闭"Color Dialog"窗口。

3．改变元器件默认方向

每次摆放元器件时，可以单击鼠标右键，在弹出的快捷菜单中选择"Rotate"命令来改变元器件的方向，还可以在"Design Parameter Editor"对话框中改变元器件的默认方向。

（1）执行菜单命令"Setup"→"Design Parameter…"，打开"Design Parameter Editor"对话框，选择"Design"选项卡，设置"Symbol"选区中的"Angle"为"180.00"，如图 11-2-13 所示。

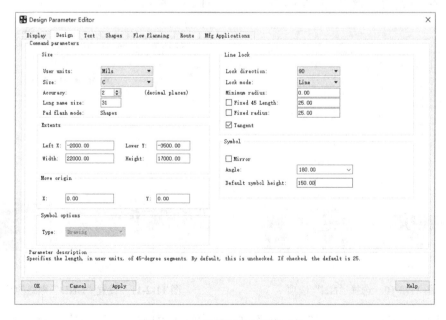

图 11-2-13　设置初始元器件方向

（2）单击"OK"按钮，弹出"Design Parameter Editor"对话框。

（3）执行菜单命令"Place"→"Manually"，在"Match"文本框中输入"U*"，选择元器件 U1 并将其摆放到适当位置；用同样的方法摆放U2、U3 和U4。单击鼠标右键，在弹出的快捷菜单中选择"Done"命令完成操作，摆放后的元器件如图 11-2-14 所示。

4．移动元器件

1）移动单个元器件

（1）执行菜单命令"Edit"→"Move"，确保控制面板下的"Find"选项卡的"Symbols"被勾选，如图 11-2-15 所示。

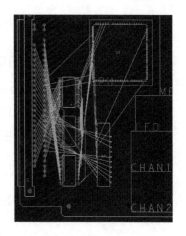

图 11-2-14 摆放后的元器件

（2）选中元器件 U3 并使其处于移动状态，单击一个新的位置，单击鼠标右键，在弹出的快捷菜单中选择"Done"命令完成操作，移动元器件，如图 11-2-16 所示。

2）移动多个元器件

（1）执行菜单命令"Edit"→"Move"，确保控制面板下"Find"选项卡的"Symbols"被勾选。单击鼠标左键，框住 U1、U2 和 U3，若选错，则可单击鼠标右键，在弹出的快捷菜单中选择"Oops"命令撤销动作，重新选择。确认选中的元器件无误后再移动鼠标，元器件随光标移动，单击新的位置放置元器件，单击鼠标右键，在弹出的快捷菜单中选择"Done"命令完成操作，移动多个元器件，如图 11-2-17 所示。

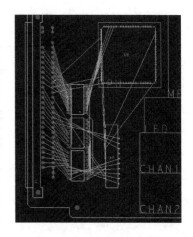

图 11-2-15 设置"Find"选项卡   图 11-2-16 移动元器件   图 11-2-17 移动多个元器件

（2）执行菜单命令"File"→"Save as"，保存文件于 D:/Project/allegro 目录下，文件名为 demo_place_m.brd。

11.3 快速摆放元器件

1．快速摆放元器件到分配的 Room 中

（1）启动 Allegro PCB Desiger，打开 demo_place_m.brd 文件，执行菜单命令"Setup"→"Design Parameter…"，在"Display"选项卡中不勾选"Filled pads"，如图 11-3-1 所示。

（2）执行菜单命令"Place"→"Quickplace"，弹出"Quickplace"对话框，如图 11-3-2 所示。

➢ Placement filter.

- Place by property/value：按照元器件属性和元器件值摆放元器件。
- Place by room：摆放元器件到 Room 中。
- Place by part number：按照元器件名摆放元器件于板框周围。
- Place by net name：按照网络名摆放元器件。
- Place by net group name：按照网络组名摆放元器件。
- Place by schematic page number：当有一个 Design Entry HDL 原理图时，可以按原理图页面摆放元器件。
- Place all components：摆放所有元器件。
- Place by refdes：按照元器件序号摆放，可以按照元器件的分类（IO、IC 和 Discrete）来摆放，或者按 IO、IC 和 Disevete 三者的任意组合来摆放元器件。

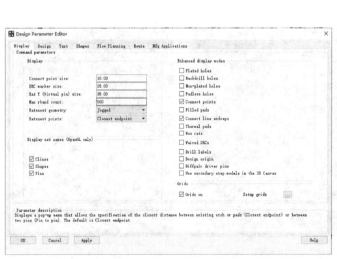

图 11-3-1　设置"Display"选项卡参数　　　图 11-3-2　"Quickplace"对话框

➢ Placement Position.

- Place by partition：当有一个 Design Entry HDL 原理图时，按照区域摆放元器件。

- By user pick: 摆放元器件于用户单击的位置。
- Around package keepin: 摆放元器件于允许摆放区域周围。

➢ Edge。
- Top: 元器件被摆放在板框的顶部。
- Bottom: 元器件被摆放在板框的底部。
- Left: 元器件被摆放在板框的左边。
- Right: 元器件被摆放在板框的右边。

➢ Board layer。
- TOP: 元器件被摆放在顶层。
- BOTTOM: 元器件被摆放在底层。

➢ Overlap components by: 摆放元器件的比例。

➢ Symbols placed: 显示摆放元器件的数目。

➢ Place components from modules: 摆放模块元器件。

➢ Unplaced symbol count: 未摆放的元器件数。

（3）执行菜单命令"Place by room"→"All rooms"，单击"Place"按钮，将元器件摆放到不同的 Room 区域中，如图 11-3-3 所示。

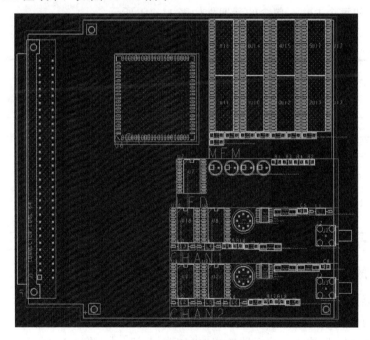

图 11-3-3　按 Room 摆放后的图

（4）单击"OK"按钮，关闭"Quickplace"对话框。

（5）使用"Move""Spin""Mirror"命令对 Room 中的元器件进行调整，调整后的图如图 11-3-4 所示。

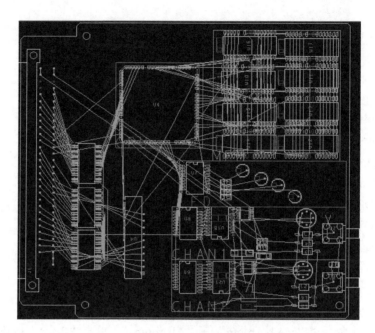

图 11-3-4　调整后的图

Room 定义和每个 Room 包含的元器件如表 11-3-1 所示。

表 11-3-1　Room 定义和每个 Room 包含的元器件

Room	元 器 件
MEM	C15、C16、C17、C18、C19、C20、C21、C22； U10、U11、U12、U13、U14、U15、U16、U17
CPU	U6
LED	R1、R2、R3、R4；D1、D2、D3、D4；U7
CHAN1	R15、R16；C5、C23、C24、C25；L1、L3、L4； J2；U8、U18、U19、U20
CHAN2	R14、R17、R18；C6、C26、C27、C28；L2、L5、L6； J3；U9、U21、U22、U23

（6）执行菜单命令"File"→"Save"，保存文件。

2. 快速摆放剩余的元器件

（1）执行菜单命令"Place"→"Quickplace"，弹出"Quickplace"对话框，选择"Place by refdes"，设置"Type"为"IC"，如图 11-3-5 所示。

（2）单击"Place"按钮，将元器件摆放在板框上部，如图 11-3-6 所示。

（3）改变"Type"为"Discrete"，在"Edge"选区中只选择"Bottom"，如图 11-3-7 所示。

（4）单击"Place"按钮，摆放元器件于板框底部，如图 11-3-8 所示。

（5）单击"OK"按钮，关闭"Quickplace"对话框。

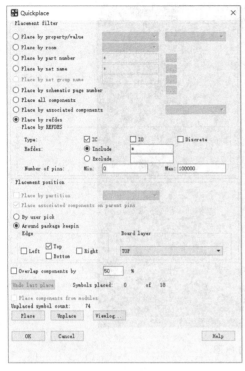

图 11-3-5　"Quickplace" 对话框

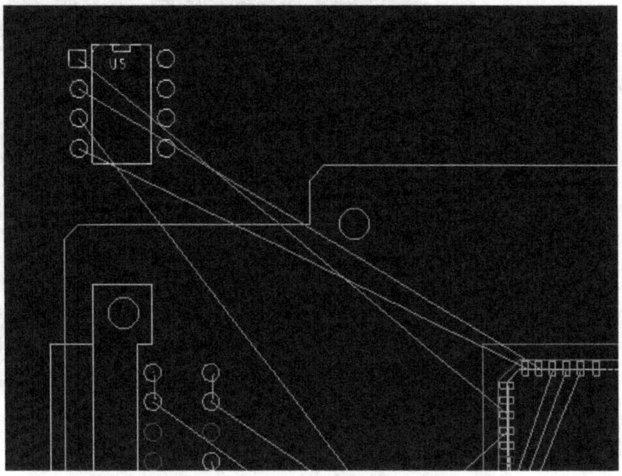

图 11-3-6　摆放元器件于板框上部

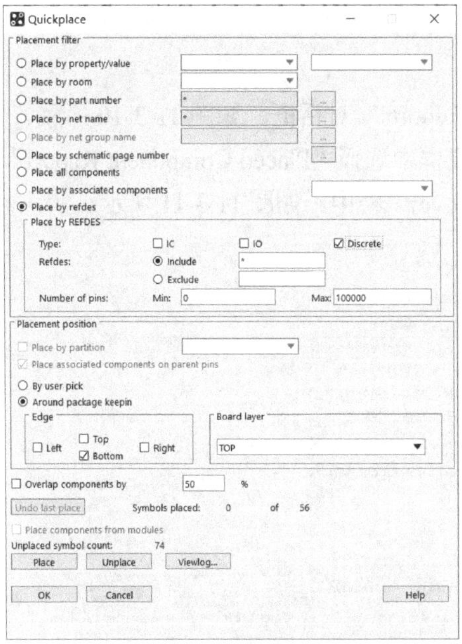

图 11-3-7　设置参数

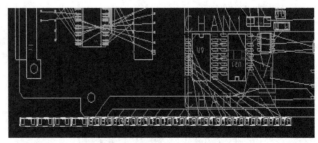

图 11-3-8　摆放元器件于板框底部

（6）使用 "Move" "Spin" "Mirror" 命令调整摆放的元器件的位置。执行菜单命令 "Display" → "Blank Rats" → "All"，关闭所有飞线的显示，调整好的 PCB 如图 11-3-9 所示。

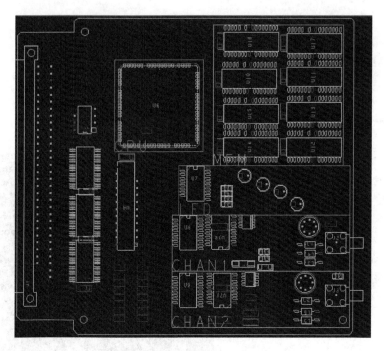

图 11-3-9 调整好的 PCB

（7）执行菜单命令"File"→"Save As"，保存 PCB 于 D:/Project/Allegro 目录下，文件名为 demo_placed。

3．产生报告

（1）执行菜单命令"Tools"→"Reports"，弹出"Reports"对话框，如图 11-3-10 所示。

（2）在"Available reports(double click to select)"列表框中选择"Placed Component Report"并双击，使其出现在"Selected Reports(double click to remove)"栏中，如图 11-3-11 所示。

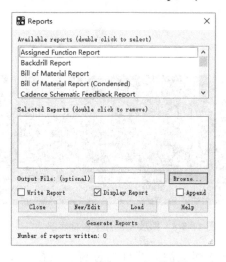

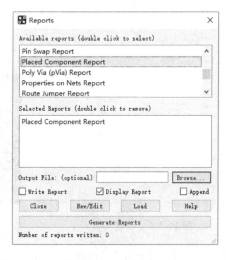

图 11-3-10 "Reports"对话框　　　　图 11-3-11 选择"Placed Component Report"

（3）单击"Generate Reports"按钮，弹出"Placed Component Report"窗口，显示所有已摆放的元器件，如图 11-3-12 所示。

REFDES	COMP_DEVICE_TYPE	COMP_VALUE	COMP_TOL	SYM_NAME	SYM_X	SYM_Y	SYM_ROTATE	SYM_MIRROR
C1	CAP_NP_SM_1206_DISCRETE_0.1UF	0.1uF		SM_1206	-947.00	-253.00	0.000	NO
C2	CAP_NP_SM_1206_DISCRETE_0.1UF	0.1uF		SM_1206	481.00	-253.00	0.000	NO
C3	CAP_NP_SM_1206_DISCRETE_0.1UF	0.1uF		SM_1206	1909.00	-253.00	0.000	NO
C4	CAP_NP_SM_1206_DISCRETE_0.1UF	0.1uF		SM_1206	2147.00	-253.00	0.000	NO
C5	CAP_SM_0805_DISCRETE_47PF	47pF		SM_0805	400.00	-346.00	0.000	NO
C6	CAP_SM_0805_DISCRETE_47PF	47pF		SM_0805	578.00	-346.00	0.000	NO
C7	C_SM_0805_DISCRETE_3300		3300	SM_0805	3270.00	-248.00	0.000	NO
C8	C_SM_0805_DISCRETE_3300		3300	SM_0805	3448.00	-248.00	0.000	NO
C9	C_SM_0805_DISCRETE_3300		3300	SM_0805	3626.00	-248.00	0.000	NO
C10	C_SM_0805_DISCRETE_3300		3300	SM_0805	2380.00	-248.00	0.000	NO
C11	C_SM_0805_DISCRETE_3300		3300	SM_0805	2558.00	-248.00	0.000	NO
C12	C_SM_0805_DISCRETE_3300		3300	SM_0805	2736.00	-248.00	0.000	NO
C13	C_SM_0805_DISCRETE_3300		3300	SM_0805	2914.00	-248.00	0.000	NO
C14	C_SM_0805_DISCRETE_3300		3300	SM_0805	3092.00	-248.00	0.000	NO
C15	CAP_NP_SM_1206_DISCRETE_0.1UF	0.1uF		SM_1206	-709.00	-253.00	0.000	NO
C16	CAP_NP_SM_1206_DISCRETE_0.1UF	0.1uF		SM_1206	-471.00	-253.00	0.000	NO
C17	CAP_NP_SM_1206_DISCRETE_0.1UF	0.1uF		SM_1206	-233.00	-253.00	0.000	NO
C18	CAP_NP_SM_1206_DISCRETE_0.1UF	0.1uF		SM_1206	5.00	-253.00	0.000	NO
C19	CAP_NP_SM_1206_DISCRETE_0.1UF	0.1uF		SM_1206	243.00	-253.00	0.000	NO
C20	CAP_NP_SM_1206_DISCRETE_0.1UF	0.1uF		SM_1206	719.00	-253.00	0.000	NO
C21	CAP_NP_SM_1206_DISCRETE_0.1UF	0.1uF		SM_1206	957.00	-253.00	0.000	NO
C22	CAP_NP_SM_1206_DISCRETE_0.1UF	0.1uF		SM_1206	1195.00	-253.00	0.000	NO

Design Name D:/Project/allegro/demo_place_m.brd
Date Sat Nov 26 14:49:55 2022
Total Placed Components: 82

Placed Component Report

图 11-3-12　已摆放的元器件报表

（4）关闭报表。如果想要查看其他报表，不再查看已摆放的元器件报表，可在"Selected Reports(double click to remove)"列表框中双击"Placed Component Report"。

（5）在"Available reports(double click to select)"列表框中选择"Unplaced Components Report"并双击，使其出现在"Selected Reports(double click to remove)"列表框中，如图 11-3-13 所示。

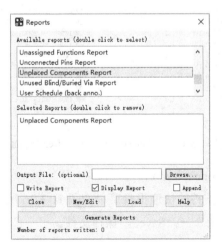

图 11-3-13　"Reports"对话框

（6）单击"Generate Reports"按钮，弹出"Unplaced Components Report"窗口，如图 11-3-14 所示，列表为空，说明元器件已全部摆放完毕。

图 11-3-14　"Unplaced Components Report"窗口

（7）关闭"Unplaced Components Report"窗口，关闭"Reports"对话框。

（8）执行菜单命令"Tools"→"Quick Reports"→"Placed Component Report"，弹出"Placed Component Report"窗口，如图 11-3-15 所示。

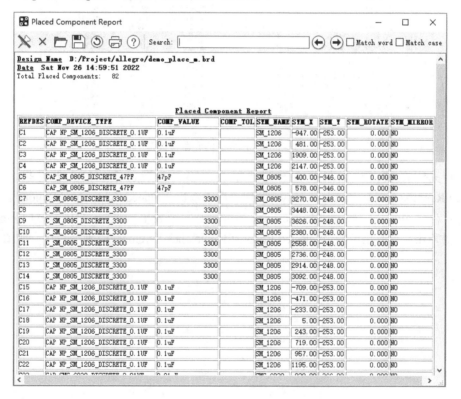

图 11-3-15　"Placed Component Report"窗口

（9）关闭"Placed Component Report"窗口。

（10）Cadence SPB 17.4 支持的快速报告菜单如图 11-3-16 所示。

（11）执行菜单命令"File"→"Save"，保存文件。

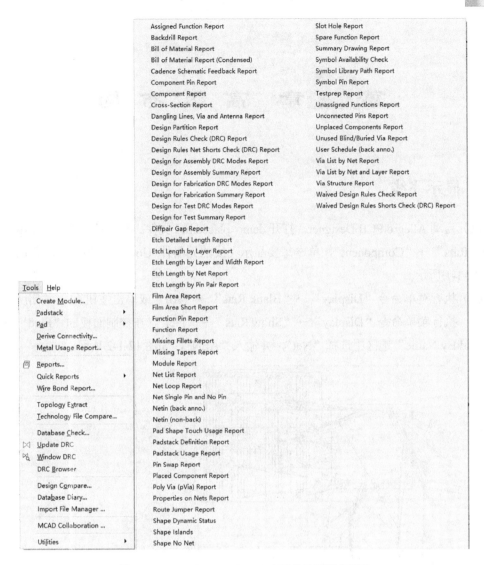

图 11-3-16　Cadence SPB 17.4 支持的快速报告菜单

习题

（1）如何规划 PCB？

（2）如何高亮网络？

（3）如何为预摆放元器件分配元器件序号？

（4）如何建立 Room 属性？如何给元器件分配 Room 属性？如何摆放有相同 Room 属性的元器件？

（5）如何添加元器件的封装路径？

第12章 高级布局

12.1 显示飞线

（1）启动 Allegro PCB Designer，打开 demo_placed.brd 文件。执行菜单命令"Display"→"Show Rats"→"Component"，单击想要显示飞线的元器件 U6，显示指定元器件的飞线，如图 12-1-1 所示。

（2）执行菜单命令"Display"→"Blank Rats"→"All"或单击按钮图，关闭所有的飞线显示。执行菜单命令"Display"→"Show Rats"→"Net"，在控制面板的"Find"选项卡的"Find By Name"选区中选择"Net"，并输入"AEN"，如图 12-1-2 所示。

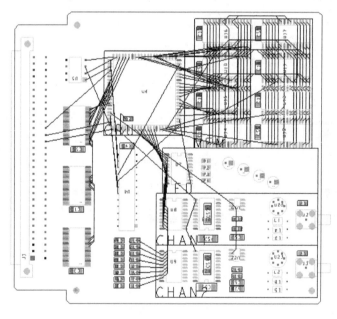

图 12-1-1 显示指定元器件的飞线　　　　　图 12-1-2 设置"Find"选项卡

（3）按"Enter"键，显示 AEN 网络的飞线，如图 12-1-3 所示。

（4）单击鼠标右键，在弹出的快捷菜单中选择"Done"命令完成操作。执行菜单命令"Display"→"Blank Rats"→"All"或单击按钮图，关闭所有的飞线显示。

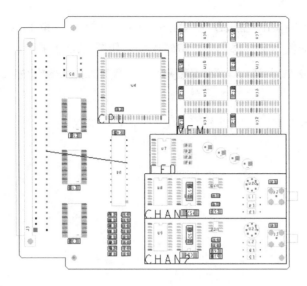

图 12-1-3　显示 AEN 网络的飞线

12.2　交换

当摆放元器件后，可以使用引脚交换、功能交换（门交换）等来进一步缩短信号长度，并避免飞线交叉。在 Allegro 中可以进行功能交换、引脚交换和元器件交换。

➢　功能交换：允许交换两个等价的门电路。

➢　引脚交换：允许交换两个等价的引脚，如两个与非门的输入端或电阻排输入端。

➢　元器件交换：交换两个元器件的位置。

1．功能交换

在进行功能交换和引脚交换之前，必须在原理图中进行设置，否则无法交换。

（1）用 OrCAD 打开已设计的 demo.dsn 文件，打开"Demo Root Schematic:PAGE1"编辑页，选中元器件 U3，单击鼠标右键，在弹出的快捷菜单中选择"Edit Part"命令，进入元器件编辑窗口。

（2）执行菜单命令"View"→"Package"，显示整个封装的元器件，如图 12-2-1 所示。

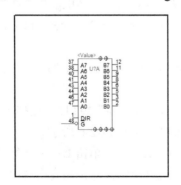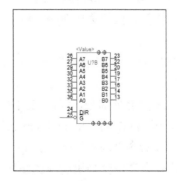

图 12-2-1　显示整个封装的元器件

（3）执行命令“Property Sheet”→“Edit Pins”，弹出“Edit Pins”对话框，默认情况下，“Pin Group”列的值为空。添加值，编辑引脚，如图 12-2-2 所示。

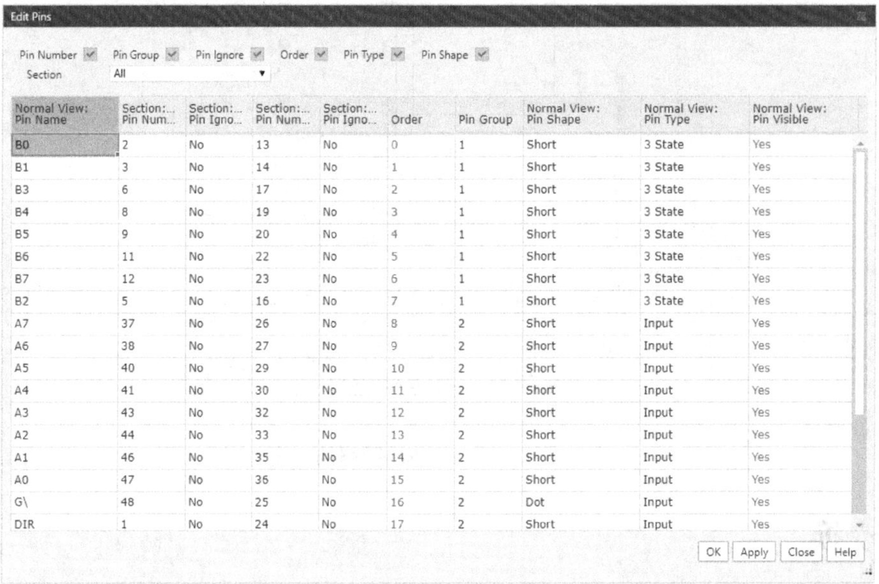

Normal View: Pin Name	Section:... Pin Num...	Section:... Pin Igno...	Section:... Pin Num...	Section:... Pin Igno...	Order	Pin Group	Normal View: Pin Shape	Normal View: Pin Type	Normal View: Pin Visible
B0	2	No	13	No	0	1	Short	3 State	Yes
B1	3	No	14	No	1	1	Short	3 State	Yes
B3	6	No	17	No	2	1	Short	3 State	Yes
B4	8	No	19	No	3	1	Short	3 State	Yes
B5	9	No	20	No	4	1	Short	3 State	Yes
B6	11	No	22	No	5	1	Short	3 State	Yes
B7	12	No	23	No	6	1	Short	3 State	Yes
B2	5	No	16	No	7	1	Short	3 State	Yes
A7	37	No	26	No	8	2	Short	Input	Yes
A6	38	No	27	No	9	2	Short	Input	Yes
A5	40	No	29	No	10	2	Short	Input	Yes
A4	41	No	30	No	11	2	Short	Input	Yes
A3	43	No	32	No	12	2	Short	Input	Yes
A2	44	No	33	No	13	2	Short	Input	Yes
A1	46	No	35	No	14	2	Short	Input	Yes
A0	47	No	36	No	15	2	Short	Input	Yes
G\	48	No	25	No	16	2	Dot	Input	Yes
DIR	1	No	24	No	17	2	Short	Input	Yes

图 12-2-2　编辑引脚

注意：“Pin Group”栏用于设置元器件引脚是否可以交换，只需要在“Pin Group”中输入相同的数字，就可以交换相同数字的引脚。在“Pin Group”中不能输入 0，因为软件不支持。

（4）单击“OK”按钮，关闭“Edit Pins”对话框。

（5）关闭元器件编辑窗口，在弹出的窗口中选择“Update All”，更新所有元器件。

（6）打开项目管理器，选中“demo.dsn”，执行菜单命令“Tools”→“Create Netlist”，弹出“Create Netlist”对话框，如图 12-2-3 所示。

（7）单击“确定”按钮，弹出提示保存对话框，单击“确定”按钮，弹出“Progress”对话框，如图 12-2-4 所示。

（8）生成网络表（“Progress”对话框消失）后，启动 Allegro PCB Designer，打开 demo_placed.brd 文件。执行菜单命令“File”→“Import”→“Logic/Netlist”，对生成的网络表进行更新。

（9）执行菜单命令“Display”→“Element”，在控制面板的“Find”选项卡中仅勾选“Functions”。

（10）单击 U3 的上半部分，弹出 G2 的“Show Element”窗口，如图 12-2-5 所示；单击 U3 的下半部分，弹出 G1 的“Show Element”窗口，如图 12-2-6 所示。

（11）执行菜单命令“Place”→“Swap”→“Functions”，单击 U3 的一个有飞线的引脚，可交换的引脚就会高亮，交换引脚前的图如图 12-2-7 所示。单击高亮引脚中的一个，单击鼠标右键，在弹出的快捷菜单中选择“Done”命令完成交换，交换引脚后的图如图 12-2-8 所示。

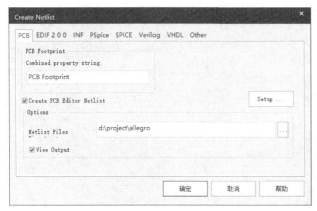

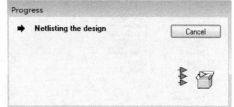

图 12-2-3　"Create Netlist"对话框　　　　图 12-2-4　"Progress"对话框

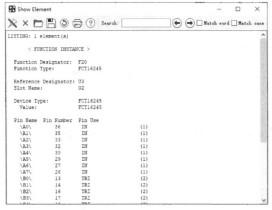

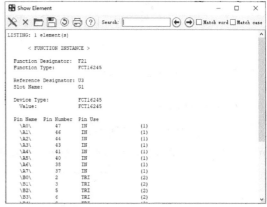

图 12-2-5　G2 的"Show Element"窗口　　　图 12-2-6　G1 的"Show Element"窗口

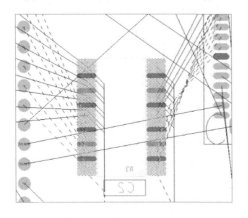

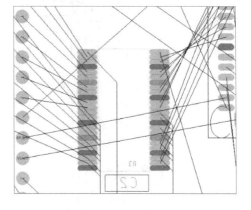

图 12-2-7　交换引脚前的图　　　　　图 12-2-8　交换引脚后的图

2．引脚交换

执行菜单命令"Place"→"Swap"→"Pins"，在控制面板的"Find"选项卡中勾选"Pins"，如图 12-2-9 所示。单击 U3 的一个引脚，再单击另一个引脚，单击鼠标右键，在弹出的快捷菜单中选择"Done"命令完成交换。交换引脚前如图 12-2-10（a）所示，交换引脚后如图 12-2-10（b）所示。

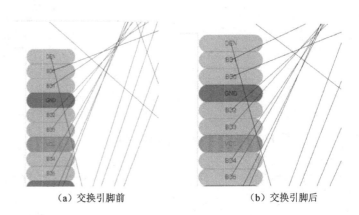

（a）交换引脚前　　　　　　　　　　　（b）交换引脚后

图 12-2-9　设置"Find"选项卡　　　　　图 12-2-10　交换引脚前和交换引脚后的图

3．元器件交换

（1）执行菜单命令"Display"→"Show Rats"→"All"，显示所有飞线。使用"Zoom in"命令显示"MEM"，MEM 区域如图 12-2-11 所示。

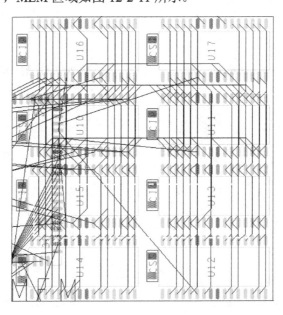

图 12-2-11　MEM 区域

（2）执行菜单命令"Place"→"Swap"→"Components"，在控制面板的"Options"选项卡中输入要交换的元器件序号，如图 12-2-12 所示。也可以直接先单击 U13，再单击 U15，单击鼠标右键，在弹出的快捷菜单中选择"Done"命令完成操作，交换元器件后的图如图 12-2-13 所示。

图 12-2-12　设置"Options"选项卡

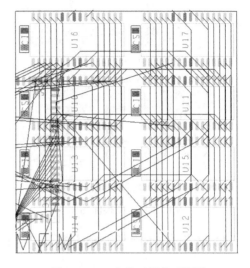

图 12-2-13　交换元器件后的图

（3）执行菜单命令"File"→"Save"，保存文件。

4．自动交换

（1）执行菜单命令"Place"→"Autoswap…"→"Parameters"，弹出"Automatic Swap"对话框，在运行自动交换之前必须设置交换参数，在这个对话框中允许设置交换通过次数、是否允许 Room 间的交换。每次进行交换时，功能交换和引脚交换都会发生，先运行功能交换，再运行引脚交换。设置交换参数，如图 12-2-14 所示。

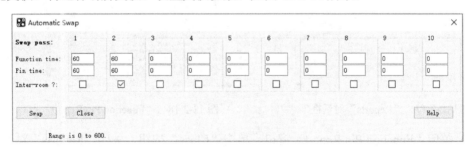

图 12-2-14　设置交换参数

（2）执行菜单命令"Place"→"Autoswap…"→"Design"，对整个设计进行交换操作。在"Automatic Swap"对话框中单击"Swap"按钮，进行交换。交换前的图如图 12-2-15 所示，交换后的图如图 12-2-16 所示。此外，还可以按"Room"和"Window"进行交换。

（3）执行菜单命令"Tools"→"Reports"，弹出"Reports"对话框，在"Available reports(double click to select)"列表框中双击"Function Pin Report"，使其出现在"Selected Reports(double click to remove)"列表框中，如图 12-2-17 所示。

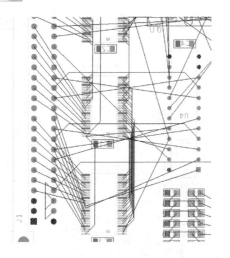

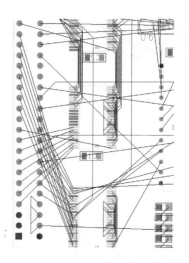

图 12-2-15　交换前的图　　　　　　　　图 12-2-16　交换后的图

（4）单击"Generate Reports"按钮，弹出"Function Pin Report"窗口，如图 12-2-18 所示。

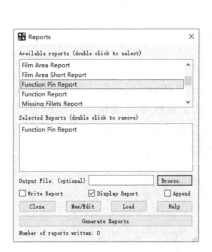

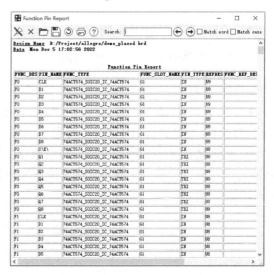

图 12-2-17　"Reports"对话框　　　　　图 12-2-18　"Function Pin Report"窗口

（5）关闭"Function Pin Report"窗口，单击"Close"按钮，关闭"Reports"对话框。

（6）执行菜单命令"File"→"Save As"，保存文件于 D:/project/Allegro 目录下，文件名为 demo_autoswap。

12.3　使用 ALT_SYMBOLS 属性摆放元器件

在使用 ALT_SYMBOLS 属性摆放元器件之前，必须在 Capture 中定义元器件的 ALT_SYMBOLS 属性。这里定义 U4 的 ALT_SYMBOLS 属性为"T:SOIC24,SOIC24_PE; B:SOIC24_PE"，如图 12-3-1 所示。

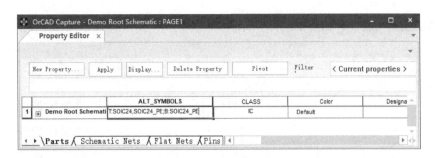

图 12-3-1　定义 ALT_SYMBOLS 属性

（1）启动 Allegro PCB Designer，打开 demo_unplaced 文件，执行菜单命令"Place"→"Manually"，弹出"Placement"窗口，在"Placement List"选项卡中选择"Components by refdes"，在"Match"文本框中输入"U*"，单击"Enter"键，然后选择"U4"，如图 12-3-2 所示。

（2）在"Placement"窗口的"Quickview"栏出现 DIP24 封装符号，DIP24 封装跟随光标移动，单击鼠标右键，弹出快捷菜单，如图 12-3-3 所示，Top 层可交换的封装为 SOIC24 与 SOIC24_PE。

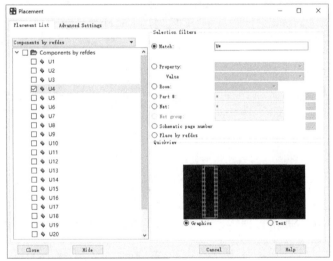

图 12-3-2　"Placement"窗口　　　　　　　　图 12-3-3　快捷菜单 1

（3）选择"Alt Symbol"→"SOIC24"，摆放的封装符号如图 12-3-4 所示。

（4）若不将元器件摆放在顶层，可单击鼠标右键，先从弹出的快捷菜单中选择"Mirror"命令，再单击鼠标右键，弹出快捷菜单，如图 12-3-5 所示。

（5）选择"Alt Symbol"→"SOIC24_PE"，摆放的封装符号如图 12-3-6 所示。

（6）先移至合适位置单击鼠标左键，再单击鼠标右键，从弹出的快捷菜单中选择"Done"命令完成操作。

（7）执行菜单命令"Display"→"Property"，弹出"Show Property"对话框，选择

"ALT_SYMBOLS"属性，如图 12-3-7 所示。

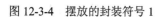

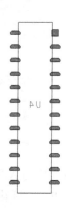

图 12-3-4　摆放的封装符号 1　　　　　图 12-3-5　快捷菜单 2　　　　　图 12-3-6　摆放的封装符号 2

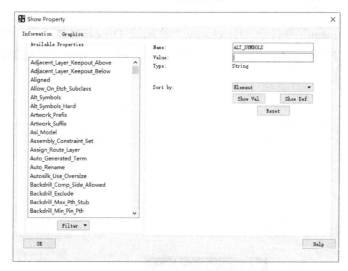

图 12-3-7　选择属性

（8）单击"Show Val"按钮，弹出"Show"窗口，显示"ALT_SYMBOLS"属性，如图 12-3-8 所示。

图 12-3-8　显示属性

（9）关闭"Show"窗口，单击"OK"按钮关闭"Show Property"对话框。

（10）执行菜单命令"File"→"Exit"，在提示窗口中单击"No"按钮退出，不保存设计文件。

12.4　按 Capture 原理图进行摆放

Allegro 不支持按原理图摆放，因此可以用替代方式来进行，即在 Capture 中建立用户定义属性，在导入网络表时选择"Create user-defined properties"选项来实现。

（1）启动 Capture，打开 demo.dsn 项目，在项目管理器中选择"Demo Root Schematic"→"PAGE1"，如图 12-4-1 所示。

（2）执行菜单命令"Edit"→"Browse"→"Parts"，弹出"Browse Properties"对话框，如图 12-4-2 所示。

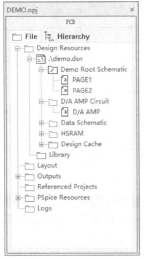

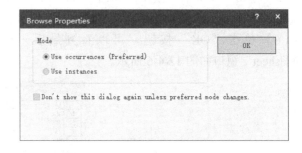

图 12-4-1　项目管理器　　　　　　　图 12-4-2　"Browse Properties"对话框

（3）单击"OK"按钮，弹出"DEMO-BROWSE Parts"窗口，选择所有元器件（按"Shift"键或"Ctrl"键），如图 12-4-3 所示。

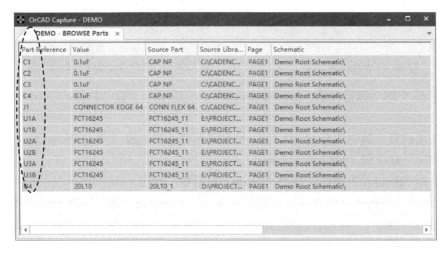

图 12-4-3　"DEMO-BROWSE　Parts"窗口

（4）执行菜单命令"Edit"→"Properties"，弹出"Browse Spreadsheet"窗口，如图 12-4-4 所示。

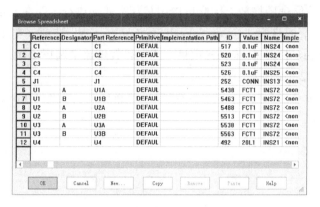

图 12-4-4　"Browse Spreadsheet"窗口

（5）单击"New…"按钮，弹出"New Property"对话框，在"Name"文本框中输入"Page"，在"Value"文本框中输入"1"，如图 12-4-5 所示。

（6）单击"OK"按钮，可以看到最后一列已经加上了这个属性值，"Browse Spreadsheet"窗口如图 12-4-6 所示。

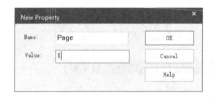

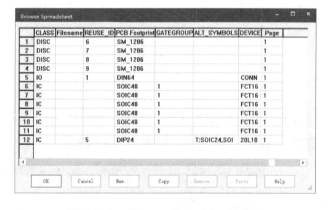

图 12-4-5　"New Property"对话框　　　图 12-4-6　"Browse Spreadsheet"窗口

（7）单击"OK"按钮关闭"Browse Spreadsheet"窗口，关闭"DEMO-BROWSE Parts"窗口。

（8）在项目管理器中选择 demo.dsn，执行菜单命令"Tools"→"Create Netlist"，弹出"Create Netlist"对话框，如图 12-4-7 所示。

（9）单击"Setup…"按钮，弹出"Setup"对话框，如图 12-4-8 所示。

（10）系统的一些信息保存在默认的配置文件 allegro.cfg（建立网络表时必须有配置文件）中，单击"Edit…"按钮，出现 allegro.cfg 的内容，输入"PAGE=YES"，修改配置文件，如图 12-4-9 所示。

（11）保存并关闭 allegro.cfg 文件。

（12）选择项目"demo.dsn"，执行菜单命令"Tools"→"Create Netlist"，弹出"Create Netlist"对话框，如图 12-4-10 所示。单击"确定"按钮，弹出建立网络表进度对话框，网络表生成后建立网络表进度对话框会自动消失。

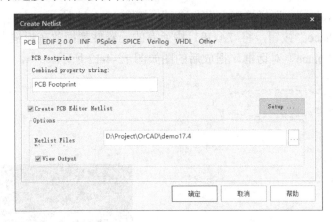

图 12-4-7　"Create Netlist"对话框

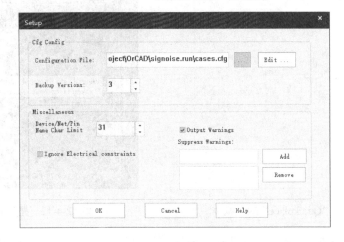

图 12-4-8　"Setup"对话框

图 12-4-9　修改配置文件　　　　　　图 12-4-10　"Create Netlist"对话框

（13）启动 Allegro PCB Designer，打开 demo_unplaced.brd 文件。

（14）执行菜单命令"File"→"Import"→"Logic/Netlist"，对生成的网络表进行更新。

（15）执行菜单命令"Place"→"Quickplace"，弹出"Quickplace"对话框，选择"Place by property/value"，选择"Page"和"1"，如图 12-4-11 所示。

（16）单击"Place"按钮，将 PAGE1 中所有的元器件都摆放在板框上面。单击"OK"按钮，关闭"Quickplace"对话框，摆放后的图如图 12-4-12 所示。

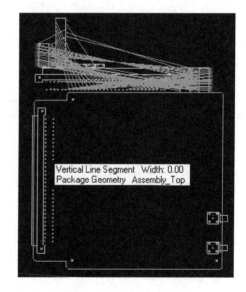

图 12-4-11　"Quickplace"对话框　　　　图 12-4-12　摆放后的图

（17）执行菜单命令"File"→"Save as"，保存文件到 D:/project/Allegro 目录下，文件名为 demo_palce_by_page。

12.5　原理图与 Allegro 交互摆放

1．原理图与 Allegro 交互设置方法

（1）启动 Capture 打开 demo.dsn 项目，执行菜单命令"Options"→"Preferences"，在"Miscellaneous"选项卡中确保勾选"Enable Intertool Communication"，如图 12-5-1 所示。

（2）打开 Demo Root Schematic:PAGE1。

2．Capture 和 Allegro 交互选择

（1）启动 Allegro PCB Designer，打开 demo_unplaced.brd 文件，使 Capture 和 Allegro 在屏幕上各占 1/2，Capture 在左边，Allegro 在右边，如图 12-5-2 所示。

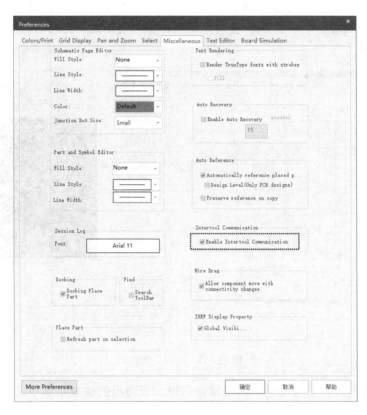

图 12-5-1 "Preferences"对话框

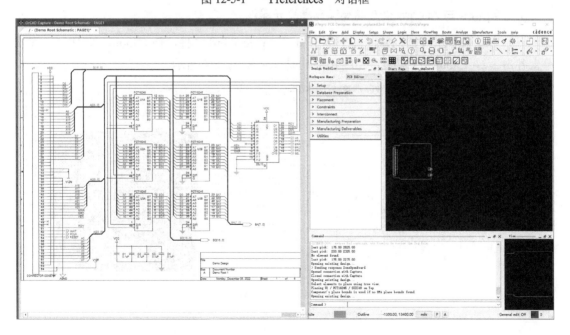

图 12-5-2 调整窗口

（2）在 Allegro 中选择"Zoom Fit"命令，以看到整个 PCB；执行菜单命令"Place"→

"Manually"，在 Capture 中单击 U1，会看到在 Allegro 中 U1 处于被选中状态并随光标移动，如图 12-5-3 所示。

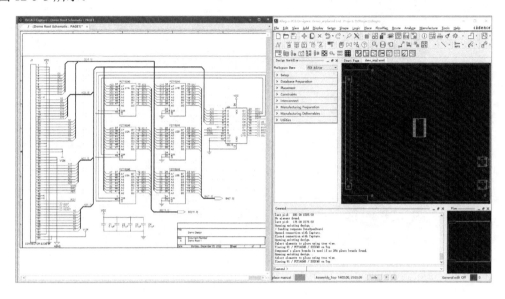

图 12-5-3　选择元器件

（3）将元器件放到适当位置，单击鼠标右键，在弹出的快捷菜单中选择"Done"命令完成操作，不保存。

3．Capture 与 Allegro 交互高亮和反高亮元器件

（1）启动 Allegro PCB Designer，打开 demo_placed.brd 文件，使 Capture 和 Allegro 在屏幕上各占 1/2，Capture 在左边，Allegro 在右边，如图 12-5-4 所示。

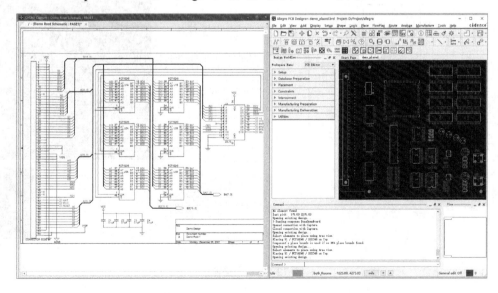

图 12-5-4　调整窗口

（2）在 Allegro 中执行菜单命令"Display"→"Highlight"，在"Options"选项卡中选择一种颜色，在"Find"选项卡的"Find By Name"中选择"Symbol(or Pin)"，并输入"U2"，单击"Enter"键，此时 U2 在 Allegro 工作区域高亮，如图 12-5-5 所示，同时在 Capture 中，U2 处于被选中状态，单击鼠标右键，在弹出的快捷菜单中选择"Done"命令完成操作。

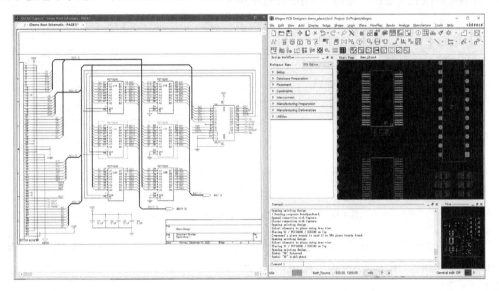

图 12-5-5　高亮元器件

（3）执行菜单命令"Display"→"Dehighlight"，在"Find"选项卡的"Find By Name"中选择"Symbol(or Pin)"，并输入"U2"，单击"Enter"键，U2 在 Allegro 工作区域被反高亮，同时在 Capture 中，U2 不处于被选中状态。单击鼠标右键，在弹出的快捷菜单中选择"Done"命令完成操作，取消元器件的高亮如图 12-5-6 所示。

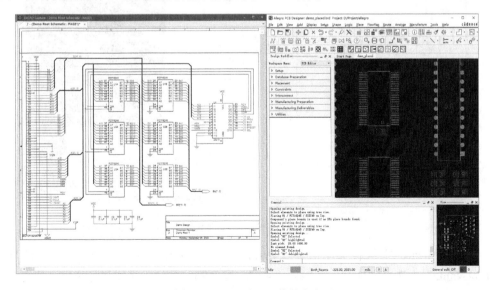

图 12-5-6　取消元器件的高亮

4．Capture 与 Allegro 交互高亮和反高亮网络

（1）在 Allegro 中选择菜单命令"Display"→"Highlight"，在"Options"选项卡中选择一种颜色，在"Find"选项卡的"Find By Name"中选择"Net"，单击"More"按钮弹出"Find by Name or Property"窗口，如图 12-5-7 所示。

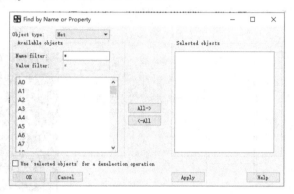

图 12-5-7　"Find by Name or Property"窗口

（2）在左边的"Available objects"列表框中选择"A1"，A1 网络会出现在"Selected objects"列表框中。单击"Apply"按钮，A1 网络在 Allegro 中高亮，在 Capture 中处于被选中状态，如图 12-5-8 所示。

（3）单击"OK"按钮关闭"Find by Name or Property"窗口，在 Allegro 中单击鼠标右键，在弹出的快捷菜单中选择"Done"命令完成操作。

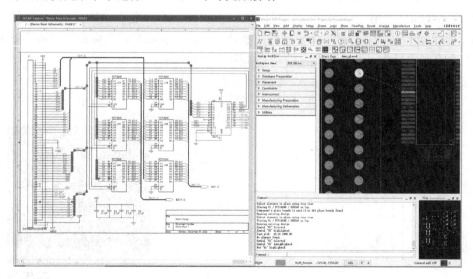

图 12-5-8　高亮网络

（4）在 Allegro 中执行菜单命令"Display"→"Dehighlight"，在"Find"选项卡的"Find By Name"中选择"Net"，并输入"A1"，按"Enter"键。单击鼠标右键，在弹出的快捷菜单中选择"Done"命令来取消网络的高亮（反高亮），如图 12-5-9 所示。

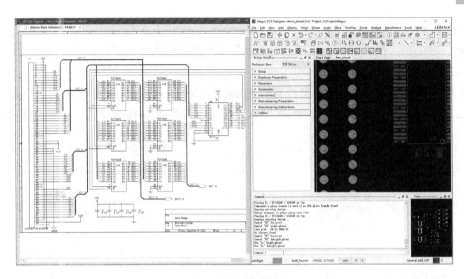

图 12-5-9 取消网络的高亮

（5）执行菜单命令"File"→"Exit"，退出 Capture，不保存文件。

12.6 自动布局

1. 设置布局的网格

（1）启动 Allegro PCB Designer，打开 demo_unplaced.brd 文件。

（2）执行菜单命令"Display"→"Color/Visibility..."，弹出"Color Dialog"窗口，如图 12-6-1 所示。打开"Layers"选项卡中的"Geometry"，在"Board geometry"栏中选择"Place_Grid_Bottom"和"Place_Grid_Top"，并设置相应的颜色，单击"OK"按钮确认设置。

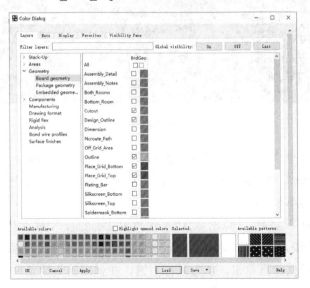

图 12-6-1 "Color Dialog"窗口

（3）执行菜单命令"Place"→"Autoplace"→"Top Grids"，弹出"Allegro PCB Designer"对话框，在"Enter grid X increment"文本框中输入"100"，设置 X 轴格点增量，如图 12-6-2 所示。

（4）单击"OK"按钮，弹出设置"Allegro PCB Designer"对话框，在"Enter grid Y increment"文本框中输入"100"，单击"OK"按钮，设置 Y 轴格点增量，如图 12-6-3 所示。

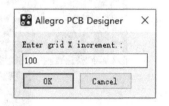　

图 12-6-2　设置 X 轴格点增量 1　　　　　图 12-6-3　设置 Y 轴格点增量 1

（5）在工作区域任意点单击，单击鼠标右键，在弹出的快捷菜单中选择"Done"完成操作，自动布局的顶层网格如图 12-6-4 所示。

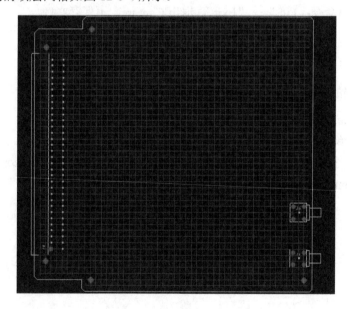

图 12-6-4　自动布局的顶层网格

（6）执行菜单命令"Place"→"Autoplace"→"Bottom Grids"，设置底层网格，弹出"Allegro PCB Designer"对话框，在"Enter grid X increment"文本框中输入"100"，设置 X 轴格点增量，如图 12-6-5 所示。

（7）单击"OK"按钮，弹出"Allegro PCB Designer"对话框，在"Enter grid Y increment"文本框中输入"100"，单击"OK"按钮，设置 Y 轴格点增量，如图 12-6-6 所示。

（8）在工作区域任意点单击，单击鼠标右键，在弹出的快捷菜单中选择"Done"命令完成操作，自动布局的底层网格如图 12-6-7 所示。

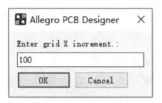

图 12-6-5　设置 X 轴格点增量 2

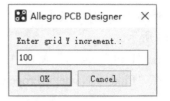

图 12-6-6　设置 Y 轴格点增量 2

2. 设置元器件自动布局的属性

（1）执行菜单命令"Edit"→"Properties"，在控制面板的"Find"选项卡的"Find By Name"栏中选择"Comp（or Pin）"，单击"More"按钮，弹出"Find by Name or Property"窗口，在"Name filter"中输入"U*"，单击"Enter"键，在"Available objects"选区中选择 U1、U2、U3 到"Selected objects"区域，如图 12-6-8 所示。

图 12-6-7　自动布局的底层网格

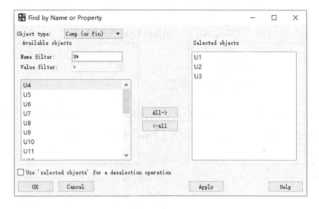

图 12-6-8　按名字或属性查找元器件

（2）单击"Apply"按钮，弹出"Edit Property"窗口和"Show Properties"窗口，分别如图 12-6-9 和图 12-6-10 所示。

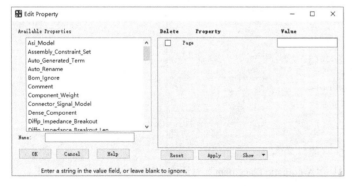

图 12-6-9　"Edit Property"窗口

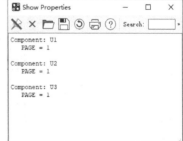

图 12-6-10　"Show Properties"窗口

（3）在"Available Properties"列表框中选择"Place_Tag"，在右边的"Value"下拉列表中选择"TRUE"，选中查找到的元器件，如图 12-6-11 所示。

（4）单击"Apply"按钮，在"Show Properties"窗口中添加 PLACE_TAG 属性，如图 12-6-12 所示。

（5）在"Edit Property"窗口中单击"OK"按钮，关闭对话框。

（6）在"Find by Name or Property"窗口中单击"OK"按钮，完成属性设置。

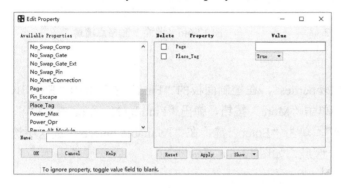

图 12-6-11　选中查找到的元器件

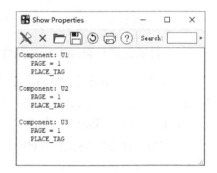

图 12-6-12　在"Show Properties"
窗口中添加属性

3．元器件的自动布局

（1）执行菜单命令"Place"→"Autoplace"→"Parameters…"，弹出"Automatic Placement"对话框，如图 12-6-13 所示。

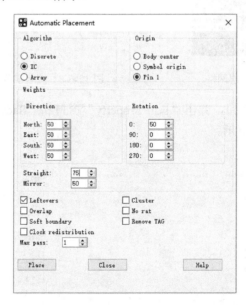

图 12-6-13　"Automatic Placement"对话框

➢　Algorithm：指定放置元器件的算法。

• Discrete：离散元器件。

• IC：集成电路。

- Array: 阵列。
- ➤ Origin: 指定每个元器件的起点。
  - Body center: 以元器件的中心为起点。
  - Symbol origin: 以（0,0）坐标为起点。
  - Pin 1: 以元器件的引脚 1 为起点。
- ➤ Direction: 指定元器件的摆放位置。
  - North: 距顶部的最大距离。
  - East: 距右边的最大距离。
  - South: 距底部的最大距离。
  - West: 距左边的最大距离。
- ➤ Rotation: 指定元器件的旋转角度，包括 0、90、180、270，设置 0 的默认值为 50。
- ➤ Straight: 指定相互连接的元器件。
- ➤ Mirror: 指定将要摆放的元器件放置在 PCB 的哪一层。
- ➤ Leftovers: 如何处理未摆放的元器件。
- ➤ Overlap: 元器件是否可以重叠。
- ➤ Soft boundary: 元器件是否可以放置在 PCB 以外的空间。
- ➤ Clock redistribution: 重新分组。
- ➤ Cluster: 是否将自动放置的元器件分组。
- ➤ No rat: 自动放置元器件时是否显示飞线。
- ➤ Remove TAG: 是否在完成自动放置后删除 PLACE_TAG 属性。

（2）选择默认设置，单击"Place"按钮，元器件的自动布局如图 12-6-14 所示。自动布局后可以使用"Move""Spin"等命令对元器件进行调整。

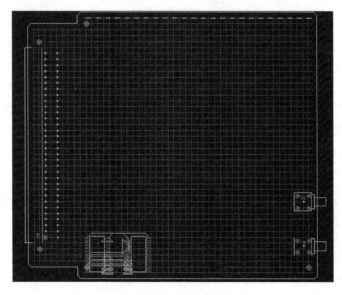

图 12-6-14　元器件的自动布局

（3）在"Autoplace"子命令中，还可以按照 Design、Room、Window 进行自动布局。

（4）执行菜单命令"File"→"Save as"，保存文件于 D:/project/Allegro 目录下，文件名为 demo_autoplace。

12.7 使用 PCB Router 自动布局

1．打开 PCB Router 自动布局工具

（1）启动 Allegro PCB Designer，打开 demo_assign_RefDes.brd 文件。

（2）执行菜单命令"Route"→"PCB Router"→"Route Editor"，弹出"Allegro PCB Route V17.4"界面，如图 12-7-1 所示。

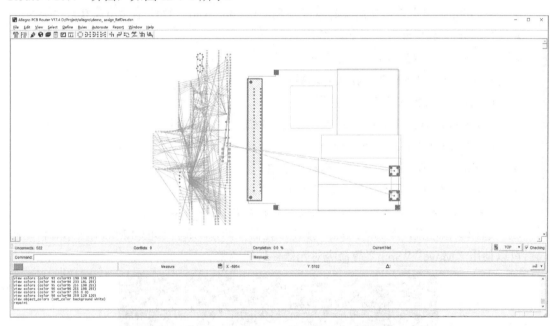

图 12-7-1 "Allegro PCB Route V17.4"界面

（3）执行菜单命令"File"→"Placement Mode"或在工具栏中单击按钮 ，将工作模式转换为布局模式。

（4）执行菜单命令"Autoplace"→"Setup"，弹出"Placement Setup"对话框，如图 12-7-2 所示。

（5）将"Placement Setup"对话框中的"PCB Placement Grid"设置为 50。

（6）设置"Alignment"选项卡，如图 12-7-3 所示。

（7）单击"OK"按钮，关闭"Placement Setup"对话框。

2．布局大元器件

（1）执行菜单命令"Autoplace"→"InitPlace Large Components"，弹出"InitPlace Large

Components"对话框，如图 12-7-4 所示。

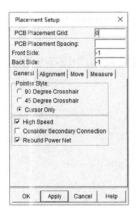

图 12-7-2 "Placement Setup"对话框

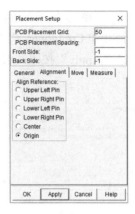

图 12-7-3 设置"Alignment"选项卡

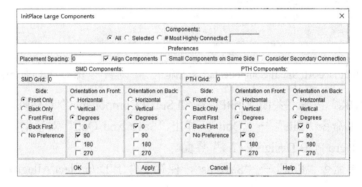

图 12-7-4 "InitPlace Large Components"对话框

（2）单击"OK"按钮，开始自动布局，布局结果如图 12-7-5 所示。

（3）执行菜单命令"Autoplace"→"Interchange Components"，弹出"Interchange Components"对话框，如图 12-7-6 所示，该设置将对大元器件的自动布局进行最后处理。

图 12-7-5 布局结果

图 12-7-6 "Interchange Components"对话框

3．布局小元器件

（1）执行菜单命令"Autoplace"→"InitPlace Small Components"→"All"，设置"InitPlace All Small Components"对话框，如图 12-7-7 所示。

（2）单击"Apply"按钮，对小元器件进行布局，布局结果如图 12-7-8 所示。

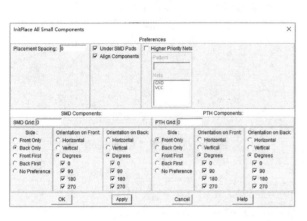

图 12-7-7　设置"InitPlace All Small Components"对话框

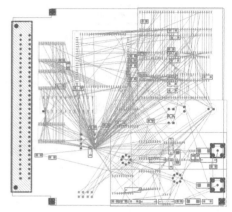

图 12-7-8　布局结果

（3）单击"OK"按钮，关闭"InitPlace All Small Components"对话框。

（4）执行菜单命令"File"→"Quit"，弹出"Save And Quit"对话框，选择"Save And Quit"，返回"Allegro PCB Design V17.4"界面。

（5）执行菜单命令"File"→"Save as"，保存文件于 D:/project/Allegro 目录下，文件名为 demo_auto_router_place。

习题

（1）如何自动摆放元器件？如何实现快速摆放元器件？

（2）如何实现元器件、引脚、功能的交换？

（3）如何生成报表？如何查看摆放信息？

（4）如何实现按原理图摆放？

（5）在按原理图与 Allegro 交互摆放时需要注意什么问题？

第13章 铺 铜

13.1 基本概念

1. 正片和负片

创建铺铜区域有两种方法——负片（Negative Image）和正片（Positive Image），如图 13-1-1 所示，这两种方法各有利弊。正片是"能在底片上看到的就是存在的"，而负片是"在底片上看到的就是不存在的"。

1）负片

【优点】当使用 Vector Gerber 格式时，artwork 文件要求将这一铺铜区域分割得更小，这是因为没有填充这一多边形的数据。这种铺铜区域的类型更加灵活；可在设计进程的早期创建，并提供动态的元器件放置和布线支持。同时，移动元器件或过孔不需要重新铺铜，会自动更新铺铜。

【缺点】必须为所有的热风焊盘（Thermal Relief）建立 flash 符号。

2）正片

【优点】Allegro 以所见即所得的方式显示（在看到实际的正的铺铜区域的填充时，看到 the anti-pad 和 thermal relief——无须特殊的 flash 符号），是真实存在的。如果移动元器件或过孔，需要重新铺铜，Allegro 有较全面的 DRC。

【缺点】如果不是生成栅格化输出，那么 artwork 文件要求将铺铜区域划分得更大，这是因为需要将向量数据填充到多边形中；同时，需要确保在创建 artwork 之前不存在 shape 填充问题。改变元器件的放置位置并重新布线后，必须重新生成 Shape。

在进行铺铜操作之前，先看一下"Shape"菜单，如图 13-1-2 所示。

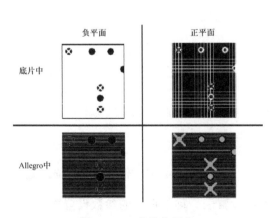

图 13-1-1　负片和正片

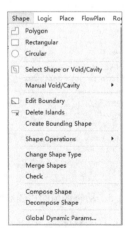

图 13-1-2　"Shape"菜单

> Polygon：添加多边形 Shape。

> Rectangular：添加矩形 Shape。

> Circular：添加圆形 Shape。

> Select Shape or Void/Cavity：选择 Shape 或 Void。

> Manual Void/Cavity：手动 Void。

> Edit Boundary：编辑 Shape 外形。

> Delete Islands：删除孤立 Shape，删除没有连接网络的 Shape。

> Create Bounding Shape：创建边界 shape。

> Shape Operations：Shape 操作。

> Change Shape Type：改变 Shape 的形态，也就是指动态 Shape 和静态 Shape。

> Merge Shapes：合并相同网络的 Shape。

> Check：检查 Shape，需要 Check 底片。

> Compose Shape：组成 Shape，将用线画的多边形变成 Shape。

> Decompose Shape：分解 Shape，由 Shape 分解为线。

> Global Dynamic Params…：设置 Shape 全局参数，可以在编辑界面右击，从弹出的菜单中选择 Quick Utilities，以快速设置 Global Dynamic Params…。

2. 动态铜箔和静态铜箔

（1）在布线、移动元器件或添加 Via 时，动态铜箔能够产生自动避让效果，而静态铜箔必须手动设置避让。

（2）动态铜箔提供了 7 个属性可供使用，它们都是以"DYN*"开头的，这些属性是"贴"在 PIN 上的，而且这些属性对静态铜箔不会起作用。

（3）动态铜箔可以在编辑时使用空框的形式表示，勾选"Options"选项卡中的复选框即可，如图 13-1-3 所示，勾选该复选框后以空框的形式表示整个铜箔，静态铜箔却没有这个功能，如图 13-1-4 所示。

图 13-1-3　动态铜箔的"Options"选项卡　　　　图 13-1-4　静态铜箔的"Options"选项卡

（4）动态铜箔和静态铜箔有着不同的参数设置表。动态铜箔的参数设置表的启动方法是，执行菜单命令"Shape"→"Global Dynamic Params"，或者在选择铜箔后单击鼠标右键，从弹出的快捷菜单中选择"Paraments"命令，不过这里设置的是该铜箔的局部参数。静态铜箔的参数设置表的启动方法是，选择静态铜箔，单击鼠标右键，从弹出的快捷菜单中选择"Paraments"命令，动态铜箔和静态铜箔的显示效果如图 13-1-5 所示。

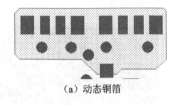
（a）动态铜箔

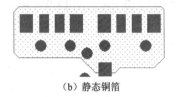
（b）静态铜箔

图 13-1-5　动态铜箔和静态铜箔的显示效果

13.2　为平面层建立 Shape

1．显示平面层

（1）启动 Allegro PCB Designer，打开 demo_placed 文件，设置布线格点为 5。

（2）单击控制面板的"Visibility"选项卡，如图 13-2-1 所示。

（3）执行菜单命令"Display"→"Color/Visibility…"，弹出"Color Dialog"窗口。选择"Stack-Up"，设置"Gnd"的"Pin""Via""Etch"为蓝色，设置"Vcc"的"Pin""Via""Etch"为紫色；选择"Areas"，选择"Rte Ki"，单击"OK"按钮，确认设置。

（4）执行菜单命令"Display"→"Dehighlight"，单击控制面板的"Options"选项卡，选中"Nets"，框住整个图，取消 Vcc 层和 Gnd 层的高亮显示，以便看到热风焊盘。

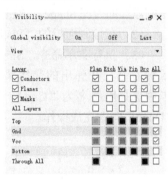

图 13-2-1　设置"Visibility"选项

2．为 Vcc 电源层建立 Shape

图 13-2-2　设置"Options"选项卡 1

（1）执行菜单命令"Shape"→"Polygon"，在控制面板的"Options"选项卡中设置"Active Class"为"Etch"，设置"Active Subclass"为"Vcc"，如果下拉列表中没有"Vcc"这一选项，可以单击右侧的 … 按钮，在出现的列表中选择"Vcc"。设置"Shape Fill"栏的"Type"为"Static solid"，设置网络为"Vcc"，如图 13-2-2 所示。

（2）调整画面显示 PCB 的左上角，直到足够区分板框和布线允许边界为止，大约在 Route Keepin 内 10mil 处开始添加 Shape，如图 13-2-3 所示。

（3）使用 Zoom 和 Pan 命令确认多边形的顶点，如果做错了，可以单击鼠标右键，在弹出的快捷菜单中选择"Oops"命令撤销，重画。为了确保起点和终点一样，当接近终点时，单击鼠标右键，在弹出的快捷菜单中选择"Done"命令，这样就会自动形成一个闭合的多边形。还可以使用菜单命令"Edit"→"Shape"来改变边界。添加好的 Shape 如图 13-2-4 所示。

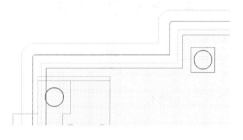

图 13-2-3　添加 Shape

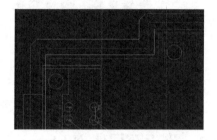

图 13-2-4　添加好的 Shape

3．为 GND 地层建立 Shape

（1）执行菜单命令"Edit"→"Z-Copy"，设置"Options"选项卡如图 13-2-5 所示。单击刚添加的 Vcc Shape，单击鼠标右键，在弹出的快捷菜单中选择"Done"命令完成操作。

（2）在控制面板的"Visibility"选项卡中关掉 Vcc 层的显示。

（3）执行菜单命令"Shape"→"Select Shape or Void/Cavity"，选择"Gnd Shape"，单击鼠标右键，在弹出的快捷菜单中选择"Assign Net"命令，在控制面板的"Options"选项卡中选择网络名为"Gnd"，如图 13-2-6 所示，单击鼠标右键，在弹出的快捷菜单中选择"Done"命令完成操作。

图 13-2-5　设置"Options"选项卡 2

图 13-2-6　选择网络名

（4）执行菜单命令"Setup"→"Design Parameters…"，或者在编辑界面右击，从弹出的快捷菜单中选择命令"Quick Utilities"→"Design Parameters…"，设置"Display"选项卡，如图 13-2-7 所示，将看到热风焊盘，如图 13-2-8 所示。

（5）在控制面板的"Visibility"选项卡中关闭 Vcc 层和 Gnd 层的显示，打开 Top 层和 Bottom 层的显示。

（6）执行菜单命令"File"→"Save as"，保存电路板于 D:/Project/Allegro 目录下，文件名为 demo_plane.brd。

图 13-2-7 设置"Display"选项卡

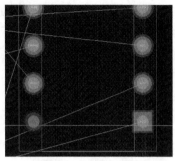

图 13-2-8 热风焊盘

13.3 分割平面

分割平面是指有实铜的正片或负片在一个 PCB 上被分割成两个或更多区域，并连接不同的电压网络，如图 13-3-1 所示。

1. 使用 Anti Etch 分割平面

（1）启动 Allegro PCB Designer，打开 demo_plane.brd 文件。

（2）执行菜单命令"Display"→"Color/Visibility"，弹出"Color Dialog"窗口，选择"Stack-Up"中的"Through All"和"AntiEtch"的交点，如图 13-3-2 所示。

图 13-3-1 分割平面

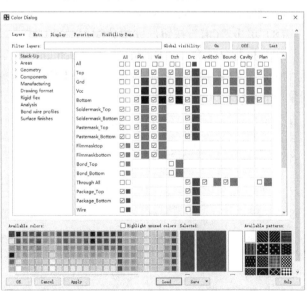

图 13-3-2 设置"Color Dialog"窗口

（3）打开"Gnd"层的显示。执行菜单命令"Add"→"Line"，在控制面板的"Options"选项卡中设置"Active Class"为"Anti Etch"，设置"Active Subclass"为"All"，设置"Line width"为 20.00，如图 13-3-3 所示。

（4）添加分割线来分割所有的 Gnd_Earth 引脚，必须确保分割线的起点和终点都在 Route Keepin 的外面。单击鼠标右键，在弹出的快捷菜单中选择"Done"命令，添加分割线，如图 13-3-4 所示。

（5）执行菜单命令"Edit"→"Split Plane"→"Create"，弹出"Create Split Plane"对话框，如图 13-3-5 所示。

图 13-3-3　设置"Options"选项卡 1　　图 13-3-4　添加分割线　　图 13-3-5　"Create Split Plane"对话框

（6）单击"Create"按钮，屏幕切换到要分割出的 Gnd_Earth 区域，并弹出"Select a net."对话框，选择"Gnd_Earth"网络，如图 13-3-6 所示。

（7）单击"OK"按钮，屏幕切换到 Gnd 区域，并弹出"Select a net."对话框，选择"Gnd"网络，如图 13-3-7 所示。

（8）单击"OK"按钮，完成分割。

（9）执行菜单命令"Display"→"Dehighlight"，在控制面板的"Options"选项卡中选择"Nets"，如图 13-3-8 所示，所有的 Gnd_Earth 引脚不再高亮，单击鼠标右键，在弹出的快捷菜单中选择"Done"命令。

图 13-3-6　选择"Gnd_Earth"网络　　图 13-3-7　选择"Gnd"网络　　图 13-3-8　设置"Options"选项卡 2

（10）在控制面板的"Visibility"选项卡中关闭 Top 层和 Bottom 层的显示，打开 Gnd 层的显示。

（11）执行菜单命令"Display"→"Color/Visibility…"，选择"Stack-Up"，关闭所有"AntiEtch"层的显示，如图 13-3-9 所示。单击"OK"按钮，关闭"Color Dialog"窗口。使用"Zoom By Points"命令，清楚地显示隔离带区域，如图 13-3-10 所示。

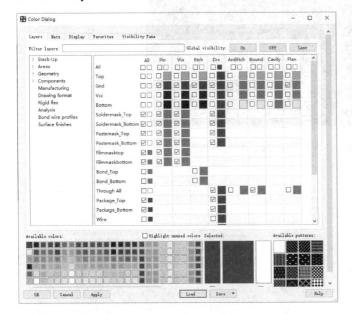

图 13-3-9　关闭所有"AntiEtch"层的显示

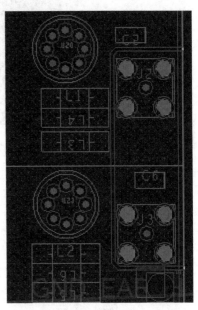

图 13-3-10　显示隔离带区域

注意：焊盘和热风焊盘没有被隔离带破坏（若隔离带破坏了焊盘和热风焊盘，即隔离带穿过了焊盘和热风焊盘，则需要移动元器件，使焊盘和热风焊盘完整）。

（12）执行菜单命令"File"→"Save as"，保存 PCB 于 D:/Project/Allegro 目录下，文件名为 demo_split1。

注意：若 PCB 需要分割平面，则分割必须在布线前完成。

2．使用添加多边形的方法分割平面

1）建立动态 Shape

（1）启动 Allegro PCB Designer，打开 demo_placed.brd 文件。

（2）设置所有的 Gnd_Earth 为红色，设置所有的 Gnd 为黄色。

（3）在控制面板的"Visibility"选项卡中关闭 Top 层和 Bottom 层的显示，打开 Gnd 层的显示。顶层和底层的 SMD 焊盘不显示，如图 13-3-11 所示。

（4）执行菜单命令"Setup"→"Cross-Section…"，单击"Physical"右侧的"▶"按钮，显示出"Negative Artwork"项，取消勾选"GND"层的底片格式。"Cross-section Editor"窗口如图 13-3-12 所示。

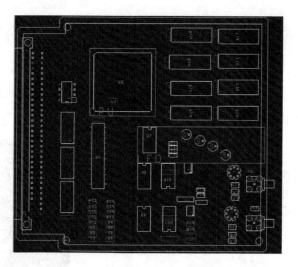

图 13-3-11　不显示 SMD 焊盘的 PCB

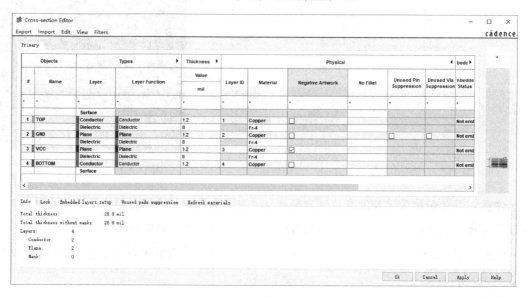

图 13-3-12　"Cross-section Editor"窗口

（5）执行菜单命令"Shape"→"Global Dynamic Parameters…"，或者在编辑界面上右击，从弹出的菜单中选择"Quick Utilities"→"Global Dynamic Parameters…"，弹出"Global Dynamic Shape Parameters"对话框，在"Shape fill"选项卡中设置 Shape 的填充方式，在"Dynamic fill"后选择"Rough"，其他取默认值，如图 13-3-13 所示。

➢ Dynamic fill。

- Smooth：选中后会有自动填充效果。当运行 DRC 时，在所有的动态 Shape 中，产生底片输出效果的 Shape 外形。

- Rough：产生自动挖空的效果，只是大体的外形，没有产生底片输出效果。

- Disabled：不执行填充、挖空。运行 DRC 时，特别是在完成大规模改动或

netin、gloss、testprep、add/replace vias 等动作时提高速度。

➢ Xhatch style：Shape 的填充方式设置。

　　▨ Vertical：仅有垂直线。

　　▤ Horizontal：仅有水平线。

　　▨ Diag_Pos：仅有倾斜的 45°线。

　　▨ Diag_Neg：仅有倾斜的-45°线。

　　▨ Diag_Both：有倾斜的 45°线和倾斜的-45°线。

　　▦ Hori_Vert：有水平线和垂直线。

　　Custom：用户自定义。

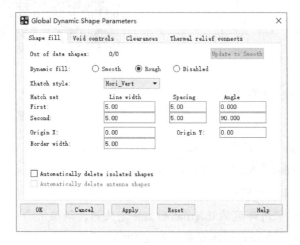

图 13-3-13　设置全局动态 Shape 参数

注意：只有在添加 Shape 时，在"Shape fill type"中选择"Static crosshatch"，才会以 Diag Both 方式填充。

（6）选择"Void controls"选项卡，该选项卡设置避让控制，设置"Artwork format"为"Gerber RS274X"，其他取默认值，如图 13-3-14 所示。

➢ Artwork format：底片格式，有 Gerber 4x00、Gerber 6x00、Gerber RS274X、Barco DPF、MDA 和 Non_Gerber 6 种格式。

➢ Minimum aperture for gap width：最小的镜头直径，只对网格（Gerber RS274X、Barco DPF、MDA 和 Non_Gerber）应用。

➢ Suppress shapes less than：在自动避让时，当 Shape 小于该值时系统会自动删除 shape。

➢ Create pin voids：以行（排）或单个的形式避让多个焊盘。

➢ Acute angle trim control：只在非矢量光绘格式（Gerber RS274X、Barco DPF、MDA 和 Non_ Gerber）下使用。

➢ Snap voids to hatch grid：voids 在 hatch 的格点上，未勾选和勾选"Snap voids to hatch grid"复选框的效果如图 13-3-15 所示。

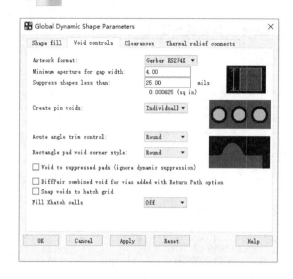

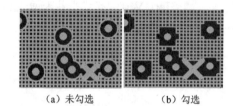

（a）未勾选　　　　　（b）勾选

图 13-3-14　底片参数设置　　　　图 13-3-15　未勾选和勾选"Snap voids to hatch grid"
复选框的效果

（7）选择"Clearances"选项卡，如图 13-3-16 所示，该选项卡用来设置清除方式。在
"Shape/rect"的"Oversize value"文本框中输入 20.00。

➤ DRC：使用 DRC 间隔值清除。

➤ Thermal/anti：使用焊盘的 thermal 和 anti 定义的间隔值清除。

➤ Oversize value：在默认清除值的基础上增加这个值。

（8）选择"Thermal relief connects"选项卡，该选项卡用来设置隔热路径连接方式，各
项取默认值，如图 13-3-17 所示。

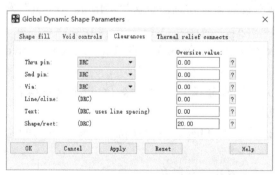

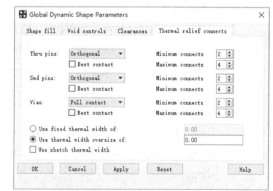

图 13-3-16　选择"Clearances"选项卡　　　图 13-3-17　选择"Thermal relief connects"选项卡

➤ Thru pins。

• Orthogonal：直角连接。

• Diagonal：斜角连接。

- Full contact：完全连接。
- 8 way connect：8 方向连接。
- None：不连接。
- Best contact：以最好的方式连接。

➢ Smd pins 和 Vias：同 Thru pins。

➢ Minimum connects：最小连接数。

➢ Maximum connects：最大连接数。

（9）单击"OK"按钮，关闭"Global Dynamic Shape Parameters"对话框。

（10）执行菜单命令"Display"→"Color/Visibility…"，在弹出的"Color Dialog"窗口中选择"Areas"，选择"Rte Ki"；选择"Stack-Up"，设置 Gnd 层的"Pin""Via""Etch"为蓝色。单击"OK"按钮，关闭"Color Dialog"窗口。

（11）执行菜单命令"Edit"→"Z-Copy"，设置"Options"选项卡，如图 13-3-18 所示。

（12）单击"Route Keepin"边框，在允许布线区域内出现 Gnd Shape，单击鼠标右键，在弹出的快捷菜单中选择"Done"命令完成添加 GND 平面，如图 13-3-19 所示。

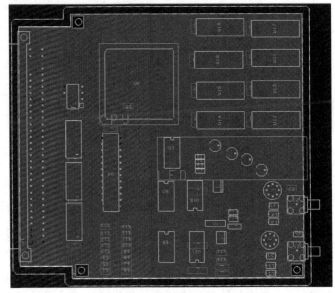

图 13-3-18　设置"Options"选项卡 3　　　　图 13-3-19　添加 GND 平面

（13）执行菜单命令"Shape"→"Select Shape or Void/Cavity"，单击刚添加的 Shape，该 Shape 会高亮，单击鼠标右键，在弹出的快捷菜单中选择"Assign Net"命令，设置"Options"选项卡，如图 13-3-20 所示。

（14）单击鼠标右键，在弹出的快捷菜单中选择"Done"命令完成操作。

2）编辑动态 Shape

（1）执行菜单命令"Setup"→"Design Parameters…"，设置"Display"选项卡，如图 13-3-21 所示。

图 13-3-20　设置"Options"选项卡 4

图 13-3-21　设置"Display"选项卡

（2）单击"OK"按钮，调整画面显示左下角，浏览挖空焊盘的 Rough 模式，如图 13-3-22 所示。

（3）执行菜单命令"Shape"→"Select Shape or Void/Cavity"，单击刚建立的 Shape，这个 Shape 会高亮且边界呈虚线段，当光标位于边界时，可以拖动光标修改边界，如图 13-3-23 所示。

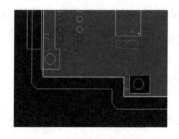

图 13-3-22　Rough 模式

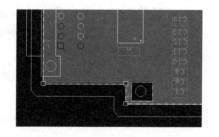

图 13-3-23　显示 Shape 边界

（4）单击鼠标右键，在弹出的快捷菜单中选择"Parameters"命令，弹出"Dynamic Shape Instance Parameters"对话框，在"Clearances"选项卡中设置"Thru pin"的"Oversize value"为 15.00，如图 13-3-24 所示。

注意：当编辑一个 Shape 实体时，不能在"Dynamic Shape Instance Parameters"对话框中修改 Shape fill 和 Artwork。

（5）单击"OK"按钮，关闭"Dynamic Shape Instance Parameters"对话框。单击鼠标右键，在弹出的快捷菜单中选择"Done"命令，会看到间隙值又大了 15mil，DRC 值和 Thermal relief 已经调整到新的设置，孔间隙变大，如图 13-3-25 所示。

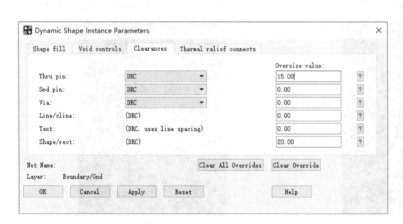

图 13-3-24　"Dynamic Shape Instance Parameters"对话框

图 13-3-25　孔间隙变大

3）分割建立的 Gnd 平面层

（1）调整画面显示高亮的 Gnd_Earth。

（2）执行菜单命令"Shape"→"Polygon"，在控制面板的"Options"选项卡中设置"Active Subclass"为"Gnd"，设置"Assign net name"为"Gnd_Earth"，如图 13-3-26 所示。

（3）画多边形，但要注意不能超过 Route Keepin。画好后单击鼠标右键，在弹出的快捷菜单中选择"Done"命令，添加分割线，如图 13-3-27 所示。

（4）由于该 Shape 的优先级较低，因此需要提高其优先级。执行菜单命令"Shape"→"Select Shape or Void/Cavity"，单击小的 Shape（单击刚添加的 Shape 边界），单击鼠标右键，在弹出的快捷菜单中选择"Raise Priority"命令，单击鼠标右键，在弹出的快捷菜单中选择"Done"命令，分割好的 Shape 如图 13-3-28 所示。

（5）可以看到隔离带通过了元器件的焊盘，移动元器件，调整隔离带，如图 13-3-29 所示。

（6）执行菜单命令"Edit"→"Move"，在控制面板的"Find"选项卡中仅选择"Shapes"，单击并移动小的 Shape，能看到较高优先级的影响，如图 13-3-30 所示。

（7）对比图 13-3-29 和图 13-3-30 可以看出，当移动高优先级的 Shape 时，高优先级的 Shape 会推挤低优先级的 Shape，并保持隔离带不变，单击鼠标右键，在弹出的快捷菜单中选择"Cancle"命令。

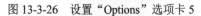

图 13-3-26　设置"Options"选项卡 5　　　图 13-3-27　添加分割线

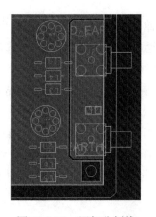
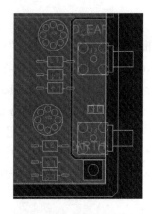

图 13-3-28　分割好的 Shape

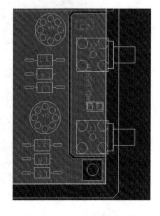
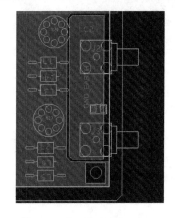

图 13-3-29　调整隔离带　　　　　　　　　图 13-3-30　移动小的 Shape

4）添加和编辑 Void

（1）单击"Zoom Fit"命令，显示整个 PCB。

（2）执行菜单命令"Shape"→"Manual Void/Cavity"→"Polygon"，单击较大的 Shape，这个 Shape 会高亮。添加一个挖空的 Shape 的边界，可制作任意小的图形。这对于清除 RF 电路或关键元器件下面的平面是很有用的。挖空的 Shape 如图 13-3-31 所示。

（3）执行菜单命令"Shape"→"Manual Void/Cavity"→"Move"，选中该 Void，移动其到适当位置，先单击鼠标左键，再单击鼠标右键，在弹出的快捷菜单中选择"Done"命令。移动 Void 如图 13-3-32 所示。

（4）执行菜单命令"Shape"→"Manual Void/Cavity"→"Copy"，选中该 Void，移动光标到适当位置，单击鼠标左键，单击鼠标右键，在弹出的快捷菜单中选择"Done"命令。复制 Void 如图 13-3-33 所示。

（5）执行菜单命令"Shape"→"Manual Void/Cavity"→"Delete"，分别选中上述两个 Void，单击鼠标右键，在弹出的快捷菜单中选择"Done"命令，删除这两个 Shape。

（6）还可以通过修改全局参数来编辑 Void，调整显示通孔元器件 U4。执行菜单命令"Shape"→"Global Dynamic Parameters"，弹出"Global Dynamic Shape Parameters"对话框，在"Void controls"选项卡中更改设置，如图 13-3-34 所示。

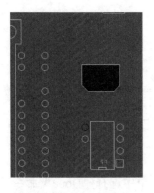

图 13-3-31　挖空的 Shape

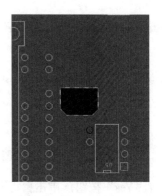

图 13-3-32　移动 Void

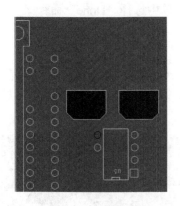

图 13-3-33　复制 Void

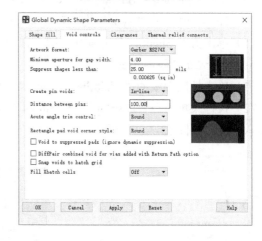

图 13-3-34　设置"Void controls"选项卡

（7）单击"Apply"按钮，会看到 U4 的所有焊盘的 Void 连在一起，如图 13-3-35 所示。

（8）将"Create pin voids"改为"Individually"，单击"OK"按钮。

5）改变 Shape 的类型

（1）执行菜单命令"Shape"→"Change Shape Type"，在"Options"选项卡中改变"Shape Fill"的"Type"为"To static solid"，如图 13-3-36 所示。

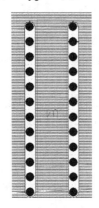

图 13-3-35　Void 连在一起

图 13-3-36　设置"Options"选项卡 6

（2）单击大的 Shape，弹出提示信息，如图 13-3-37 所示。

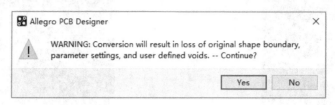

图 13-3-37　提示信息

（3）单击"Yes"按钮，单击鼠标右键，在弹出的快捷菜单中选择"Done"命令。

（4）执行菜单命令"Shape"→"Change Shape Type"，在控制面板的"Options"选项卡中改变"Shape Fill"的"Type"为"To dynamic copper"，如图 13-3-38 所示。

（5）单击大的 Shape，单击鼠标右键，在弹出的快捷菜单中选择"Done"命令。

6）编辑边界并添加 Trace

（1）单击控制面板的"Visibility"选项卡，显示 Top 层。

（2）执行菜单命令"Display"→"Show Rats"→"Net"，单击下面的 TO-99 符号的引脚显示飞线，如图 13-3-39 所示。

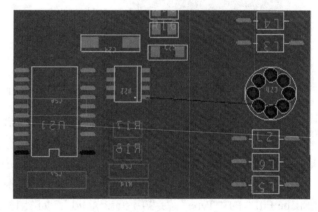

图 13-3-38　设置"Options"选项卡 7　　　　　　图 13-3-39　显示飞线

（3）执行菜单命令"Shape"→"Edit Boundary"，单击要编辑的 Shape，该 Shape 会高亮，单击 Shape 的边界开始定义新的边界。编辑好后，单击鼠标右键，在弹出的快捷菜单中选择"Done"命令，如图 13-3-40 所示。

（4）执行菜单命令"Route"→"Connect"，设置"Options"选项卡，如图 13-3-41 所示。

（5）单击 TO-99 的引脚向 SMD 焊盘布线，可以注意到 Cline 试图"拥抱" Shape，但无法连接到引脚上，如图 13-3-42 所示。

（6）改变"Bubble"选项为"Shove Preferred"。继续走线，在 Shape 的边界上单击一点作为 Trace 的切入点，在 SMD 附近双击鼠标左键添加过孔，连接至 SMD 引脚，单击鼠标右键，在弹出的快捷菜单中选择"Done"命令，布好的线如图 13-3-43 所示。

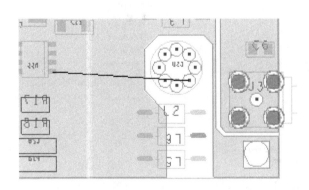

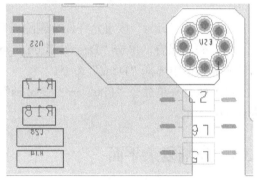

图 13-3-40　编辑 Shape 边界　　　　　　　图 13-3-41　设置"Options"选项卡 8

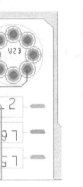

图 13-3-42　布线　　　　　　　　　　　图 13-3-43　布好的线

7）删除孤铜

（1）执行菜单命令"Shape"→"Delete Islands"，或者在编辑界面中右击，从弹出的菜单中选择"Delete Islands"命令，弹出如图 13-3-44 所示的提示信息，询问是否要改变 Shape 为 Smooth。

（2）单击"Yes"按钮，Thermal Relief 的连接方式改变，从 2 个变为 4 个，孤铜将高亮并出现在控制面板的"Options"选项卡中，如图 13-3-45 所示。

➢　Process layer：需要处理的层，即有孤铜的层。

➢　Total design：孤铜的数量，层上的所有孤铜。

➢　Total on layer：需要处理的层上的所有孤铜。

➢　Fixed in design：不需要处理的孤铜的数量。

➢　Delete all on layer：删除所有系统检查出来的孤铜。

➢　Current Island：逐个查看孤铜并手动删除。

➢ Report…：产生关于孤铜的报告。

图 13-3-44　提示信息　　　　　　　图 13-3-45　"Options"选项卡

（3）单击"First"按钮允许逐个删除孤铜，单击"Report…"按钮生成孤铜的报告。

（4）关闭报告，单击"Delete all on layer"按钮，删除所有孤铜，单击鼠标右键，在弹出的快捷菜单中选择"Done"命令。

（5）执行菜单命令"File"→"Save as"，保存文件于 D:/Project/Allegro 目录中，文件名为 demo_split2。

13.4　分割复杂平面

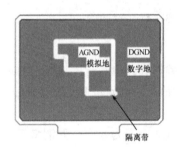

图 13-4-1　复杂平面策略

复杂平面是指在铺铜区域内，可以先定义整个 PCB 的实平面，再用 Anti Etch 将其分成两部分。可以定义分割平面为正片和负片模式；如果产生的底片是 RS274X，那么复杂平面能被定义为正片或负片模式；如果产生的底片是 Gerber4X 或 Gerber6X，那么复杂平面只能被定义为正片模式。当定义负片模式的复杂平面时，在底片控制中必须选择"Suppress Shape fill"项，选择该项后，设计者要加入分割线作为 Shape 的外形。复杂平面策略如图 13-4-1 所示。

1. 定义复杂平面并输出底片

（1）启动 Allegro PCB Designer ，打开 demo_split2.brd 文件。

（2）执行菜单命令"Setup"→"Design Parameters…"，在"Display"选项卡中选择"Filled Pads"和"Grids on"，在控制面板的"Visibility"选项卡中确保显示 Top 层和 Bottom 层。

（3）设置所有的 Gnd 网络为绿色，设置所有的 Agnd 网络为紫色。显示 Agnd 网络的飞线，并更改飞线的颜色为红色。

（4）执行菜单命令"Shape"→"Polygon"，在控制面板的"Options"选项卡中确保"Active Class"为"Etch"，确保"Active Subclass"为"Gnd"，"Shape Fill"的"Type"为"Dynamic copper"，分配的网络名为"Agnd"，如图 13-4-2 所示。

（5）画多边形，注意，Shape 不能重叠任何过孔，但是可以不管 SMD 焊盘，因为这是在内层编辑的。执行菜单命令"Display"→"Blank Rats"→"All"，关闭飞线的显示，添加隔离带，如图 13-4-3 所示。

图 13-4-2 设置"Options"页参数

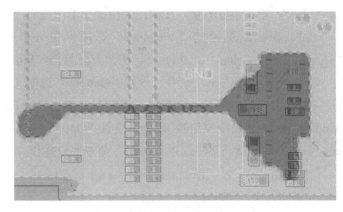

图 13-4-3 添加隔离带

（6）执行菜单命令"Display"→"Status…"，在"Status"对话框中单击"Update to Smooth"按钮，可以看到热风焊盘发生改变，有尽可能多的不超过规范的开口。

（7）执行菜单命令"Manufacturing"→"Artwork"，弹出"Artwork Control Form"窗口，在"Film Control"选项卡中勾选"GND"，如图 13-4-4 所示。

（8）单击"Create Artwork"按钮，生成 Photoplot.log 文件，报表的内容如图 13-4-5 所示。

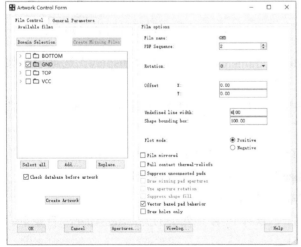

图 13-4-4 "Artwork Control Form"窗口

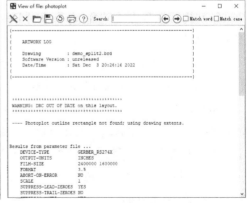

图 13-4-5 报表的内容

（9）关闭 Photoplot 文件和"Artwork Control Form"窗口。

（10）执行菜单命令"File"→"Save as"，保存文件于 D:/Project/Allegro 目录下，文件名为 demo_complex。

2. 添加负平面 Shape 并进行负平面孤铜检查

（1）启动 Allegro PCB Designer，打开 demo_complex.brd 文件。

（2）执行菜单命令"Display"→"Dehighlight"，在控制面板的"Options"选项卡中选择"Nets"，单击鼠标右键，在弹出的快捷菜单中选择"Done"命令。

（3）在控制面板的"Visibility"选项卡中只打开 Vcc 层的显示，执行菜单命令"Display"→"Color/ Visibility…"，更改 Vcc 层的"Pin""Via""Etch"为橙色。

（4）单击"Z-Copy"命令，设置"Options"选项卡，如图 13-4-6 所示。

（5）单击"Route Keepin"线，添加 Vcc 层。执行菜单命令"Shape"→"Select Shape or Void/Cavity"，单击刚添加的 Shape，设置"Options"选项卡，如图 13-4-7 所示，单击鼠标右键，在弹出的快捷菜单中选择"Done"命令完成操作。

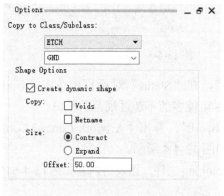
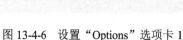

图 13-4-6　设置"Options"选项卡 1

图 13-4-7　设置"Options"选项卡 2

（6）执行菜单命令"Setup"→"Design Parameters…"，设置"Display"选项卡，如图 13-4-8 所示。

（7）单击"OK"按钮，Anti-Pad 看起来像一个空心圆，注意 PCB 上的热风焊盘，这些引脚连接到 Vcc 上，如图 13-4-9 所示。

（8）执行菜单命令"Setup"→"Constraints"→"Modes…"，弹出"Analysis Modes"对话框，设置"Negative plane islands oversize"为"On"，如图 13-4-10 所示。

（9）单击"OK"按钮关闭"Analysis Modes"对话框。

（10）执行菜单命令"File"→"Save as"，保存 PCB 文件于 D:/Project/Allegro 目录下，文件名为 demo_nisland。

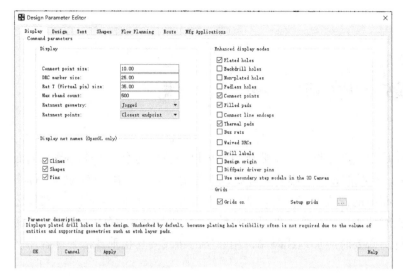

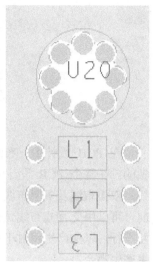

图 13-4-8　设置 "Display" 选项卡　　　　　　图 13-4-9　显示热风焊盘

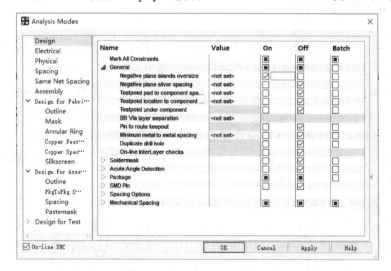

图 13-4-10　"Analysis Modes" 对话框

习题

（1）正片和负片各有何优缺点？

（2）铺铜有何意义？如何对地层铺铜？

（3）为何要分割平面？分割平面有哪几种方法？

（4）孤铜有何影响？如何删除孤铜？

（5）如何对信号层铺铜？

（6）如何设置分割平面的优先级？

第**14**章 布　　线

在 PCB 设计中，布线是完成产品设计的重要步骤，可以说前面的准备工作都是为它而做的。在整个 PCB 设计中，布线的设计过程要求最高、工作量最大。PCB 布线分为单面布线、双面布线及多层布线。布线的方式也有两种，即自动布线和交互式布线。在自动布线之前，可以用交互式布线预先对要求比较严格的线进行布线，输入端与输出端的边线应避免相互平行，以免产生反射干扰。必要时应加地线隔离，相邻层的布线要互相垂直，平行容易产生寄生耦合。

14.1　布线的基本原则

PCB 设计的好坏对 PCB 抗干扰能力的影响很大。因此，在进行 PCB 设计时，必须遵守 PCB 设计的基本原则，并应符合抗干扰设计要求，使得电路获得最佳性能。

（1）印制导线应尽可能短，在高频回路中更应如此；同一元器件的各条地址线或数据线应尽可能保持一样长；印制导线的拐弯处应呈圆角，因为直角或尖角在高频电路和布线密度大的情况下会影响电气性能；当进行双面布线时，两面的导线应互相垂直、斜交或弯曲走线，避免相互平行，以减小寄生耦合；作为电路的输入和输出，用的印制导线应尽量避免相互平行，最好在这些导线之间加地线。

（2）PCB 导线的宽度应满足电气性能要求且便于生产，最小宽度主要由导线与绝缘基板间的黏附强度和流过的电流值决定，但不宜小于 0.2mm，在高密度、高精度的印制线路中，导线宽度和间距一般可取 0.3mm；在大电流情况下还要考虑其温升，单面板实验表明，当铜箔厚度为 50μm、导线宽度为 1～1.5mm、通过电流为 2A 时，温升很小，一般选用 1～1.5mm 宽度的导线就可以满足设计要求而不致引起温升；印制导线的公共地线应尽可能粗，通常使用 2～3mm 的线，这在带有微处理器的电路中尤为重要，因为当地线过细时，流过的电流的变化会导致地电位变动，使微处理器时序信号的电平不稳，使噪声容限劣化；在 DIP 封装的 IC 引脚间布线，可采用 10—10 与 12—12 原则，即当两引脚间通过两根线时，焊盘直径可设为 50mil、线宽与线距均为 10mil，当两引脚间只通过一根线时，焊盘直径可设为 64mil、线宽与线距均为 12mil。

（3）印制导线的间距：相邻导线的间距必须能满足电气安全要求，为了便于操作和生产，间距应尽量大，最小间距至少要能适应所承受的电压。该电压一般包括工作电压、附加波动电压及由其他原因引起的峰值电压。若有关技术条件允许导线之间存在某种程度的金属残粒，则其间距会减小。设计者在考虑电压时，应把这些因素考虑进去。当布线密度较低时，信号线的间距可适当加大，对于高、低电平悬殊的信号线，应尽可能缩短距离且增加线宽。

（4）PCB 中不允许有交叉电路，对于可能交叉的线条，可以用"钻""绕"两种方法解决，即让某引线从别的电阻、电容、三极管引脚下的空隙处钻过去，或者从可能交叉的某条引线的一端绕过去。在特殊情况下，如果电路很复杂，为简化设计，允许用导线跨接，以解决交叉电路问题。

（5）印制导线的屏蔽与接地：印制导线的公共地线应尽量布置在 PCB 的边缘部分。在 PCB 上应尽可能多地保留铜箔充当地线，这样得到的屏蔽效果比长条地线要好，传输线特性和屏蔽作用也将得到改善，还能起到减小分布电容的作用。印制导线的公共地线最好形成环路或网状，这是因为当在同一 PCB 上有许多集成电路时，由于图形上的限制而产生了接地电位差，从而导致噪声容限降低，当做为回路时，接地电位差减小。另外，接地和电源的图形应尽可能与数据的流动方向平行，这是抑制噪声能力增强的秘诀；多层 PCB 可采取其中若干层作为屏蔽层，电源层、地线层均可视为屏蔽层，一般地线层和电源层设计在多层 PCB 的内层，信号线设计在内层或外层。还要注意的是，对数字区与模拟区应尽可能进行隔离，并且要分离数字地与模拟地，最后接于电源地。

14.2　布线的相关命令

布线用的命令如下所示。

- ➤ Net Schedule：布线网络清单。
- ➤ Add Connect：交互式布线。
- ➤ Slide：手动修整线段。
- ➤ Delay Tune：绕线布线。
- ➤ Custom Smooth：自动修整线段。
- ➤ Vertex：改变线段的转角。
- ➤ Create Fanout：扇出。
- ➤ Spread Between Voids：避让问题区域。

布线命令工具按钮如图 14-2-1 所示。

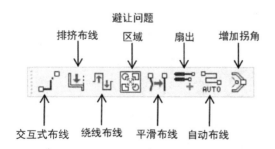

图 14-2-1　布线命令工具按钮

14.3 定义布线的格点

当执行布线命令时，若格点可见，则布线的格点会自动显示，所有的布线会自动跟踪格点。如果设置了布线格点且格点可见，却不能看到格点，可设置"Active Class"为"Etch"。

（1）启动 Allegro PCB Designer，打开 demo_placed.brd 文件。

（2）执行菜单命令"Setup"→"Grids"，弹出"Define Grid"窗口，如图 14-3-1 所示，定义所有布线层的间距。

（3）确保"Grids On"被勾选，在"All Etch"中"Spacing"的"x"栏和"y"栏中均输入 5，如图 14-3-2 所示。

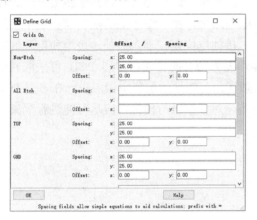

图 14-3-1 "Define Grid"窗口   图 14-3-2 设置固定格点

注意：每次输入值后按"Tab"键，或者单击选项卡中的任意位置，不要按"Enter"键。所有布线层的间距都和"All Etch"的设置一样，本例中使用的布线格点为 5mil。

（4）单击"OK"按钮，关闭"Define Grid"窗口。

（5）还可以设置可变格点，"Define Grid"窗口的设置如图 14-3-3 所示。

（6）使用"Zoom In"命令使格点清楚显示，如图 14-3-4 所示。

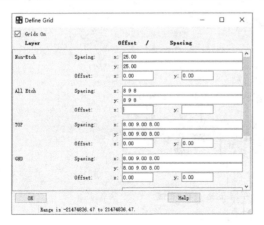

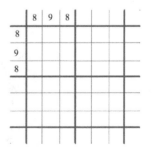

图 14-3-3 设置可变格点   图 14-3-4 使格点清楚显示

（7）大格点的间距为 25mil，两个大格点之间有两个小格点，从一个大格点出发到相邻大格点，从左到右、从上到下，间距分别为 8、9、8。

14.4 交互式布线

1. 添加连接线

（1）执行菜单命令"Display"→"Blank Rats"→"All"，关闭飞线的显示。

（2）执行菜单命令"Display"→"Show Rats"→"Net"，在控制面板的"Find"选项卡中，"Find By Name"选择"Net"，输入"MCLK"，如图 14-4-1 所示。

（3）按"Enter"键，使用"Zoom Out"命令查看网络，MCLK 网络的飞线显示如图 14-4-2 所示。

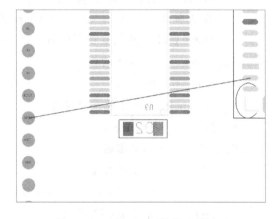

图 14-4-1　设置"Find"选项卡　　　　图 14-4-2　MCLK 网络的飞线显示

（4）执行菜单命令"Route"→"Connect"或在工具栏中单击按钮，设置"Options"选项卡，如图 14-4-3 所示。

➢ Act: 当前层。

➢ Alt/ML: 切换到的模式。

➢ Via: 过孔选择。

➢ Net: 空网络，当布线开始后显示当前布线的网络。

➢ Line lock: 线的形状和引脚。用户能够用这一选项在布线时进行弧线与直线之间的转换。

　• Line: 布线为直线。

　• Arc: 布线为弧线。

　• Off: 无拐角。一次布线为一段任意角度的圆弧线。

　• 45: 拐角为 45°。一次布线为两部分线段: 45° 弧线段和与弧线其中一边相连接的直线段。

- 90: 拐角为 90°。一次布线为两部分线段: 90° 弧线段和与弧线其中一边相连接的直线段。

➢ Miter: 拐角的设置, 若选择 "1x width" 和 "Min", 则表示斜边长度至少为一倍线宽。

➢ Line width: 线宽。

➢ Bubble: 自动避线。

- Off: 不自动避线。
- Hug only: 新的布线 "拥抱" 存在的布线, 存在的布线不变。
- Hug preferred: 新的布线 "拥抱" 存在的布线, 存在的布线改变。
- Shove preferred: 存在的布线被推挤。

在新版本中, Hug only、Hug preferred 和 Shove preferred 设置在布线为弧线（Line lock → Arc）模式下也有效。

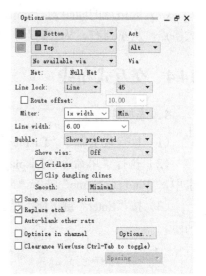

图 14-4-3 设置 "Options" 选项卡

➢ Shove vias: 推挤 Via 的模式。

- Off: 不推挤 Via。
- Minimal: 以最小幅度推挤 Via。
- Full: 完整地推挤 Via。

➢ Smooth: 自动调整布线。

- Off: 不自动调整布线。
- Minimal: 以最小幅度自动调整布线。
- Full: 完整地自动调整布线。
- Super: 以大幅度自动调整布线。

➢ Gridless: 无格点布线。

➢ Snap to connect point: 表示从 Pin、Via 的中心原点引出线段。

➢ Replace etch: 允许改变存在的 Trace, 不用删除命令, 在布线过程中, 若在一个存在的 Trace 上添加布线, 则旧的 Trace 会被自动删除。

➢ Auto-blank other rats: 自动隐藏其他飞线。

➢ Clearance View(use Crtl-Tab to toggle): 间隙视图（使用 Crtl-Tab 切换）。

（5）单击 J1 的引脚作为起点, 可以看到这个引脚是一个通孔的引脚, 并且这个网络所连接的引脚会高亮。在顶层布线, 向目标引脚移动光标进行布线, 如图 14-4-4 所示, 当在布线过程中单击了错误的点时, 可以单击鼠标右键, 在弹出的快捷菜单中选择 "Oops" 命令, 取消操作。

（6）到达目标引脚后单击鼠标左键, 飞线不见了, 单击鼠标右键, 在弹出的快捷菜单中选择 "Done" 命令, 完成布线, 如图 14-4-5 所示。

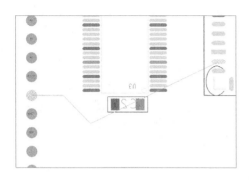

图 14-4-4 开始布线

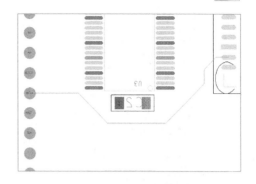

图 14-4-5 完成布线

2．删除布线

（1）执行菜单命令"Edit"→"Delete"，或单击按钮×，在控制面板的"Find"选项卡中单击"All Off"按钮，只勾选"Clines"，删除走线，如图 14-4-6 所示。

注意：在使用删除命令时，默认情况下，"Find"选项卡中的所有项目都被选择，这就使得删除时会把一些不该删除的项目错误地删除掉。作为一般方法，可先关掉所有项目，再选择需要删除的项目。

（2）单击刚才已布的线 MCLK，网络被高亮，单击鼠标右键，在弹出的快捷菜单中选择"Done"命令或再次单击删除按钮即可删除布线，同时该网络的飞线也会显示出来。

（3）执行菜单命令"Route"→"Connect"，为 MCLK 网络布线。

（4）执行菜单命令"Edit"→"Delete"，在控制面板的"Find"选项卡中只勾选"Cline segs"。

（5）单击要删除的线段，该线段会高亮，单击另一条线段，第一条线段消失。单击鼠标右键，在弹出的快捷菜单中选择"Done"命令，MCLK 网络被删除。

图 14-4-6 删除走线

3．添加过孔

（1）执行菜单命令"Route"→"Connect"，设置控制面板的"Options"选项卡，如图 14-4-7 所示。

注意：如果"Bottom"前面的小方框为白色，那么单击它，它会自动变为蓝色（蓝色是为底层布线设置的颜色）。

（2）单击 J1 的引脚，向着目标引脚方向添加一条线段，当到达想要添加过孔的那一点时，双击鼠标左键添加过孔，如图 14-4-8 所示。可以发现"Options"选项卡的"Alt"和"Act"交换，当前层变为 Bottom，Net 显示正在布线的网络为 MCLK，如图 14-4-9 所示。

当运行"Add Connect"命令时，还可以单击鼠标右键，从弹出的快捷菜单（见图 14-4-10）中选择"Add Via"命令来添加过孔。

图 14-4-7　设置"Options"选项卡

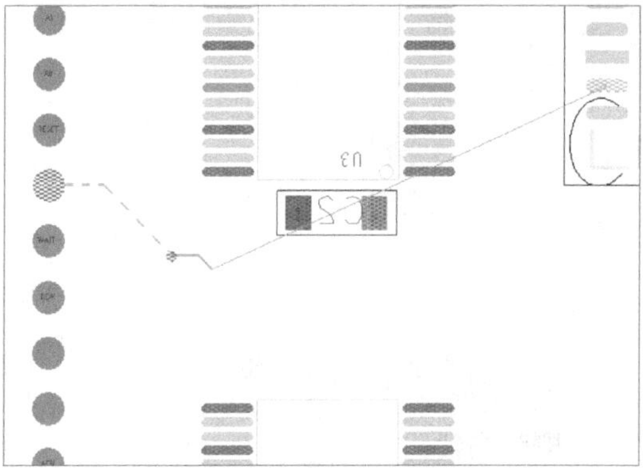

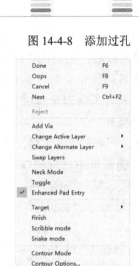

图 14-4-8　添加过孔

图 14-4-9　设置"Options"选项卡

图 14-4-10　快捷菜单

- ➤ Done：布线停止，回到 Idle 状态。
- ➤ Oops：撤销上一步的操作。
- ➤ Cancel：取消正在运行的指令。
- ➤ Next：布线停止，改走其他线。
- ➤ Reject：当有两个对象重叠在一起时，放弃现在选取的选项，改选其他选项。
- ➤ Add Via：添加过孔。
- ➤ Change Active Layer：变更当前层。
- ➤ Change Alternate Layer：变更转换层，设置后，添加过孔后在该层继续布线。
- ➤ Swap Layers：布线层切换（从 Act 层切换到 Alt 层）。
- ➤ Neck Mode：改变下一条段线的线宽为"Physical Rule Set"中设置的"Minimum Neck Width"的值。

> Toggle：引出线角度切换[先直线后斜线（弧线）或先斜线（弧线）后直线]。
> Enhanced Pad Entry：增强焊盘进入约束功能。
> Target。
>   • New Target：允许选择一个新的飞线的引脚，默认为最接近的引脚。
>   • No Target：尾段的飞线不显示。
>   • Route from Target：从目标引脚开始布线。
>   • Snap Rat T：移动飞线 T 点的位置。
> Finish：自动布完同层未布线线段。

此时添加的过孔是按照预设的过孔添加的，是 Allegro 默认的过孔。可以根据需要添加其他过孔，在控制面板的"Options"选项卡的"Via"中可以选择要使用的过孔。如果添加过孔时提示无可用过孔，就必须重新预设过孔。

（3）目标引脚是一个顶层的表贴器件的引脚，因此还需要添加一个过孔才能完成布线，连接到目标引脚后，单击鼠标右键，在弹出的快捷菜单中选择"Done"命令完成布线，如图 14-4-11 所示。

4．使用 Bubble 选项布线

（1）执行菜单命令"Display"→"Show Rats"→"Net"，单击 MCLK 网络与 J1 相连引脚下面的引脚，显示该网络的飞线。使用"Zoom By Points"命令显示飞线区域，如图 14-4-12 所示。

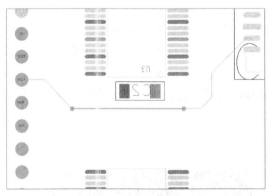

图 14-4-11　完成布线

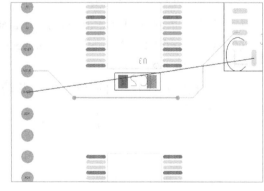

图 14-4-12　显示飞线区域

（2）执行菜单命令"Route"→"Connect"，在控制面板的"Options"选项卡的"Bubble"中选择"Shove Preferred"，"Shove Vias"选择"Full"，"Smooth"选择"Full"，单击 J1 的 MCLK 引脚下面的引脚，确保当前层是 Top。开始向 MCLK 网络移动光标，已存在的走线被推挤，如图 14-4-13 所示，继续移动会发现过孔被推挤，如图 14-4-14 所示。

（3）当将"Options"选项卡中的"Line lock"设置为"Arc"，即进行圆弧布线时，与上述将"Line lock"设置为"Line"时的布线有同样的效果。

注意：只有当将"Bubble"选择为"Shove Preferred"时，才能推挤过孔。

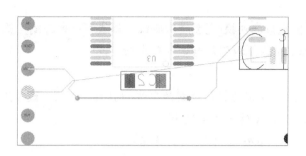

图 14-4-13　推挤走线

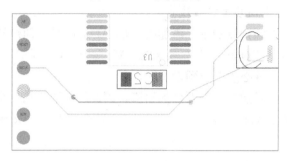

图 14-4-14　推挤过孔

（3）单击鼠标右键，在弹出的快捷菜单中选择"Cancel"命令，执行菜单命令"File"→"Exit"，退出程序，不保存更改。

5. 手动添加弧线（Add Connect Arc）

（1）启动 Allegro PCB Designer，打开 module12_Basic_Arcs.brd 文件。

（2）执行菜单命令"Route"→"Connect"或在工具栏中单击按钮 ，设置"Options"选项卡，如图 14-4-15 所示。

（3）单击图 14-4-16 中的过孔并任意移动光标，可以注意到随着光标移动的轨迹可以创建任意角度的圆弧线。

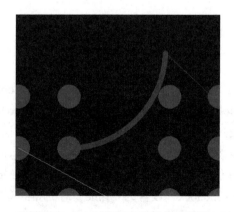

图 14-4-15　设置"Options"选项卡　　　　　图 14-4-16　创建任意角度的圆弧线

（4）改变"Options"选项卡中的"Link lock"为"Arc"和"45"，如图 14-4-17 所示。

（5）单击图 14-4-18 所示中的过孔并移动光标，可以注意到所布线由两部分组成，即直线段和与直线段相连接的 45°弧线。

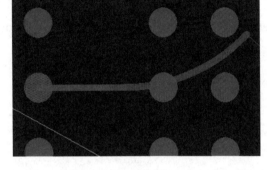

图 14-4-17　设置"Options"选项卡　　　图 14-4-18　在"Toggle"模式关闭时布 45°圆弧线

（6）单击鼠标右键，在弹出的快捷菜单中选择"Toggle"模式，如图 14-4-19 所示。移动光标，可以注意到所布线仍由两部分组成，与上一步"Toggle"模式关闭时不同的是，这两部分线的第一部分是弧线段，第二部分是直线段，如图 14-4-20 所示。当"Link lock"为"Arc"和"90"时，其操作与上述相似，这里不再详述。

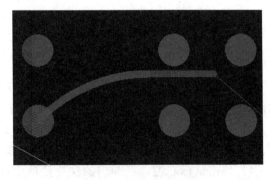

图 14-4-19　快捷菜单　　　　　图 14-4-20　"Toggle"模式打开时布 45°圆弧线

（7）单击鼠标右键，在弹出的快捷菜单中选择"Cancel"命令取消操作。

14.5　扇出

在 PCB 设计中，先从 SMD（表贴元器件）的引脚引出一小段线后再打过孔的方式称为扇出（Fanout）。在扇出设计阶段，要使自动布线工具能对元器件引脚进行连接，表贴元器件的每个引脚至少应有一个过孔，以便在需要更多的连接时，PCB 能够进行内层连接、在线测试（ICT）和电路再处理。

（1）启动 Allegro PCB Designer，打开 demo_nisland.brd 文件。

（2）执行菜单命令"Route"→"PCB Router"→"Fanout By Pick"，若要使用默认设置，直接单击元器件即可；若要修改设置，单击鼠标右键，在弹出的快捷菜单中选择"Setup"命令，弹出"SPECCTRA Automatic Router Parameters"对话框，如图 14-5-1 所示。

图 14-5-1　"SPECCTRA Automatic Router Parameters"对话框

在此参数设置中，可以设置扇出的方向、过孔的位置、最大信号线长度、圆弧形导线、扇出的格点、引脚的类型、是否与其他扇出共享等条件。

（3）单击"OK"按钮，单击要扇出的对象 U3 和 U3 内的电阻（确认在"Find"选项卡里选中"Comps"），弹出进度对话框，如图 14-5-2 所示。

（4）单击鼠标右键，在弹出的快捷菜单中选择"Results"命令，可以查看扇出运行记录，如图 14-5-3 所示。

（5）单击"Close"按钮，关闭"Automatic Router Results"对话框，单击鼠标右键，在弹出的快捷菜单中选择"Done"命令完成操作，扇出元器件如图 14-5-4 所示。

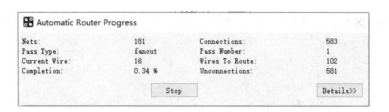

图 14-5-2　进度对话框

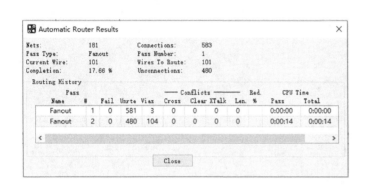

图 14-5-3　扇出运行记录

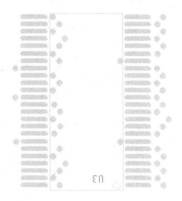

图 14-5-4　扇出元器件

（6）执行菜单命令"File"→"Save As"，保存 PCB 文件于 D:/project/Allegro 目录下，文件名为 demo_fanout.brd。

14.6　群组布线

群组布线包括总线布线，就是一次布多个 Trace，可以使用一个窗口选择连接线、过孔、引脚或飞线来进行群组布线，也可以切换到单 Trace 模式进行布线。群组布线只能在一层布线，不允许打过孔。可以使用鼠标右键功能来改变线间距，即从当前的间距变为最小 DRC 间距或用户定义间距。当为差分对布线时，依据指定的差分对间距布线，不依据非差分对 Trace 的间距布线。

（1）启动 Allegro PCB Designer，打开 demo_fanout.brd 文件。

（2）执行菜单命令"Display"→"Show Rats"→"Net"，在控制面板"Find"选项卡的"Find By Name"下拉列表中选择"Net"和"Name"，在空白栏中输入"VD*"，按"Enter"键，单击鼠标右键，在弹出的快捷菜单中选择"Done"命令。

（3）执行菜单命令"Route"→"Connect"，设置控制面板的"Options"选项卡，如图 14-6-1 所示。

（4）框住 U6 显示飞线的 8 个引脚的扇出，向外拉线，开始群组布线，如图 14-6-2 所示。

（5）单击鼠标右键，在弹出的快捷菜单中选择"Route Spacing"命令，弹出"Route Spacing"对话框，选择"User-defined"，设置"Space"为"8.00"，如图 14-6-3 所示。

（6）单击"OK"按钮，向目标引脚拉线，到达某一位置后单击鼠标左键，单击鼠标右键，在弹出的快捷菜单中选择"Route Spacing"命令，在弹出的对话框中选择"Minimum DRC"，如图 14-6-4 所示。

图 14-6-1　设置"Options"选项卡

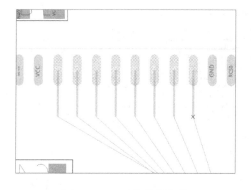

图 14-6-2　开始群组布线

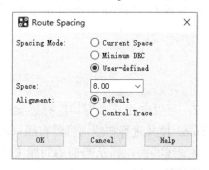

图 14-6-3　设置布线间距

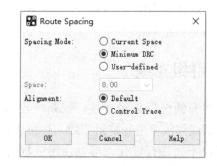

图 14-6-4　改变布线间距

（7）单击"OK"按钮，向目标引脚拉线，到达适当位置时单击鼠标左键，单击鼠标右键，在弹出的快捷菜单中选择"Single Trace Mode"命令，现在跟踪光标的只有原来有"×"的线，并且除了这根线，其余的 Trace 全部处于隐藏状态，如图 14-6-5 所示。

（8）单击鼠标右键，从弹出的快捷菜单中选择"Change Control Trace"命令，单击最上面的线，改变控制的 Trace，如图 14-6-6 所示。

（9）沿着飞线的指示一根一根地布线，将其连接到 SMD 焊盘上。当布完一根线时会自动切换到下一根线，布完所有 VD[7..0]的线后，会发现这些线看起来并不太美观，夹角有直角的也有锐角的，先不用管，后面还要进行优化调整。布好的线如图 14-6-7 所示。

（10）执行菜单命令"File"→"Save as"，保存 PCB 文件于 D:/project/Allegro 目录下，文件名为"demo_busroute"。

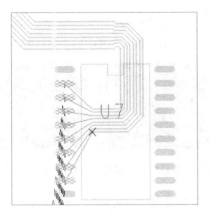

图 14-6-5　改变为单 Trace 模式

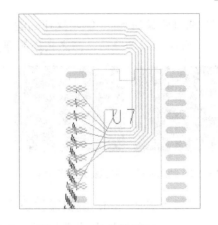

图 14-6-6　改变控制的 Trace

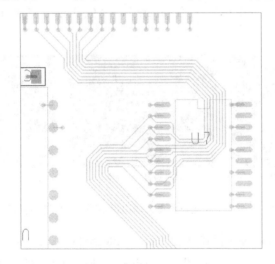

图 14-6-7　布好的线

（11）通过圆弧的 slide 编辑操作功能，执行菜单命令"Route"→"Slide"，选中圆弧后拖动鼠标，改变圆弧半径，直到获得所需要的半径，如图 14-6-8 所示。

（12）通过圆弧的 slide 编辑操作功能，执行菜单命令"Route"→"Slide"，选中圆弧后拖动鼠标，改变圆弧的半径，将 90° 尖角布线变成圆弧布线，如图 14-6-9 所示。

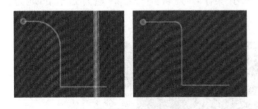

图 14-6-8　改变圆弧半径

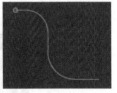

图 14-6-9　将 90° 尖角布线变成圆弧布线

（13）通过圆弧的 slide 编辑操作功能，执行菜单命令"Route"→"Slide"，选中圆弧后拖动鼠标，动态修改与圆弧相连的直线部分，如图 14-6-10 所示。

（14）通过圆弧的 slide 编辑操作功能，执行菜单命令"Route"→"Slide"，选中圆弧后拖动鼠标，选中直线部分后，与之相连的圆弧部分也被自动选中，如图 14-6-11 所示。

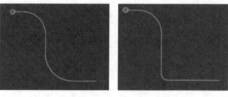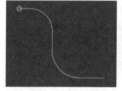

图 14-6-10 动态修改与圆弧相连的直线部分　　　图 14-6-11 自动选中与直线部分相连的圆弧部分

（15）通过圆弧的 slide 编辑操作功能，执行菜单命令"Route" →"Slide"，选中圆弧后拖动鼠标，改变与焊盘或端口相连的直线的布线角度，单击鼠标右键，在弹出的快捷菜单中执行菜单命令"Options"→"Corners"→"90 degree/45 degree/Arc/off"，设置布线角度，如图 14-6-12 所示。

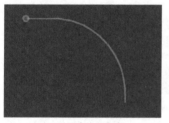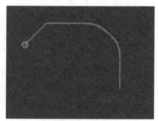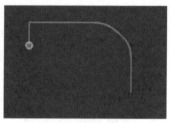

（a）设置直线段角度　　　　　（b）设置 45°角度　　　　　（c）设置 90°角度

图 14-6-12 改变与焊盘或端口相连的直线的布线角度

（16）通过圆弧的 slide 编辑操作功能。启动 Allegro PCB designer，打开 module12_Slide_Arcs.brd 文件。执行菜单命令"Route"→"Slide"，在控制面板的"Options"选项卡中选中"Enhanced Arc Support"选项，将"Bubble"设置为"Hug Only"。将光标放在如图 14-6-13（a）所示的线段上，该线段会高亮。单击鼠标左键，该线段随着光标移动。向下移动线段，直到左边的圆弧角消失，继续向下移动，可以注意到经过左边区域过孔的线会自动避开过孔，且避开过孔的地方为圆弧状，如图 14-6-13（b）所示。取消选择控制面板"Options"选项卡中的"Enhanced Arc Support"选项，重复上一步操作，会看到布线时避开过孔的地方为直线和 45°角，如图 14-6-13（c）所示。

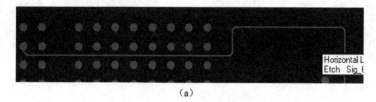

（a）

图 14-6-13 "Enhanced Arc Support"选项对布线的影响

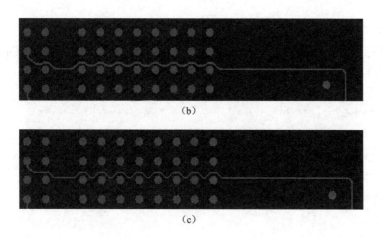

图 14-6-13 "Enhanced Arc Support"选项对布线的影响（续）

（17）通过圆弧的 slide 编辑操作功能。继续步骤（16）中的操作，现向上移动光标，如图 14-6-14（a）所示。按住"Shift"键并向上移动光标，如图 14-6-14（b）所示。这是用固定拐角修整高速圆弧布线最有效的方式。

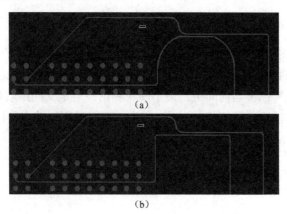

图 14-6-14 "Shift"键对布线的影响

14.7 按照轮廓模板线布线

17.4 版本现在支持将以前的"Enhanced Contour"作为默认的布线方法。除了先前支持的锁存/解存和推挤布线功能，该版本还添加了额外的间隔控件和完全的约束区域，着重于易用性和功能。"Enhanced Contour"可提供一个更有效的布线方法，即在"Add Connect"命令下按照已存在的连接线轨迹或允许布线区域进行布线。

1. 沿着轮廓模板线单一布线

（1）启动 Allegro PCB designer，打开 module11_EnhancedContour.brd 文件。

（2）执行菜单命令"Route"→"Connect"或在工具栏中单击按钮 ，。"Options"选项卡设置如图 14-7-1 所示。

（3）用鼠标左键单击最下方的连接线（轨迹），网络名为 Dp_23_N，"Options"选项卡设置如图 14-7-2 所示。

图 14-7-1　"Options"选项卡设置 1　　　　图 14-7-2　"Options"选项卡设置 2

（4）单击鼠标右键，在弹出的快捷菜单中选择"Contour Options"命令，弹出"Contour Options"对话框，如图 14-7-3 所示。轮廓模板线间距对话框和控件与之前的轮廓模板线版本有所不同。"额外间距"已被当前间距、最小间距和用户自定义间距取代。

（5）单击"OK"按钮，关闭"Contour Options"对话框，单击鼠标右键，在弹出的快捷菜单中选择"Contour Mode"命令，如图 14-7-4 所示。

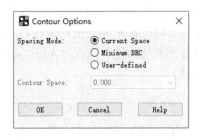

图 14-7-3　"Contour Options"对话框

图 14-7-4　选择"Contour Mode"

（6）将光标直接向下移动到 Route keepin 线上，当线高亮出现时，用鼠标左键单击 Route keepin 线，将布置的线"锁定"，如图 14-7-5 所示，此时高亮的线便被锁定为当前布线的一个轮廓模板线。同时，命令窗口提示如下信息：

"Contour Locked: Click to unlock from contour routing"

（7）使用鼠标滚轮缩小以查看整个 PCB，当布线到达另一个要连接的过孔时，再次单击鼠标左键，即可将刚锁定的轮廓模板线解锁，同时命令窗口提示如下信息：

"Contour Unlocked: Click to lock onto highlighted object"

可通过单击鼠标左键随时切换"锁定"和"解锁"两种状态。新布好的线与轮廓模板线的轨迹一致，如图 14-7-6 所示。

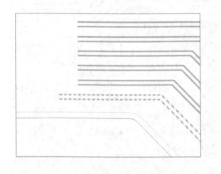

图 14-7-5　"锁定"轮廓模板线

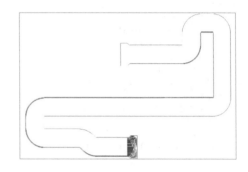

图 14-7-6　Contour 布线完成

（8）单击鼠标右键，在弹出的快捷菜单中选择"Done"命令完成布线。

2. 沿着轮廓模板线多路布线

（1）启动 Allegro PCB designer，打开 module11_EnhancedContour_2.brd 文件。

（2）执行菜单命令"Route"→"Connect"或在工具栏中单击按钮 。设置"Options"选项卡，如图 14-7-7 所示。

（3）执行菜单命令"Display"→"Show Rats"→"Net"，在控制面板的"Find"选项卡的"Find By Name"的下拉列表中选择"Net"和"Name"，在空白栏中输入"I_Rmb1_Dqb<6>"，单击鼠标右键，在弹出的快捷菜单中选择"Done"命令。框住显示飞线的 4 条线，确保 4 条线中最上面的一条线为其余线的控制轨迹（单击鼠标从下向上框选），多路布线如图 14-7-8 所示（白色箭头所指为控制轨迹）。

（4）单击鼠标右键，在弹出的快捷菜单中选择"Route Spacing..."命令，弹出"Route Spacing"对话框，选择"User-defined"并在"Space"后的下拉列表中选择"6.00"，即当前布线间距，单击"OK"按钮关闭对话框。

（5）单击鼠标右键，在弹出的快捷菜单中选择"Contour Options"命令，选择"User-defined"并在"Contour Space"后的下拉列表中选择"6.00"，即当前布线间距，如图 14-7-9 所示，单击"OK"按钮关闭对话框。

（6）向已布好的线移动光标，直到离光标最近的线高亮为止，单击鼠标左键选择

"Contour Mode"，将高亮的线锁定为轮廓模板线（在群组布线或差分布线中，控制轨迹需要离轮廓模板线最近），如图 14-7-10 所示。

（7）继续沿飞线移动光标，到达另一边要连接的过孔时单击鼠标左键将轮廓线解锁，单击鼠标右键，在弹出的快捷菜单中选择"Done"命令，4 条线即可按相同路径快速布好。

图 14-7-7　设置"Options"选项卡

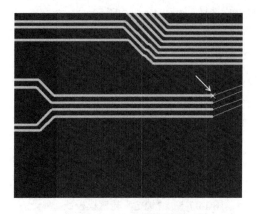

图 14-7-8　多路布线

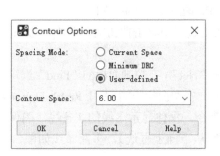

图 14-7-9　"Contour Options"对话框

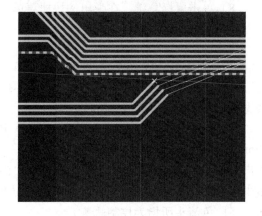

图 14-7-10　锁定轮廓模板线

14.8　自动布线的准备工作

1．浏览前面的设计过程中定义的规则

（1）启动 Allegro PCB Designer，打开 demo_nisland.brd 文件。

（2）执行菜单命令"Edit"→"Properties"，在控制面板的"Find"选项卡中仅选择"Nets"，"Find By Name"选择"Property"和"Name"，如图 14-8-1 所示。

（3）单击"More…"按钮，弹出"Find by Name or Property"窗口，在"Available objects"列表中选择属性，使其出现在"Selected objects"列表中，如图 14-8-2 所示。

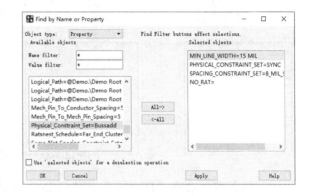

图 14-8-1　设置"Find"选项卡　　　　　图 14-8-2　"Find by Name or Property"窗口

（4）单击"Apply"按钮，弹出"Show Properties"窗口，列出网络的相关属性，如图 14-8-3 所示。

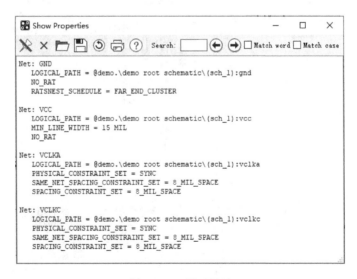

图 14-8-3　显示属性

（5）关闭"Show Properties"窗口和"Find by Name or Property"窗口。

2．在指定层布地址线的规则设置

（1）执行菜单命令"Setup"→"Cross-Section"，增加两个布线内层，如图 14-8-4 所示。

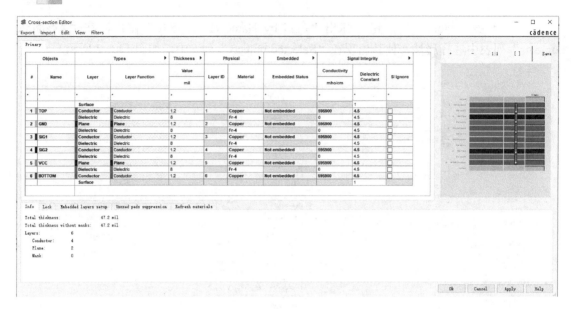

图 14-8-4　增加层面

（2）执行菜单命令"Display"→"Color/Visibility…"，设置 Sig1 和 Sig2 的"Pin""Via""Etch"的颜色，如图 14-8-5 所示。

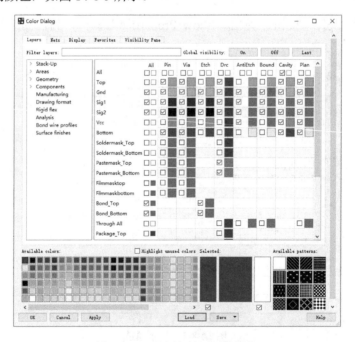

图 14-8-5　设置相关层面的颜色

（3）执行菜单命令"Edit"→"Properties"，在控制面板"Find"选项卡的"Find By Name"中选择"Net"，单击"More…"按钮，弹出"Find by Name or Property"窗口，选择"AEN""MRD""MWR"，如图 14-8-6 所示。

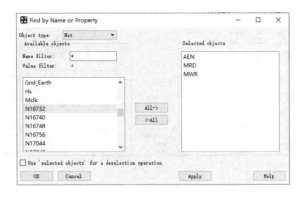

图 14-8-6　"Find by Name or Property"窗口

（4）单击"OK"按钮，弹出"Edit Property"窗口和"Show Properties"窗口，分别如图 14-8-7 和图 14-8-8 所示。

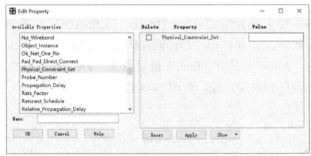

图 14-8-7　"Edit Property"窗口

图 14-8-8　"Show Properties"窗口

（5）在"Edit Property"窗口中设置，如图 14-8-9 所示，单击"Apply"按钮，设置后的"Show Properties"窗口如图 14-8-10 所示。

（6）单击"OK"按钮，关闭"Edit Property"窗口和"Show Properties"窗口。单击"OK"按钮，关闭"Find by Name or Property"窗口。

（7）执行菜单命令"Setup"→"Constraints"→"Physical…"，弹出"Allegro Constraint Manager"窗口，如图 14-8-11 所示。

图 14-8-9　"Edit Property"窗口的设置

图 14-8-10　设置后的"Show Properties"窗口

363

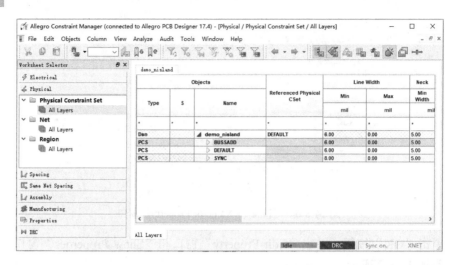

图 14-8-11　"Allegro Constraint Manager"窗口

（8）在右侧工作区间内的"Objects"栏下选择刚建立的网络组"BUSSADD"，单击"BUSSADD"前面的"▷"，其下的栏目展开，分别单击"Conductor"和"Plane"前面的"▷"，将"TOP"层和"BOTTOM"层的"Allow"下的"Etch"值设置为"FALSE"，这就意味着约束网络只能在内层布线，不能在顶层和底层布线，如图 14-8-12 所示。

图 14-8-12　设置约束

（9）在左侧选择区间单击"Net"前面的"＞"，双击下面的"All Layers"，可以查看到网络"AEN""MRD""MWR"的物理约束都已经改为"BUSSADD"，如图 14-8-13 所示。

（10）关闭"Allegro Constraint Manager"窗口。

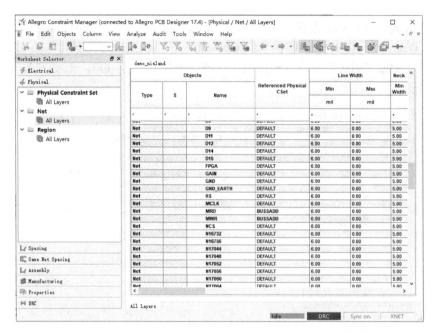

图 14-8-13　查看约束

（11）执行菜单命令"File"→"Save as"，保存 PCB 于 D:/project/Allegro 目录下，文件名为"demo_physirules.brd"。

3. 设置电气规则

（1）启动 Allegro PCB Designer，打开 demo_nisland.brd 文件。

（2）执行菜单命令"Setup"→"Constraints"→"Electrical…"，弹出"Allegro Constraint Manager"窗口，如图 14-8-14 所示。

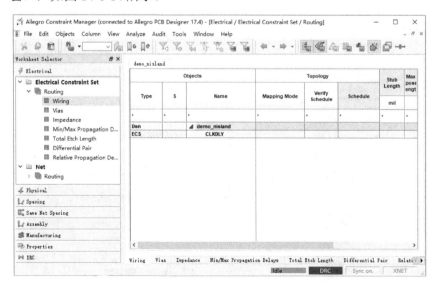

图 14-8-14　"Allegro Constraint Manager"窗口

（3）在左侧选择区间选择"Electrical Constraint Set"→"Routing"→"Min/Max Propagation Delays"，将右侧工作区间"Objects"下"CLKDLY"的"Min Delay"设为 1000mil，将"Max Delay"设为 1500mil（注意：若单位不是 mil，则将其改为 mil），如图 14-8-15 所示。

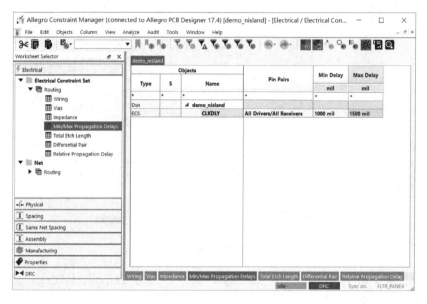

图 14-8-15　设置约束

（4）在左侧选择"Net"→"Routing"→"Min/Max Propagation Delays"，找到网络"DCLK"，将其"Referenced Electrical CSet"设置为"CLKDLY"，如图 14-8-16 所示。

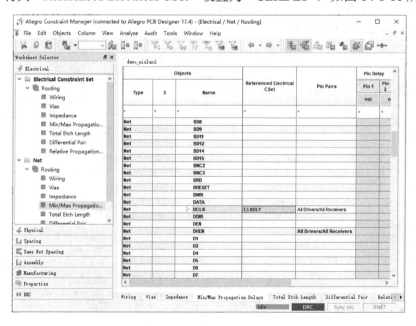

图 14-8-16　分配约束

（5）关闭"Allegro Constraint Manager"窗口。

（6）执行菜单命令"Setup"→"Constraints"→"Modes…"，弹出"Analysis Modes"对话框，选择"Electrical"选项卡，约束检查模式如图 14-8-17 所示。

（7）单击"Mark All Constraints"后面的"On"按钮，打开所有约束，约束检查模式如图 14-8-18 所示。

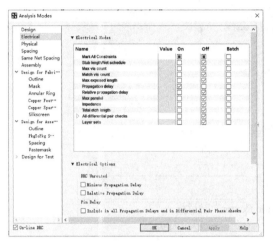

图 14-8-17　约束检查模式 1

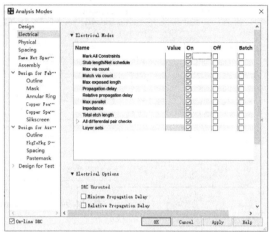

图 14-8-18　约束检查模式 2

（8）单击"OK"按钮，关闭"Analysis Modes"对话框。

（9）执行菜单命令"File"→"Save as"，保存文件于 D:/project/Allegro 目录下，文件名为"demo_ecset.brd"。

14.9　自动布线

1．使用 Auto Router 自动布线

Allegro 的自动布线功能可以使用外部的自动布线软件 Auto Router，Auto Router 是一个功能十分强大的自动布线软件，Allegro 在将 PCB 传送到 Auto Router 时，会一并将设置在 PCB 中的属性及设计规范全部传送给 Auto Router，使用者可以很容易地操作 Auto Router。

（1）启动 Allegro PCB Designer，打开 demo_plane.brd 文件。

（2）执行菜单命令"Route"→"PCB Router"→"Route Automatic…"或单击按钮，弹出如图 14-9-1 所示的"Automatic Router"对话框。

① Router Setup 选项卡：通过设置一系列的参数定义一个高标准的布线策略。

➢　Strategy。

- Specify routing passes：在"Routing Passes"选项卡中使用具体的布线工具。
- Use smart router：在"Smart Router"选项卡中使用智慧型布线工具。
- Do file：使用 Do 文件布线。

注意：选择其中一种布线模式，相应的对话框会被激活。例如，若选择"Use smart

router"，则 Smart Router 就会被激活。

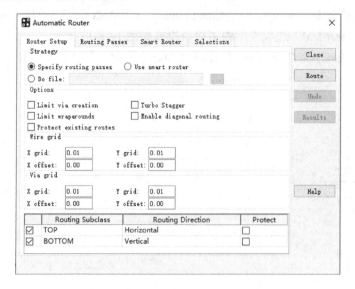

图 14-9-1　"Automatic Router" 对话框

➢ Options。

- Limit via creation：限制使用过孔。

- Turbo Stagger：最优化斜线布线。

- Limit wraparounds：限制绕线。

- Enable diagonal routing：允许使用斜线布线。

- Protect existing routes：保护已存在的布线。

➢ Wire grid：布线的格点。

➢ Via grid：过孔的格点。

➢ Routing Direction：选择布线的走向。"TOP" 选择 "Horizontal"，表示 TOP 层布线呈水平方向；"BOTTOM" 选择 "Vertical"，表示 BOTTOM 层布线呈垂直方向。

② Routing Passes 选项卡：只有选择 "Router Setup" 选项卡中的 "Specify routing passes"，此选项卡才有效，如图 14-9-2 所示。

➢ Preroute and route：指定布线的动作。

➢ Post Route。

- Critic：精确布线。

- Filter routing passes：过滤布线途径。

- Center wires：中心导线。

- Spread wires：展开导线。

- Miter corners：布线时使用 45° 拐角。

- Delete conflicts：删除冲突。

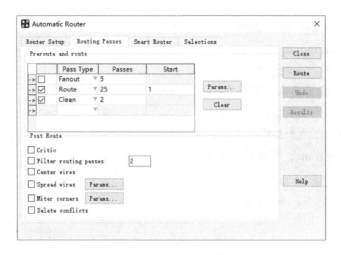

图 14-9-2　设置布线参数

单击"Params..."按钮，设置更多的参数，如图 14-9-3 所示。

➢ Fanout：扇出的参数设置。

➢ Bus Routing：总线布线，选择直角布线还是斜角布线。

➢ Seed Vias：通过增加一个贯穿孔把单独的连线切分为两条更小的连线。

➢ Testpoint：设置测试点产生的相关参数。

➢ Spread Wires：在导线与导线、导线与引脚之间添加额外的空间。

➢ Miter Corners：设置在什么情况下需要把拐角变成斜角。

➢ Elongate：设置绕线布线，以满足时序规则。

图 14-9-3　设置更多参数

③ Smart Router 选项卡：只有选中"Router Setup"选项卡中的"Use smart router"，此选项卡才有效，如图 14-9-4 所示。

➢ Grid。

　　• Minimum via grid：定义最小的过孔格点（默认值为 0.01）。

　　• Minimum wire grid：定义最小的布线格点（默认值为 0.01）。

➢ Fanout。

　　• Fanout if appropriate：扇出是否有效。

　　• Via sharing：共享过孔。

- Pin sharing: 共享引脚。
➢ Generate Testpoints。
  - Off: 不产生测试点。
  - Top: 在顶层产生测试点。
  - Bottom: 在底层产生测试点。
  - Both: 在两个层面产生测试点。
➢ Milter after route: 布线后布斜线。

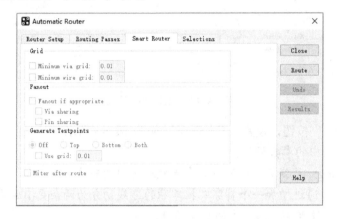

图 14-9-4 设置"Smart Router"选项卡

④ Selections 选项卡: 选择要布线的网络或元器件，如图 14-9-5 所示。

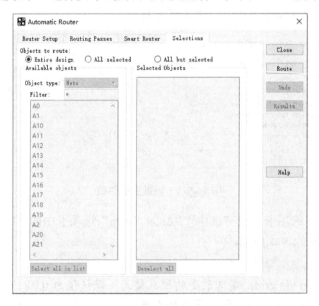

图 14-9-5 设置"Selections"选项卡

➢ Objects to route: 选择布线的模式。
  - Entire design: 对整个设计进行布线。

- All selected: 选择网络或元器件进行布线。
- All but selected: 给未选择的网络或元器件布线。
- Available objects: 显示可用的网络或元器件。
  - Object type: 选择布线时，可以选择网络或元器件进行布线。
  - Filter: 可供选择的网络或元器件。
  - Selected Objects: 显示已选择的网络或元器件。

（3）全部选用默认参数，单击"Route"按钮，按照"Routing Passes"选项卡和"Router Setup"选项卡的设置进行布线，弹出如图 14-9-6 所示的进度对话框。

图 14-9-6　进度对话框 1

（4）布线完毕后回到"Automatic Router"对话框，可以看到已经布完线。如果不满意，可以单击"Undo"按钮撤销操作，重新设置参数，进行布线。满意后单击鼠标右键，在弹出的快捷菜单中选择"Done"命令，自动布线，如图 14-9-7 所示。

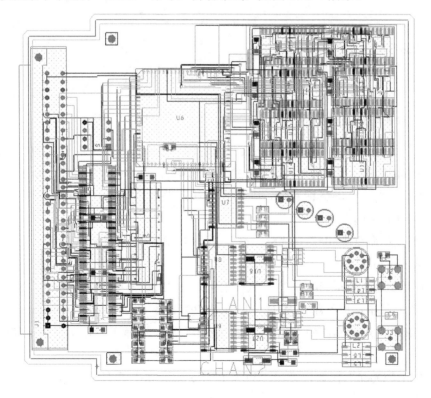

图 14-9-7　自动布线

（5）执行菜单命令"Edit"→"Delete"，在控制面板的"Find"选项卡中只勾选"Clines"和"Vias"，如图 14-9-8 所示。

（6）框选整个 PCB，单击鼠标右键，在弹出的快捷菜单中选择"Done"命令。

（7）执行菜单命令"Route"→"PCB Router"→"Route Automatic"或单击按钮，弹出"Automatic Router"对话框，在"Router Setup" 选项卡的"Strategy"中选择"Use smart router"，并选择"Enable diagonal routing"；在"Smart Router"选项卡中选择"Miter after route"。单击"Route"按钮开始布线，弹出进度对话框，如图 14-9-9 所示。单击"Details"按钮，可以看到布线过程的详细信息。

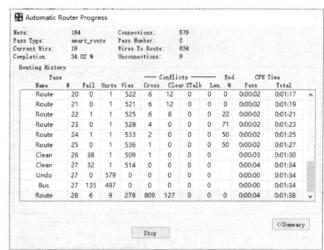

图 14-9-8　设置"Find"选项卡　　　　　图 14-9-9　进度对话框 2

（8）单击"Summary"按钮隐藏布线信息。当"Completion"显示"100%"时，回到"Automatic Router"对话框，若对当前设置的布线不满意，可单击"Undo"按钮撤销布线，重新设置并进行布线。单击鼠标右键，在弹出的快捷菜单中选择"Done"命令完成自动布线，如图 14-9-10 所示。

（9）执行菜单命令"File"→"Save as"，保存 PCB 于 D:/project/Allegro 目录下，文件名为"demo_autoroute"。

（10）打开 demo_plane. brd 文件，执行菜单命令"File"→"File Viewer"，弹出"Select File to View"对话框，更改路径为 D:\Cadence\SPB_17.4_old\share\spectra\tutorial，文件类型选择"All Files"，文件名输入"*.do"，按"Enter"键，选择 basic.do 文件，如图 14-9-11 所示。

（11）单击"Open"按钮，弹出"View of file:basic.do"窗口，浏览 basic.do 文件，如图 14-9-12 所示。

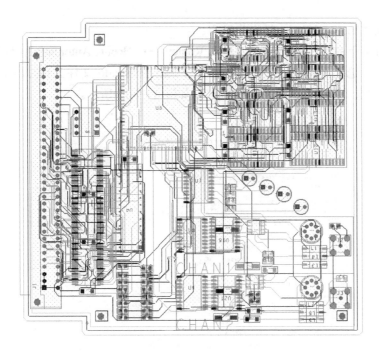

图 14-9-10　自动布线

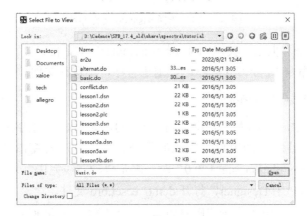

图 14-9-11　选择 basic.do 文件

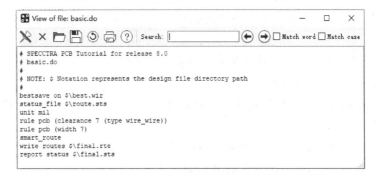

图 14-9-12　浏览 basic.do 文件

（12）关闭"View of file:basic.do"窗口。

（13）执行菜单命令"Route"→"PCB Router"→"Route Automatic"，弹出"Automatic Router"对话框，选择"Do file"，单击按钮 ，选择 basic.do 文件。有时需要把 basic.do 文件拆分使用，勾选"Enable diagonal routing"，如图 14-9-13 所示。

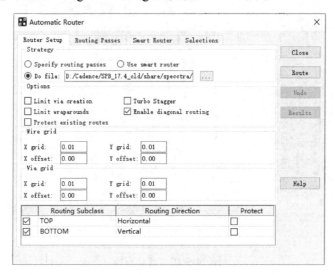

图 14-9-13　选择 basic.do 文件布线

（14）单击"Colse"按钮，关闭"Automatic Router"对话框。

（15）执行菜单命令"File"→"Exit"，退出程序，不保存文件。

2. 使用 CCT 布线器自动布线

在 CCT 布线器中，可以动态显示布线的全过程，如尝试布线的条数、重布线的条数、未连接线的条数、布线时的冲突数、完成的百分率。当在观察窗口中显示"Smart Route: Smart_route finished, completion rate: 100.0"时，表示自动布线完毕。

（1）启动 Allegro PCB Designer，打开 demo_ecset.brd 文件。

（2）执行菜单命令"Route"→"PCB Router"→"Route Editor"，不显示 Allegro 编辑界面，打开 CCT 布线器界面（SPECCTRA GUI 界面），如图 14-9-14 所示。

（3）执行菜单命令"Autoroute"→"Route"，弹出"AutoRoute"对话框，如图 14-9-15 所示。

➢ Basic: 只有勾选此项，对话框左边的窗格才有效。

• Passes: 设置自动布线的数目，默认值为 25。

• Start Pass: 设置开始通道数，如果将"Passes"设置为"25"，那么该值一般设置为"16"。

• Remove Mode: 创建一个非布线路径。

注意：当布线率很低时，"Basic"选项会自动生效。

➢ Smart: 只有勾选此项，对话框右侧的窗格才有效。

- Minimum Via Grid：设置最小的过孔格点。
- Minimum Wire Grid：设置最小的导线格点。
- Fanout if Appropriate：可扇出。
- Generate Testpoints：是否产生测试点。
- Miter After Route：改变布线拐角，从 90°到 45°。

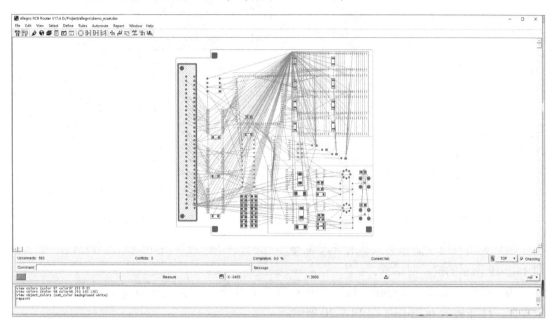

图 14-9-14　CCT 布线器界面

（4）单击"Apply"按钮，CCT 布线器开始布线，会出现提示信息（该 PCB 减少层数，可能会更好，试着删除所有的线，重新布线）。

（5）单击"OK"按钮，当布线结束后，"completion rate"会提示"100.00"（100%），如图 14-9-16 所示。

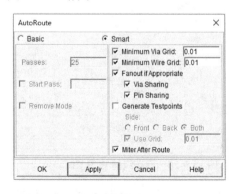

图 14-9-15　"AutoRoute"对话框　　　　　图 14-9-16　提示信息

（6）单击"OK"按钮，关闭"AutoRoute"对话框，系统会重新检查布线，可以看到

CCT 布线器布完的线，如图 14-9-17 所示。

（7）执行菜单命令"Report"→"Route Status"，可以看到整个布线状态报告，如图 14-9-18 所示。

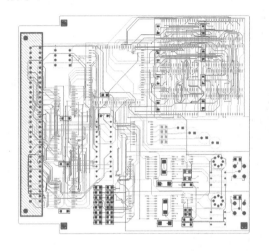

图 14-9-17　布线完成　　　　　　　　　　　　图 14-9-18　布线状态报告

（8）关闭布线状态报告，执行菜单命令"File"→"Quit"，退出 CCT 布线器，弹出如图 14-9-19 所示的提示对话框。

（9）单击"Save And Quit"按钮，退出 CCT 布线器，自动返回 Allegro PCB Designer 编辑界面，已布线的 PCB 图如图 14-9-20 所示。

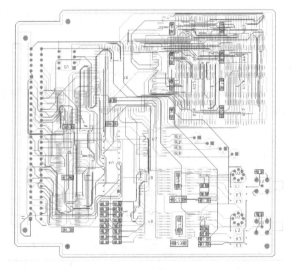

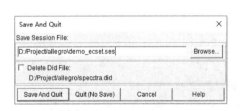

图 14-9-19　提示对话框　　　　　　　　　　　图 14-9-20　已布线的 PCB 图

（10）执行菜单命令"File"→"Save as"，保存 PCB 文件于 D:/project/Allegro 目录下，文件名为"demo_cctroute"。

3．对指定网络或元器件自动布线

（1）启动 Allegro PCB Designer，打开 demo_physirules.brd 文件。

（2）执行菜单命令"Route"→"PCB Router"→"Route Net(s) By Pick"，单击鼠标右键，在弹出的快捷菜单中选择"Setup"命令，设置布线的参数，在"Routing Passes"选择卡中勾选"Critic"和"Miter corners"选项，如图 14-9-21 所示。此对话框与自动布线的对话框基本相同，只是少了"Route""Undo""Result"3 个按钮。

（3）单击"Close"按钮，关闭"Automatic Router"对话框。

（4）在控制面板的"Find"选项卡中单击"Find By Name"栏，选择"Net"，单击"More…"按钮，弹出"Find by Name or Property"窗口，选择网络"AEN""MWR""MRD"，这是前面设置约束的网络，如图 14-9-22 所示。

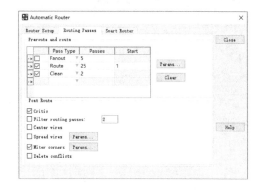

图 14-9-21　设置布线参数

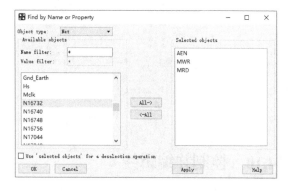

图 14-9-22　选择网络

（5）单击"Apply"按钮，弹出"Automatic Router Progress"对话框，如图 14-9-23 所示。

（6）布完线后，单击鼠标右键，在弹出的快捷菜单中选择"Done"命令，可以看到对上述 3 个网络布的线，完成的布线满足内层布线的约束条件，如图 14-9-24 所示。

图 14-9-23　"Automatic Router Progress"对话框

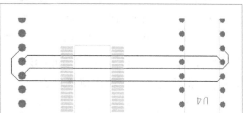

图 14-9-24　完成的布线

（7）执行菜单命令"Route"→"PCB Router"→"Route Net(s) By Pick"，确保在控制面板的"Find"选项卡中勾选"Comps"或"Symbols"，单击元器件 U6，单击鼠标右键，在弹出的快捷菜单中选择"Done"命令，布完线的图如图 14-9-25 所示。

（8）执行菜单命令"File"→"Save as"，保存 PCB 文件于 D:/project/Allegro 目录下，文件名为"demo_pickroute"。

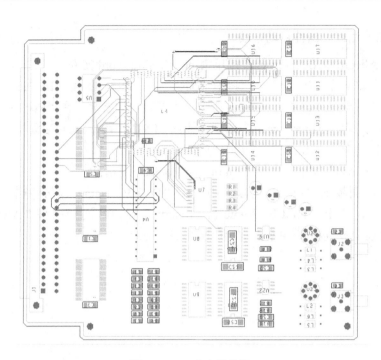

图 14-9-25　布完线的图

14.10　控制并编辑线

14.10.1　控制线的长度

1．绕线布线

当布线有设置长度或等长要求时，若长度不足，则会以绕线的方式增加布线的长度，以符合长度的设计要求，此方式称为绕线（Elongation）。

（1）启动 Allegro PCB Designer，打开 demo_ecset.brd 文件。

（2）执行菜单命令"Display"→"Show Rats"→"Net"，确保在控制面板的"Find"选项卡中选择"Nets"，在"Find By Name"选区中选择"Net"，并输入"DCLK"，按"Enter"键显示飞线，单击鼠标右键，在弹出的快捷菜单中选择"Done"命令。

（3）执行菜单命令"Route"→"Connect"，对 DCLK 网络进行交互式布线，设置"Options"选项卡，如图 14-10-1 所示。

（4）单击 U5 的引脚，向目标的 U6 引脚布线，单击鼠标右键，在弹出的快捷菜单中选择"Done"命令，布好的线如图 14-10-2 所示。如果选择"Done"之后看不到已经布好的线，可在"Visibility"选项卡中选中"Conductors"层下的"Etch"层。

（5）由于这条线不满足先前设置的 1000～1500mil 的时序要求，所以肯定有 DRC 显示，在图 14-10-2 中看不到 DRC 标志是因为 DRC 标志的尺寸太小，被遮盖住了，可以增大 DRC 标志尺寸或不显示填充的焊盘，以查看 DRC 标志。

图 14-10-1　设置"Options"选项卡

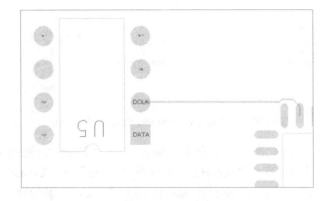

图 14-10-2　布好的线

（6）执行菜单命令"Route"→"PCB Router"→"Elongation By Pick"，单击鼠标右键，在弹出的快捷菜单中选择"Setup"命令，弹出"SPECCTRA Automatic Router Parameters"对话框，如图 14-10-3 所示。在此对话框中可以设置绕线的形状、间距、幅度大小等。

图 14-10-3　"SPECCTRA Automatic Router Parameters"对话框

（7）单击"OK"按钮，关闭"SPECCTRA Automatic Router Parameters"对话框。

（8）单击 DCLK 网络，弹出"Automatic Router Progress"对话框，如图 14-10-4 所示。

（9）当"Automatic Router Progress"对话框中的"Completion"项显示"100%"时，可以看到绕线后的图，单击鼠标右键，在弹出的快捷菜单中选择"Done"命令。绕线布线如图 14-10-5 所示。

（10）使用"Undo"命令撤销 Elongation By Pick 动作至图 14-10-2 所示的状态。如果已经单击鼠标右键，那么在弹出的快捷菜单中选择"Done"命令完成操作，可单击菜单栏中的撤销按钮返回上一步的操作。

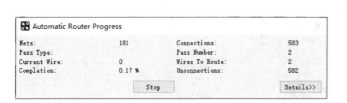

图 14-10-4　"Automatic Router Progress"对话框

图 14-10-5　绕线布线 1

（11）执行菜单命令"Setup"→"User Preference"，弹出"User Preferences Editor"对话框，在"Categories"中选择"Route"→"Connect"，确保"allegro_dynam_timing"为"on"或空，"allegro_dynam_timing_fixedpos"被勾选，如图 14-10-6 所示。

图 14-10-6　"User Preferences Editor"对话框 1

（12）单击"OK"按钮，为 DCLK 网络重新布线。执行菜单命令"Route"→"Delay Tune"，设置"Options"选项卡，如图 14-10-7 所示。

（13）在 DCLK 的 Trace 上单击一点，控制面板下面的延迟数据发生改变，延迟数据的含义如图 14-10-8 所示。

（14）单击鼠标左键确定位置，单击鼠标右键，在弹出的快捷菜单中选择"Done"命令完成绕线布线，如图 14-10-9 所示。当移动线时，必须显示绿色才能确定延时值（延时值在最大值和最小值之间），当延时值小于最小值或大于最大值时，动态时序会显示红色。

（15）执行菜单命令"Setup"→"Constraints"→"Electrical…"，弹出"Allegro Constraint

Manager"窗口，在左侧的"Net"中选择"Routing"→"Min/Max Propagation Delay"，如图 14-10-10 所示。

图 14-10-7 设置"Options"选项卡

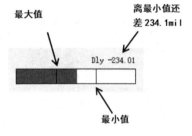

图 14-10-8 延迟数据的含义

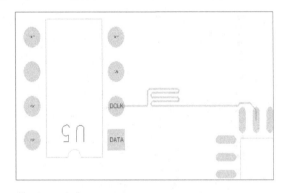

图 14-10-9 绕线布线 2

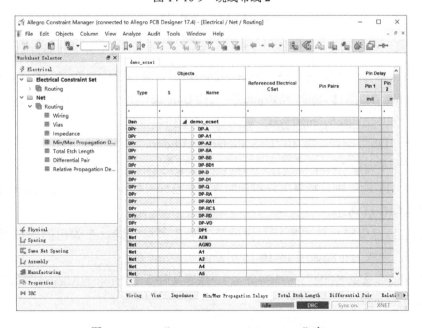

图 14-10-10 "Allegro Constraint Manager"窗口

（16）在右侧选择 DCLK，单击鼠标右键，在弹出的快捷菜单中选择"Analyze"命令，"Objects"栏显示 DCLK 网络的引脚连接，并且显示约束的"Actual"和"Margin"。分析延时，如图 14-10-11 所示。

（17）关闭"Allegro Constraint Manager"窗口。

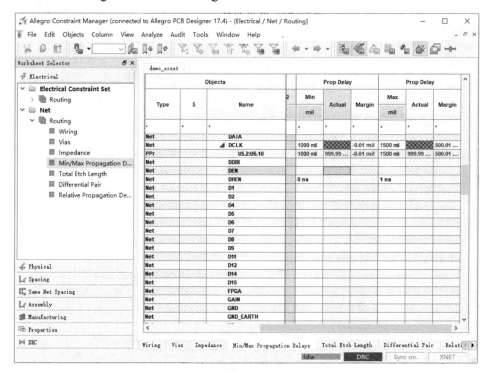

图 14-10-11　分析延时

2．实时显示布线长度

（1）执行菜单命令"Setup"→"User Preference"，弹出"User Preferences Editor"对话框，在"Categories"中选择"Route"→"Connect"，确保"allegro_dynam_timing_fixedpos"和"allegro_etch_length_on"被勾选，如图 14-10-12 所示。

（2）单击"OK"按钮，关闭"User Preferences Editor"对话框。

（3）执行菜单命令"Route"→"Connect"，设置"Options"选项卡，如图 14-10-13 所示。

（4）单击 U5 的引脚，顺着飞线指示的方向向目标引脚拉线，可以看到实时显示的布线长度，如图 14-10-14 所示。

（5）到达目标引脚后单击鼠标左键确认，单击鼠标右键，在弹出的快捷菜单中选择"Done"命令，完成的布线如图 14-10-15 所示。

（6）执行菜单命令"File"→"Save as"，保存文件于 D:/project/Allegro 目录下，文件名为"demo_delaytune"。

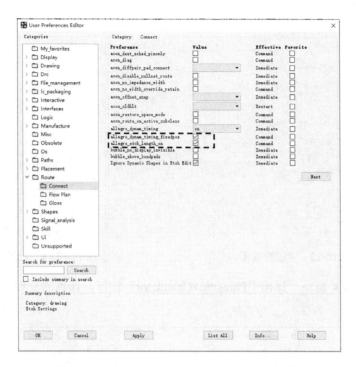

图 14-10-12　"User Preferences Editor"对话框 2

图 14-10-13　设置"Options"选项卡

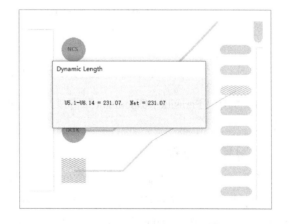

图 14-10-14　实时显示的布线长度

3. 显示分布参数

Allegro 允许查看 PCB 上 Trace 的分布参数，如阻抗、电导、电容、传输延迟和电阻等。分布电阻和分布电容会降低系统的运行频率。在叠层设置中至少要设置一个平面层为 Shield，在 PCB SI 工具中有一个计算工具可以帮助确定 Trace 的宽度，以获得期望的阻抗。改变 Trace 的宽度、Trace 所在的层、层的厚度、叠层设置等都会改变分布参数。

（1）执行菜单命令"Display"→"Parasitic"，确保控制面板的"Find"选项卡中的"Clines"被勾选，如图 14-10-16 所示。

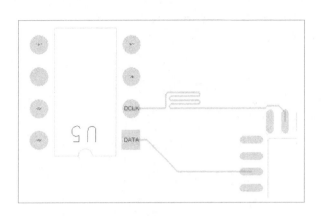

图 14-10-15　完成的布线　　　　　　　　图 14-10-16　设置"Find"选项卡

（2）单击 DCLK 网络，弹出"Parasitics Calculator"窗口，计算的分布参数如图 14-10-17 所示。

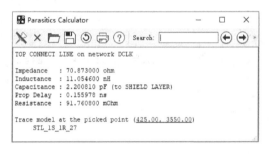

图 14-10-17　计算的分布参数

（3）关闭"Parasitics Calculator"窗口，单击鼠标右键，在弹出的快捷菜单中选择"Done"命令。

4. 设置延迟参数

引脚延迟（Pin Delay）表示引脚到 Die 焊盘的延迟属性，如图 14-10-18 所示。通常需要给元器件实体或定义的引脚分配 Pin_Delay 属性，这样可以使在 Diff Pair Phase Tolerance、Min/Max Propagation Delay 和 Relative Propagation Delay 进行 DRC 计算时，将引脚延迟计算在内。

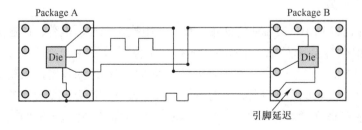

图 14-10-18　引脚延迟

（1）执行菜单命令"Setup"→"Constraints"→"Modes..."，弹出"Analysis Modes"对话框，切换到"Electrical"页面，如图 14-10-19 所示。

图 14-10-19　"Analysis Modes"对话框

➢ DRC Unrouted。

- Minimun Propagation Delay：未布线的设定传输延迟网络显示 DRC 标志。
- Relative Propagation Delay：未布线的设置相对传输延迟网络显示 DRC 标志。

➢ Pin Delay 与 Z Axis Delay。

- Include in all Propagation Delays and in Differential Pair Phase checks：包含在所有的传输延迟和差分对相位检查里。
- Propagation Velocity Factor：传输速率系数，默认值为 1.524e+08m/s。

（3）执行菜单命令"File"→"Save as"，保存文件于 D:/project/Allegro 目录下，文件名为"demo_delay"。

14.10.2　差分布线

差分信号也称为差动信号，是指用两根完全一样、极性相反的信号线传输一路数据，依靠两根信号线的电平差进行判决。差分对如图 14-10-20 所示。为了保证两根信号线完全一致，在布线时要注意保持并行，线宽、线间距保持不变。要用差分布线，必须保证信号源和接收端都是差分信号才有意义。接收端差分对间通常会加匹配电阻，其值等于差分阻抗的值，这样信号的品质会好一些。

差分对的布线有两点要注意：①两条线的长度要尽量一样长；②两条线的间距（此间距由差分阻抗决定）要一直保持不变，也就是要保持平行。平行的方式有两种，即将两条线布在同一布线层（Side-by-Side）和将两条线布在上下相邻两层（Over-Under）上。一般以前者

（Side-by-Side）实现的方式较多。在差分对的布线中，两条线应该适当靠近且平行。所谓适当靠近，是因为间距会影响差分阻抗（Differential Impedance）的值，此值是设计差分对的重要参数；需要平行也是因为要保持差分阻抗的一致性。若两条线忽远忽近，则差分阻抗会不一致，从而影响信号完整性（Signal Integrity）及时间延迟。

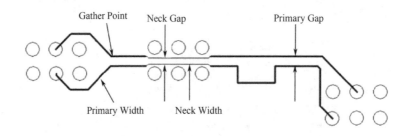

图 14-10-20　差分对

在图 14-10-20 中，各项的含义如下。

➢ Primary Gap：差分线间的距离。

➢ Primary Width：差分线的宽度。

➢ Neck Gap：窄差分线的间距。

➢ Neck Width：窄差分线的宽度。

➢ Gather Point：允许忽略引脚到该点的 Trace。

1. 建立 Color View 文件

（1）启动 Allegro PCB Designer，打开 cds_placed.brd 文件。

（2）执行菜单命令"Display"→"Color/Visibility…"，打开"Layers"选项卡，在"Color Dialog"窗口的右上角单击"Global Visibility"的"Off"按钮，双击左边栏中的"Geometry"，"Board Geometry"选择"Outline"，"Package Geometry"选择"Assembly_Top"和"Assembly_Bottom"。

（3）选择"Components"，选择"RefDes"为"Assembly_Top"和"Assembly_Bottom"。

（4）选择"Stack-Up"，选择"Top"和"Bottom"的"Pin""Via""Etch"。

（5）单击"OK"按钮，关闭"Color Visibility"对话框。

（6）执行菜单命令"View"→"Color View Save"，弹出"Color Views"对话框，如图 14-10-21 所示，选择"Complete"，并在"Save view"文本框中输入"route"，单击"Save"按钮。

➢ Complete：保存当前层的可视设置为.color 文件，当以后加载这个文件时，将替换设计的可视设置。

➢ Partial：允许建立.color 文件，部分替换设计的可视设置。

➢ Partial with toggle：除了在加载这个类型的 View 时改变的设置将被锁住，在其他情况下，与 Partial 的功能相同。

（7）单击"Close"按钮，关闭"Color Views"对话框。

（8）执行菜单命令"View"→"Color View Restore Last"，加载保存的 Views 文件。可以在控制面板"Visibility"选项卡的"View"下拉列表中选择文件加载，"View"下拉列表中会显示之前所保存的 Views 文件。选择"File:route"，更改可视性，如图 14-10-22 所示。

图 14-10-21 生成 Color Views 文件

图 14-10-22 选择"File:route"

2. 使用 Constraint Manager 设置差分对并使用 CCT 布线

（1）启动 Allegro PCB Designer，打开 cds_placed.brd 文件。

（2）执行菜单命令"Setup"→"Constraints"→"Electrical…"，在左侧的"Net"中选择"Routing"→"Differential Pair"，如图 14-10-23 所示。

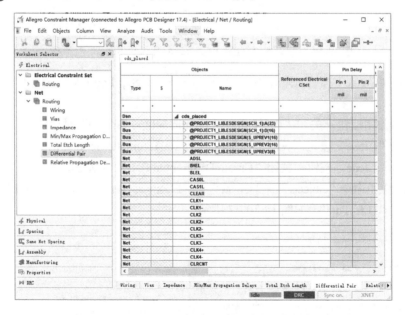

图 14-10-23 "Allegro Constraint Manager"窗口

（3）执行菜单命令"Objects"→"Create"→"Differential Pair"命令，弹出"Create Differential Pair"对话框，如图 14-10-24 所示。

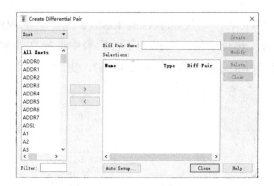

图 14-10-24　"Create Differential Pair"对话框

（4）单击"Auto Setup…"按钮，弹出"Differential Pair Automatic Setup"对话框，如图 14-10-25 所示（输入数据后按"Tab"键）。

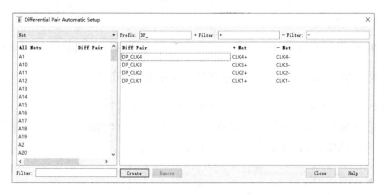

图 14-10-25　设置"Differential Pair Automatic Setup"对话框

（5）单击"Create"按钮，弹出"Diff Pairs Automatic Setup Log File"对话框，如图 14-10-26 所示。

（6）单击关闭按钮，关闭"Diff Pairs Automatic Setup Log File"对话框。

（7）单击"Close"按钮，关闭"Differential Pair Automatic Setup"对话框。

（8）单击"Close"按钮，关闭"Create Differential Pair"对话框。

（9）执行菜单命令"Objects"→"Create"→"Electrical cset"，弹出"Create ElectricalCSet"对话框，输入"Diff_Pair"，如图 14-10-27 所示。

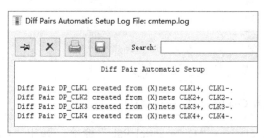

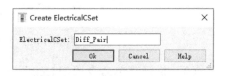

图 14-10-26　"Diff Pairs Automatic Setup Log File"对话框　　　　图 14-10-27　输入"Diff_Pair"

（10）单击"OK"按钮，关闭"Create ElectricalCSet"对话框。

（11）在"Allegro Constraint Manager"的左侧选择"Electrical Constraint Set"下的"Routing"→"Differential Pair"，在右侧表格区域设置"Uncoupled Length"为"10.00"，设置"Primary Gap"为 10.00，如图 14-10-28 所示。

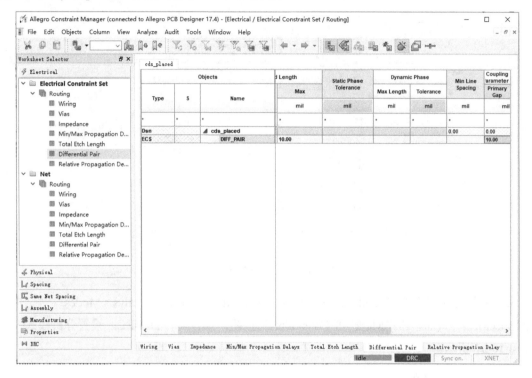

图 14-10-28　"Allegro Constraint Manager"窗口

（12）切换到"Net"→"Routing"→"Differential Pair"，单击"DP_CLK1"，单击鼠标右键，在弹出的快捷菜单中选择"Contraints ECset References"命令，弹出"Add To ElectricalCSet"对话框，在下拉列表中选择"DIFF_PAIR"，分配电气约束，如图 14-10-29 所示。

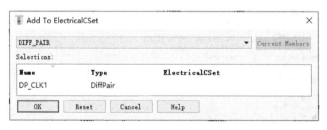

图 14-10-29　分配电气约束 1

（13）单击"OK"按钮，电气信息设置成功。

（14）同理，设置其他 3 个差分对的电气约束为"DIFF_PAIR"，分配电气约束，如图 14-10-30 所示。

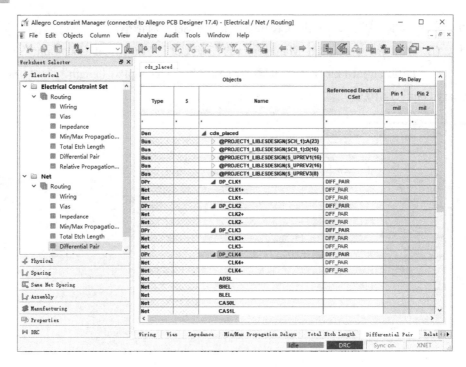

图 14-10-30　分配电气约束 2

（15）执行菜单命令"Analyze"→"Analysis Modes"，弹出"Analysis Modes"对话框，在"Electrical"页面单击"Mark All Constraints"按钮，打开所有的 DRC，设置分析模式，如图 14-10-31 所示。

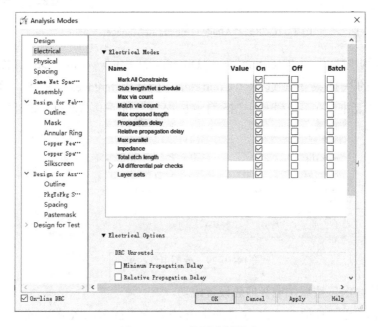

图 14-10-31　设置分析模式

（16）单击"OK"按钮，关闭"Analysis Modes"对话框，关闭"Allegro Constraint Manager"窗口。

（17）在 Allegro 中执行菜单命令"Route"→"PCB Router"→"Route Editor"，启动 CCT 布线器（在 CCT 布线器中，要想改变工作区域的背景颜色，可执行菜单命令"View"→"Color Palette"，弹出"Color Palette"对话框，如图 14-10-32 所示，先在"Color Chips"中选中想要改变的颜色，单击"Objects List"下的"Background"后面的颜色框，再单击"Color Chips"中想要改变的颜色，单击"OK"按钮即可。若想放大或缩小 PCB，可执行菜单命令"View"→"Zoom"→"In"或"View"→"Zoom"→"Out"。图 14-10-33 所示为整体 PCB 图），执行菜单命令"Select"→"Nets"→"Sel Net Mode"，或者执行菜单命令"Select"→"Net Pairs"→"Select All"，选择差分对的引脚。

（18）执行菜单命令"Autoroute"→"Route"，弹出"AutoRoute"对话框，选择"Basic"，如图 14-10-34 所示。

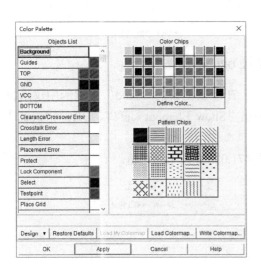

图 14-10-32　"Color Palette"对话框

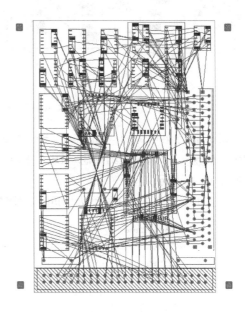

图 14-10-33　整体 PCB 图

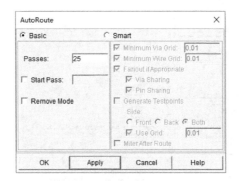

图 14-10-34　"AutoRoute"对话框

（19）单击"OK"按钮，开始为差分对网络布线。有可能看不到网络，因为高亮颜色为白色，可以单击鼠标右键，在弹出的快捷菜单中选择命令"Select"→"Net Mode"，单击差分引脚，就会看到布线。

（20）执行菜单命令"View"→"Guides"→"Off"，关闭飞线的显示，差分布线如图 14-10-35（a）所示。

（21）执行菜单命令"File"→"Quit"，关闭 CCT 布线器，在弹出的提示框中单击"Quit and Save"按钮。

（22）系统会自动返回 Allegro，此时看到有 DRC 错误，如图 14-10-35（b）所示。

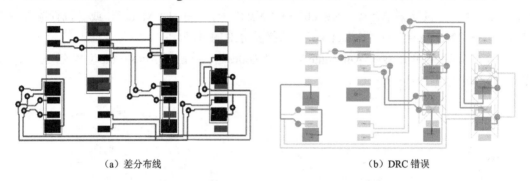

（a）差分布线　　　　　　　　　　　　　（b）DRC 错误

图 14-10-35　差分布线及 DRC 错误

（23）执行菜单命令"Display"→"Element"，在控制面板的"Find"选项卡中仅选择"DRC errors"，单击蝴蝶结标志（DRC 标志），弹出"Show Element"窗口，DRC 错误说明如图 14-10-36 所示。

差分对最大部分耦合长度为 10mil，而实际值 471.03mil 大于约束值。

图 14-10-36　DRC 错误说明

（24）打开约束管理器，选择"Net"→"Routing"→"Differential Pair"，会看到
"Uncoupled Length"显示的值为红色（见框选部分），红色表示违背约束，如图 14-10-37 所示。

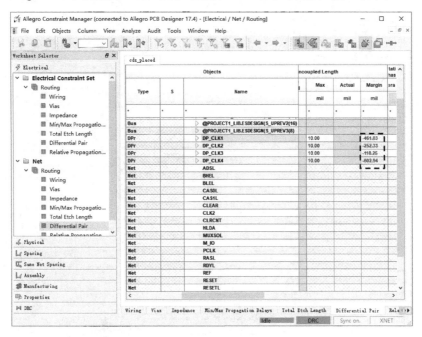

图 14-10-37　违背约束

（25）在约束管理器中选择"Electrical Constraint Set"→"Routing"→"Differential
Pair"，设置"(+)Tolerance"为"120.00"，如图 14-10-38 所示。

图 14-10-38　设置公差

（26）切换到"Net"→"Routing"→"Differential Pair"，可以看到约束管理器表格区只有差分对 DP_CLK3 不显示红色，其他差分对都显示红色，遵守约束如图 14-10-39 所示。

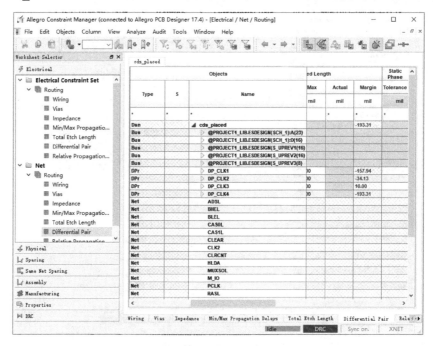

图 14-10-39　遵守约束

（27）执行菜单命令"Route"→"Slide"，调整差分对的布线，可以看到 DRC 标志消失，如图 14-10-40 所示。

（28）切换到约束管理器，将差分对的"Gather Control"设为"Ignore"，会发现 Actual 值减小，如果出现 DRC 错误，增加"Uncoupled Length"的值即可。

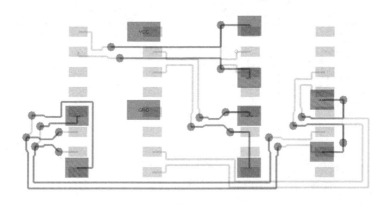

图 14-10-40　DRC 标志消失

（29）执行菜单命令"File"→"Save as"，保存 PCB 文件于 D:/Project/Allegro 目录下，文件名为"cds_diff_con"。

14.10.3　高速网络布线

在低速设计中没有布线约束，在速度和驱动能力上都能容忍布线，但是高速网络是关键网络，必须区别对待。高速信号经常要求以指定顺序安排连接，必要时可以手动重新调整连接顺序，以消除反射并获得正确的时序。高速网络与低速网络的对比（S，源端；L，负载端）如图 14-10-41 所示。

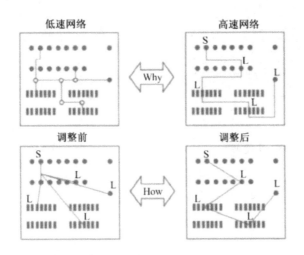

图 14-10-41　高速网络与低速网络的对比

在图 14-10-41 中，低速网络中没有布线约束，这是因为在这种低速状态下，驱动器的容差能力能够容忍该布线。然而，在图 14-10-41 的高速网络中必须根据不同的需要进行调整，高速网络必须按照某一特定顺序排列，使其在驱动器的容差能力内。

几种高速布线的网络拓扑结构（S，源端；L，负载端）如图 14-10-42 所示。

（a）星形（Star）拓扑　　　（b）远端集（Far End Chlstcr）拓扑　　（c）H 树（H-Tree）拓扑

图 14-10-42　几种高速布线的网络拓扑结构

（1）启动 Allegro PCB Designer，打开 highspeed.brd 文件。

（2）执行菜单命令"Logic"→"Net Schedule"，选择要插入 T 点的第 1 个引脚，单击鼠标右键，在弹出的快捷菜单中选择"Insert T"命令，如图 14-10-43 所示。

（3）在引脚的左侧单击某一位置，准备插入 T 点，如图 14-10-44 所示。

（4）选择第 2 个引脚，单击 T 点，选择第 3 个引脚，单击鼠标右键，在弹出的快捷菜单中选择"Done"命令。插入的 T 点如图 14-10-45 所示。

（5）执行菜单命令"Display"→"Element"，在控制面板的"Find"选项卡中仅选择

"Rat Ts"，单击刚插入的 T 点，弹出"Show Element"窗口，显示 T 点信息，如图 14-10-46 所示。

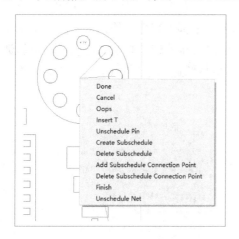

图 14-10-43　快捷菜单

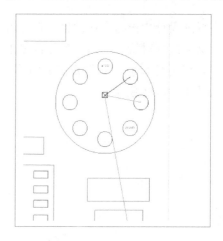

图 14-10-44　准备插入 T 点

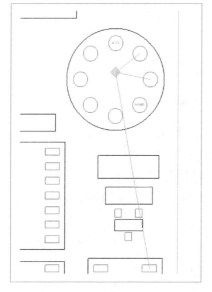

图 14-10-45　插入的 T 点

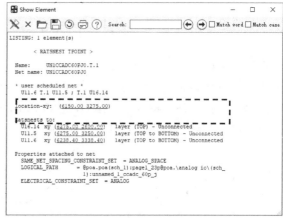

图 14-10-46　显示 T 点信息 1

（6）执行菜单命令"Route"→"Connect"，设置控制面板的"Options"选项卡，如图 14-10-47 所示。

（7）单击最上面的引脚向 T 点布线，并连接 T 点。注意，在布线未完成时，布线为红色，如图 14-10-48 所示。

（8）依次从其余两个引脚向 T 点布线，最后单击鼠标右键，在弹出的快捷菜单中选择"Done"命令。布完的线如图 14-10-49 所示。

（9）执行菜单命令"Display"→"Element"，在控制面板的"Find"选项卡中仅选择"Rat Ts"，单击刚添加的 T 点，弹出"Show Element"窗口，显示 T 点信息，如图 14-10-50 所示。

图 14-10-47 设置"Options"选项卡

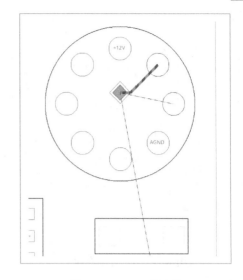

图 14-10-48 开始布线

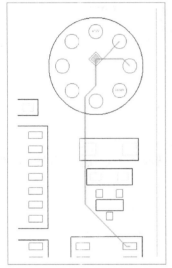

图 14-10-49 布完的线

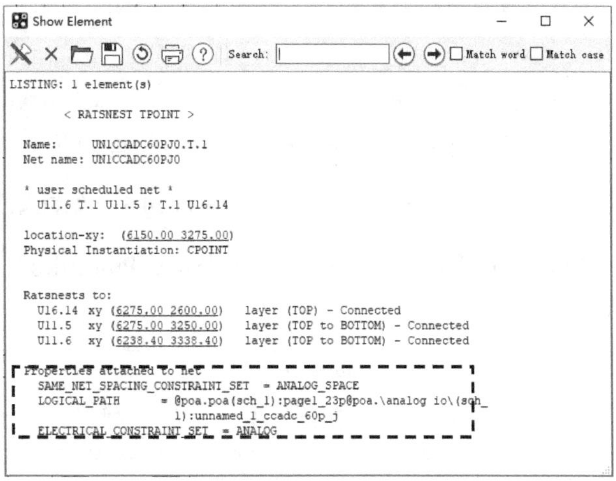

图 14-10-50 显示 T 点信息 2

（10）执行菜单命令"Edit"→"Delete"，删除刚才布完的线。

（11）执行菜单命令"Route"→"Connect"，从最下面的引脚开始布线，到达一个位置后先单击鼠标左键，再单击鼠标右键，在弹出的快捷菜单中执行菜单命令"Target"→"Snap Rat T"，会发现 T 点的位置已经改变，如图 14-10-51 所示。

（12）继续连接剩下的线，单击鼠标右键，在弹出的快捷菜单中选择"Done"命令完成操作，布完的线如图 14-10-52 所示。

（13）执行菜单命令"Edit"→"Properties"，在控制面板的"Find"选项卡中仅选择"Rat Ts"，单击添加的 T 点，弹出"Edit Property"窗口，选择"Fixed_T_Tolerance"，并输入"0"，如图 14-10-53 所示。

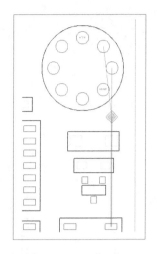

图 14-10-51　开始布线

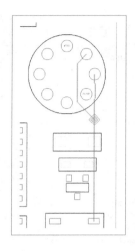

图 14-10-52　布完的线

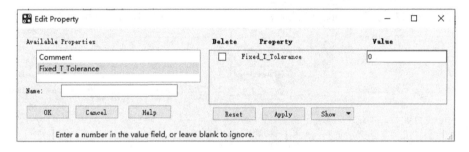

图 14-10-53　编辑属性

（14）单击"Apply"按钮，弹出"Show Properties"窗口，显示编辑的属性，如图 14-10-54 所示。

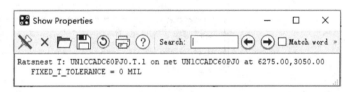

图 14-10-54　显示编辑的属性

（15）单击"OK"按钮，关闭"Edit Property"窗口和"Show Properties"窗口，单击鼠标右键，在弹出的快捷菜单中选择"Done"命令完成操作，这样在移动线时，T 点的位置不变。

（16）执行菜单命令"File"→"Save as"，保存文件于 D:/project/Allegro 目录下，文件名为"Rat_T"。

14.10.4　45°角布线调整

（1）启动 Allegro PCB Designer，打开 preroute.brd 文件。已布线的电路图如图 14-10-55 所示。

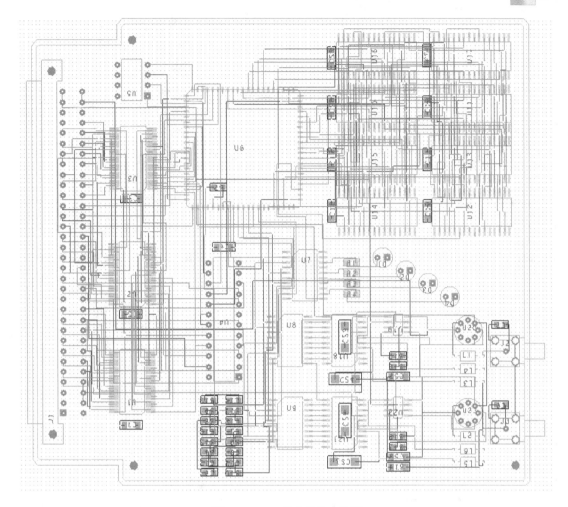

图 14-10-55　已布线的电路图

（2）执行菜单命令"Route"→"PCB Router"→"Miter By Pick"，单击鼠标右键，在弹出的快捷菜单中选择"Setup"命令，弹出"SPECCTRA Automatic Router Parameters"对话框，如图 14-10-56 所示。

> Miter Pin and Via Exits: 倾斜存在的引脚和有过孔的地方。

> Slant Wrong-way Segments: 倾斜错误方向的线段。

> Miter T Junctions: 倾斜 T 点。

> Miter at Bends: 在弯曲处倾斜。

（3）单击"OK"按钮，关闭"SPECCTRA Automatic Router Parameters"对话框，确保控制面板"Find"选项卡中的"Nets"被选择，如图 14-10-57 所示。

（4）可以单击单个网络，也可以框选一个区域，还可以框选整个 PCB 来倾斜（Miter），这里用鼠标左键框选整个 PCB，会出现执行进度提示框，如图 14-10-58 所示。

（5）执行完上述操作后，单击鼠标右键，在弹出的快捷菜单中选择"Done"命令，倾斜后的图如图 14-10-59 所示。

图 14-10-56 "SPECCTRA Automatic Router Parameters" 对话框   图 14-10-57 设置 "Find" 选项卡

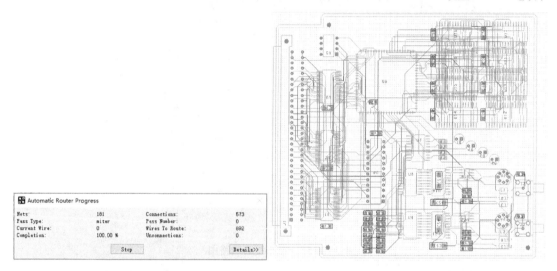

图 14-10-58 执行进度提示框   图 14-10-59 倾斜后的图

不仅可以把直角拐角的线倾斜，还可以把 45°拐角的线变为直角（Unmiter），执行菜单命令 "Route" → "Unmiter By Pick"，其操作方法与倾斜相同。

（6）执行菜单命令 "Filer" → "Save as"，保存文件于 E:/project/Cadence-shili/Allegro 目录下，文件名为 "demo_miter"。

14.10.5 改善布线的连接

1. 检查未连接的引脚

（1）启动 Allegro PCB Designer，打开 demo_autoroute.brd 文件。

（2）执行菜单命令 "Display" → "Show Rats" → "All"，查看未连接的引脚。尽管这是一个快速有效的方式，但是对大设计而言，这样不容易看到飞线，可能需要关掉一些布线层来查看飞线。

（3）执行菜单命令"Tools"→"Reports"，选择未连接引脚的报告进行查看，在打开的"Reports"对话框中双击"Unconnected Pins Report"，使其出现在"Selected Reports(double click to remove)"栏中，如图 14-10-60 所示。

（4）单击"Generate Reports"按钮，弹出"Unconnected Pins Report"窗口，如图 14-10-61 所示。

图 14-10-60 "Reports"对话框   图 14-10-61 "Unconnected Pins Report"窗口

（5）未连接引脚数为 0，关闭"Unconnected Pins Report"窗口。

（6）单击"Close"按钮，关闭"Reports"对话框。

（7）单击"Save"按钮，保存文件，不要关闭 Allegro。

2．改善连接

（1）打开 preroute.brd 文件，使用"Zoom In"命令调整显示，PCB 局部图如图 14-10-62 所示。

（2）执行菜单命令"Route"→"Slide"，设置控制面板的"Options"选项卡，如图 14-10-63 所示。

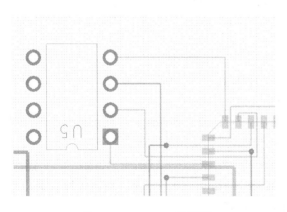

图 14-10-62 PCB 局部图   图 14-10-63 设置"Options"选项卡

> ➤ Active etch subclass: 当前的布线层。
> ➤ Min Corner Size: 最小线拐角为 45°。
> ➤ Min Arc Radius: 最小圆弧半径。
> ➤ Vertex Action: 拐角动作。
> ➤ Bubble。
>   • Shove preferred，表示自动推挤模式。
> ➤ Shove vias: 过孔的推挤模式。
> ➤ Smooth。
>   • Minimal，最小方式的平滑线。
> ➤ Enhanced Arc Support: 增强圆弧布线的支持。
> ➤ Allow DRCs: 在调整过程中是否允许产生 DRC。
> ➤ Gridless: 线是否在格点上。
> ➤ Auto Join(hold Ctrl to toggle): 主动加入（按住 Ctrl 键进行切换）。
> ➤ Extend Selection (hold Shift to toggle): 扩展选择（按住 Shift 键进行切换）。

（3）单击最上面的 Trace，移动鼠标，到达合适位置后单击鼠标左键确认位置，单击鼠标右键，在弹出的快捷菜单中选择"Done"命令，调整后的图如图 14-10-64 所示。

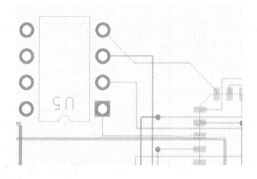

图 14-10-64　调整后的图

（4）使用 Slide 命令不仅可以移动单个 Trace，还可以移动一组 Trace，移动时框选住这组 Trace 即可。

3. 编辑拐角

（1）执行菜单命令"Edit"→"Vertex"，在线上单击一点，线跟随光标移动，编辑拐角，如图 14-10-65 所示。

（2）单击一个新的位置，在斜的线段上单击一点，将其拖动到一个新的位置，单击另一边的线段，将其拖动到一个新的位置，增加拐角后如图 14-10-66 所示。

（3）如果要删除拐角，需要执行菜单命令"Edit"→"Delete Vertex"，不能使用"Delete"命令。执行菜单命令"Edit"→"Delete Vertex"，单击拐角，单击鼠标右键，在弹出的快捷菜单中选择"Done"命令，如图 14-10-67 所示。

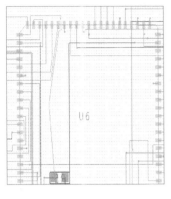

图 14-10-65　编辑拐角

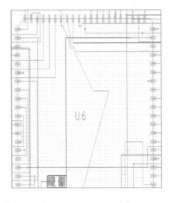

图 14-10-66　增加拐角后

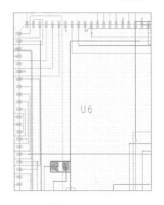

图 14-10-67　删除拐角

4．替换布线

（1）执行菜单命令"Route"→"Connect"，确保控制面板"Options"选项卡中的"Replace etch"被选择，在一条存在的布线上单击一点重新布线，开始替换，如图 14-10-68 所示。

（2）单击鼠标左键确定布线替换的终点，单击鼠标右键，在弹出的快捷菜单中选择"Done"命令，替换后的图如图 14-10-69 所示。

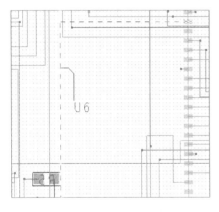

图 14-10-68　开始替换

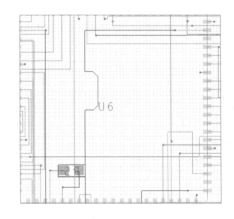

图 14-10-69　替换后的图

5．使用 Cut 选项修改线

（1）执行菜单命令"Edit"→"Delete"，在控制面板的"Find"选项卡中仅选择"Cline Segs"，单击鼠标右键，在弹出的快捷菜单中选择"Cut"，单击要删除的线段，线段处于被选中状态，单击菜单栏的按钮 ✕ 完成操作，删除线段，如图 14-10-70 所示。

（2）执行菜单命令"Route"→"Slide"，在控制面板的"Find"选项卡中仅选择"Cline Segs"，设置"Options"选项卡的"Min Corner Size"为 90。单击鼠标右键，在弹出的快捷菜单中选择"Cut"命令，单击要移动（Slide）的线上的一点，这条线会高亮；单击这条线上的另一点，移动鼠标，这两点间的线就会移动。单击鼠标右键，在弹出的快捷菜单中选择"Done"命令完成操作，如图 14-10-71 所示。

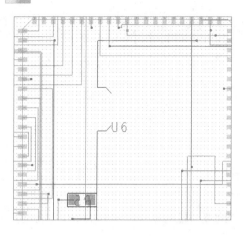

图 14-10-70　删除线段

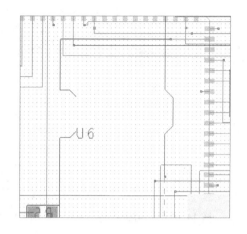

图 14-10-71　移动线段

（3）执行菜单命令"Edit"→"Change"，确保控制面板的"Find"选项卡中选择了"Cline Segs"，设置"Options"选项卡，如图 14-10-72 所示。

（4）单击鼠标右键，在弹出的快捷菜单中选择"Cut"命令，在一条线上单击两个点，这两点间的线宽变为 20mil，如果走线需要切换到不同的层面，系统会自动添加过孔，如图 14-10-73 所示。

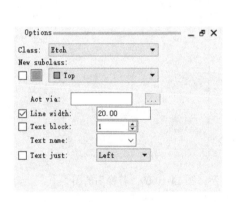

图 14-10-72　设置"Options"选项卡

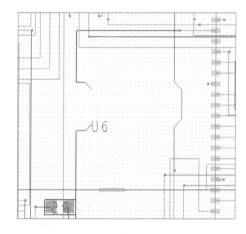

图 14-10-73　改变线宽和层面

（5）执行菜单命令"File"→"Save as"，保存文件于 D:/project/Allegro 目录下，文件名为"demo_misc"。

14.11　优化布线

1．固定关键网络

（1）启动 Allegro PCB Designer，打开 demo_cctroute.brd 文件。CCT 自动布线后的图如图 14-11-1 所示。

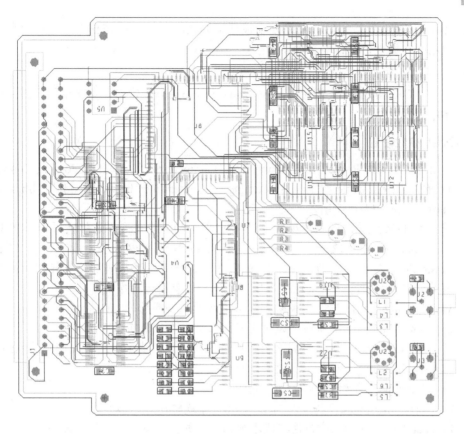

图 14-11-1　CCT 自动布线后的图

（2）单击按钮 ✎ ，在控制面板的"Find"选项卡中仅选择"Nets"，在"Find By Name"栏中选择"Property"，单击"More…"按钮弹出"Find by Name or Property"窗口，在左侧的"Available objects"栏中选择"Electrical_Constraint_Set=Clkdly""Physical_ Constraint_Set= Sync""Spacing_Constraint_Set=8_mil_space"属性，使其出现在"Selected objects"栏中，如图 14-11-2 所示。

图 14-11-2　选择属性

（3）单击"Apply"按钮后，网络处于被选中的状态。单击✐按钮，命令窗口会提示网络加入"FIXED"属性，具体提示如下所示：

```
Added FIXED property to 3 items.
```

（4）单击"OK"按钮，关闭"Find by Name or Property"窗口，单击鼠标右键，在弹出的快捷菜单中选择"Done"命令。

2．Gloss 参数设置

（1）执行菜单命令"Route"→"Gloss"→"Parameters…"，弹出"Glossing Controller"对话框，选择"Via eliminate""Line smoothing""Center lines between pads""Improve line entry into pads"，如图 14-11-3 所示。

➢ Line And via cleanup：减少设计中过孔（Via）的数量，这样能够使得加工 PCB 的成本更低，也更方便加工。有很多不同的参数可以设置。在所有"Glossing Controller"对话框中的"Gloss"程序中，这个程序运行起来是消耗时间最多的，因为它要先将所有的网络连接布线都取消后再重新进行布线。

➢ Via eliminate：消除过孔，重新布线后可减少不必要的过孔。

➢ Line smoothing：平滑布线，通过交互式或自动布线器布出平滑的线。

➢ Center lines between pads：将元器件引脚之间的中心线置于水平或垂直的方向。

➢ Improve line entry into pads：使布线更好地进入焊盘。

➢ Line fattening：增加 PCB 布线的宽度。

➢ Convert corner to arc：将 45° 布线或 90° 布线转换为弧形布线。

➢ Fillet and tapered trace：为连接线添加泪滴，并使连接线宽度逐渐减小。

➢ Dielectric generation：使用介电生成对话框定义一个或两个介电区域的大小，其取决于设计中所需介电区域的数目。当"Dielectric Generation glossing"应用执行时，介质片应放置在交叉连接处。

（2）单击"Line smoothing"左侧的按钮，弹出"Line Smoothing"对话框，如图 14-11-4 所示。

图 14-11-3　"Glossing Controller"对话框　　图 14-11-4　"Line Smoothing"对话框

➢ Line Smoothing Eliminate。

- Bubbles: 是否通过削减 45° 的线段来进行布线的调整，如图 14-11-5 所示。

- Jogs: 采用推挤方式布线，如图 14-11-6 所示。

- Dangling lines: 悬空布线。

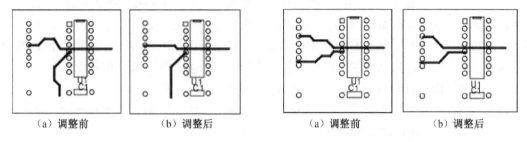

（a）调整前　　　　（b）调整后　　　　　　（a）调整前　　　　（b）调整后

图 14-11-5　调整前后的线段　　　　　　图 14-11-6　调整前后的线段

➢ Line Smoothing Line Segments。

- Convert 90's to 45's: 表示把 90° 转换成 45°。

- Extend 45's: 以 45° 的角度进行布线。

- Corner type: 拐角类型的选择，包括 45° 和 90°，默认值为 45°。

➢ Number of executions: 指定调整线段所执行的次数。

（3）单击"OK"按钮，完成参数的设置，返回"Glossing Controller"对话框。

（4）单击"Gloss"按钮，开始执行优化。优化后，执行菜单命令"File"→"Viewlog"，查看优化的内容，如图 14-11-7 所示。

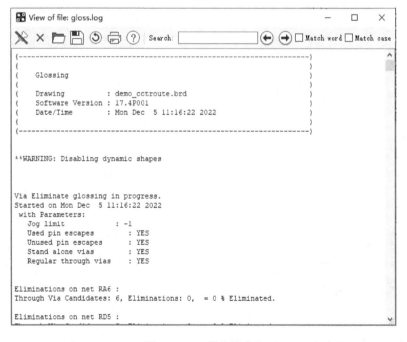

图 14-11-7　优化的内容

（5）关闭 log 文件，执行菜单命令"File"→"Save as"，保存文件于 D:/project/Allegro 目录下，文件名为"demo_rdy2gloss"。

3．添加和删除泪滴

泪滴是在连接线输入焊盘的地方添加的附加布线。如果一个钻孔偏离了焊盘中心，有可能会造成短路。在 PCB 钻孔过程中，泪滴的存在是为了避免当电路板受到巨大外力的冲撞时，导线与焊盘断开或导线与接触点断开。在大多数情况下，添加泪滴是在编辑完 PCB 所有其他类型后进行的，如果添加泪滴后还想对 PCB 进行编辑，就需要先删除泪滴。

（1）启动 Allegro PCB Designer，打开 demo_rdy2gloss.brd 文件。

（2）执行菜单命令"Route"→"Gloss"→"Parameters…"，打开"Glossing Controller"对话框，仅选择"Fillet and tapered trace"，如图 14-11-8 所示。

（3）单击"Fillet and tapered trace"前的按钮，打开"Fillet and Tapered Trace"对话框，设置参数，如图 14-11-9 所示。

➢ Circular pads：圆形泪滴，如图 14-11-10 所示。

➢ Square pads：方形泪滴，如图 14-11-11 所示。

➢ Rectangular pads：长方形泪滴，如图 14-11-12 所示。

➢ Oblong pads：椭圆形泪滴。

图 14-11-8　"Glossing Controller"对话框　　　　图 14-11-9　设置参数 1

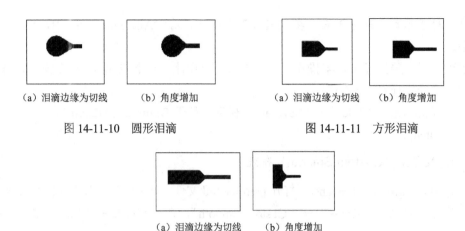

（a）泪滴边缘为切线　　（b）角度增加　　　　　　　　（a）泪滴边缘为切线　　（b）角度增加

图 14-11-10　圆形泪滴　　　　　　　　　图 14-11-11　方形泪滴

（a）泪滴边缘为切线　　（b）角度增加

图 14-11-12　长方形泪滴

（4）单击"OK"按钮，完成参数的设置（取默认值），返回"Glossing Controller"对话框。

（5）单击"Gloss"按钮，调整布线，优化后的图如图 14-11-13 所示。

（6）执行菜单命令"Route"→"Gloss"→"Parameters…"，弹出"Glossing Controller"对话框，只选择"Line smoothing"，单击其左侧的按钮，弹出"Line Smoothing"对话框，设置参数，如图 14-11-14 所示。

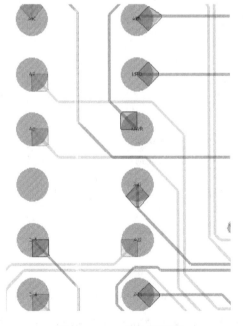

图 14-11-13　优化后的图

图 14-11-14　设置参数 2

（7）单击"OK"按钮，关闭"Line Smoothing"对话框。在"Glossing Controller"对话框中单击"Gloss"按钮，清除全部泪滴。

注意：对于添加和删除泪滴，在"Gloss"命令下面有"Add Fillet"和"Delete Fillet"两个命令。

不仅可以对全局执行 Gloss 操作，还可以对一个设计、一个 Room、一个窗口、高亮的部分或列表文件执行 Gloss 操作。

（8）执行菜单命令"File"→"Save as"，保存文件于 D:/project/Allegro 目录下，文件名为"demo_routed"。

4．自定义平滑（Custom Smooth）布线

（1）启动 Allegro PCB Designer，打开 preroute.brd 文件，布完线的图如图 14-11-15 所示。

（2）执行菜单命令"Route"→"Custom Smooth"，在控制面板的"Find"选项卡中仅选择"Nets"，设置"Options"选项卡，如图 14-11-16 所示，选择全部 PCB。

➢ Corner type：自定义平滑的拐角，可选项有 90、45、Any Angle 和 Arc。

➢ Restrict seg entry for pads of type：限制线段输入的焊盘的类型，可选项有 Rectangular、All 和 None。

➢ Minimum pad entry length：最小的焊盘输入的线段长度，若布线进入该焊盘的长度小于此值，则表示不可平滑这部分线段。

➢ Max iterations：设置每次执行平滑的最大次数。

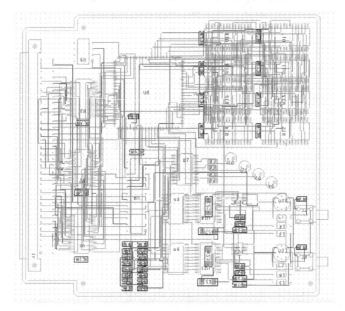

图 14-11-15　布完线的图　　　　　　　图 14-11-16　设置"Options"选项卡

（3）单击要平滑的信号线，既可以单击单个信号线，又可以选择整个设计或部分线，Allegro 会平滑这些信号线，单击鼠标右键，在弹出的快捷菜单中选择"Done"命令完成操作，平滑后的信号线如图 14-11-17 所示。

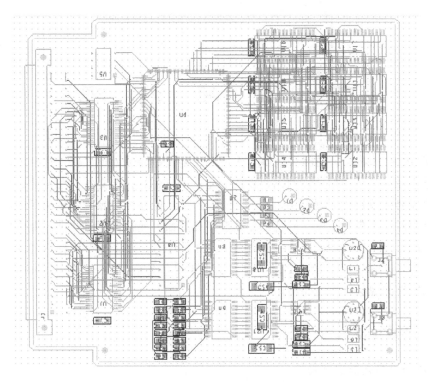

图 14-11-17　平滑后的信号线

在图 14-11-17 中，有些地方平滑了，有些地方依然未变。

（4）执行菜单命令 "File" → "Save as"，保存文件于 D:/project/Allegro 目录下，文件名为 "demo_cutsmooth"。

习题

（1）在布线过程中，高亮与反高亮的意义是什么？

（2）如何进行交互式布线？进行交互式布线时需要注意什么？如何调整交互式布线？

（3）在群组布线中如何使用通过圆弧的 Slide 命令编辑操作功能？

（4）自动布线有哪几种方法？各有什么优缺点？

（5）如何使用 SPECCTRA 软件进行布线？

（6）Glossing 有哪些功能？在执行 Glossing 之前需要做哪些准备工作？

（7）自动布线与交互式布线各有何优缺点？布线时应如何将这二者结合使用？

（8）如何对已完成的布线进行编辑？如何确认所有的网络均已布线？

（9）如何设置特殊规则区域，并在特殊规则区域布线？

第15章 后 处 理

在完成 PCB 的布局、布线和铺铜工作后，还要做些后续处理工作，包括测试点生成、元器件序号重命名等，而后才能输出可供厂家生产的 PCB 光绘文件。在设计过程中能够重命名元器件序号并反标到原理图中，当 PCB 上的元器件序号按照一定规律（从左到右，从上到下）排列时，很容易定位一些特殊元器件。在重命名元器件序号之前，要确保手头上有最新的原理图，如果在 PCB 设计中重命名了元器件序号，那么需要反标这些变化到原理图中。当反标时，PCB 上的元器件必须与原理图相匹配，不能出现 PCB 中有元器件而原理图中没有该元器件的现象；反之亦然。

15.1 重命名元器件序号

1. 自动重命名元器件序号

（1）启动 Allegro PCB Designer，打开 demo_routed.brd 文件。已布线电路图（关闭了布线的显示）如图 15-1-1 所示。

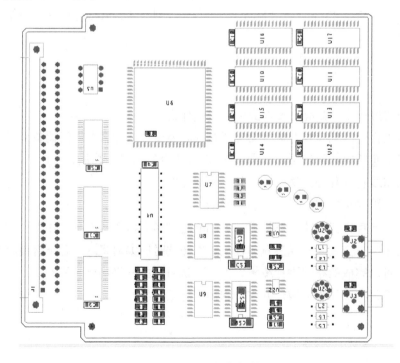

图 15-1-1 已布线电路图

（2）执行菜单命令"Display"→"Color/Visibility…"，弹出"Color Dialog"窗口，在右上角单击"Global Visibility"的"Off"按钮。选择"Comoponents"，"Ref Des"选择"Assembly_Top"和"Assembly_Bottom"；选择"Geometry"下的"Board Geometry"，选择"Outline"，选择"Package Geometry"，选择"Assembly_Top"和"Assembly_Bottom"；选择"Stack-Up"，"Top"选择"Pin"和"Via"，"Bottom"选择"Pin"。

（3）单击"OK"按钮确认更改，并关闭"Color Dialog"窗口。

（4）执行菜单命令"Logic"→"Auto Rename Refdes"→"Rename…"，弹出如图 15-1-2 所示的"Rename RefDes"对话框，选择"Use default grid"和"Rename all components"，表示重命名所有的元器件。

（5）单击"Setup…"按钮，弹出"Rename Ref Des Set Up"对话框，设置参数，如图 15-1-3 所示。

图 15-1-2　"Rename RefDes"对话框

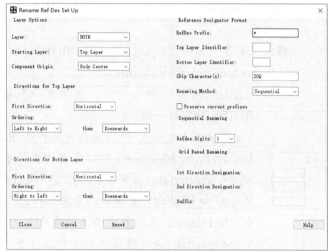

图 15-1-3　设置参数

➢ Layer Options。
  • Layer：选择要重命名的层。
    ✧ TOP：在 Top 层重命名。
    ✧ BOTTOM：在 Bottom 层重命名。
    ✧ BOTH：将 Top 层和 Bottom 层两个层都重命名。
  • Starting Layer：选择开始的层。

注意：只有在"Layer"下拉列表中选择"BOTH"时，"Starting Layer"下拉列表才会被激活。

  • Component Origin：在重命名时设置元器件的参考点。
    ✧ Pin1：以元器件的第 1 引脚为参考点。
    ✧ Body Center：以元器件的中心点为参考点。
    ✧ Symbol Origin：以元器件为参考点。

> Directions for Top Layer: 设置重命名的方向。
>   • First Direction: 设置重命名的第 1 个方向。
>   ◇ Horizontal: 水平方向。
>   ◇ Vertical: 垂直方向。
>   • Ordering: 表示重命名的顺序。
>   ◇ Right to left: 从右到左。
>   ◇ Left to right: 从左到右。
>   ◇ Downwards: 从上到下。
>   ◇ Upwards: 从下到上。

注意：只有当"Layer"下拉列表中选择"BOTH"或"TOP"时，"Ordering"下拉列表才会被激活。

> Directions for Bottom Layer: 其设置方法与"Directions for Top Layer"栏的设置方法相同。

注意：只有当"Layer"下拉列表中选择"BOTH"或"BOTTOM"时，此选区才会被激活。

> Reference Designator Format。
>   • RefDes Prefix: 输入"*"，表示重命名后新的 RefDes 的前缀与重命名前的 RefDes 的前缀一致。
>   • Top Layer Identifier: 针对顶层的元器件 RefDes 的前缀不加注文字。
>   • Bottom Layer Identifier: 针对底层的元器件 RefDes 的前缀不加注文字。
>   • Skip Character(s): 在重命名时指定要略过的字符。
>   • Renaming Method: 重命名的方法选择。
>   ◇ Grid Based: 表示基于格点的方法。
>   ◇ Sequential: 表示连续性的重命名方法。
>   • Preserve current prefixes: 保留元器件的前缀。
> Sequential Renaming。
>   • Refdes Digits: 指定编号的位数（如选择 3，元器件的重命名为 001、002 等）。
> Grid Based Renaming。
>   • 1st Direction Designation: 第 1 个方向标志。
>   • 2nd Direction Designation: 第 2 个方向标志。
>   • Suffix: 后缀。

（6）单击"Close"按钮，关闭"Rename Ref Des Set Up"对话框。

（7）单击"Rename"按钮，进行重命名，重命名后的电路图如图 15-1-4 所示。

2. 手动重命名元器件序号

（1）执行菜单命令"Edit"→"Text"，单击自动重命名后的 U6，U6 会高亮。在命令窗口修改"U6"为"U60"，按"Enter"键，单击鼠标右键，在弹出的快捷菜单中选择"Done"命令，完成手动重命名。重命名前、后的电路图如图 15-1-5 所示。

（2）可以用同样的方法将"U60"改回"U6"。

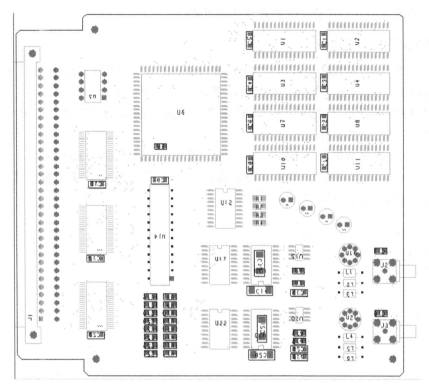

图 15-1-4 重命名后的电路图

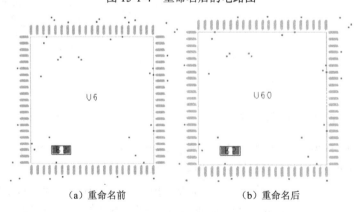

（a）重命名前　　　　　　　　　　（b）重命名后

图 15-1-5 重命名前、后的电路图

15.2 文字面调整

依据以下原则对文字面进行调整。

➢ 文字不可太靠近 Pin 及 Via，至少要保持 10mil 的距离。

➢ 文字不可放置于零件实体的下面。

> 文字的方向应保持一致，最多可以有两种方向。
> 文字面不可遮挡焊盘，以免造成焊锡困难。

1．修改文字面字体大小

（1）执行菜单命令"Display"→"Color/Visibility…"，弹出"Color Dialog"窗口，选择"Comoponents"，"Ref Des"选择"Assembly_Top"，不选择"Assembly_Bottom"。

（2）执行菜单命令"Edit"→"Change"，在控制面板的"Find"选项卡中仅选择"Text"选项，如图 15-2-1 所示。

（3）选择控制面板的"Options"选项卡，设置"Class"为"Ref Des"，设置"New subclass"为"Assembly_Top"，勾选"Text block"，在"Text block"数值框中选择 4，表示要更改的字号为 4，如图 15-2-2 所示。

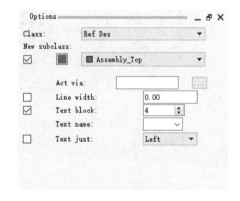

图 15-2-1　设置"Find"选项卡　　　　图 15-2-2　设置"Options"选项卡 1

（4）选择整个 PCB，所有的文字都会高亮，单击鼠标右键，在弹出的快捷菜单中选择"Done"命令，整个 PCB 的文字都被更改为 4 号字体。

（5）执行菜单命令"Display"→"Color/Visibility…"，弹出"Color Dialog"窗口，选择"Comoponents"，"Ref Des"选择"Assembly_Bottom"，不选择"Assembly_Top"。

（6）执行菜单命令"Edit"→"Change"，在控制面板的"Find"选项卡中仅选择"Text"选项；在"Options"选项卡中设置"Class"为"Ref Des"，设置"New subclass"为"Assembly_Bottom"，勾选"Text block"，在"Text block"数值框中选择 4，表示要更改的字号为 4 号。

（7）选择整个 PCB，所有的文字都会高亮，单击鼠标右键，在弹出的快捷菜单中选择"Done"命令，整个 PCB 的文字都被更改为 4 号字体，打开"Assembly_Top"的显示，更改字号后的电路图如图 15-2-3 所示。

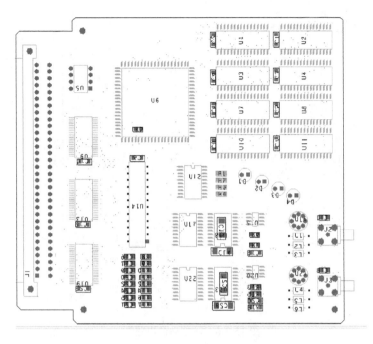

图 15-2-3　更改字号后的电路图

2. 改变文字的位置和角度

（1）执行菜单命令"Edit"→"Move"，在控制面板的"Find"选项卡中仅选择"Text"，设置"Options"选项卡中"Rotation"选区中的参数，如图 15-2-4 所示。

（2）在编辑窗口中单击要移动的文字，进行文字的移动。

注意：在摆放文字时，文字不可离元器件或贯穿孔太近。

（3）执行菜单命令"Edit"→"Spin"，对文字进行旋转，在控制面板的"Find"选项卡中仅选择"Text"，设置"Options"选项卡，如图 15-2-5 所示。

图 15-2-4　设置"Options"选项卡 2

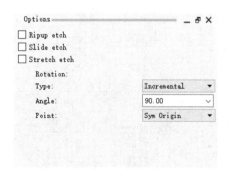

图 15-2-5　设置"Options"选项卡 3

（4）调整后的电路图如图 15-2-6 所示。

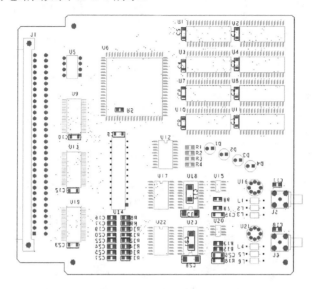

图 15-2-6　调整后的电路图

3．调整 Room 的字体

（1）执行菜单命令"Display"→"Color/Visibility…"，弹出"Color Dialog"窗口，选择"Board Geometry"，选择"Top_Room""Both_Rooms""Bottom_Room"，设置后的电路图如图 15-2-7 所示。

（2）执行菜单命令"Edit"→"Change"，在控制面板的"Find"选项卡中仅选择"Text"，在"Options"选项卡中设置中文字体大小为 6 号，单击 Room 的文本。

（3）执行菜单命令"Edit"→"Move"，对 Room 文字面及 Room 周边文字面的位置进行调整，调整后的图如图 15-2-8 所示。

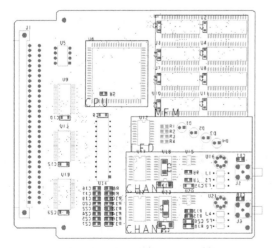

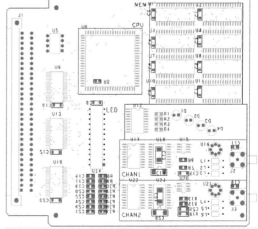

图 15-2-7　设置后的电路图　　　　　　　图 15-2-8　调整后的图

（4）执行菜单命令"File"→"Save as"，保存文件于 D:/Project/allegro 目录下，文件名为"demo_final"。

15.3　反标

（1）执行菜单命令"File"→"Export"→"Logic/Netlist"，弹出"Export Logic/Netlist"对话框，在"Logic type"中选择"Design entry CIS"，表示要传回的软件为 Capture，在"Export to directory"栏中选择要导出的路径"D:/Project/OrCAD"，如图 15-3-1 所示。

（2）选择"Other"选项卡，在"Comparison design"栏中显示要导出的 PCB 文件 D:/Project/ allegro/demo_final.brd，如图 15-3-2 所示，这是支持第三方软件的反标文件。

图 15-3-1　"Export Logic/Netlist"对话框

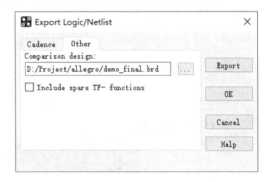

图 15-3-2　选择要导出的 PCB 文件

（3）切换到"Cadence"选项卡，单击"Export"按钮，弹出执行进度窗口，执行完后，命令窗口显示如下信息：

```
Starting genfeedformat…
genfeedformat completed successfully - use Viewlog to review the log file.
```

（4）单击"Cancel"按钮，关闭"Export Logic/Netlist"对话框。

（5）打开 Capture CIS 17.4，打开 D:/Project/OrCAD/demo.dsn 文件，项目管理器如图 15-3-3 所示。

（6）执行菜单命令"Tools"→"Backannotate"，弹出如图 15-3-4 所示的"Backannotate"对话框。

➢ PCB Editor Board File：选择保存好的 Allegro PCB 的路径。

➢ Netlist：选择 Capture 直接转换 Allegro 的 Netlist 路径为 D:\Project\OrCAD。

➢ Output：选择输出的 Rename 的文件路径，设置为 allegro\DEMO.swp。

➢ Back Annotation。

　• Update Schematic：更新原理图。

　• View Output(.SWP) File：浏览输出文件。

（7）单击"确定"按钮，执行反标，弹出如图 15-3-5 所示的"Progress"对话框。

（8）执行上述操作后自动打开输出的交换文件，交换文件的内容如图 15-3-6 所示。

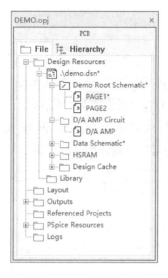

图 15-3-3　项目管理器

图 15-3-4　"Backannotate" 对话框

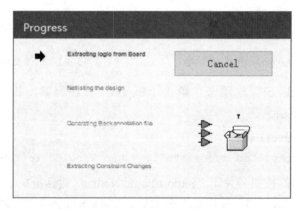

图 15-3-5　"Progress" 对话框

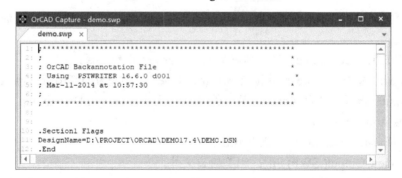

图 15-3-6　交换文件的内容

习题

（1）为何要进行后处理？

（2）如何进行元器件序号的重命名？需要注意什么？

（3）如何进行反标？

第16章 加入测试点

16.1 产生测试点

加工好 PCB 之后，需要在加工厂进行测试，即裸板测试（Bare Board Test），如图 16-1-1 所示。裸板测试检查所有连接元器件的引脚间的连接，确保没有短路和开路的情况发生。一旦 PCB 测试通过，就需要装配，装配后还需要进行在线测试（In-circuit Test），如图 16-1-2 所示。在线测试验证 PCB 和元器件能否正常工作。组装时还需要进行功能测试，包括信号振荡测试和长周期的工作测试，以检查发热、高阻泄漏和干扰问题，这些测试将测试 PCB 的功能。

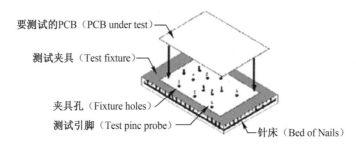

图 16-1-1　裸板测试

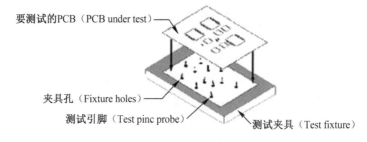

图 16-1-2　在线测试

1. 自动加入测试点

（1）启动 Allegro PCB Designer，打开 demo_final.brd 文件。

（2）执行菜单命令"Display"→"Color/Visibility…"，弹出"Color Dialog"窗口，打开 "Layers"选项卡，选择"Manufacturing"，选择"Probe_Bottom"和"Probe_Top"，设置颜色，如图 16-1-3 所示。单击"OK"按钮，关闭"Color Dialog"窗口。

（3）执行菜单命令"Setup"→"Design Parameters"，弹出"Design Parameter Editor"对话

框，在"Display"选项卡中不勾选"Filled pads"和"Connect line endcaps"，如图 16-1-4 所示。

（4）单击"OK"按钮，关闭"Design Parameter Editor"对话框。

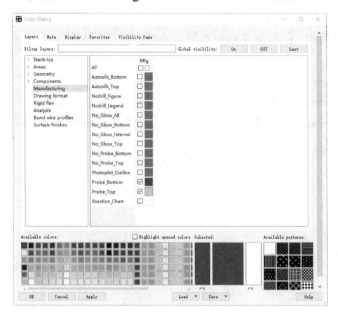

图 16-1-3　设置颜色

图 16-1-4　设置"Display"选项卡 1

（5）执行菜单命令"Manufacture"→"Testprep"→"Automatic…"，弹出"Testprep Automatic"对话框，如图 16-1-5 所示。

➢ Allow test directly on pad：允许直接在焊盘上测试。

➢ Allow test directly on trace：允许直接在 Trace 上测试。

➢ Allow pin escape insertion: 如果没有合适的测试位置，就自动加入一个 Via。

➢ Test unused pins: 未连接引脚无须加入测试点。

➢ Execute mode: Allegro 运行 Testprep 时的模式。

• Overwrite: 表示在自动加入测试点时，先将旧的测试点全部删除，再加入新的测试点。

• Incremental: 保留旧的测试点，加入新的测试点。

➢ Via displacement: 距离加入的测试点的引脚的最小/最大距离。

（6）单击 "Parameters…" 按钮，弹出 "Testprep Parameters" 对话框，如图 16-1-6 所示。

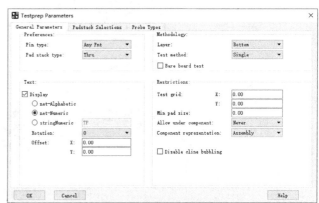

图 16-1-5　"Testprep Automatic" 对话框　　　图 16-1-6　"Testprep Parameters" 对话框

① "General Parameters" 选项卡。

➢ Preferences: 定义引脚和贯穿孔的特征。

• Pin type: 指定要测试的引脚类型。

✧ Input: 测试输入引脚。

✧ Output: 测试输出引脚。

✧ Any pin: 先尝试测试输入引脚，再测试输出引脚。

✧ Via: 只测试过孔。

✧ Any Pnt: 测试的引脚形式为任意类型。

• Pad stack type: 需要作为测试探针连接点的焊盘。

➢ Methodology: 定义特定的测试方法。

• Layer: 指定在 PCB 的哪个层面放置测试点。

✧ Either: 在两面加入测试点。

✧ Top: 在顶层加入测试点。

✧ Bottom: 在底层加入测试点。

• Test method: 指定每个网络的测试点的数目。

✧ Single: 为每个网络只添加 1 个测试点（对于在线测试）。

✧ Node: 为每个网络的节点添加 1 个测试点（减小裸板夹具的密度）。

✧ Flood: 网络的每个引脚都要加测试点（裸板测试推荐）。

- Bare board test：是否进行裸板测试。

➢ Restrictions：指定附加的要求。

- Test grid：指定测试夹具的格点大小。

- Min pad size：设置可作为测试点的焊盘的最小尺寸。

- Allow under component：设置是否允许将测试点放在元器件下面。

- Component representation：设置使用 Assembly 或 Place_bound 数据决定元器件覆盖的区域。

- Disable cline bubbling：当添加或替换 Via 为测试点时，阻止 Bubble，避免 DRC 错误。

➢ Text：产生文本来标志每个测试点。

- Display：是否使网络名和测试点一起显示，如图 16-1-7 所示。

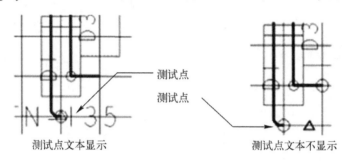

图 16-1-7　加入的测试点的文本显示

◇ net-Alphabetic：添加字母顺序的扩展名作为测试点的名字。

◇ net-Numeric：添加数字顺序的扩展名作为测试点的名字。

◇ stringNumeric：添加数字扩展名作为用户描述的任意前缀。

- Rotation：指定文本标号的方向。

- Offset：指定文本相对于焊盘中心的位置。

② "Padstack Selections" 选项卡：替换时要使用的焊盘类型及在哪个层面更新焊盘。

③ "Probe Types" 选项卡：探针的类型、间距和形状。

（7）单击 "Cancel" 按钮，关闭 "Testprep Parameters" 对话框。

（8）单击 "Generate testpoints" 按钮，生成测试点，并在命令窗口显示加入测试点的执行过程，具体信息如下：

```
Testprep Completed...Complete: 138, Fail: 0, Ignore: 0 Warn: 0
```

说明如下：

➢ Complete：表示成功加入的测试点的个数。

➢ Fail：表示无法加入的测试点的个数。

➢ Ignore：表示无法处理的测试点的个数。

➢ Warn：表示警告信息的个数。

（9）单击 "Viewlog…" 按钮，出现 testprep.log 文件，显示所有测试探针的网络名和坐标，未成功产生的测试探针网络列表也会在文件中显示出来。例如，如果不能从 PCB 背面访问网络（连接在顶层的 SMD 焊盘的网络在底层没有过孔），程序就用完这些选择的有用过孔，testprep.log 文件的内容如图 16-1-8 所示。

（10）关闭 testprep.log 文件，单击 "Parameters…" 按钮，弹出 "Testprep Parameters" 对话框，这些附加的参数允许 Testprep 程序为问题网络产生过孔（使用指定的焊盘），选择焊盘，如图 16-1-9 所示。

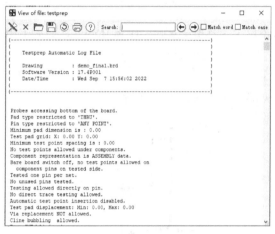

图 16-1-8　testprep.log 文件的内容

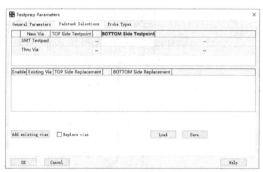

图 16-1-9　选择焊盘

（11）单击 "Cancel" 按钮，关闭 "Testprep Parameters" 对话框。

（12）设置 "Testprep Automatic" 对话框，如图 16-1-10 所示。

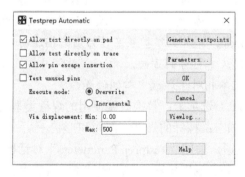

图 16-1-10　设置 "Testprep Automatic" 对话框

（13）单击 "Generate testpoints" 按钮，执行 Auto Insertion 时速度比较慢。执行 Auto Insertion 后，命令窗口出现如下信息：

```
Testprep Completed...Complete: 181, Fail: 0, Ignore: 0 Warn: 0
```

（14）单击 "Viewlog…" 按钮，浏览 testprep.log 文件，如图 16-1-11 所示。

（15）关闭 testprep.log 文件，单击 "Cancel" 按钮，关闭 "Testprep Automatic" 对话框。

（16）测试点的形状为三角形，如图 16-1-12 所示。

图 16-1-11　testprep.log 文件的内容

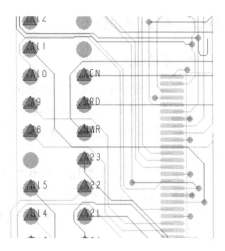

图 16-1-12　产生的测试点

2．建立测试夹具的钻孔文件

（1）执行菜单命令"Manucature"→"Testprep"→"Create NC drill data"，命令窗口提示"Probe drill file creation complete"。

（2）执行菜单命令"File"→"File Viewer"，文件类型选择所有文件，文件选择bottom_probe.drl。

（3）单击"打开"按钮，查看 bottom_probe.drl 文件的内容，如图 16-1-13 所示。

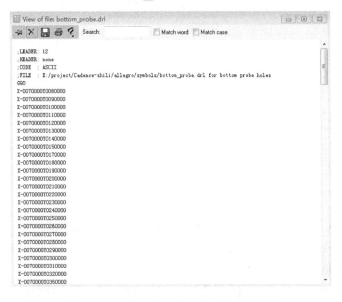

图 16-1-13　bottom_probe.drl 文件的内容

（4）关闭 bottom_probe.drl 文件。

（5）执行菜单命令"File"→"Save as"，保存文件于 D:/project/Allegro 目录下，文件名为"demo_testpoint"。

16.2　修改测试点

1．手动加入测试点

（1）启动 Allegro PCB Designer，打开 demo_final.brd 文件。

（2）执行菜单命令"Display"→"Color/Visibility…"，弹出"Color Dialog"窗口，打开"Layers"选项卡，选择"Manufacturing"，选择"Probe_Top"和"Probe_Bottom"，并设置颜色。

（3）单击"OK"按钮，关闭"Color Dialog"窗口。

（4）执行菜单命令"Setup"→"Design Parameters"，弹出"Design Parameter Editor"对话框，在"Display"选项卡中不勾选"Filled pads"和"Connect line endcaps"选项，如图 16-2-1 所示。

图 16-2-1　设置"Display"选项卡 2

（5）单击"OK"按钮，关闭"Design Parameter Editor"对话框。

（6）执行菜单命令"Manufacture"→"Testprep"→"Manual"，在控制面板的"Options"选项卡中选择"Add"，如图 16-2-2 所示。

（7）单击"Parameters…"按钮，弹出"Testprep Parameters"对话框，如图 16-2-3 所示。

（8）单击"OK"按钮，关闭"Testprep Parameters"对话框。

（9）单击一个过孔建立新的测试点，单击鼠标右键，在弹出的快捷菜单中选择"Next"命令，单击下一个过孔，最后单击鼠标右键，在弹出的快捷菜单中选择"Done"命令，添加的测试点如图 16-2-4 所示。

图 16-2-2　设置"Options"选项卡 1

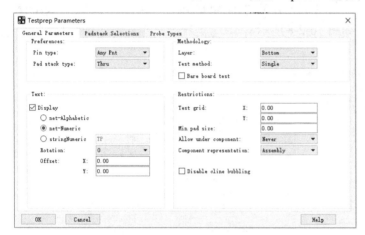

图 16-2-3　设置"Testprep Parameters"对话框

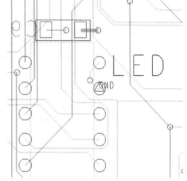

图 16-2-4　添加的测试点

2. 手动删除测试点

（1）执行菜单命令"Manufacture"→"Testprep"→"Manual"，在控制面板的"Options"选项卡中选择"Delete"，如图 16-2-5 所示。

（2）单击刚才添加的测试点，单击鼠标右键，在弹出的快捷菜单中选择"Done"命令，删除测试点，如图 16-2-6 所示。

图 16-2-5　设置"Options"选项卡 2

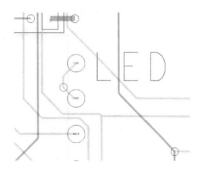

图 16-2-6　删除测试点

图 16-2-7　设置"Options"选项卡 3

（3）执行菜单命令"File"→"Exit"，退出程序，不保存文件。

3．交换测试点

（1）启动 Allegro PCB Designer，打开 demo_testpoint.brd 文件。

（2）执行菜单命令"Manufacture"→"Testprep"→"Manual"，在控制面板的"Options"选项卡中选择"Swap"，如图 16-2-7 所示。

（3）单击"Parameters…"按钮，弹出"Testprep Parameters"对话框，进行设置，如图 16-2-8 所示。

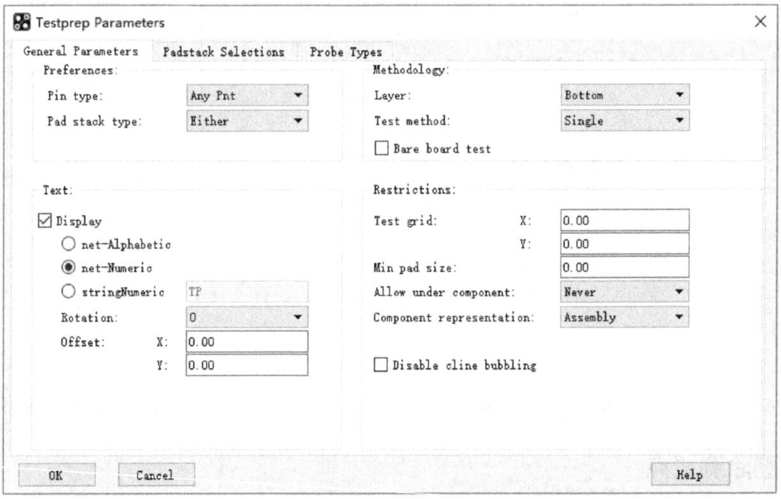

图 16-2-8　设置"Testprep Parameters"对话框

（4）单击"OK"按钮，关闭"Testprep Parameters"对话框。

（5）单击图中的一个测试点，选择测试点，如图 16-2-9 所示，与其相连的网络的引脚会高亮。

（6）单击高亮的一个引脚，会发现测试点的位置发生了改变，单击鼠标右键，在弹出的快捷菜单中选择"Done"命令，交换测试点，如图 16-2-10 所示。

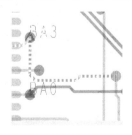

图 16-2-9　选择测试点

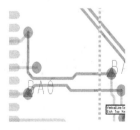

图 16-2-10　交换测试点

4．重新产生 log 文件、钻孔数据和报告

（1）执行菜单命令"Manufacture"→"Testprep"→"Automatic"，弹出"Testprep Automatic"对话框，"Execute mode"选择"Incremental"，如图 16-2-11 所示。

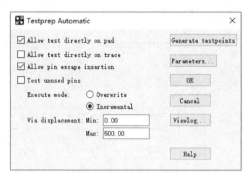

图 16-2-11　"Testprep Automatic"对话框

（2）单击"Generate testpoints"按钮，重新生成测试点，单击"Viewlog…"按钮出现 testprep.log 文件，如图 16-2-12 所示。

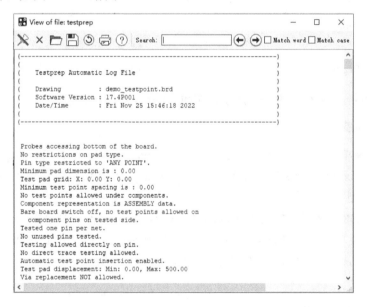

图 16-2-12　testprep.log 文件

（3）关闭 testprep.log 文件，单击"OK"按钮，关闭"Testprep Automatic"对话框。

（4）执行菜单命令"Manufacture"→"Testprep"→"Create NC drill data"，命令窗口出现如下信息：

```
Probe drill file creation complete.
```

（5）执行菜单命令"Tools"→"Reports"，弹出"Reports"对话框，在"Available reports(double click to select)"列表框中双击"Testprep Report"使其出现在"Selected

Reports(double click to remove)"列表框中，如图 16-2-13 所示。

（6）单击"Generate Reports"按钮，弹出"Testprep Report"窗口，Testprep 报告如图 16-2-14 所示。

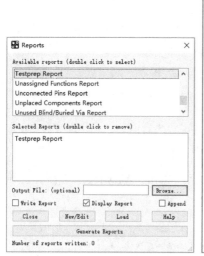

图 16-2-13　"Reports"对话框

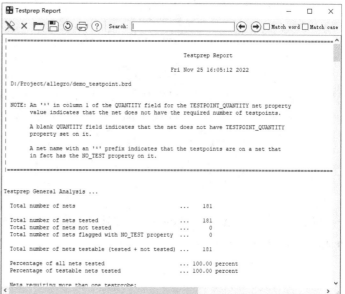

图 16-2-14　Testprep 报告

（7）关闭报告，单击"Close"按钮，关闭"Reports"对话框。

5．建立测试夹具

（1）执行菜单命令"Manufacture"→"Testprep"→"Fix/Unfix testpoints…"，弹出"Testprep Fix/Unfix Testpoints"对话框，选择"Fixed"，固定测试点，如图 16-2-15 所示，同时命令窗口提示测试点已经固定。

（2）单击"OK"按钮，关闭"Testprep Fix/Unfix Testpoints"对话框。

（3）执行菜单命令"Manufacture"→"Testprep"→"Create FIXTURE…"，弹出"Testprep Create Fixture"对话框，如图 16-2-16 所示。

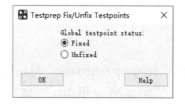

图 16-2-15　固定测试点

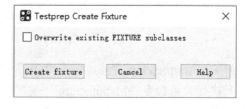

图 16-2-16　"Testprep Create Fixture"对话框

（4）单击"Create fixture"按钮，在 Manufacturing 级下面产生了两个子级，即 Fixture_Top 和 Fixture_Bottom。

（5）执行菜单命令"Display"→"Color/Visibility…"，查看新添加的子级，如图 16-2-17 所示。

（6）单击"OK"按钮，关闭"Color Dialog"窗口。

（7）在控制面板的"Visibility"选项卡中关闭所有子级的显示，以便查看底层的测试夹具和相关的测试点，如图 16-2-18 所示。

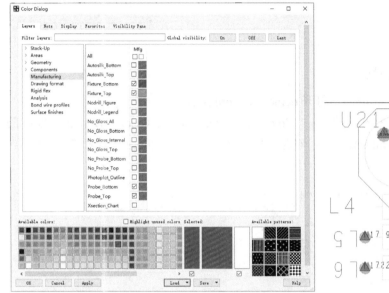

图 16-2-17　查看新添加的子级　　　　　　图 16-2-18　显示测试点

（8）执行菜单命令"File"→"Save as"，保存文件于 D:/project/Allegro 目录下，文件名为"demo_testprep"。

习题

（1）加入测试点有何意义？

（2）如何手动加入测试点？

（3）如何交换测试点？

第17章 PCB 加工前的准备工作

17.1 建立丝印层

1. 设置层面颜色和可视性

（1）启动 Allegro PCB Designer，打开 demo_final.brd 文件。

（2）执行菜单命令"Display"→"Color/Visibility..."，在"Color Dialog"窗口的"Layers"选项卡中选择"Manufacturing"，勾选"Autosilk_Top"，设置颜色，如图 17-1-1 所示。

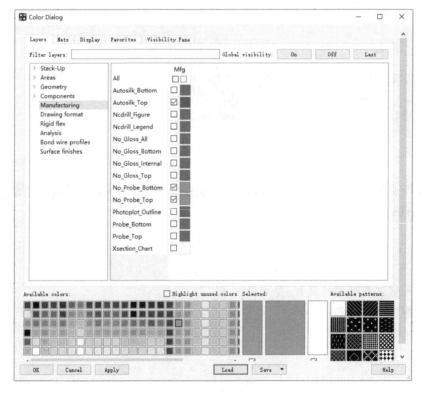

图 17-1-1　设置颜色

（3）选择"Stack-Up"，关闭"Bottom"层"Pin"的显示，如图 17-1-2 所示。

（4）选择"Package geometry"，关闭"Assembly_ Bottom"层和"Assembly_Top"层的显示，如图 17-1-3 所示。

（5）选择"Components"，关闭"RefDes"的显示，如图 17-1-4 所示。

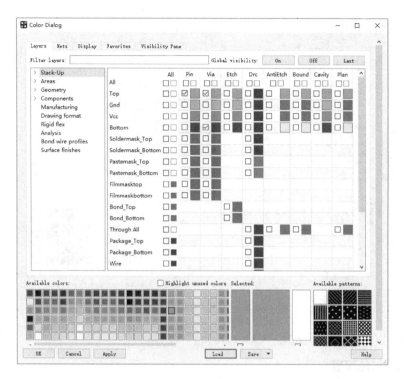

图 17-1-2　关闭"Bottom"层"Pin"的显示

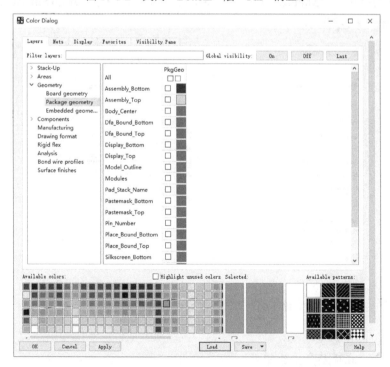

图 17-1-3　关闭"Assembly_Bottom"层和"Assembly_Top"层的显示

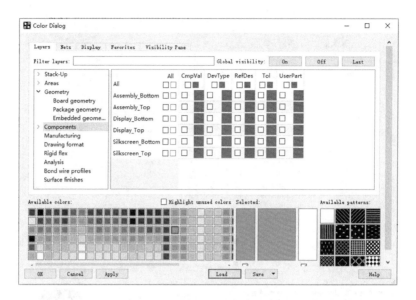

图 17-1-4　关闭"RefDes"的显示

（6）单击"OK"按钮，关闭"Color Dialog"窗口。

2. 自动添加丝印层

（1）执行菜单命令"Manufacture"→"Silkscreen…"，弹出"Auto Silkscreen"对话框，进行设置，如图 17-1-5 所示。

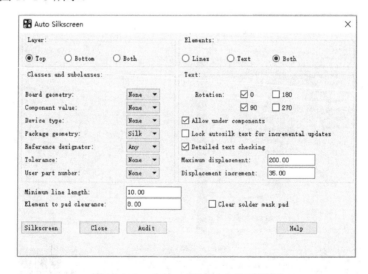

图 17-1-5　"Auto Silkscreen"对话框

➢ Layer。

- Top: 在顶层产生丝印层。
- Bottom: 在底层产生丝印层。
- Both: 在顶层和底层均产生丝印层。

➢ Elements。
  • Lines: 从指定的 Autosilk 子级擦除线并重新产生线。
  • Text: 从指定的 Autosilk 子级擦除文本并重新产生文本。
  • Both: 从指定的 Autosilk 子级擦除线和文本并重新产生线和文本。
➢ Classes and subclasses: 定义自动添加丝印层时查找的丝印图，每个列表中都有 3 个选项。
  • Any: 优先使用 Silkscreen，若什么也没找到，则使用 Assembly。
  • Silk: 仅从 Silkscreen 复制图形。
  • None: 指定什么也不提取。
➢ Text。
  • Allow under components: 允许丝印的位置在元器件下方。
  • Lock autosilk text for incremental updates: 第 1 次自动丝印运行后，如果符号被复制、移动或删除，文本的位置仍固定不变。
  • Detailed text checking: 全面的文本检查。
  • Maximum displacement: 指定丝印文本字符串移动时偏离其最初位置的最大距离。
  • Minimum line length: 指定在 Autosilk 子级允许的线段的最小长度。
  • Element to pad clearance: 丝印元素和焊盘边沿间的间距。
  • Clear solder mask pad: 当线被剪切或文本被移动时，Soldermask 焊盘将被用于确定焊盘的尺寸，而不是规则的顶层或底层焊盘。

（2）单击"Silkscreen"按钮，产生丝印图（如果摆放丝印失败，那么失败的数目会显示在命令窗口中），如图 17-1-6 所示。

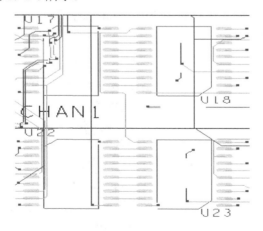

图 17-1-6　产生丝印图

（3）执行菜单命令"File"→"Viewlog"，查看自动丝印的结果，如图 17-1-7 所示。
（4）关闭 autosilk.log 文件。
（5）执行菜单命令"Edit"→"Move"，在控制面板的"Find"选项卡中仅选择

"Text"，单击元器件序号，该文本的 U15 会处于移动状态，单击一个新的位置摆放文本，单击文本"U15"，单击鼠标右键，在弹出的快捷菜单中选择"Rotate"命令，单击一个新的位置摆放，单击鼠标右键，在弹出的快捷菜单中选择"Done"命令，调整文字，如图 17-1-8 所示。

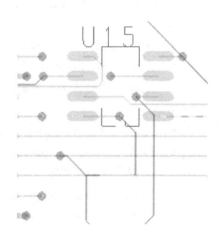

图 17-1-7　自动丝印的结果　　　　　　图 17-1-8　调整文字

17.2　建立报告

（1）执行菜单命令"Tools"→"Reports"，弹出"Reports"对话框，在"Available reports(double click to select)"列表框中双击"Summary Drawing Report"使其出现在"Selected Reports(double click to remove)"列表框中，如图 17-2-1 所示。

（2）单击"Generate Reports"按钮，弹出"Summary Drawing Report"窗口，如图 17-2-2 所示。

图 17-2-1　"Reports"对话框　　　　　图 17-2-2　"Summary Drawing Report"窗口

（3）关闭“Summary Drawing Report”窗口。

（4）双击“Selected Reports(double click to remove)”列表框中的“Summary Drawing Report”，删除它，在“Available reports(double click to select)”列表框中找到并双击“Etch Length by Layer Report”，使其出现在“Selected Reports(double click to remove)”列表框中。单击“Generate Reports”按钮，弹出“Etch Length by Layer Report”窗口，如图 17-2-3 所示。

Net Name	Layer Name	Etch Length (mils)
A0	TOP	350.71
A1	BOTTOM	365.52
A1	TOP	593.65
A2	BOTTOM	251.14
A2	TOP	483.80
A3	TOP	620.71
A4	TOP	548.87
A5	TOP	609.81
A6	TOP	638.72
A7	TOP	692.63
A8	TOP	778.66
A9	TOP	853.66
A10	TOP	1216.68
A11	BOTTOM	1073.74
A11	TOP	118.51
A12	BOTTOM	256.43
A12	TOP	1043.20
A13	TOP	1201.26
A14	TOP	1076.77
A15	TOP	1164.37
A16	BOTTOM	632.52
A16	TOP	142.56
A17	BOTTOM	643.85
A17	TOP	163.78
A18	BOTTOM	2833.40
A18	TOP	177.93
A19	BOTTOM	3359.15
A19	TOP	91.50

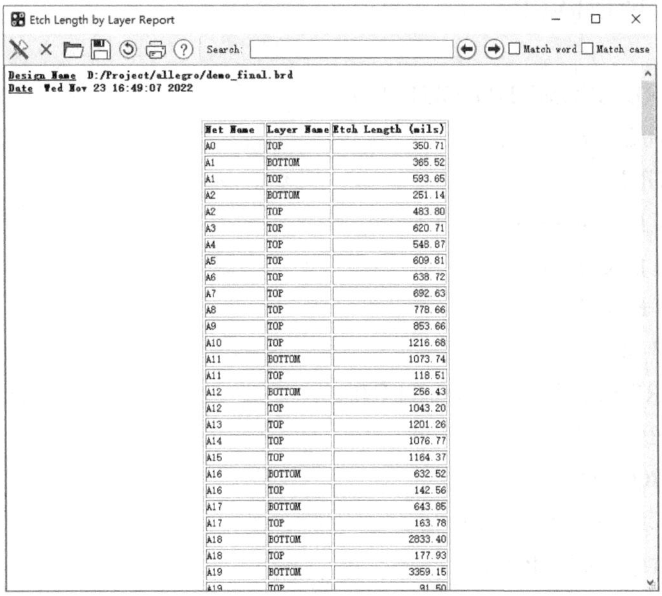

图 17-2-3　“Etch Length by Layer Report”窗口

（5）关闭“Etch Length by Layer Report”窗口。

（6）按照此方法分别查看下列报表：Etch Length by Net Report、Etch Length by Pin Pair Report、Design Rules Check Report、Unconnected Pins Report 和 Unplaced Components Report。

（7）单击“Close”按钮，关闭“Reports”对话框。

（8）执行菜单命令“File”→“Save as”，保存文件于 D:/Project/allegro 目录中，文件名为 demo_silk。

17.3　建立 Artwork 文件

4 层板典型的光绘文件输出如下所述。

- ➢ TOP 层。
  - BOARD GEOMETRY/OUTLINE。
  - ETCH/TOP。
  - PIN/TOP。
  - VIA CLASS/TOP。
- ➢ VCC 层。

- BOARD GEOMETRY/OUTLINE。
- ETCH/VCC。
- PIN/VCC。
- VIA CLASS/VCC。
- ANTI ETCH/ALL。
- ANTI ETCH/VCC。

➢ GND *层*。
- BOARD GEOMETRY/OUTLINE。
- ETCH/GND。
- PIN/GND。
- VIA CLASS/GND。
- ANTI ETCH/ALL。
- ANTI ETCH/GND。

➢ BOTTOM *层*。
- BOARD GEOMETRY/OUTLINE。
- ETCH/BOTTOM。
- PIN/BOTTOM。
- VIA CLASS/BOTTOM。

➢ SOLDERMASK TOP *层*。
- BOARD GEOMETRY/OUTLINE。
- BOARD GEOMETRY/SOLDERMASK_TOP。
- PACKAGE/GEOMETRY/SOLDERMASK_TOP。
- PIN/SOLDERMASK_TOP。
- VIA CLASS/SOLDERMASK_TOP。

➢ SOLDERMASK BOTTOM *层*。
- BOARD GEOMETRY/OUTLINE。
- BOARD GEOMETRY/SOLDERMASK_BOTTOM。
- PACKAGE/GEOMETRY/SOLDERMASK_BOTTOM。
- PIN/SOLDERMASK_BOTTOM。
- VIA CLASS/SOLDERMASK_BOTTOM。

➢ PASTEMASK TOP *层*。
- BOARD GEOMETRY/OUTLINE。
- PIN/PASTEMASK_TOP。

➢ PASTEMASK BOTTOM *层*。
- BOARD GEOMETRY/OUTLINE。
- PIN/PASTEMASK_BOTTOM。

➢ SILKSCREEN TOP *层*。

- BOARD GEOMETRY/OUTLINE。
- BOARD GEOMETRY/SILKSCREEN_TOP。
- PACKAGE GEOMETRY/SILKSCREEN_TOP。
- REF DES/SILKSCREEN_TOP。
➢ SILKSCREEN BOTTOM 层。
- BOARD GEOMETRY/OUTLINE。
- BOARD GEOMETRY/SILKSCREEN_BOTTOM。
- PACKAGE GEOMETRY/SILKSCREEN_BOTTOM。
- REF DES/SILKSCREEN_BOTTOM。
➢ DRILL 层。
- BOARD GEOMETRY/OUTLINE。
- MANUFACTURING/NCDRILL_LEGEND。
- MANUFACTURING/NCDRILL_FIGURE。

两层板没有 VCC 层和 GND 层，SILKSCREEN 层还可以是 ASSEMBLY 层或 AUTOSILK 层，有三者中任何一个即可。

1．设置加工文件参数

（1）启动 Allegro PCB Designer，打开 demo_final.brd 文件。

（2）执行菜单命令"Manufacture"→"Artwork"，弹出"Artwork Control Form"窗口（"Film Control"选项卡），如图 17-3-1 所示。

图 17-3-1　"Artwork Control Form"窗口

➢ Film name：显示目前的底片名称。

➤ PDF Sequence：PDF 序列。

➤ Rotation：底片旋转的角度。

➤ Offset X,Y：底片的偏移量。

➤ Undefined line width：未定义的线宽，设计中的 0 线宽全部依照该设置值输出。

➤ Shape bounding box：默认值为 100.00，表示当 Plot mode 为 "Negative" 时，由 Shape 的边缘往外需要画 100mil 的黑色区域。

➤ Plot mode：Positive 表示采用正片的绘图格式；Negative 表示采用负片的绘图格式。

➤ Film mirrored：底片是否左右翻转。

➤ Full contact thermal-reliefs：不画出 Thermal-Reliefs，使其全导通。只有当 Plot mode 为 "Negative" 时，此项才被激活。

➤ Suppress unconnected pads：是否画出没有连线的 Pad。只有当层面为内信号层时，此项才被激活。

➤ Draw missing pad apertures：若勾选此项，则表示当一个 Padstack 没有相应的 Flash D-Code 时，系统可以采用较小宽度的 Line D-Code 涂满此 Padstack。

➤ Use aperture rotation：Gerber 数据能够使用镜头列表中的镜头来旋转定义的信息。

➤ Suppress shape fill：勾选此项表示不画出 Shape 的外形，使用者必须自行加入分割线作为 Shape 的外形。只有当 Plot mode 为 "Negative" 时，此项才被激活。

➤ Vector based pad behavior：指定光栅底片使用基于向量的决策来确定哪一种焊盘为 Flash。

➤ Draw holes only：只绘制孔。

➤ Check database before artwork：生成光绘文件前进行信息检查。

➤ Dynamic shapes need updating：动态铺铜是否需要更新。

（3）单击 "General Parameters" 选项卡，如图 17-3-2 所示。

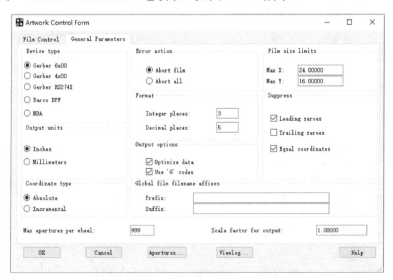

图 17-3-2　"General Parameters" 选项卡

- Device type：光绘机的模型。
- Error action：在处理的过程中发生错误的处理方法。
- Film size limits：光绘机使用的底片尺寸，默认值为 24、16，表示底片的最大尺寸为 24 × 16。
- Format：输出坐标的整数部分和小数部分，默认值为 5、3，表示使用 5 位整数和 3 位小数。例如，设计单位为"mil"，精确度为"1"，那么 Gerber 格式精确到 4 位小数。
- Suppress：控制 PCB 编辑器是否在 Gerber 数据文件中简化数值前面的 0 或数值后面的 0，或简化相同的坐标。
  - Leading zeroes：表示要简化数值前面的 0。
  - Trailing zeroes：表示要简化数值后面的 0。
  - Equal coordinates：表示要简化相同的坐标。
- Output units：指定输出单位，in 或 mm。
- Output options：输出选项，对于 Gerber 274X、MDA 或 Barco DPF 不可用。
  - Optimize data：表示资料最优化输出。
  - Use 'G' codes：指定 Gerber 数据的 G 码。Gerber 使用 G 码来描述预定处理，Gerber 4x00 需要 G 码，Gerber 6x00 不需要 G 码。
- Coordinate type："Absolute"为绝对坐标，"Incremental"为相对坐标。对于 Barco DPF 不可用。
- Global film filename affixes：文档首码和尾码。
  - Prefix：增加文档的首码。
  - Suffix：增加文档的尾码，如果底片名称为 TOP，首码为 Front-，尾码为-Back，那么文档名称是 Front-TOP-Back.art。
- Max apertures per wheel：光绘机使用的最大镜头数，能够输入 1～999 之间的值，仅对 Gerber 4x00 和 Gerber 6x00 有用。
- Scale factor for output：在 Gerber 文件中所有输入的比例尺。

（4）在"Artwork Control Form"窗口的"General Parameters"选项卡中，"Device type"选择"Gerber RS274X"，可能会出现提示信息，单击"OK"按钮。设置"Integer places"为"3"，设置"Decimal places"为"5"。

（5）单击"OK"按钮，关闭"Artwork Control Form"窗口，参数设置将被写入工作目录的"art_param.txt"文件中。

（6）执行菜单命令"File"→"File Viewer"，改变文件类型为"*.txt"，选择"art_param.txt"文件，如图 17-3-3 所示。

（7）单击"Open"按钮，打开文件，"art_param.txt"文件的内容如图 17-3-4 所示。

（8）关闭"art_param.txt"文件。

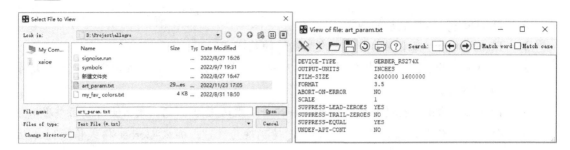

图 17-3-3　选择"art_param.txt"文件　　　　图 17-3-4　"art_param.txt"文件的内容

2. 设置底片控制文件

（1）执行菜单命令"Manufacture"→"Artwork"，弹出"Artwork Control Form"窗口，选择"Film Control"选项卡，默认情况下有 4 个底片文件，即"BOTTOM""GND""TOP""VCC"。单击"Available films"选区中"BOTTOM"前的">"，默认情况下为"ETCH/BOTTOM""PIN/BOTTOM""VIA CLASS/BOTTOM"，如图 17-3-5 所示。

（2）用鼠标右键单击"ETCH/BOTTOM"，从弹出的菜单中选择"Add"命令，弹出"Subclass Sele…"窗口，单击"BOARD GEOMETRY"前面的">"，选择"OUTLINE"，如图 17-3-6 所示，单击"OK"按钮添加"OUTLINE"。按照同样的方法在 GND、VCC、TOP 层添加"OUTLINE"。

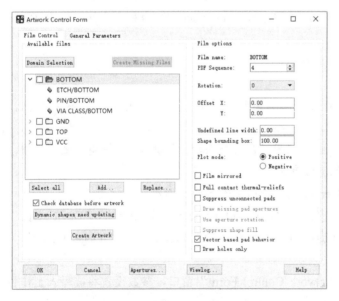

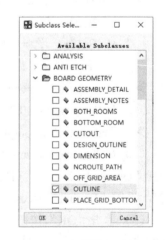

图 17-3-5　设置"Artwork Control Form"窗口　　　　图 17-3-6　选择"OUTLINE"

（3）首先在"Available films"选区中选择"BOTTOM"，然后将"Undefined line width"设为"6.00"。选择"Available films"选区中的"GND"，设置"Undefined line width"为"6.00"，将"plot mode"设为"Negative"，勾选"Full contact thermal-reliefs"。选择"Available films"选区中的"TOP"，设置"Undefined line width"为"6.00"。选择

"Available films"选区中的"VCC"，设置"Undefined line width"为"6.00"，将"Plot mode"设为"Negative"，勾选"Full contact thermal-reliefs"，如图 17-3-7 所示。

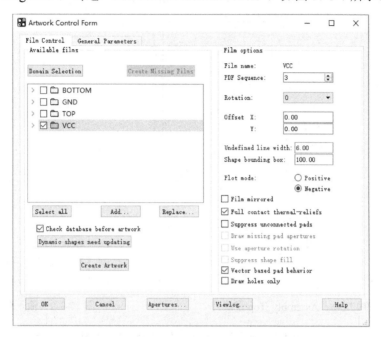

图 17-3-7　设置"Artwork Control Form"窗口

注意：不要关闭"Artwork Control Form"窗口。

3. 建立 Assembly 底片文件

（1）执行菜单命令"Display"→"Color/Visibility..."，弹出"Color Dialog"窗口，在"Global Visibility"栏中单击"Off"按钮，使所有元素不显示。在"Board Geometry"下选择"Outline""Top_Room""Both_Rooms"，在"Package Geometry"下选择"Assembly_Top"；设置"Components"，在"RefDes"下选择"Assembly_Top"，单击"Apply"按钮，Assembly_Top 层底片如图 17-3-8 所示。

注意：输出底片时，Assembly_Top 与 Silkscreen_Top 输出一层即可。

（2）在"Artwork Control Form"窗口中，在"Available films"选区中用鼠标右键单击"VCC"，从弹出的快捷菜单中选择"Add"命令，打开"Allegro PCB Designer"对话框，输入"ASSEMBLY_TOP"，如图 17-3-9 所示。

（3）单击"OK"按钮，在"Available films"选区中会增加底片文件"ASSEMBLY_TOP"。在"Available films"选区中选择新增加的底片文件"ASSEMBLY_TOP"，将"Undefined line width"设为"6.00"。

（4）在"Global Visibility"中单击"Off"按钮，出现提示对话框，单击"Yes"按钮，使所有元素不显示。在"Board Geometry"下选择"Outline""Bottom_Room""Both_Rooms"，在"Package Geometry"下选择"Assembly_Bottom"；设置"Components"，在"RefDes"下

选择"Assembly_Bottom"，单击"Apply"按钮，Assembly_Bottom 层底片如图 17-3-10 所示。

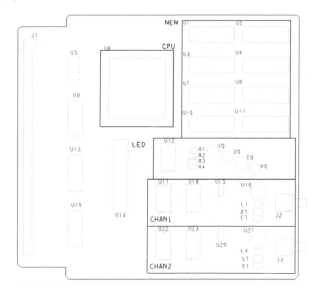

图 17-3-8　Assembly_Top 层底片　　　　　　　图 17-3-9　输入新的底片名称 1

（5）在"Artwork Control Form"窗口中，在"Available films"选区中用鼠标右键单击"Assembly_Top"，从弹出的快捷菜单中选择"Add"命令，打开"Allegro PCB Designer"对话框，输入"ASSEMBLY_BOT"，如图 17-3-11 所示。

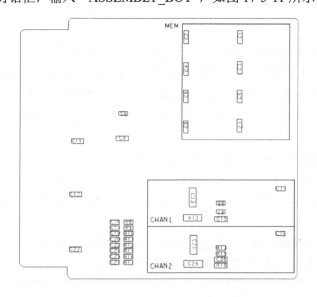

图 17-3-10　Assembly_Bottom 层底片　　　　　图 17-3-11　输入新的底片名称 2

（6）单击"OK"按钮，在"Available films"选区中会增加底片文件"ASSEMBLY_BOT"。

（7）在"Available films"选区中选择新增加的底片文件"ASSEMBLY_BOT"，将"Undefined line width"设为"6.00"。

4. 建立 Soldermask 底片文件

（1）执行菜单命令"Display"→"Color/Visibility…"，弹出"Color Dialog"窗口，在"Global Visibility"中单击"Off"按钮，出现提示对话框，单击"Yes"按钮，使所有元素不显示，设置"Stack-Up"，选择"Pin"和"Via"下的"Soldermask_Top"；设置"Geometry"，选择"Board Geometry"下的"Outline"和"Soldermask_Top"，选择"Package Geometry"下的"Soldermask_Top"，单击"Apply"按钮，Soldermask_Top 层如图 17-3-12 所示。

（2）在"Artwork Control Form"窗口的"Available films"选区中用鼠标右键单击"ASSEMBLY_BOT"，从弹出的快捷菜单中选择"Add"命令，打开"Allegro PCB Designer"对话框，输入"SOLDERMASK_TOP"，如图 17-3-13 所示。

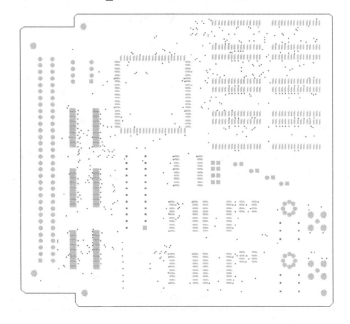

图 17-3-12　Soldermask_Top 层

图 17-3-13　输入新的底片名称 3

（3）单击"OK"按钮，在"Available films"选区中会增加底片文件"SOLDERMASK_TOP"。在"Available films"选区中选择"SOLDERMASK_TOP"，设置"Undefined line width"为"6.00"。

（4）在"Color Dialog"窗口中的"Global Visibility"中单击"Off"按钮，弹出提示对话框，单击"Yes"按钮，使所有元素不显示，设置"Stack-Up"，选择"Pin"和"Via"下的"Soldermask_Bottom"；设置"Geometry"，选择"Board Geometry"下的"Outline"和"Soldermask_Bottom"，选择"Package Geometry"下的"Soldermask_Bottom"，单击"Apply"按钮，Soldermask_Bottom 层如图 17-3-14 所示。

（5）在"Artwork Control Form"窗口的"Available films"选区中用鼠标右键单击"SOLDERMASK_TOP"，从弹出的快捷菜单中选择"Add"命令，弹出"Allegro PCB

Designer"对话框，输入"SOLDERMASK_BOT"，如图 17-3-15 所示。

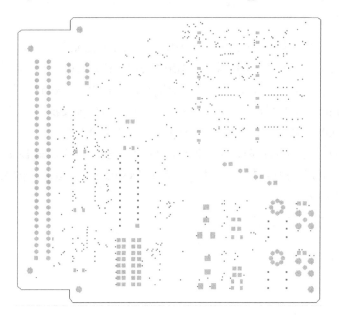

图 17-3-14 Soldermask_Bottom 层   图 17-3-15 输入新的底片名称 4

（6）单击"OK"按钮，在"Available films"选区中会增加底片文件"SOLDERMASK_BOT"。在"Available films"选区中选择"SOLDERMASK_BOT"，设置"Undefined line width"为"6"。

5. 建立 Pastemask 底片文件

（1）在"Color Dialog"窗口中的"Global Visibility"栏单击"Off"按钮，出现提示对话框，单击"Yes"按钮，使所有元素不显示，设置"Stack-Up"，选择"Pin"下的"Pastemask_Top"；设置"Geometry"，选择"Board Geometry"下的"Outline"，单击"Apply"按钮，Pastemask_Top 层如图 17-3-16 所示。

（2）在"Artwork Control Form"窗口的"Available films"选区中用鼠标右键单击"SOLDERMASK_BOT"，从弹出的快捷菜单中选择"Add"命令，弹出"Allegro PCB Designer"对话框，输入"PASTEMASK_TOP"，如图 17-3-17 所示。

（3）单击"OK"按钮，在"Available films"选区中会增加底片文件"PASTEMASK_TOP"。在"Available films"选区中选择"PASTEMASK_TOP"，设置"Undefined line width"为"6.00"。

（4）在"Color Dialog"窗口中的"Global Visibility"栏中单击"Off"按钮，出现提示对话框，单击"Yes"按钮，使所有元素不显示，设置"Stack-Up"，选择"Pin"下的"Pastemask_Bottom"；选择"Board Geometry"下的"Outline"，单击"Apply"按钮，Pastemask_Bottom 层如图 17-3-18 所示。

（5）在"Artwork Control Form"窗口的"Available films"选区中用鼠标右键单击

"PASTEMASK_TOP"，从弹出的快捷菜单中选择 "Add" 命令，弹出 "Allegro PCB Designer" 对话框，输入 "PASTEMASK_BOT"，如图 17-3-19 所示。

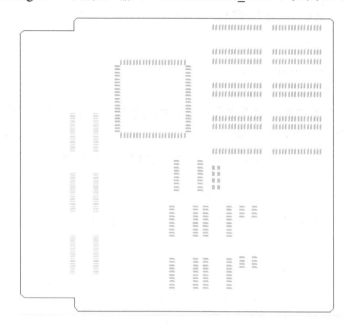

图 17-3-16　Pastemask_Top 层

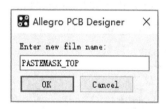

图 17-3-17　输入新的底片名称 5

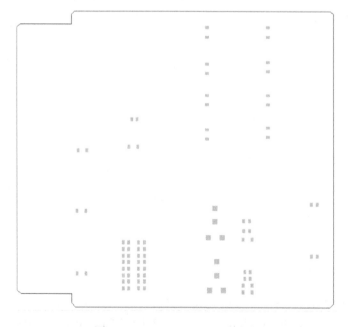

图 17-3-18　Pastemask_Bottom 层

图 17-3-19　输入新的底片名称 6

（6）单击 "OK" 按钮，在 "Available films" 选区中会增加底片文件 "PASTEMASK_BOT"。在 "Available films" 选区中选择 "PASTEMASK_BOT"，设置 "Undefined line width"为"6.00"。

（7）单击"OK"按钮，关闭"Artwork Control Form"窗口。

（8）单击"OK"按钮，关闭"Color Dialog"窗口。

6. 运行 DRC

（1）执行菜单命令"Display"→"Status…"，弹出"Status"对话框，单击"Update DRC"按钮，更新 DRC，如图 17-3-20 所示。

（2）如果有 DRC 错误，那么在建立底片文件之前需要将错误清除。更新后看到没有 DRC 错误，单击"OK"按钮，关闭"Status"对话框。

（3）执行菜单命令"Tools"→"Quick Reports"→"Design Rules Check Report"，生成 DRC 报告，如图 17-3-21 所示。

（4）关闭"Reports"对话框。

（5）执行菜单命令"File"→"Save as"，保存文件于 D:/Project/allegro 目录下，文件名为"demo_rdy2artwork"。

图 17-3-20　更新 DRC

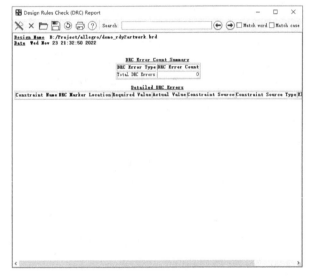

图 17-3-21　DRC 报告

17.4　建立钻孔图

1. 颜色与可视性设置

（1）启动 Allegro PCB Designer，打开 demo_rdy2artwork 文件。

（2）执行菜单命令"Display"→"Color/Visibility…"，在"Global Visibility"栏中单击"Off"按钮，出现提示对话框，在"Board Geometry"下选择"Outline"和"Dimension"；设置"Stack-Up"，在"Pin"和"Via"下选择"Top"和"Bottom"；设置"Drawing Format"，打开下面的所有项，并设置打开项目的颜色。

（3）单击"OK"按钮，关闭"Color Dialog"窗口。

（4）执行菜单命令"View"→"Zoom World"，浏览整个图纸，如图 17-4-1 所示。

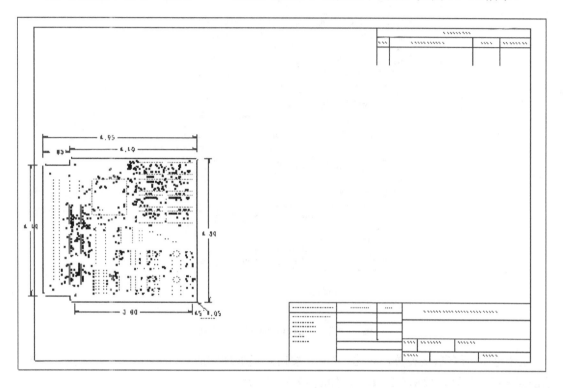

图 17-4-1　浏览整个图纸

2．建立钻孔符号和图例

（1）执行菜单命令"Manufacture"→"NC"→"Drill Legend"，弹出"Drill Legend"对话框，如图 17-4-2 所示。

➢ Template file：输入统计表格的模板文件，默认为"default-mil.dlt"，使用单位为 mil，设置单位应与 PCB 的设置单位一致。

➢ Legend title：钻孔图的名称，默认为"DRILL CHART:lay_nams"。

➢ Hole sorting method：孔的排序方法。

　• By hole size：按孔的尺寸排序。

　　◇ Ascending：按升序排序。

　　◇ Descending：按降序排序。

　• By plating status：按上锡状况排序。

　　◇ Plated first：优选孔壁上锡的孔。

　　◇ Non-plated first：优选孔壁未上锡的孔。

➢ Legends：图例。

　• Layer pair：依据层对。

- By layer: 依据层。

图 17-4-2　"Drill Legend"对话框

（2）保留所有默认设置，单击"OK"按钮。当处理完成后，光标上会有一个矩形框，单击某一新的位置摆放钻孔的图例，如图 17-4-3 所示。

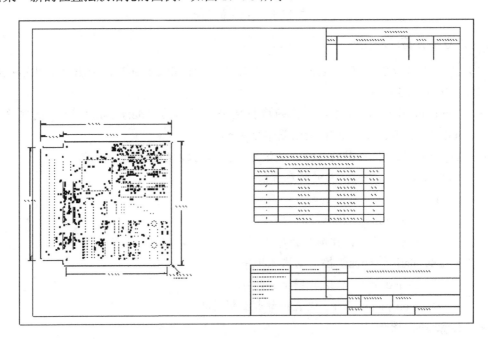

图 17-4-3　摆放钻孔的图例

（3）在控制面板的"Visibility"选项卡中关闭"Pin"和"Via"的显示，钻孔图如图 17-4-4 所示。

（4）调整画面查看钻孔图统计表格，如图 17-4-5 所示。

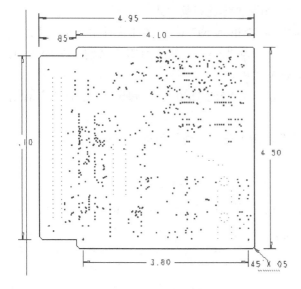

图 17-4-4　钻孔图

DRILL CHART: TOP to BOTTOM			
ALL UNITS ARE IN MILS			
FIGURE	SIZE	PLATED	QTY
·	13.0	PLATED	525
·	31.0	PLATED	36
·	38.0	PLATED	90
·	38.0	PLATED	8
·	75.0	PLATED	8
⊝	110.0	NON-PLATED	5

图 17-4-5　钻孔图统计表格

17.5　建立钻孔文件

（1）执行菜单命令"Manufacture"→"NC"→ "NC Parameters"，弹出"NC Parameters"对话框，如图 17-5-1 所示。

 ➢ Parameter file: 指定创建输出 NC 加工数据的名称和路径，默认名为"nc_param.txt"。

 ➢ Output file: 输出文件。

 • Header: 在输出文件中指定一个或多个 ASCII 文件，默认值为"none"。

 • Leader: 指定纸带的引导长度。

 • Code: 指定纸带的输出格式，默认为"ASCII"。

 ➢ Excellon format。

 • Format: 输出 NC Drill 文件中坐标数据的格式。

 • Offset X，Y: 指定坐标数据与图纸原点的偏移值。

 • Coordinates: 指定输出坐标是相对坐标还是绝对坐标。

图 17-5-1　设置 NC 参数

- Output units：指定输出单位是英制还是公制。
- Leading zero suppression：指定输出坐标的开头是否填"0"。
- Trailing zero suppression：指定输出坐标的末尾是否填"0"。
- Equal coordinate suppression：指定相等坐标是否被禁止。
- Enhanced Excellon format：选择在 NC Drill 和 NC Route 输出文件中产生头文件。

（2）设置"Excellon format"栏的"Format"为"2.5"，单击"OK"按钮，关闭"NC Parameters"对话框，参数被写入 nc_param.txt 文件中。

（3）执行菜单命令"Manufacture"→"NC"→"NC Drill…"，弹出"NC Drill"对话框，如图 17-5-2 所示。

（4）单击"Drill"按钮，建立"NC"钻孔，命令窗口出现如下提示信息：

```
Starting Generating NC Drill...
NC Drill completed successfully, use Viewlog to review the log file.
```

（5）单击"Viewlog…"按钮，弹出如图 17-5-3 所示的"View of file: ncdrill"窗口。

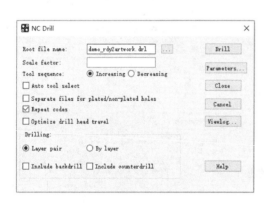

图 17-5-2　"NC Drill"对话框　　　　图 17-5-3　"View of file:ncdrill"窗口

（6）关闭 ncdrill 文件。

（7）单击"Close"按钮，关闭"NC Drill"对话框。

（8）执行菜单命令"File"→"Save as"，保存文件于 D:/Project/allegro 目录下，文件名为"demo_drill"。

17.6　输出底片文件

1．建立钻孔图例的底片文件

（1）启动 Allegro PCB Designer，打开 demo_drill 文件。

（2）执行菜单命令"Display"→"Color/Visibility…"，在"Color Dialog"窗口中的

"Global Visibility"中单击"Off"按钮，使所有元素不显示，在"Manufacturing"下选择"Nclegend-1-4""Photoplot_Outline""Ncdrill_Legend""Ncdrill_Figure"，单击"Apply"按钮，编辑窗口显示钻孔图例。

（3）执行菜单命令"Setup"→"Areas"→"Photoplot Outline"，设置"Options"选项卡，如图 17-6-1 所示。

（4）添加矩形框，如图 17-6-2 所示。

（5）执行菜单命令"Manufacture"→"Artwork"，弹出"Artwork Control Form"窗口，如图 17-6-3 所示。

（6）在"Artwork Control Form"窗口的"Available films"选区中用鼠标右键单击"VCC"，从弹出的快捷菜单中选择"Add"命令，弹出"Allegro PCB Designer"对话框，输入"DRILL"，如图 17-6-4 所示。

图 17-6-1　设置"Options"选项卡

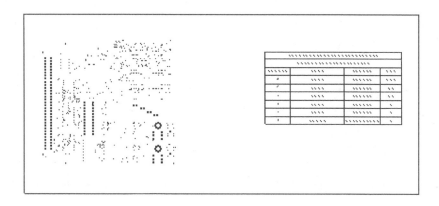

图 17-6-2　添加矩形框

图 17-6-3　"Artwork Control Form"窗口

图 17-6-4　输入新的底片名称

（7）单击"OK"按钮，在"Available films"选区中会增加底片文件"DRILL"。

（8）在"Available films"选区中选择"DRILL"，设置"Undefined line width"为"6.00"。

2．输出底片文件

（1）单击"Artwork Control Form"窗口的"Available films"选区中的"Select all"按钮，选择所有底片文件，如图 17-6-5 所示。

（2）单击"Create Artwork"按钮，底片文件被写入当前目录，扩展名为.art。

（3）单击"Viewlog…"按钮，查看 photoplot.log 文件内容，检查确保所有的底片文件被成功建立，如图 17-6-6 所示。

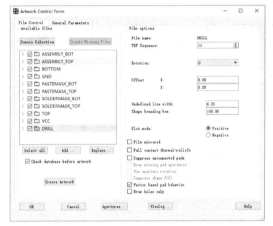

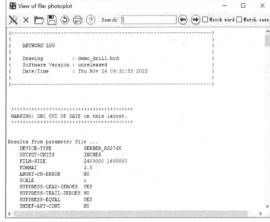

图 17-6-5　"Artwork Control Form"窗口　　　　图 17-6-6　photoplot.log 文件内容

（4）关闭 photoplot.log 文件，单击"OK"按钮，关闭"Artwork Control Form"窗口。

（5）执行菜单命令"File"→"Save as"，保存文件于 D:/Project/allegro 目录下，文件名为"demo_ncdrill"。

17.7　浏览 Gerber 文件

1．为底片建立一个新的 Subclass

（1）执行菜单命令"File"→"New"，弹出"New Drawing"对话框，在"Drawing Name"文本框中输入"viewgerber.brd"，在"Drawing Type"列表框中选择"Board"，如图 17-7-1 所示。

（2）单击"OK"按钮，生成新的 PCB 文件。

（3）执行菜单命令"Setup"→"Design Parameters…"，弹出"Design Parameter Editor"对话框，设置"Design"选项卡，如图 17-7-2 所示。

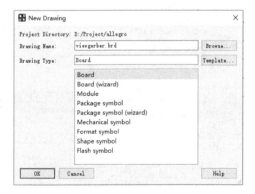

图 17-7-1　"New Drawing"对话框

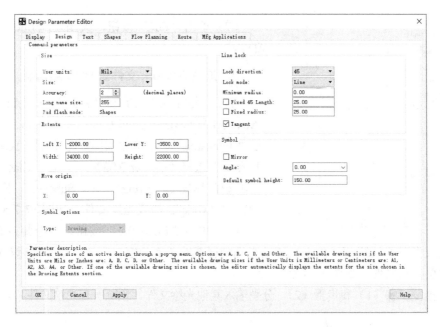

图 17-7-2 设置"Design Parameter Editor"选项卡

（4）单击"OK"按钮，关闭"Design Parameter Editor"对话框。

（5）执行菜单命令"Setup"→"Subclass"，弹出"Define Subclass"窗口，如图 17-7-3 所示。

（6）单击"Manufacturing"前面的按钮，弹出"Define Subclass"窗口，如图 17-7-4 所示。在"New Subclass"文本框中输入"ARTWORK"，按"Enter"键。

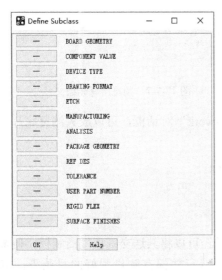

图 17-7-3 "Define Subclass"窗口

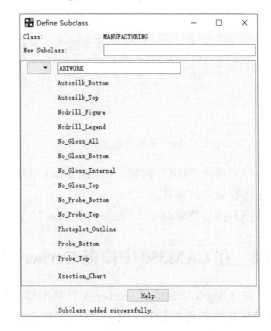

图 17-7-4 设置"Define Subclass"窗口

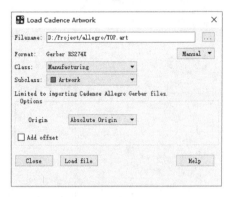

图 17-7-5　加载光绘文件

（7）单击"OK"按钮，关闭"Define Subclass"窗口。

2．加载 Artwork 文件到 PCB 编辑器

（1）执行菜单命令"File"→"Import"→"Artw-ork"，弹出"Load Cadence Artwork"对话框，在"Filename"文本框中指定文件 TOP.art，在"Format"选择"Gerber RS274X"，在"Class"下拉列表中选择"Manufacturing"，在"Subclass"下拉列表中选择"Artwork"。加载光绘文件，如图 17-7-5 所示。

（2）单击"Load file"按钮，一个矩形跟随光标移动，代表将要摆放的 Plot 外框。移动光标到屏幕的左上角空白区域，单击鼠标左键摆放，会显示顶层光绘文件，如图 17-7-6 所示。

（3）重复步骤（1）和步骤（2），分别输入其他光绘文件，预览所有光绘文件，如图 17-7-7 所示。

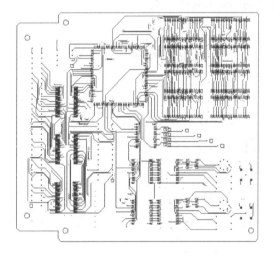

图 17-7-6　显示顶层光绘文件

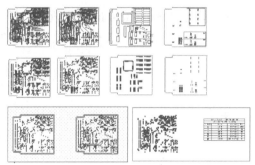

图 17-7-7　预览所有光绘文件

（4）单击"OK"按钮，关闭"Load Cadence Artwork"对话框，可以放大浏览底片，注意正片和负片的差异。

（5）执行菜单命令"File"→"Save"，保存文件。

17.8　在 CAM350 中检查 Gerber 文件

在 Allegro 中完成了 Gerber 文件输出后，其实已经可以将其送交制板厂商制板，但最好将其在其他软件中检查一下。将所有定义好的文件运行并保存到设置好的目录下，导入 CAM 软件中进行检查，最后送交制板厂商制板。在 PC Gerber、View 2001、ECAM 等众多

CAM 软件中，CAM350 的功能相当强大，价格适中，而且能满足复杂的要求，因此目前其应用非常广泛。

1. CAM350 用户界面介绍

下面以 CAM350 Version 9.0.1 为例介绍该软件，CAM350 Version 9.0.1 的界面如图 17-8-1 所示。

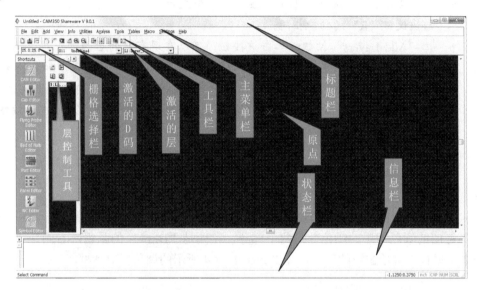

图 17-8-1　CAM350 Version 9.0.1 的界面

➤ Title Bar（标题栏）：显示文件名称和路径。

➤ Main Menu Bar（主菜单栏）：在相应的菜单名称上单击鼠标左键即可打开该菜单，也可通过"Alt"键与菜单项首字母的组合打开相应的菜单。

➤ Tool Bar（工具栏）：工具栏如图 17-8-2 所示。

图 17-8-2　工具栏

➤ Grid Selection（栅格选择栏）：利用栅格组合框可以从下拉列表中选择栅格大小，也可以直接输入栅格尺寸。输入的 X、Y 的坐标值可以是整数，也可以是小数，而且可以是不同的值。如果输入了 X 坐标值后按"Enter"键，那么 Y 坐标值就默认与 X 坐标值相同。

➤ Active D code（激活的 D 码）：这是一个当前定义的镜头（Aperture）的下拉列表；在列表中被选中的选项将被设置为当前激活的 D 码。

➤ Active Layer（激活的层）：这个下拉列表包含光绘输出的所有层，单击任何一层将激活该层，并将该层设置为当前层，与快捷键"L"具有相同的功能。例如，按"L"键，弹出如图 17-8-3 所示的"Set Layer"对话框，在该对话框中输入相应层的序号即可激活该层。

> Layer Control Bar（层控制工具）：这个垂直的工具栏位于窗口的左侧，用来控制所有层的信息。控制条的上方为 "Redraw" "Add Layers" "All On" "All Off" 按钮。

图 17-8-3　"Set Layer" 对话框

- 📋 "Redraw" 按钮：单击该按钮，刷新显示，与快捷键 "R" 的功能相同。

- ⊞ "Add Layers" 按钮：单击该按钮，可以在现有层的后面加一层。同样，可以利用菜单命令 "Edit" → "Layers" → "Add Layers" 来实现增加层的操作。

- 🔳 "All On" 按钮：单击该按钮，使所有层都在主工作区域内显示出来。

- 🔳 "All Off" 按钮：在控制条中单击某一层激活其为当前层，单击该按钮，将除当前层外的其他层都关闭。

> 原点：图层参考中心点。
> 状态栏：显示软件所处的状态、指令名称和光标的位置。
> 信息栏：显示软件操作后的相应信息。

用鼠标右键单击在控制条的列表中显示的层，会使之成为显示在最前面的一层。在层的名称右侧是层的颜色，层的颜色分为两个部分，左侧是 "Draw" 的颜色，右侧是 "Flash" 的颜色。用鼠标右键单击层的颜色，弹出如图 17-8-4 所示的调色板对话框。

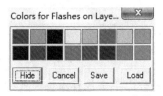

（a）"Colors for Flashes…" 对话框

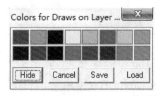

（b）"Colors for Draws…" 对话框

图 17-8-4　调色板对话框

通过调色板对话框可以改变 Draw/Flash 的颜色，可以在调色板对话框中单击 "Show" 按钮或 "Hide" 按钮，来显示或隐藏 "Draw" 和 "Flash"，还可以单击 "Load" 按钮来导入另一个调色板。

> Short Cuts Bar（快捷键工具栏）：该快捷键工具栏提供了 8 种编辑器之间切换的快捷图标。

- 📏 CAM Editor：光绘编辑器。
- 🔧 Cap Editor：自定义 D 码编辑器。
- 🔧 Flying Probe Editor：飞针测试编辑器，可用于生成测试文件。
- ⫴ Bed of Nails Editor：针床测试编辑器，可用于生成测试文件。
- 🔲 Part Editor：元器件编辑器。
- 🔲 Panel Editor：面板编辑器。
- 🔧 NC Editor：NC 编辑器，其中有许多指令用于 NC 程序的制作生成。

- 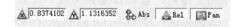Symbol Editor：符号编辑器。

➢ Status Bar（状态栏）：提供有关当前命令、光标所在位置的坐标、单位等信息。显示当前光标位置精确到小数点后 4 位的坐标。

➢ Coordinate Bar（坐标栏）：如图 17-8-5 所示，利用该工具可以直接输入新的坐标，相当于在工作区域内单击所显示的坐标。

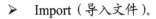

图 17-8-5　"Coordinate Bar"坐标栏

此时，对话框中显示的值是上次单击的坐标值。另外，对话窗口中还有 3 种模式可供选择。

- Absolute（绝对坐标模式）：显示实际坐标值。
- Relative（相对坐标模式）：显示当前坐标相对于前一坐标的变化值。屏幕上会出现一个小的圈，记录光标前一次所在的位置。在输入坐标时，如果以 "@" 符号开头，那么系统将默认选择进入 "Relative" 模式。
- Auto Pan（自动取景）：自动显示输入点，包括不在当前显示范围内的点。

2．CAM 350 的菜单

1）"File"（文件）菜单　"File" 菜单如图 17-8-6 所示。

➢ New（新建文件）：快捷键为 "Ctrl+N"。

➢ Open…（打开文件）：CAM 可通过该指令打开存储的 CAM 文件包，快捷键为 "Ctrl+O"。

➢ Save（保存文件）：会将文件存为一个 CAM 文件包，存盘后将覆盖原文件，快捷键为 "Ctrl+S"。

➢ Save As…（将文件另存为）：当不太确认对某一文件的改动时，可以将其另存为一个文件。

➢ Merge…（合并两个 PCB 文件）：可将两层排列方式基本一致的 PCB 文件拼接，如果掌握熟练，可将拼接文件用于底片绘制。

图 17-8-6　"File" 菜单

➢ Import（导入文件）。

- Autoimport：自动导入文件。系统自动为选择的文件进行光圈表匹配，若出现匹配不正确或无法匹配的情况，则可进行调整，选择其他光圈编译器或重新编辑编译器并做检查。
- Gerber data：导入 Gerber 文件。对于 RS274.X 文件（自带 D 码），可直接将文件调入；而对于 RS274.D 文件，可通过调整文件格式来调试，直到显示正确的图形为止。
- Drill data：导入钻孔数据。通过格式调整来调试图形的正确性。

- Mill data：导入铣边资料。
- DXF：Auto CAD 的一种文件格式，一般由客户提供此类文件作为说明。
- Append DXF：附加 DXF 格式的文件到已打开的文件中。
- ODB++：是"Open Data Base"（开放数据库）的缩写。ODB++是一种可扩展的 ASCII 格式，它可在单个数据库中保存 PCB 制造和装配所必需的全部工程数据。单个文件可包含图形、钻孔信息、布线、元器件、网络表、规格、绘图、工程处理定义、报表功能、ECO 和 DFM 结果等信息。
- Aperture Table：光圈表。当确定光绘文件调入正确而光圈表不匹配时，可使用该指令来调整光圈表使用的编译器。

➢ Export（导出文件）。

- Composites：复合层输出。
- Drill data：导出钻孔数据。
- Mill data：导出铣边数据。

➢ Print（文件打印）。

➢ Setup（系统设置）。

- Preferences：参数选择。可设置优先缓存区，也可设置自动备份的功能（但在常规情况下不进行自动备份）。
- Paths：路径。定义系统显示的输入、输出及其他一些环境文件所在的默认路径。
- File Extensions：设置输入、输出文件扩展名的默认值。
- Colors：设置显示的颜色。
- Photoplotter：对光绘程序中指令的识别进行设置。在此项选择不同时可能会出现识别程度不同的情况，因此不要轻易更改其参数。若发现文件中有不明设计的圆弧，可通过选择"Ignore arcs with same start/end points"调试后与客户确认。如果发现文件中的焊盘线未填实，可将"Interpolated Arc if No G74/G75"由"Quadran"调至"360 Degrees"。注意，在调试完成后制作其他板之前，务必将其调回原默认状态。

- Nc.Mill machine：为铣边文件设置默认格式。
- Nc.Drill machine：为钻孔文件设置默认格式。
- Save Defaults：将当前环境设置为默认环境。在每次使用"New"命令时即可进入该默认环境。

➢ Exit（退出）。

2）"Edit"（编辑）菜单　"Edit"菜单如图 17-8-7 所示。

➢ Undo（撤销）：返回上一步，快捷键为"U"。

➢ Redo（恢复）：如果"Undo"命令用错了，就可以用"Redo"命令恢复，快捷键为"Ctrl+U"。

➢ Move（移动）：选择"Move"命令后，按"A"键进行全选，或者按"I"键进行反选，按"W"键进行框选（就是

图 17-8-7　"Edit"菜单

要用光标把整个元素都框住才能选中）；若什么键都不按，则为单元素选择。

➢ Copy（复制）：在 "Copies" 文本框内输入要复制的份数，在 "To Layers" 层列表中选择要复制到的层（可以是一层，也可以是多层）。

➢ Delete（删除）：先选择该命令，再选择需要删除的对象，即可删除选中的对象。

➢ Rotate（旋转）：有几种角度可以选择，也可以自定义旋转角度。

➢ Mirror（镜像）："Vertical" 是指关于 X 轴的镜像；再按一下变成 "Horizontal"，是指关于 Y 轴的镜像。

➢ Layers（层操作）：PCB 由线路层、阻焊层、锡膏层、丝印层、钻孔层、装配层和 NC 钻孔层组成。在 CAM350 中，每载入一层都会以不同的颜色加以区分，同时提供了强大的层处理功能，如下所示。

• Add Layers：增加层。

• Remove：移走或删除层。

• Reorder：重新定义层的排列，可通过鼠标来调整，选择 "Renumber" 命令后，其层号才会依次排序。

• Allign：层对齐命令。

• Snap drill to pad：将焊盘与焊盘对中，可选择 "Tolerance" 命令来确定坐标相差多少之内的焊盘可做对中操作。

• Snap pad to drill：将焊盘向钻孔对中。

• Scale：层的比例缩放。

• Change：将某一个或多个 D 码的元素转换成另一个 D 码。例如，左上角有断线或焊盘，在 "Filter" 中选择 D 码，若输入 0 或不输入任何值，则表示选择全部元素。选择的各个元素之间可通过 "," 分隔，若用 ":" 分隔则表示范围，若用 "." 分隔则表示除该 D 码外的其他元素。

• Explode：解散某组合，如字符可解散为线，客户自定义光圈及铜箔均可解散为线。

• Origin：坐标原点。

➢ Trim Using（修剪）。

• Line：将一条线作为修剪边界，进行修剪操作。

• Circle/Arc：将一个圆或圆弧作为修剪边界，进行修剪操作。

➢ Line Change（线的更改）。

• Join segments：合并各段线条。

• Segment to arc：各段线条组成弧。

➢ Move Vtx/Seg（移动某线段或角度）。

➢ Add Vertex（增加角度）。

➢ Delete Vertex（删除角度）。

➢ Delete Segment（删除线条段）。

3）"Add"（添加）菜单　"Add" 菜单如图 17-8-8 所示。

- ➢ Flash: 增加焊盘。
- ➢ Line: 增加线段。
- ➢ Polygon…: 增加多边形或铜箔。铜箔分为非矢量（Raster）和矢量（Vector）两种，可设置填充铜箔与边框线的距离。注意，用于填充的边框必须是封闭式的。
- ➢ Text: 增加字符。字符设置可在 "Style" 中进行。
- ➢ Rectangle: 增加方框。
- ➢ Circle: 增加圆。
- ➢ Arc: 增加一段圆弧。

4）"View"（查看）菜单　"View" 菜单如图 17-8-9 所示。

图 17-8-8　"Add" 菜单　　　　图 17-8-9　"View" 菜单

- ➢ Window: 窗口放大查看模式，快捷键为 "W" 键，可与许多操作指令配合使用，使用 "I" 键可选择窗口内或窗口外。
- ➢ All: 查看整个图形模式，快捷键为 "Home" 键。
- ➢ Redraw: 刷新显示工作区域的图形。
- ➢ In: 放大显示模式，快捷键为 "+" 键。
- ➢ Out: 缩小显示模式，快捷键为 "." 键。
- ➢ Pan: 平移显示模式，快捷键为 "Ins" 键，此项操作用于逐屏检查。
- ➢ Tool Bar: 显示工具栏。
- ➢ Status Bar: 显示状态栏。
- ➢ Layer Bar: 显示层工具栏。
- ➢ Panoramic: 显示取景窗口。
- ➢ Message Bar: 显示信息窗口。
- ➢ Shortcut Bar: 显示快捷键工具栏。
- ➢ Dashboard: 显示仪表板工具栏。

➢ Streams RC：显示"Stream RC"窗口。

➢ Coordinate Bar：显示坐标栏。

5）"Info"（信息）菜单　"Info"菜单如图 17-8-10 所示。

➢ Query（查询）。

   • All：显示当前选择元素的所有信息。

   • Net：显示当前网络的所有信息。

   • D code：显示当前 D 码的所有信息。

➢ Measure（测量距离）。

   • Point to Point：测量点到点之间的距离。

   • Object to Object：测量两个元素之间的距离。

   • Net to Net：测量两个网络之间的距离，左上角的 L0、L45、L90 表示测量的方
     向角度。

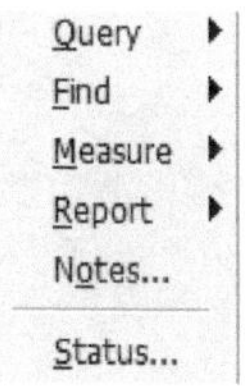

图 17-8-10　"Info"菜单

➢ Report（报告）。

   • D code：报告各层及所有层的 D 码表。

   • BOM：BOM 是原料清单（Bill Of Materials）的英文缩写。使用 BOM 命令可以
     产生当前设计中用到的所有原料的清单。

   • Netlist：报告各层的网络清单。

6）"Utilities"（转换）菜单　"Utilities"菜单如图 17-8-11 所示。

➢ Draw To Custom：选择某些线段，组成自定义 D 码。

➢ Draw To Flash：将某条线转换成某个焊盘。

➢ Polygon Conversion：多边形转换。

➢ Draw To One-Up Border：将某些线移动到当前所在层的上一层。

➢ Data Optimization：数据优化。

➢ Teardrop：泪滴焊盘命令。增加焊盘和线路的接触面积，以避免因开路造成的不良
后果。

➢ Over/Under Size…：统一放大/缩小各元素的尺寸，这将重新产生 D 码，但是并不会
改动图形的尺寸比例。

7）"Analysis"（分析）菜单　"Analysis"菜单如图 17-8-12 所示。

➢ Acid Traps…：分析查找布线与铜箔夹角是锐角的地方。

➢ Copper Slivers…：分析文件中细而狭小的、在制造过程中易脱落的铜箔。

➢ Mask Slivers…：分析文件中的阻焊碎片。

➢ Find Solder Bridges…：文件的阻焊桥检测。

➢ Find Pin Holes…：文件中引脚孔的检测。

➢ Part to Part Spacing…：元器件之间的距离检测。

➢ Silk to Solder Spacing…：从丝印到线路之间的距离检测。

➢ Solder Mask to Trace Spacing…：锡膏层与布线之间的距离检测。

➢ DRC…：可测试不符合规范的各种数据。

图 17-8-11　"Utilities" 菜单　　　　　图 17-8-12　"Analysis" 菜单

8）"Tools"（工具）菜单　"Tools" 菜单如图 17-8-13 所示。

➢ CAM Editors...（CAM 编辑器）：默认的编辑器，用于导入或输出数据，包括 DRC、拼版及其他制造预备步骤。

➢ Cap Editor...（光栅编辑器）：建立或修改一个自定义 D 码，后缀为 "CLB"。

➢ Flying Probe Editor...（飞针测试编辑器）。

➢ Bed Of Nails Editor...（针床编辑器）：计算机测试架。

➢ Part Editor...（元器件编辑器）：建立或修改一个新的零件，后缀为 "PLB"。

➢ NC Editor...（数控钻、铣编辑器）：CNC 数据，用于 NC 程序的制作和生成。

➢ Panel Editor...（面板编辑器）。

9）"Tables"（表）菜单　"Tables" 菜单如图 17-8-14 所示。

➢ Apertures...（光圈表）：包括多种类型，如自定义（Custom）型。

➢ Padstacks...（焊盘堆表）：当生成网络时会将同一孔位的所有焊盘组成一个焊盘堆。

➢ Layers...（层属性表）：定义每层的属性为自动拼版和生成网络的前提条件。

➢ Composites...（复合层定义）。

• Black：正片。

• Clear：负片。

➢ Layers Mapping...（层的映射表）。

➢ Layer Sets...（层的设置表）。

➢ NC Tool Tables...（钻孔刀具表）。

10）"Marco"（宏）菜单　"Marco" 菜单主要用于定义快捷键（Assign Function Keys），可通过功能键或功能键组合启动某菜单命令或宏命令，要求有一定的编程能力。

11）"Settings"（设置）菜单　"Settings" 菜单如图 17-8-15 所示。

➢ Unit...：设置单位和分辨率（小数位数）。

> Text…：设置字体属性。
> View Options…：设置显示选项。
> Arc/Circle…：设置弧度/圆的默认值。

12）"Help"（帮助说明）菜单　"Help"菜单如图 17-8-16 所示，用户可以通过该菜单查找方案，解决 CAM350 设计操作中的疑难问题。

图 17-8-13　"Tools"　　　图 17-8-14　"Tables"　　　图 17-8-15　"Settings"　　　图 17-8-16　"Help"
菜单　　　　　　　　　　菜单　　　　　　　　　　菜单　　　　　　　　　　菜单

3. CAM350 的工具栏

CAM350 的工具栏如图 17-8-2 所示，下面逐一介绍工具栏中各项的含义。

> New：新建一个文件。
> Open：打开一个已经保存过的 CAM 文件包。
> Save：保存当前文件。
> Undo：取消上一次操作。
> Redo：恢复上一次操作。
> Query All：单击该项会弹出如图 17-8-17 所示的
"Query All"对话框，显示选择的任意对象的属性。

图 17-8-17　"Query All"对话框

> Redraw：刷新工作区域的图形。
> Zoom In：进入放大模式，可在需要放大的区域单击鼠标左键进行放大。
> Zoom Out：进入缩小模式，可在需要缩小的区域单击鼠标左键进行缩小。
> Object Snap：使光标附着在对象上。
> Grid Snap：使光标附着在网格上，即按网格移动。
> Grid Vis：切换栅格点的显示与否。
> Transpar：切换普通显示模式和透明显示模式。
> Highlight：高亮从 D 码清单中选择的对象。例如，若选择 "D29 Square 70.00"，则高亮当前文件中所有边长为 70mil 的方形焊盘。

4. CAM350 的快捷键及 D 码

> 快捷键。
  • A：弹出如图 17-8-18 所示的 "Aperture Table"（镜头表格）对话框，该对话框

中显示当前光绘图形中的所有 D 码，即镜头编号。若在选择模式、复制模式、旋转模式、镜像模式和删除模式下按 "A" 键，则全选工作区域的图形。

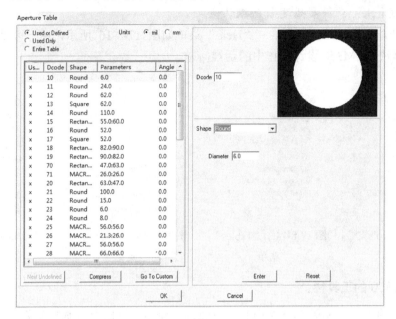

图 17-8-18　"Aperture Table" 对话框

- C: 放大光标附近的图形。
- D: 弹出如图 17-8-19 所示的 "Aperture List" 对话框，在该对话框中选择当前激活的 D 代码。
- F: 切换填充模式，包括实填充、外形线填充和中心线填充 3 种模式。
- H: 与单击 "Highlight" 按钮　的作用一致。
- I: 在选择模式、复制模式、旋转模式、镜像模式和删除模式下，进行针对框内/框外选取的切换。注意，需要先按 "W" 键，再按 "I" 键，针对框外的选取模式如图 17-8-20 所示。

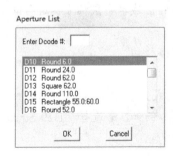

图 17-8-19　"Aperture List" 对话框　　　　　　图 17-8-20　针对框外的选取模式

- K: 弹出如图 17-8-21 所示的 ""Kill" Layer" 对话框，在该对话框中输入相应层的序号，对该层进行删除操作。

- L：弹出如图 17-8-22 所示的"Set Layer"对话框，若在该对话框中输入相应层的序号，则该层被显示为当前层。

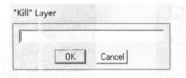

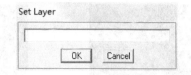

图 17-8-21　""Kill" Layer"对话框　　图 17-8-22　"Set Layer"对话框

- N：切换当前层的正片、负片显示，如图 17-8-23 所示。

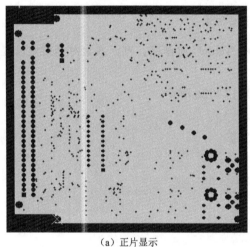

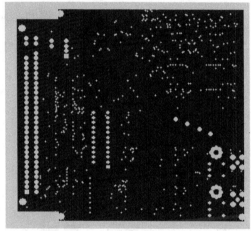

（a）正片显示　　　　　　　　　（b）负片显示

图 17-8-23　正片、负片显示

- O：在"Add Line"模式下，按"O"键切换布线的方向角。布线的方向角有 3 种选择，即 L90、L45 和 L0。
- P：在工作区域回放上一个视图。
- Q：弹出如图 17-8-17 所示的"Query All"对话框，可以选择任意图形元素对其属性进行询问。
- R：刷新工作区域图形。
- S：切换光标按网格移动。
- T：切换透明显示模式与普通显示模式。
- U：与单击工具栏中的"Undo"按钮 的作用一致，即取消上一次操作。
- Ctrl+U：与单击工具栏中的"Redo"按钮 的作用一致，即恢复上一次操作。
- V：与单击工具栏中的"Grid Vis"按钮 的作用一致，即切换栅格点的显示与否。
- W：进入框选模式。单击鼠标左键选定开始点，再次单击鼠标左键选定结束点，完成框选操作。

- X: 进行光标形式的切换，有大/小十字形和"X"形光标可供切换，如图 17-8-24 所示。

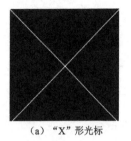 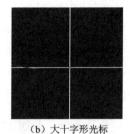 

（a）"X"形光标　　　　　（b）大十字形光标　　　　　（c）小十字形光标

图 17-8-24　光标形式

- Y: 弹出如图 17-8-25 所示的"Layer Table"对话框，可以在该对话框中设置各层的颜色、类型和开关等。
- Z: 进行目标选取框的开与关，如图 17-8-26 所示。

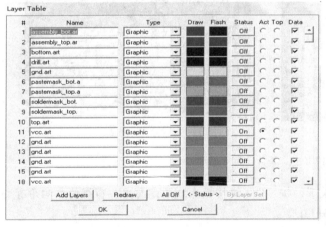

（a）目标选取框关　　　（b）目标选取框开

图 17-8-25　"Layer Table"对话框　　　　图 17-8-26　目标选取框的开与关

5. CAM350 中 Gerber 文件的导入

在 CAM350 中，导入 Gerber 文件的方法有两种，即自动导入和手动导入。因为在 CAM350 中，一般的 D 码都能自动识别，所以大多采用自动导入方法。进行手动导入时，操作比较麻烦，因此主要在软件不能自动识别其 D 码时使用手动导入方法。

（1）打开 CAM350，执行菜单命令"File"→"Import"→"Gerber Data"，如图 17-8-27 所示。

（2）弹出如图 17-8-28 所示的"Import Gerber"对话框。

（3）在该对话框中单击"Data Format"按钮，弹出"Data Format"对话框，进行设置，如图 17-8-29 所示。

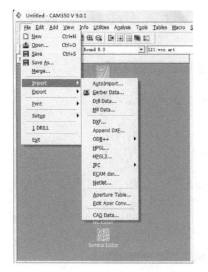

图 17-8-27　执行菜单命令

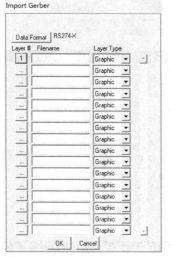

图 17-8-28　"Import Gerber"对话框

图 17-8-29　设置"Data Format"对话框

（4）单击"OK"按钮，关闭"Data Format"对话框。

（5）单击"Import Gerber"对话框中"Layer #"下面的"1"按钮，弹出"打开"对话框，在该对话框中找到"D:/project/allegro/symbols"文件夹，如图 17-8-30 所示。

（6）选择所有文件，单击"打开"按钮，在"Import Gerber"对话框中选择 Gerber 文件，如图 17-8-31 所示。

图 17-8-30　"打开"对话框

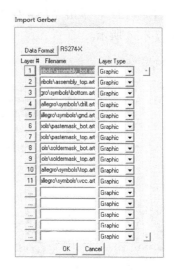

图 17-8-31　"Import Gerber"对话框

（7）单击"Import Gerber"对话框中的"OK"按钮，Gerber 文件被导入，如图 17-8-32 所示。

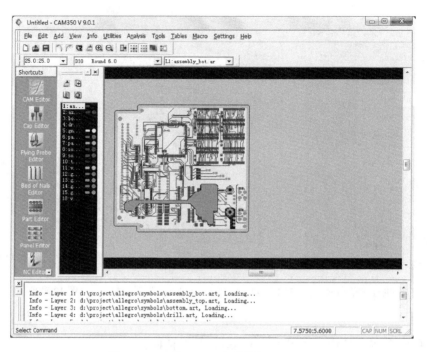

图 17-8-32　将 Gerber 文件导入 CAM350

（8）执行菜单命令"File"→"Import"→"Drill Data"，弹出"Import Drill Data"对话框，如图 17-8-33 所示。

（9）在"Import Drill Data"对话框中的"Storage of Tool Data"部分选中"New Table for each New file"，单击"Tool Table"按钮，弹出"New NC Tool Table"对话框，进行设置，如图 17-8-34 所示。

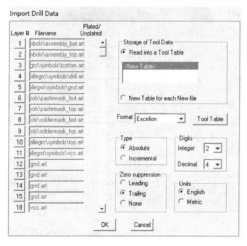

图 17-8-33　"Import Drill Data"对话框

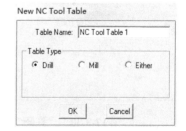

图 17-8-34　设置"New NC Tool Table"对话框

（10）在"New NC Tool Table"对话框中单击"OK"按钮，打开"NC Tool Table"对话框，如图 17-8-35 所示。

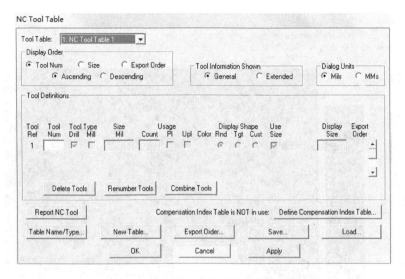

图 17-8-35　"NC Tool Table"对话框

（11）设置"NC Tool Table"对话框，如图 17-8-36 所示。

（12）单击"OK"按钮，关闭"NC Tool Table"对话框。

（13）设置"Import Drill Data"对话框，如图 17-8-37 所示。

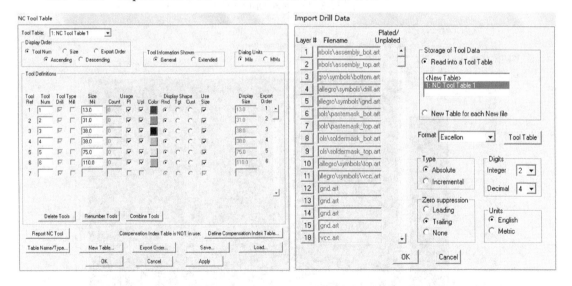

图 17-8-36　设置"NC Tool Table"对话框　　图 17-8-37　设置"Import Drill Data"对话框

（14）单击"Import Drill Data"对话框中"Layer #"下面可用的"…"按钮，弹出"打开"对话框，打开"demo_ncdrill-1-4.drl"文件。

（15）在"Import Drill Data"对话框中单击"OK"按钮，导入 Drill 文件，如图 17-8-38 所示。

（16）双击选择中的最后一层，显示 Drill 文件，如图 17-8-39 所示。

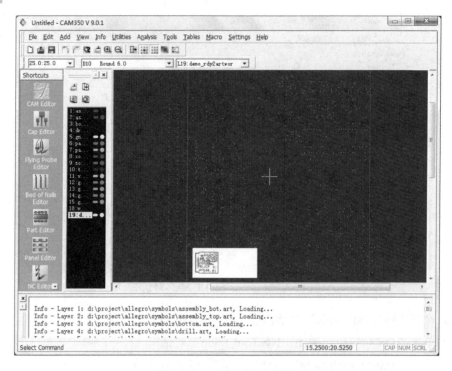

图 17-8-38　导入 Drill 文件

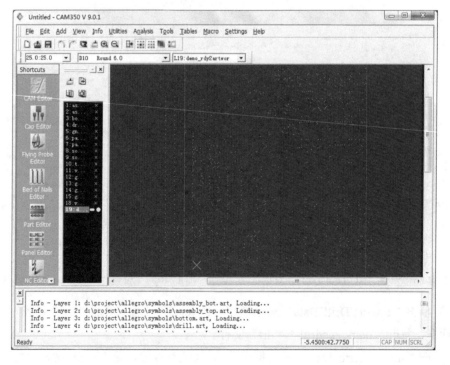

图 17-8-39　显示 Drill 文件

至此，已将检查所需的文件全部导入 CAM350 中，可在 CAM350 中进行检查。检查内容有很多，请读者根据需要自行检查。

习题

（1）如何自动建立丝印层？

（2）如何建立 Artwork 文件？

（3）如何输出 Artwork 文件？

（4）如何建立钻孔图？

（5）怎样将 Gerber 文件导入 CAM350 中进行检查？

第18章 Allegro 其他高级功能

18.1 设置过孔焊盘

（1）启动 Allegro PCB Designer，打开 D:/project/Allegro/demo_placed 文件。

（2）执行菜单命令"Setup"→"Constraints"→"Physical…"，弹出"Allegro Constraint Manager"窗口，如图 18-1-1 所示。

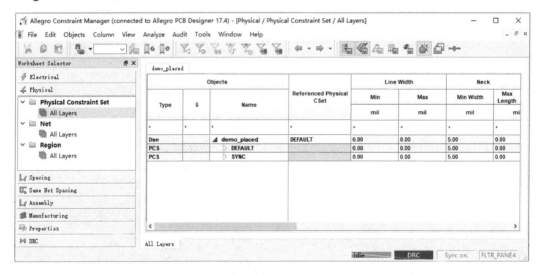

图 18-1-1 "Allegro Constraint Manager"窗口

（3）在"Allegro Constraint Manager"窗口右侧单击"SYNC"的"Vias"属性框，弹出"Edit Via List"对话框，如图 18-1-2 所示。

（4）可以看到"Name"文本框栏中显示"VIA"，在"Select a via from the library or the clatabase"选区中选择"VIA26"，双击"VIA26"，"VIA26"出现在"Via list"选区中，过孔焊盘列表如图 18-1-3 所示。

（5）单击"OK"按钮，关闭"Edit Via List"对话框。

（6）在"Allegro Constraint Manager"窗口中，可以看到"SYNC"的"Vias"属性框内的值变为 VIA:VIA26，如图 18-1-4 所示。

此时，所设置的约束"SYNC"包含的网络"VCLKA"和"VCLKC"在布线时就可以选择使用两种过孔焊盘。

（7）关闭"Allegro Constraint Manager"窗口。

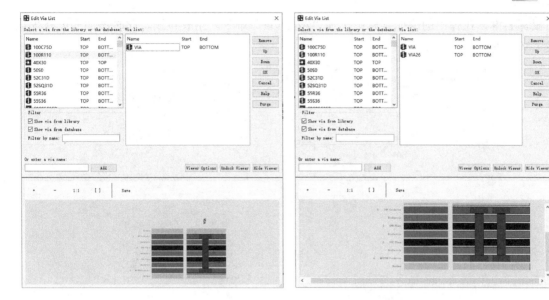

图 18-1-2　"Edit Via List"对话框　　　　　图 18-1-3　过孔焊盘列表

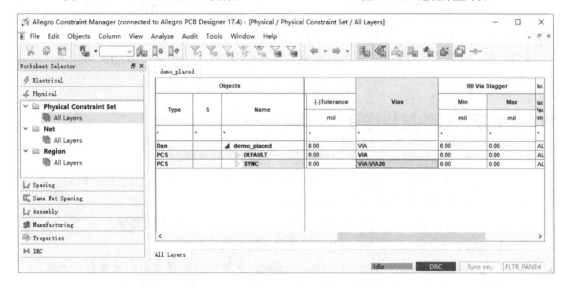

图 18-1-4　"Allegro Constraint Manager"窗口

（8）在 Allegro 界面执行菜单命令"Display"→"Show Rats"→"Net"，在控制面板的"Find"选项卡的"Find By Name"中分别选择"Net"和"Name"，在输入框中输入"VCLKC"，如图 18-1-5 所示。

（9）按"Enter"键，单击鼠标右键，在弹出的快捷菜单中选择"Done"命令，显示网络"VCLKC"。

（10）执行菜单命令"Route"→"Connect"，单击网络"VCLKC"上的元器件"R5"的一个端点，在控制面板的"Options"选项卡中设置"Via"为"VIA26"，如图 18-1-6 所示。

（11）沿飞线向"VCLKC"上的另一个端点布线，在靠近端点时先单击鼠标左键，再单击鼠标右键，在弹出的快捷菜单中选择"Add Via"命令，完成布线。此时添加的过孔焊盘是"VIA26"。

图 18-1-5 设置"Find"选项卡   图 18-1-6 设置"Options"选项卡

（12）单击鼠标右键，在弹出的快捷菜单中选择"Done"命令。

（13）执行菜单命令"File"→"Save as"，保存文件于 D:/project/Allegro 目录下，文件名为"demo_set_via"。

18.2 更新元器件封装符号

（1）启动 Allegro PCB Designer，打开 demo_placed.brd 文件。

（2）执行菜单命令"Place"→"Update Symbols…"，弹出"Update Modules and Symbols"窗口，选择更新的封装符号，如图 18-2-1 所示。

➢ or enter a file containing a list of symbols: 输入包含符号列表的文件。

➢ Update STEP mapping data only: 只更新 STEP 映射数据。

➢ Keep design padstack names for symbol pins: 保持设计的焊盘名和符号引脚一致。

➢ Update symbol padstacks from library: 从元器件库中更新符号焊盘。

➢ Reset symbol text location and size: 复位符号文本的位置。

➢ Reset customizable drill data: 复位自定义钻孔数据。

➢ Reset pin escapes(fanouts): 重新定义扇出。

➢ Ripup Etch: 删除布线。

➢ Ignore FIXED property: 忽略固定属性。

（3）设置要更新的符号，如图 18-2-2 所示。

（4）单击"Refresh"按钮更新，弹出"Refresh Symbol(allegro)"进度对话框，如图 18-2-3 所示。

（5）当"Refresh Symbol(allegro)"进度对话框消失后，单击"Viewlog…"按钮，查看

更新信息，如图 18-2-4 所示。

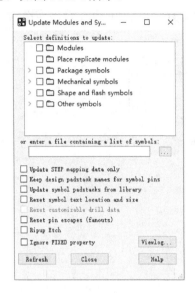

图 18-2-1　"Update Modules and Symbols"窗口

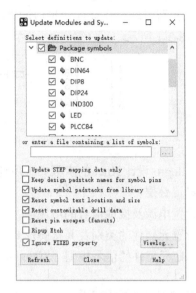

图 18-2-2　设置要更新的符号

图 18-2-3　"Refresh Symbol(allegro)"进度对话框　　　　图 18-2-4　更新信息

（6）关闭"View of file:refresh"窗口。

（7）单击"Close"按钮，关闭"Update Modules and Symbols"窗口。

（8）执行菜单命令"File"→"Save as"，保存文件于 D:/project/Allegro 目录下，文件名为"demo_update_symbols.brd"。

18.3　Net 和 Xnet

网络（Net）是一个引脚到另一个引脚的电气连接，扩展网络（Xnet）是穿过无源分立元器件（电阻、电容和电感）的路径。在 PCB 上，每个网络段都代表一个独立网络。约束管理器把这些网络段看作连续的扩展网络。在多板配置时，Xnet 也能跨接连接器和电缆。Xnet 如图 18-3-1 所示。

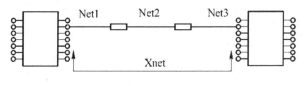

图 18-3-1　Xnet

使用 Allegro 设计 Xnet 的步骤如下所述。

（1）设置叠层。

（2）设置电源及接地信号的电压值。

（3）设置元器件的类别及其接脚形式。

（4）指定元器件的信号模型（Signal Model）。

18.4　技术文件的处理

技术文件（Technology File）是能够被读取到 PCB Editor 电路板设计文件中的 ASCII 文件。技术文件也能够从 PCB Editor 电路板设计中提取出来。这个过程使设计规则、图纸参数和叠层更加容易。技术文件能被存储在库中，并在下放制造之前对照电路板，以确保设计规则被遵守。

1．输出技术文件

（1）启动 Allegro PCB Designer，打开 demo_constraints.brd 文件，该文件包含了前面章节所设置的约束。

（2）执行菜单命令"File"→"Export"→"Techfile"，弹出"Tech File Out"对话框，如图 18-4-1 所示。

（3）在"Output tech file"文本框中输入"cons1"，单击按钮 ▦ 选择输出路径，默认为当前路径。单击"Export"按钮，弹出"Export techfile(allegro)"进度对话框，如图 18-4-2 所示。

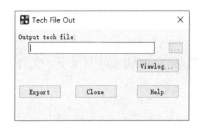

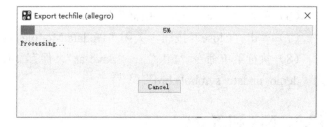

图 18-4-1　"Tech File Out"对话框　　　图 18-4-2　"Export techfile(allegro)"进度对话框

（4）进度对话框消失后，单击"Viewlog…"按钮，弹出"View of file: techfile"窗口，

techfile.log 文件内容如图 18-4-3 所示。

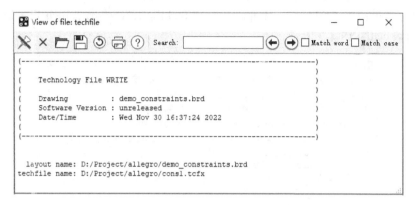

图 18-4-3　techfile.log 文件内容

（5）关闭"View of file: techfile"窗口。

（6）单击"Close"按钮，关闭"Tech File Out"对话框。

（7）执行菜单命令"File"→"File Viewer"，弹出"Select File to View"对话框，选择文件，如图 18-4-4 所示。

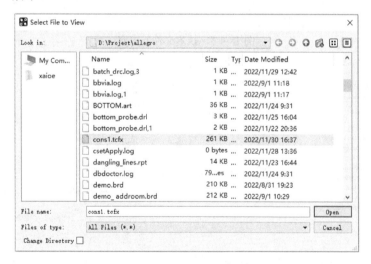

图 18-4-4　选择文件

（8）文件类型选择"All Files（*.*）"，文件选择 cons1.tcfx，单击"Open"按钮，打开技术文件查看其内容，弹出"View of file: cons1.tcfx"窗口，技术文件的内容如图18-4-5所示。

（9）关闭"View of file: cons1.tcfx"窗口。

2．输入技术文件到新设计中

（1）启动 Allegro PCB Designer，执行菜单命令"File"→"New"，弹出"New Drawing"对话框，在"Drawing Name"文本框中输入"newbrd.brd"，在"Drawing Type"列表框中选择"Board"，如图 18-4-6 所示。

（2）单击"OK"按钮，生成一个空 PCB。

（3）执行菜单命令"File"→"Import"→"Techfile…"，弹出"Tech File In"对话框，输入技术文件，如图 18-4-7 所示。

图 18-4-5　技术文件的内容

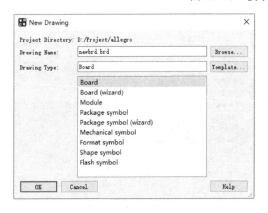

图 18-4-6　"New Drawing"对话框

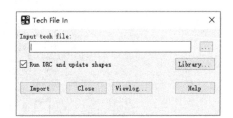

图 18-4-7　输入技术文件

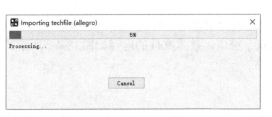

图 18-4-8　"Importing techfile(allegro)"进度对话框

（4）单击按钮□或"Library…"，选择技术文件 cons1.tcfx，单击"Import"按钮，弹出"Importing techfile(allegro)"进度对话框，如图 18-4-8 所示。

（5）进度对话框消失后，单击"Close"按钮，关闭"Tech File In"对话框。

（6）执行菜单命令"Setup"→"Cross-section…"，弹出"Cross-section Editor"窗口，如图 18-4-9 所示，叠层设置与 demo_constraints.brd 文件一样。

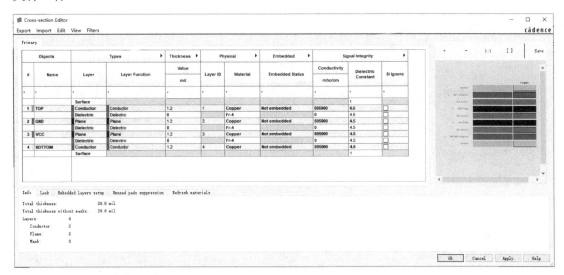

图 18-4-9　"Cross-section Editor"窗口

（7）单击"OK"按钮，关闭"Cross-section Editor"窗口。

（8）执行菜单命令"Setup"→"Constraints"→"Physical…"，弹出"Allegro Constraint Manager"窗口，如图 18-4-10 所示。

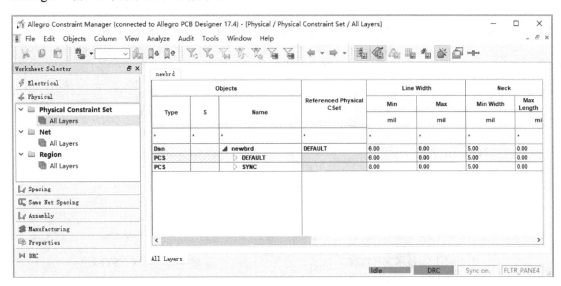

图 18-4-10　"Allegro Constraint Manager"窗口 1

（9）在"Worksheet Selector"中选择"Spacing"，选择"Spacing Constraint Set"下的 "All Layers"，如图 18-4-11 所示。

（10）关闭"Allegro Constraint Manager"窗口。

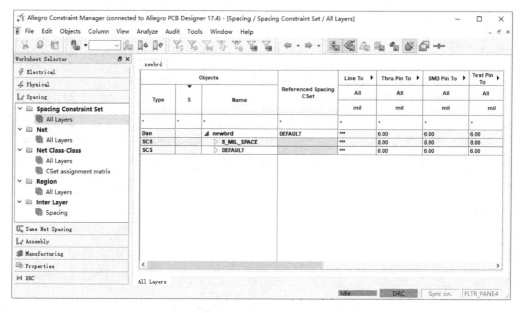

图 18-4-11   "Allegro Constraint Manager"窗口 2

3. 比较技术文件

（1）用记事本在 D:/project/Allegro 目录中打开 cons1.tcfx 文件，技术文件内容如图 18-4-12 所示。

（2）执行菜单命令"编辑"→"查找"，查找"SYNC"，如图 18-4-13 所示。

图 18-4-12   技术文件内容   图 18-4-13   查找"SYNC"

（3）修改

"<attribute name= "MIN_LINE_WIDTH">

<value Generic="8.00:8.00"value="8.00/">"

为

"<attribute name= "MIN_LINE_WIDTH">
<value Generic="8.00:8.00"value="10.00/">"

（4）保存并关闭 cons1.tcfx 文件。

（5）执行菜单命令"File"→"Open"，在当前目录下打开 demo_constraints.brd 文件，提示是否保存 newbrd.brd 文件，选择不保存。

（6）在命令窗口中输入"shell"，按"Enter"键，弹出 MS-DOS 命令提示窗口，如图 18-4-14 所示。

图 18-4-14　MS-DOS 命令提示窗口

（7）在命令提示窗口中输入"techfile –c cons1 demo_constraints"命令，并按"Enter"键，如图 18-4-15 所示。

图 18-4-15　MS-DOS 命令提示窗口提示技术文件比较

（8）执行菜单命令"File"→"File Viewer"，查看 techfile.log，比较结果如图 18-4-16 所示。

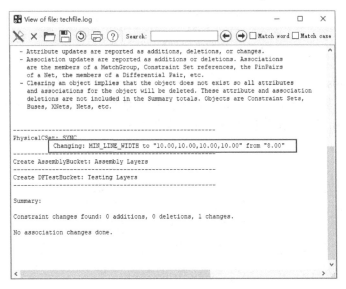

图 18-4-16　比较结果

（9）在命令提示窗口中输入"exit"，按"Enter"键，退出 MS-DOS。

（10）关闭"View of file:techfile.olg"窗口。

（11）执行菜单命令"File"→"Exit"，退出 Allegro PCB Designer，不保存更改。

4．多叠层（Multi-Stackups）设计技术文件的输入/输出

新版本支持多叠层及其设计技术文件的输入/输出。

（1）启动 Allegro PCB Designer，打开 module7_zones.brd 文件（这个文件已进行了 Multi-Stackups 设置）。

（2）执行菜单命令"Setup"→"Cross-section..."，打开"Cross-section Editor"窗口，如图 18-4-17 所示。

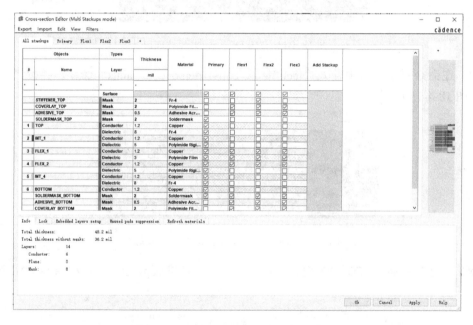

图 18-4-17　"Cross-section Editor"窗口

（3）在"Cross-section Editor"窗口中执行菜单命令"Export"→"Cross Section Technology File"，输出一个"stackup"技术文件。使用默认的以".tcfx"为后缀的文件名。如图 18-4-18 所示，单击保存按钮，输出技术文件。

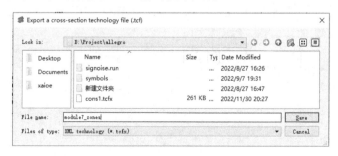

图 18-4-18　输出技术文件

（4）打开 module8_techfile.brd 文件，在弹出的对话框中选择"Yes"。

（5）执行菜单命令"Setup"→"Cross-section..."，打开"Cross-section Editor"窗口，如图 18-4-19 所示。在"Cross-section Editor"窗口中执行菜单命令"Import"→"Technology File"，输入步骤（3）中输出的技术文件。更新后的"Cross-section Editor"窗口如图 18-4-20 所示，同时弹出"Technology Difference Report"窗口，如图 18-4-21 所示。

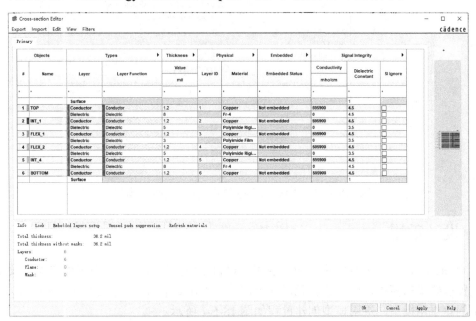

图 18-4-19　更新前的"Cross-section Editor"窗口

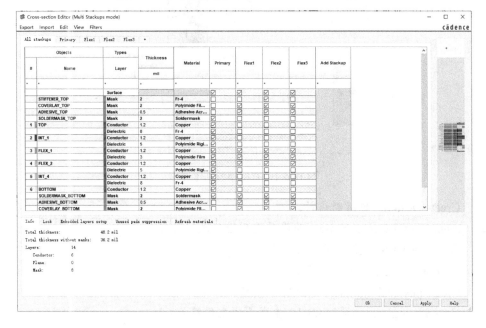

图 18-4-20　更新后的"Cross-section Editor"窗口

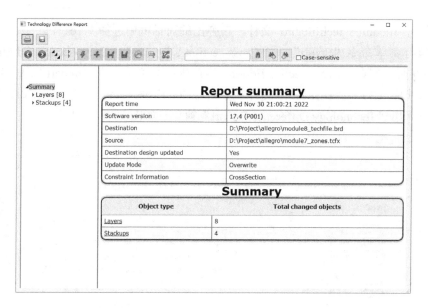

图 18-4-21　"Technology Difference Report" 窗口

18.5　设计重用

在 Capture 和 Allegro 环境中，设计重用可以自己定义设计模型，在规模很大的设计中，可以放置这些重用模型，就像放置元器件一样。可以在 Capture 原理图设计和 Allegro 物理层设计中创建重用模型，重用模型创建过程如图 18-5-1 所示。

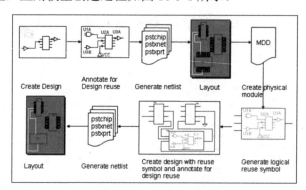

图 18-5-1　重用模型创建过程

➢ Create Design：创建新设计。

➢ Annotate for Design reuse：为设计重用进行元器件编号。

➢ Generate netlist：生成网络表。

➢ Layout：对元器件进行布局。

➢ Create physical module：建立实体模型。

➢ Generate logical reuse symbol：生成逻辑重用符号。

➢ Create design with reuse symbol and annotate for design reuse：创建有重用符号的新设

计，并为设计重用重排元器件符号。

➢ Generate netlist: 生成网络表。

➢ Layout: 布局。

如何创建元器件重用模型呢？在 Capture 中，可以把重用设计模块添加到新的 Capture 设计中。

（1）启动 Capture CIS 17.4，在 D:/project/Allegro 目录下打开 Halfadd.dsn 项目，在项目管理器中选择"Halfadd.dsn"；执行菜单命令"Tools"，单击"Annotate..."按钮，弹出"Annotate"对话框，选择"PCB Editor Reuse"选项卡，在"Function"栏中选择"Generate Reuse module"，如图 18-5-2 所示。

➢ Function。

• Generate Reuse module: 产生重用模块。

• Renumber design for using reuse modules: 使用重用模块对设计重新编号。

➢ Action。

• Incremental: 递增的。

• Unconditional: 无条件的。

➢ Physical Packaging。

• Property Combine: 包含的属性。

➢ Do not change the page number: 不改变页编号。

（2）单击"确定"按钮，弹出提示信息[是否"Annotate（标注）"设计并保存]，如图 18-5-3 所示。

图 18-5-2　"Annotate"对话框

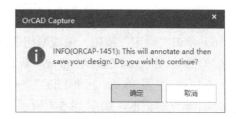

图 18-5-3　提示信息

（3）单击"确定"按钮，选中所有元器件，单击鼠标右键，在弹出的快捷菜单中选择"Edit Properties"命令，弹出"Property Editor"对话框，如图 18-5-4 所示。

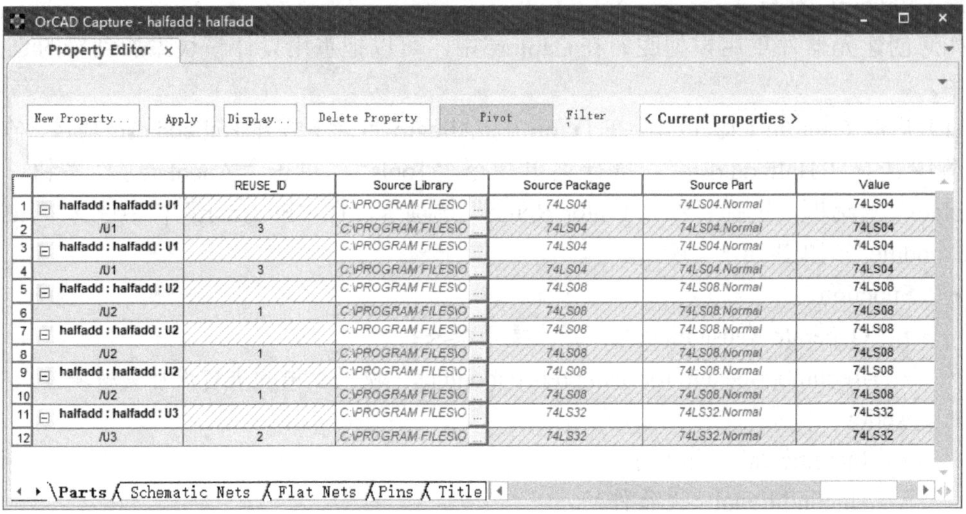

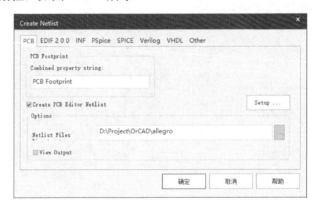

图 18-5-4　"Property Editor"对话框

每个元器件都分配了唯一的 REUSE_ID 属性，该值不能被编辑。

（4）关闭"Property Editor"对话框。

（5）选择项目"Halfadd.dsn"，执行菜单命令"Tools"→"Create Netlist"，弹出"Create Netlist"对话框，如图 18-5-5 所示。

图 18-5-5　设置"Create Netlist"对话框

（6）单击"确定"按钮，生成网络表文件。

（7）启动 Allegro PCB Designer，新建 PCB 文件 halfadd.brd。

（8）执行菜单命令"File"→"Import"→"Logic/Netlist"，弹出"Import Logic/Netlist"对话框，如图 18-5-6 所示。

（9）单击"Import"按钮，导入网络表。导入成功后自动关闭"Import Logic/Netlist"对话框。

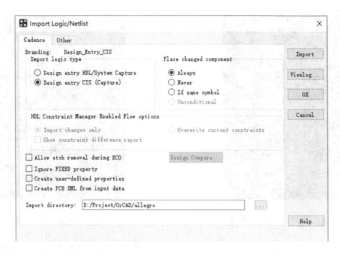

图 18-5-6　"Import Logic/Netlist" 对话框

（10）执行菜单命令 "Place" → "Manually"，弹出 "Placement" 窗口，如图 18-5-7 所示，选中 U1、U2、U3 这 3 个元器件，单击鼠标右键，在弹出的快捷菜单中选择 "Done" 命令，逐个摆放元器件，如图 18-5-8 所示。执行菜单命令 "Tools" → "Create Module"，框住 3 个元器件，3 个元器件会高亮，建立模块，如图 18-5-9 所示。

（11）在 3 个元器件的中心位置单击一点作为模块的原点，弹出 "Save AS" 对话框，输入文件名为 "halfadd_halfadd.mdd"，模块的名称必须是 Capture 项目名和各层原理图名的级联。保存模块，如图 18-5-10 所示。

（12）单击 "Save" 按钮，生成 halfadd_halfadd.mdd 模块。

（13）执行菜单命令 "File" → "Save"，保存 PCB 文件。

（14）新建原理图项目 fulladd.dsn，执行菜单命令 "Place" → "Hierarchical Block"，弹出 "Place Hierarchical Block" 对话框，如图 18-5-11 所示。在单击 "Browse…" 按钮打开指定文件时，如果找不到要打开的文件，可将保存类型改成 "All File"。

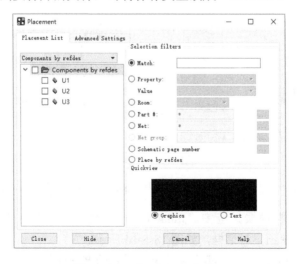

图 18-5-7　"Placement" 窗口

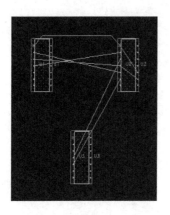

图 18-5-8　逐个摆放元器件

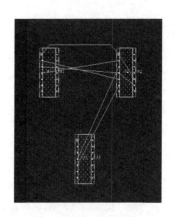

图 18-5-9　建立模块

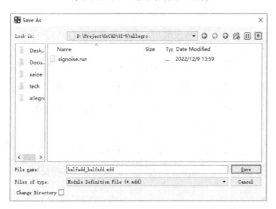

图 18-5-10　保存模块

图 18-5-11　"Place Hierarchical Block" 对话框

（15）单击"OK"按钮，画一个矩形摆放层次块 1，如图 18-5-12 所示。

（16）添加层次块 2，添加端口和元器件并连接电路，全加器的层次式电路图如图 18-5-13 所示。

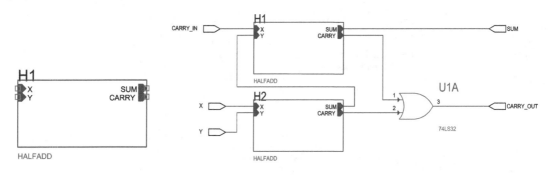

图 18-5-12　层次块 1　　　　　　　　　图 18-5-13　全加器的层次式电路图

（17）切换到项目管理器，选中"fulladd.dsn"，执行菜单命令"Tools"→"Generate Part"，弹出"Generate Part"对话框，如图 18-5-14 所示。

➢　Netlist/source file：输入要指定设计重用模块的电路的路径。

➢ Netlist/source file type: 选择要设计重用的电路类型，如图 18-5-15 所示。

图 18-5-14 "Generate Part" 对话框   图 18-5-15 选择电路类型

➢ Part name: 输入元器件的名称，默认值为各层原理图的名称。

➢ Destination part library: 输入新的重用元器件库的名称，重用模块可以添加到任何原理图设计中。

➢ Source Schematic name: 选择需要重用的源电路图。

（18）单击 "OK" 按钮，弹出 "Split Part Section Iuput Spreadsheet" 窗口，单击 "Save" 按钮，生成新的元器件，分别如图 18-5-16、图 18-5-17 和图 18-5-18 所示。

（19）选中项目 fulladd.dsn，执行菜单命令 "Tools" → "Annotate"，弹出 "Annotate" 对话框，如图 18-5-19 所示。

（20）单击 "确定" 按钮，弹出提示信息。同样单击 "确定" 按钮，没有错误生成。

（21）执行菜单命令 "Tools" → "Create Netlist"，弹出 "Create Netlist" 对话框，如图 18-5-20 所示。

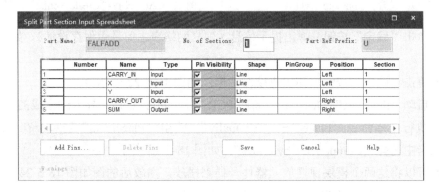

图 18-5-16 "Split Part Section Iuput Spreadsheet" 窗口

图 18-5-17　项目管理器

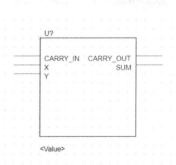

图 18-5-18　生成的新元器件

图 18-5-19　设置"Annotate"对话框

图 18-5-20　设置"Create Netlist"对话框

（22）单击"确定"按钮，弹出提示信息（建立网络表之前是否保存设计），如图 18-5-21 所示。

（23）单击"确定"按钮，弹出进度对话框，如图 18-5-22 所示。

（24）启动 Allegro PCB Designer，新建 PCB 文件 hulfadd.brd，导入刚生成的网络表。

（25）执行菜单命令"Place"→"Manually"，弹出"Placement"窗口，在"Placement List"选项卡中选择"Components by refdes"，如图 18-5-23 所示。

（26）可以将这两个模块像摆放元器件一样来摆放，摆放后的图如图 18-5-24 所示。

（27）执行菜单命令"File"→"Save"，保存 fulladd.brd 文件。

图 18-5-21　提示信息

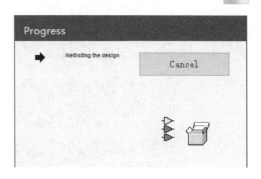

图 18-5-22　进度对话框

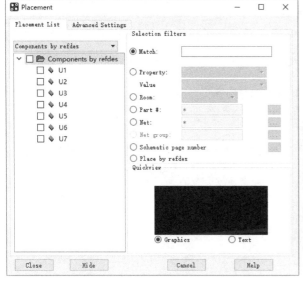

图 18-5-23　"Placement"窗口

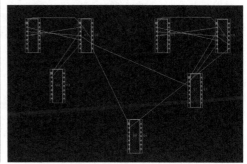

图 18-5-24　摆放后的图

18.6　修改全局环境文件

在 Cadence/SPB_17.4/share/pcb/text 目录下有一个.env 文件，这是一个全局环境文件。使用这个全局环境文件，可以设置系统变量、配置变量、显示变量、库搜索路径变量、快捷键、默认命令等。

（1）浏览目录 Cadence/SPB_17.4/share/pcb/text，用记事本打开.env 文件，其内容如图 18-6-1 所示。

注意：当第一次打开.env 文件时，有可能文件内容没有分行显示，而是顺次显示，这样查看、修改极不方便。可用 MS Word 先打开.env 文件，保存并忽略警告，再用记事本打开.env 文件，就会出现图 18-6-1 中的效果。

（2）在操作软件时使用快捷键可以提高绘图效率。滚动窗口到如图 18-6-2 所示的位置进行修改，修改后保存文件即可。

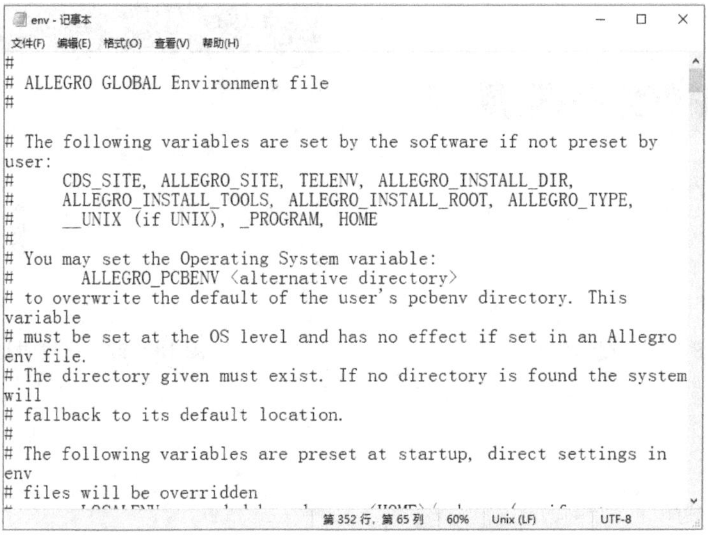

图 18-6-1　.env 文件内容

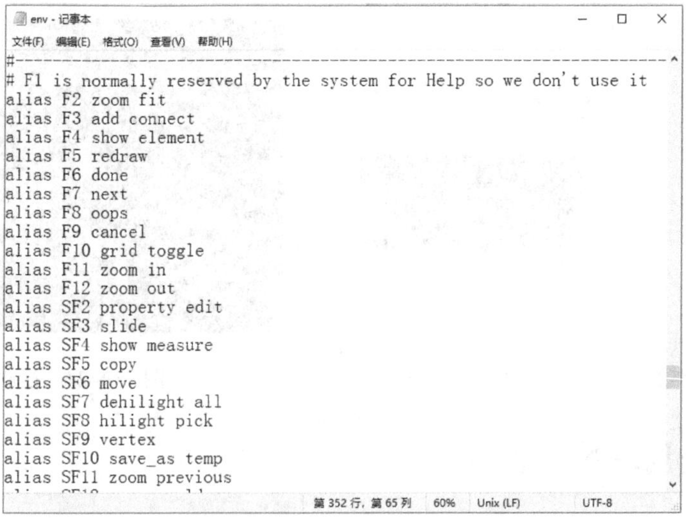

图 18-6-2　设置快捷键

18.7　数据库写保护

作为设计人员，有效保护自己的工作，避免被别人非恶意修改或侵害有相当重要的意义。Allegro 可以对数据库进行加密，从而有效地防止设计文件被改动。下面以一个 PCB 文件的加密与解密过程为例，说明如何对数据库进行加密。

1．加密

（1）启动 Allegro PCB Designer，打开 D:/project/Allegro/demo_final 文件。

（2）执行菜单命令"File"→"Properties"，弹出"File Properties"对话框，如图 18-7-1

所示。

（3）单击"Lock design"前面的复选框，在"Password"文本框中输入密码，选中"Write (No Save)"前面的单选按钮，根据需要在"Comments"文本框中输入想要说明的文字，如图 18-7-2 所示。

（4）单击"OK"按钮，弹出"Allegro PCB Designer"对话框，再次输入刚才的密码进行确认，如图 18-7-3 所示。

（5）单击"OK"按钮，保存文件。

这样，文件 demo_final.brd 就被保护了，任何想改动该文件的行为都需要对文件先进行解锁。

图 18-7-1 "File Properties"对话框

图 18-7-2 设置"File Properties"对话框

2．解锁

（1）启动 Allegro PCB Designer，

打开 D:/project/Allegro/demo_final_write_locked 文件。

（2）执行菜单命令"File"→"Properties"，弹出"File Properties"对话框，如图 18-7-4 所示。

图 18-7-3 确认密码

（3）单击"Unlock"按钮，弹出"Allegro PCB Designer"对话框，输入密码，如图 18-7-5 所示。

（4）单击"OK"按钮，若输入错误的密码，则弹出对话框提示输入密码错误，若输入正确的密码，则关闭"Allegro PCB Designer"对话框，返回"File Properties"对话框。

（5）在"File Properties"对话框中单击"OK"按钮，关闭"File Properties"对话框。

（6）执行菜单命令"File"→"Save as"，文件名依旧是 demo_final.brd。

这样，文件 demo_final.brd 的锁定就解除了。

注意：使用此功能时，一定要记好密码，否则易导致无法操作文件。

图 18-7-4 "File Properties" 对话框

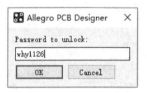

图 18-7-5 输入密码

习题

（1）如何更新元器件封装符号？

（2）什么是 Xnet？

（3）技术文件的作用是什么？

（4）如何进行设计重用？

（5）DFA 检查的意义是什么？